CAPACITÉS COMMUTÉES ET APPLICATIONS

FILTRAGE
CONVERSION
MICROSYSTÈME

CAPACITÉS COMMUTÉES ET APPLICATIONS

FILTRAGE

CONVERSION

MICROSYSTÈME

François BAILLIEU
Professeur au groupe ESIEE

Yves BLANCHARD
Enseignant-chercheur au groupe ESIEE

Patrick LOUMEAU
Enseignant-chercheur à l'ENST

Hervé PETIT
Enseignant-chercheur à l'ENST

Jacky PORTE
Enseignant-chercheur à l'ENST

DUNOD

ISBN 2 10 002654 2

Avant propos

Si la nature et la perception des phénomènes physiques est essentiellement analogique, le traitement de l'information qu'ils contiennent est actuellement massivement numérique. Des circuits périphériques d'interfaçage sont donc requis. Typiquement, le signal analogique est prélevé par un capteur, mis en forme par des circuits de conditionnement, filtré, puis numérisé. Après traitement numérique, le signal est restitué sous forme analogique par une série d'opérations duales (essentiellement conversion numérique analogique et filtrage).

Déjà hégémonique dans le domaine de l'électronique numérique, il n'est plus raisonnable aujourd'hui de négliger la solution CMOS pour le traitement des signaux analogiques. Elle constitue actuellement le meilleur compromis prix/performances pour traiter sur un même circuit des signaux numériques et analogiques pouvant aller jusqu'à quelques mégahertz, voire quelques dizaines de mégahertz dans les dernières technologies. C'est, en outre, dans cette filière que sont réalisés les électroniques des microsystèmes intelligents, qui sont de plus en plus incorporés dans les objets d'usage courant.

À ce jour, la technique dominante utilisée pour le traitement analogique du signal dans cette filière est la technique des capacités commutées. Elle s'est très rapidement avérée la seule capable de répondre aux exigences de la grande précision avec un coût modéré.

Le signal est traité en temps discret et en mode tension par une circuiterie réalisée à partir de commutateurs, d'amplificateurs opérationnels de tension ou de transconductance et de condensateurs.

Cet ouvrage traite des applications des circuits à capacités commutées.

- La première partie a pour objet de fournir au lecteur un cheminement logique lui permettant d'aborder avec efficacité la synthèse et la réalisation d'un filtre à capacités commutées. Après une présentation des circuits à capacités commutées et des différentes architectures de filtrage à temps discret, le problème de la traduction du cahier des charges en terme de fonction de transfert est traité. Tout filtre actif est conçu à partir de cellules élémentaires reliées par un réseau de connexions. La présentation des cellules du premier ordre et du « biquad » est donc suivie par l'étude des réseaux de connexions cascade et « leapfrog » permettant de répondre efficacement à des spécifications de filtrage portant sur l'amplitude ou la phase du signal à traiter. Les filtres à capacités commutées sont réalisés à partir de condensateurs, de commutateurs et d'amplificateurs opérationnels. Ces composants induisent, après intégration, des effets parasites. Leur minimisation ou leur minimisation par des techniques appropriés de conception fait l'objet d'un chapitre. Pour terminer, la présentation de la technique d'analyse par « les équivalents analogiques à temps continu » est suivie de plusieurs études de cas et d'une série d'exercices et de problèmes.
- La deuxième partie présente la conversion analogique/numérique et numérique/analogique et fait une part importante à la conversion Sigma – Delta. Les paramètres caractéristiques de la conversion sont présentés, puis les principales architectures existantes sont étudiées. Les défauts inhérents à chaque technique sont détaillés et des solutions permettant de les atténuer ou de les corriger, dans un but de plus grande rapidité ou de meilleure précision, sont à chaque fois fournies.

- La troisième partie traite de l'électronique des microsystèmes. Du fait que les mesures des grandeurs physiques, chimiques et biochimiques peuvent se traduire souvent en mesure de capacités, les techniques abordées ici sont particulièrement représentatives de ce qu'il est possible de faire ou conseillé de ne pas faire. En outre, la technique des capacités commutées manipulant des tensions de valeurs parfaitement définies permet de générer des forces électrostatiques contrôlées qui peuvent être mises à profit dans les microsystèmes eux-mêmes.

Ce livre est un outil de travail où une place importante est accordée aux exemples concrets.

Les trois parties ont étés développées de manière à permettre une lecture indépendante des sujets traités. L'étude d'un problème particulier est également facilitée par l'apport de guides de lecture mettant en valeur les points importants.

Unique en langue française, cet ouvrage, fruit de la réunion du travail de deux équipes, est destiné aux techniciens supérieurs, ingénieurs et étudiants de second et troisième cycle en électronique.

Table des matières

Première partie – Filtrage

1 Les circuits à capacités commutées

2 L'approximation

3 Les transformations $P \to Z$

4 Les cellules élémentaires d'ordre 1 et 2

5 La structure cascade

6 Les échelles actives à capacités commutées

7 Contraintes de conception

8 Analyses informatiques des performances des circuits à capacités commutées

9 Études de cas

Deuxième partie – Conversion

10 Conversion analogique-numérique

Troisième partie - Microsystème

11 Chapitre 11 : Capacités commutées et applications

12 Problèmes et exercices

Bibliographie

Première partie – Filtrage

Introduction

Au sens large, un filtre est un dispositif qui agit sur la forme d'un signal en effectuant une opération linéaire sur l'amplitude et la phase de ses composantes spectrales. Dans un sens plus restreint, on appelle filtre de fréquence un dispositif qui sépare des signaux dont les supports spectraux sont disjoints. Le filtrage est une opération fondamentale en traitement du signal. Son impact est souvent déterminant sur la qualité globale ou même la faisabilité d'un système électronique. Les filtres sont nécessaires pour séparer différents signaux qui utilisent le même canal de transmission (téléphonie, radio...). Ils permettent d'extraire le signal utile par élimination des signaux parasites. Ils réalisent l'interface entre le monde physique des tensions et des courants en sortie des capteurs et des transducteurs, et le monde numérique des variables logiques sans dimension. Ils sont ainsi utilisés en antirepliement, avant l'échantillonnage et la conversion analogique $\rightarrow$ numérique et en restitution (lissage) après la conversion numérique $\rightarrow$ analogique...

C'est en 1915 que Wagner et Campbell ont indépendamment inventé le "filtre d'onde électrique" pour répondre aux besoins d'une industrie naissante des communications. En 1927, Black met au point la théorie de la réaction pour remédier au problème de distorsions dans les répéteurs utilisés en transmission téléphonique et dès les années 1930 les ingénieurs pensent à remplacer les résonateurs passifs à inductances et condensateurs du filtre d'onde électrique par des circuits actifs, tout d'abord réalisés à partir de tubes électroniques (l'audion ou triode a été inventé par De Forest en 1906), puis de transistors (inventé par le trio Bardeen, Brattain et Shockley en 1948). N'apportant pas d'avantages décisifs par rapport au filtre passif, le filtre actif est resté essentiellement une curiosité de laboratoire jusqu'au milieu des années 1960 où la commercialisation du premier amplificateur opérationnel (le µA 709 de Fairchilds) a permis la réalisation de filtres à composants discrets performants et à bas coût. La production en série des premiers filtres actifs intégrés débute en 1970 sous la forme de circuits hybrides à couches épaisses puis à couches minces en 1975. Les amplificateurs opérationnels sont rapportés sur un substrat isolant (alumine) sur lequel les éléments passifs ont été préalablement déposés par pulvérisation (couche mince) ou sérigraphie (couche épaisse). Les précisions requises sur les produits RC qui fixent les caractéristiques fréquentielles des filtres temps continu nécessitent un réglage des résistances par usinage au laser ou par sablage.

C'est en 1977 que le premier filtre intégré monolithique a été commercialisé. La technique utilisée est basée sur le principe des capacités commutées illustré sur la figure 1. Les deux commutateurs contrôlés par les deux horloges non recouvrantes Φ_1 et Φ_2 connectent alternativement le condensateur C sur les sources de tension V_1 et V_2. La charge stockée étant CV_1 sur la phase Φ_1 et CV_2 sur la phase Φ_2, la quantité de charge transférée est $\Delta Q = C\,(V_1 - V_2)$. Si la fréquence d'horloge $F_e = 1/T_e$ est grande devant la fréquence des sources alternatives V_1 et V_2, ces dernières peuvent être considérées comme constantes sur une période, et la quantité de charge peut être considérée comme un courant

$$I \approx \frac{\Delta Q}{T_e} = \Delta Q F_e = F_e C(V_1 - V_2)$$

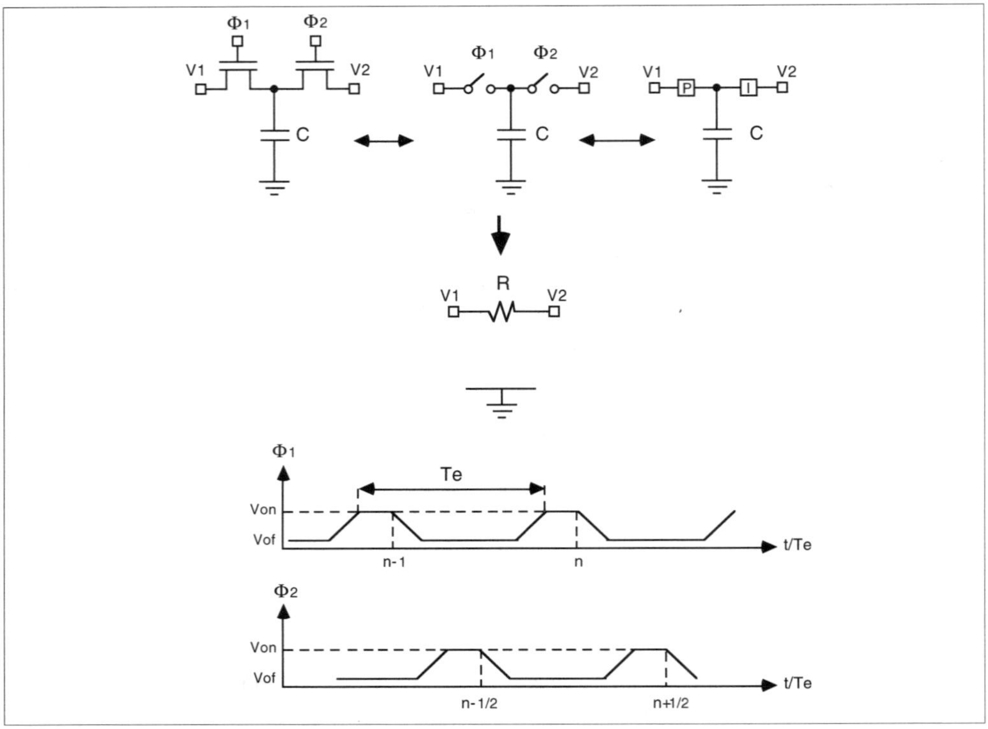

Figure 1 Principe des capacités commutées.

La capacité commutée *C* agit approximativement comme une résistance de valeur

$$R \approx \frac{V_1 - V_2}{I} = \frac{1}{CF_e}$$

La technique des capacités commutées procure ainsi une solution unique au double problème de l'intégration de constantes de temps précises et de fortes valeurs. En effet, les produits $(RC)_i$ des filtres temps continu sont simulés par des rapports $(C/CF_e)_i$ proportionnels à un rapport de capacités, intégrables directement avec une précision de l'ordre de 0,1 %, et inversement proportionnels à une fréquence d'horloge parfaitement contrôlable et éventuellement réglable. Le principe des capacités commutées est connu depuis très longtemps. On peut probablement en attribuer la paternité à Maxwell sous la forme du "principe du courant intermittent" (1873) [1]. S'il a été réactualisé en 1972 [2], il a fallu attendre la maturité technologique des amplificateurs opérationnels MOS pour permettre le contrôle précis des charges aux différents nœuds des circuits à capacités commutées.

Actuellement, la technique des capacités commutées est la technique dominante du filtrage analogique. Elle permet aussi bien le traitement des signaux de quelques hertz que le traitement des signaux de quelques mégahertz. En modifiant légèrement les filières technologiques CMOS standards pour inclure la réalisation des capacités flottantes, elle rend la circuiterie analogique compatible avec la circuiterie numérique VLSI. Elle offre ainsi la possibilité de réaliser des circuits mixtes.

Les circuits à capacités commutées

CHAPITRE 1

Considérer la technique des capacités commutées uniquement comme moyen de simuler un élément résistif est une vue très réductrice des immenses possibilités qu'elle offre pour la synthèse des différentes fonctions de l'électronique analogique. Pour exploiter efficacement cette technique, il est nécessaire de considérer les circuits à capacités commutées selon leur nature, c'est-à-dire des circuits appartenant à la classe des réseaux électriques variant périodiquement dans le temps.

Les précisions demandées en filtrage impliquent de rendre tous les montages insensibles aux différentes capacités parasites inévitablement présentes sur les différents nœuds des circuits. Pour ce faire, on utilise des amplificateurs opérationnels et on contraint les montages à être topologiquement insensibles aux capacités parasites. Un de ces montages, *l'intégrateur généralisé*, peut être défini comme un opérateur élémentaire permettant la synthèse de n'importe quelle fonction de transfert. Une image concrète d'un système d'équations algébriques linéaires peut être donnée à partir d'un graphe de fluence. Celui-ci s'avère ainsi être un outil mathématique très efficace (mais pas indispensable) pour l'analyse et la synthèse des circuits à capacités commutées.

1.1 Caractérisation

Sur une phase particulière, la topologie d'un circuit à capacités commutées est invariante et peut être précisément modélisée par un système linéaire décrit par une équation aux différences liant la sortie s à l'entrée e avec

$$\sum_{i=0}^{N} a_i s(n-i)T_e = \sum_{i=0}^{M} b_i e(n-i)T_e$$

En prenant la transformation en Z des deux membres, on obtient la fonction de transfert du système

$$\frac{S(z)}{E(z)} = T(z) = \frac{b_M Z^{-M} + b_{M-1} Z^{-(M-1)} + \ldots + b_0}{a_N Z^{-N} + a_{N-1} Z^{-(N-1)} + \ldots + a_0}$$

La réponse en fréquence, périodique en $F_e = 1/T_e$, ou réponse *isochrone,* est obtenue par une évaluation de la fonction de transfert sur le cercle unité, avec :
$Z = \exp(\mathrm{j}\Omega_d T_e)$, du plan $Z = \exp[(\Sigma_d + \mathrm{j}\,\Omega_d)\,T_e]$.

Un parallèle avec un système linéaire temps continu peut être effectué, puisque ce dernier est caractérisé par l'équation différentielle à coefficients constants

$$a_n \frac{d^n s(t)}{dt^n} + \ldots + a_0 s(t) = b_m \frac{d^m e(t)}{dt^m} + \ldots + b_0 e(t)$$

et la fonction de transfert correspondante

$$\frac{S(p)}{E(p)} = T(p) = \frac{b_m p^m + b_{m-1} p^{m-1} + \ldots + b_0}{a_n p^n + a_{n-1} p^{n-1} + \ldots + a_0}$$

obtenue à partir de la transformation de Laplace. La réponse en fréquence ou *réponse harmonique* correspond à une évaluation de $T(p)$ sur l'axe imaginaire (avec $p = j\omega$) du plan de la variable complexe $p = \sigma + j\omega$.

1.2 Analyse nominale d'un circuit à capacités commutées

Nominalement, un circuit à capacités commutées ne comporte aucune perte résistive. Les commutateurs idéaux présentent une résistance nulle sur les états hauts des horloges et une résistance infinie sur les états bas. Les amplificateurs opérationnels sont modélisés par une source de tension commandée en tension de gain infini (un gain A0 constant fini peut facilement être pris en compte). Les condensateurs sont sans perte. À chaque instant de commutation, les charges sont donc instantanément redistribuées et le principe de conservation est maintenu à chaque nœud du circuit. De même que l'on écrit une équation de Kirchhoff pour un réseau temps continu, on peut écrire une équation aux charges à chaque nœud d'un réseau à capacités commutées.

Si on se limite au cas d'un dispositif contrôlé par deux phases notées P et I (la généralisation est facile pour un nombre quelconque de phases), on peut écrire sur la phase P au nœud i et aux instants nT_e :

$$\Delta q_i^P(nT_e) = \sum_{j=0}^{NP} q_{ij}^P(nT_e) - \sum_{j=0}^{NP} q_{ij}^I\left[\left(n - \frac{1}{2}\right)T_e\right]$$

et sur la phase I et aux instants $[(n - 1/2)\ T_e]$

$$\Delta q_i^I\left[\left(n - \frac{1}{2}\right)T_e\right] = \sum_{j=0}^{NI} q_{ij}^I\left[\left(n - \frac{1}{2}\right)T_e\right] - \sum_{j=0}^{NI} q_{ij}^P[(n-1)T_e]$$

q_i^P (respectivement q_i^I) est la charge stockée sur la capacité connectée au nœud i sur la phase P (respectivement I). Le paramètre NP (respectivement NI) est le nombre total de condensateurs connectés au nœud i sur la phase P (respectivement I).

À titre d'exemple, considérons le circuit de la figure 1.1.

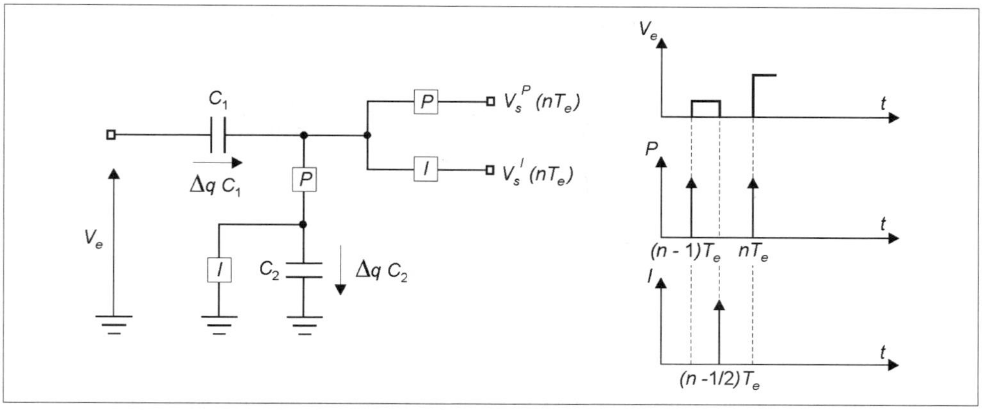

Figure 1.1 Circuit passif à capacités commutées.

Le signal d'entrée V_e est échantillonné et bloqué aux instants nT_e pendant $T_e/2$ et nul aux instants $(n-1/2)\,T_e$ pendant $T_e/2$. Les transferts de charges et les tensions correspondant à une topologie particulière sont notées indifféremment avec la lettre P ou I en exposant ou (éventuellement et) à partir de l'instant auquel ils se produisent.

Sur la phase P aux instants nT_e (figure 1.2)

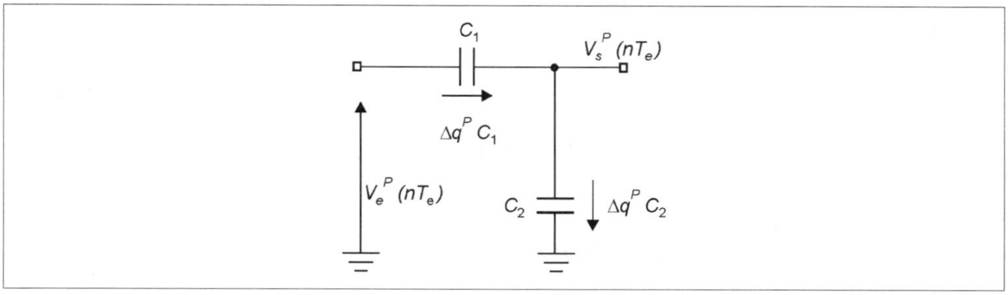

Figure 1.2 Topologie du circuit à analyser sur la phase P aux instant nT_e.

$$\Delta qC_1(nT_e) = C_1\left[VC_1(nT_e) - VC_1\left\{\left(n-\frac{1}{2}\right)T_e\right\}\right]$$

$$= C_1\left\{\left[V_e^P(nT_e) - V_s^P(nT_e)\right] - \left[0 - V_s^I\left\{\left(n-\frac{1}{2}\right)T_e\right\}\right]\right\}$$

$$\Delta qC_2(nT_e) = C_2\left[VC_2(nT_e) - VC_2\left\{n-\frac{1}{2}\right\}T_e\right] = C_2\left[V_s^P(nT_e) - 0\right]$$

Avec

$$\Delta qC_1(nT_e) = \Delta qC_2(nT_e):$$

$$C_1\left\{V_e^P(nT_e) - V_s^P(nT_e) + V_s^I\left[\left(n-\frac{1}{2}\right)T_e\right]\right\} = C_2V_s^P(nT_e)$$

Sur la phase I aux instants (n – 1/2) T_e

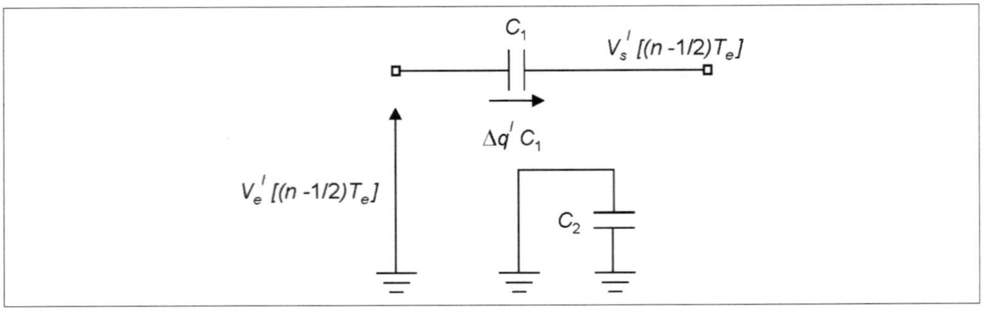

Figure 1.3 Topologie du circuit à analyser sur la phase I aux instants (n – 1 / 2) T_e.

$$\Delta qC_1[(n-1/2)T_e] = C_1\left\{VC_1\left[\left(n-\frac{1}{2}\right)T_e\right] - VC_1[(n-1)T_e]\right\}$$

$$= C_1\left\{\left[0 - V_s^I\left\{\left(n-\frac{1}{2}\right)T_e\right\}\right] - \left[V_e^P\{(n-1)T_e\} - V_s^P\{(n-1)T_e\}\right]\right\}$$

Avec

$$\Delta qC_1\left[\left(n-\frac{1}{2}\right)T_e\right] = 0:$$

$$V_s^I\left[\left(n-\frac{1}{2}\right)T_e\right] = V_s^P[(n-1)T_e] - V_e^P[(n-1)T_e]$$

À partir des deux analyses précédentes

$$(C_1 + C_2)V_s^P(nT_e) = C_1V_s^P[(n-1)T_e] + C_1V_e^P(nT_e) - C_1V_e^P[(n-1)T_e]$$

et

$$(C_1 + C_2)V_s^I\left[\left(n-\frac{1}{2}\right)T_e\right] = C_1V_s^I\left[\left(n-\frac{3}{2}\right)T_e\right] - C_2V_e^P[(n-1)T_e]$$

D'où les deux fonctions de transfert

$$T_1(z) = \frac{V_s^P(z)}{V_e^P(z)} = \frac{C_1}{C_2}\frac{1-z^{-1}}{1+\frac{C_1}{C_2}(1-z^{-1})} \quad \text{et} \quad T_2(z) = \frac{V_s^I(z)}{V_e^P(z)} = \frac{-z^{-\frac{1}{2}}}{1+\frac{C_1}{C_2}(1-z^{-1})}$$

Le circuit analysé a la particularité d'être un passe-haut temps discret sur la phase P par $T_1(z)$ et un passe-bas sur la phase I par $T_2(z)$.

En effet, si on effectue un développement limité de la variable $Z^{-1} \approx 1 - j\Omega_d T_e$:

$$T_1(\Omega_d) \approx \frac{C_1}{C_2} \frac{j\Omega_d T_e}{1 + j\Omega_d \frac{C_1}{C_2} T_e} \quad \text{et} \quad T_2(\Omega_d) \approx \frac{-1}{1 + j\Omega_d \frac{C_1}{C_2} T_e}$$

Bien entendu, on retrouve le fait que la fréquence de coupure des fonctions de transfert obtenues

$$F_c = \frac{1}{2\pi} \frac{C_2}{C_1} F_e$$

est proportionnelle à un rapport de capacités et à une fréquence d'horloge.

1.3 Circuits à capacités commutées contraints topologiquement

Bien que très satisfaisant dans le principe par leur simplicité, les circuits passifs à capacités commutées ne sont pratiquement pas utilisés du fait de leur sensibilité aux différentes capacités parasites inévitablement présentes aux différents nœuds du circuit. Les précisions demandées en filtrage impliquent de rendre tous les montages insensibles à ces capacités parasites. Pour ce faire, on utilise des amplificateurs opérationnels et on organise les commutateurs afin que, quelle que soit la phase considérée, chaque nœud du réseau se trouve connecté sur une masse réelle, une masse virtuelle (entrée d'un AOP) ou une source de tension idéale (sortie d'un AOP ou source de tension indépendante). Une autre contrainte, permettant un relâchement des spécifications dynamiques sur les amplificateurs opérationnels et pouvant être vue également comme une contrainte topologique, consiste à bloquer les signaux d'entrée pendant toute la durée T_e. Ainsi, pour la plupart des circuits, la sortie sur la phase « non active » (pas de transfert de charge vers l'entrée négative de l'AOP) se déduit de la sortie sur la phase « active » par un décalage de $T_e/2$. On vérifie facilement que le montage de la figure 1.4 est un exemplaire caractéristique de ce type de circuit.

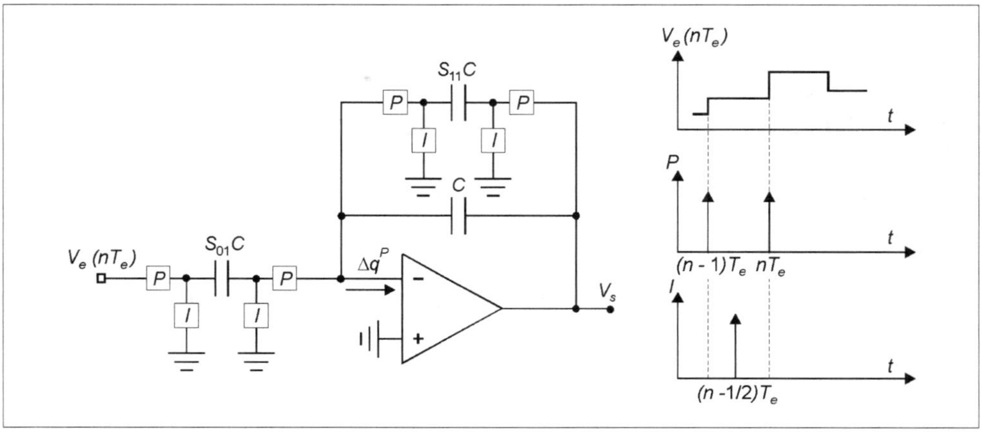

Figure 1.4 Circuit à capacités commutées contraint topologiquement.

N'ayant aucun transfert de charge vers l'amplificateur opérationnel sur la phase *I*, c'est-à-dire aux instants $(n - 1/2)\ T_e$, on peut écrire directement $\Delta q^P(nT_e) = 0$ soit

$$S_{01}C\left[V_e(nT_e) - 0\right] + C\left[V_s(nT_e) - V_s\{(n-1)T_e\}\right] + S_{11}C\left[V_s(nT_e) - 0\right] = 0$$

D'où les fonctions de transfert (passe-bas d'ordre un ou intégrateur amorti)

$$T_1(z) = \frac{V_s^P(z)}{V_e^P(z)} = \frac{-S_{01}}{-z^{-1} + S_{11} + 1} \quad \text{et} \quad T_2(z) = \frac{V_s^I(z)}{V_e^P(z)} = \frac{-S_{01}z^{-1/2}}{-z^{-1} + S_{11} + 1}$$

Une simplification notable du point de vue conception des différents circuits à capacités commutées est apportée en regroupant les commutateurs ayant la même fonctionnalité. Ainsi, les circuits des figures 1.4 et 1.5 sont fonctionnellement identiques.

Bien que cette réduction du nombre de commutateurs soit généralement réalisée en pratique, pour faciliter l'analyse, les circuits présentés par la suite le seront avec tous les commutateurs présents.

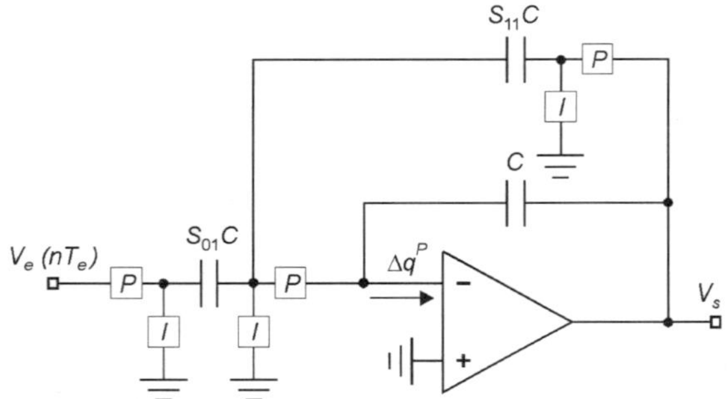

Figure 1.5 Circuit à capacités commutées à nombre minimum de commutateurs.

1.4 Architectures de filtrage à capacités commutées

1.41 La représentation à variables d'état

Pour un système temps continu

Tout système temps continu linéaire et invariant dans le temps admet une représentation matricielle à variables d'état de la forme [50]

$$\frac{\mathrm{d}[x(t)]}{\mathrm{d}t} = [A][x(t)] + [B]x_e(t)$$

$$x_s(t) = [C][x(t)] + \mathrm{d}x_e(t)$$

Ceci provient du fait que l'équation différentielle d'ordre n caractérisant le système peut être séparée en un ensemble de n équations différentielles du premier ordre. Si toutes les conditions initiales sont nulles (système relaxé à l'instant $t = 0$) par transformation de Laplace, on obtient la formulation

$$p[X] = [A][X] + [B]X_e$$
$$X_s = [C][X] + \mathrm{d}X_e$$

à laquelle on peut associer la modélisation fonctionnelle (graphe de fluence) de la figure 1.6.

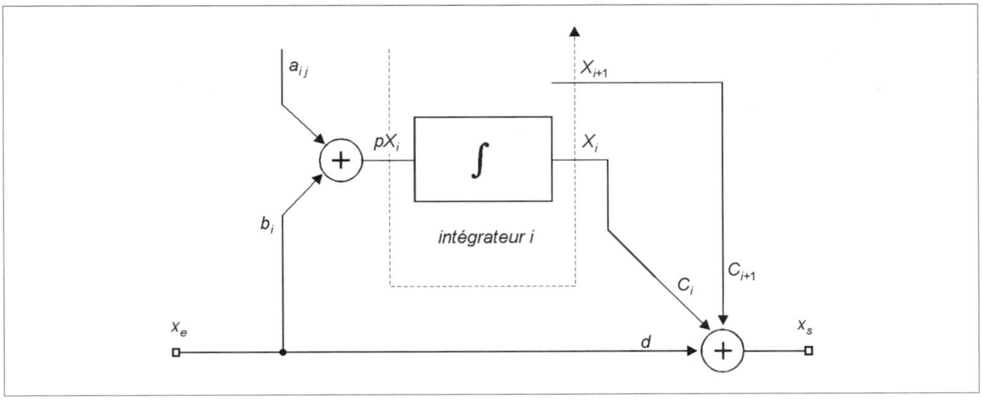

Figure 1.6 Modélisation fonctionnelle d'un système à variables d'état.

La matrice d'état constante $[A]$ fixe la topologie du réseau de connexion reliant les intégrateurs, le vecteur colonne constant $[B]$ établit l'injection du signal d'entrée X_e, le vecteur ligne constant $[C]$ détermine les variables d'état participant par sommation à la sortie X_S et d est un scalaire réel. Les deux scalaires externes X_S et X_e sont reliés par la fonction de transfert

$$T(p) = [C][p(I) - [A]]^{-1}[B] + d$$

telle que

$$X_S = T(p)X_e$$

Ainsi, toute fonction de transfert d'ordre $n \geq m$ (n et m sont, respectivement, le degré du dénominateur et du numérateur) est synthétisable à partir d'un opérateur élémentaire (intégrateur généralisé) réalisant l'intégration, la sommation et la multiplication par une constante.

Pour un système temps discret

La représentation à variables d'état d'un système linéaire temps discret invariant dans le temps s'obtient en remplaçant le système d'équations différentielles du premier ordre par un système d'équations aux différences du même ordre.

Temporellement, on écrit

$$[x(n+1)T_e] = [A][x(nT_e)] + [B]x_e(nT_e)$$
$$x_s(nT_e) = [C][x(nT_e)] + dx_e(nT_e)$$

et par transformation en Z, on obtient

$$Z[X] = [A][X] + [B]X_e$$
$$X_s = [C][X] + dX_e$$

Une modélisation fonctionnelle est donnée par un graphe identique à celui de la figure 1.6, l'intégrateur étant simplement remplacé par un retard Z^{-1}.

1.42 Un opérateur élémentaire utilisable en capacités commutées

Le circuit représenté sur la figure 1.7 constitué d'un amplificateur opérationnel, des « capacités non commutées » *NC* et *C*, de la « capacité commutée série » *SC* et de la « capacité commutée inverseuse » *IC*, est topologiquement insensible aux différentes capacités parasites de structure.

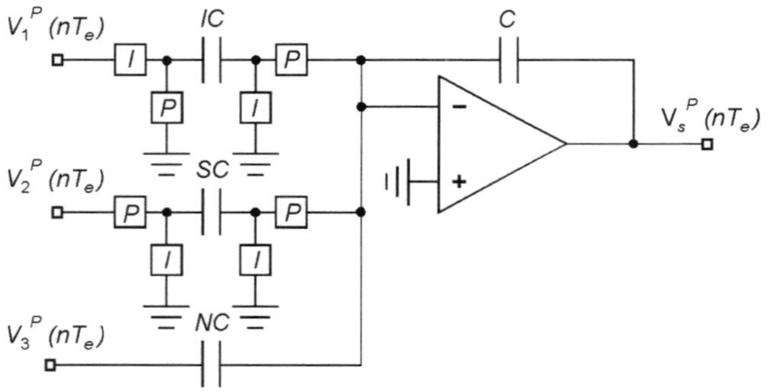

Figure 1.7 Un opérateur élémentaire temps discret d'intégration à capacités commutées.

Toutes les entrées étant échantillonnées et bloquées sur la phase P, c'est-à-dire aux instants nT_e, la sortie est la sommation pondérée des trois entrées.

$$V_S^P(z) = I\frac{Z^{-1}}{1 - Z^{-1}}V_1^P(z) - S\frac{1}{1 - Z^{-1}}V_2^P(z) - NV_3^P(z)$$

Les opérations de sommation, d'intégration positive, d'intégration négative et de multiplication par une constante négative sont ainsi réalisées. Ce dispositif répond à la définition temps discret de l'intégrateur généralisé du paragraphe précédent et peut être utilisé comme opérateur élémentaire pour la réalisation électrique du graphe représenté sur la figure 1.6.

Le circuit de la figure 1.8 réalise simultanément les opérations de retard, de multiplication par une constante positive ou négative et de sommation. Il n'est pas utilisé en filtrage parce que, d'une part, il ne répond pas à toutes les contraintes topologiques fixées au paragraphe 1.3 et que, d'autre part, il conduit à des structures de filtrage peu performantes en sensibilité (cf. problème 2).

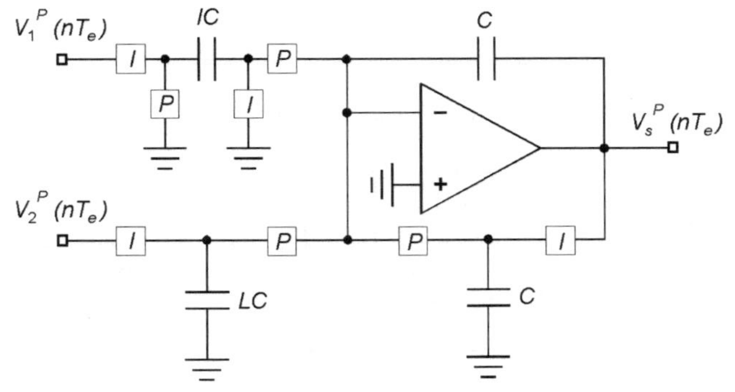

Figure 1.8 Un opérateur élémentaire temps discret de retard.

1.43 Les architectures de filtrage à capacités commutées

Considérant que les structures de filtrage à capacités commutées sont réalisées à partir d'intégrateurs, architecturellement elles correspondront au schéma fonctionnel de la figure 1.6. *A priori*, la matrice d'état fixant la topologie du réseau de connexion reliant les intégrateurs n'est sujette à aucune contrainte. Ainsi, si W est la variable intégration temps continu ou temps discret (éventuellement retard) une réalisation directe de la fonction de transfert

$$T(W) = \frac{b_{n-1}W^{n-1} + \ldots + b_1 W + b_0}{W^n + a_{n-1}W^{n-1} + \ldots + a_1 W + a_0} + d$$

peut être donnée à partir du système

$$\begin{pmatrix} WX_1 \\ WX_2 \\ WX_3 \\ \ldots \\ WX_{n-1} \\ WX_n \end{pmatrix} = \begin{pmatrix} -a_{n-1} & -a_{n-2} & \ldots & -a_1 & -a_0 \\ 1 & 0 & \ldots & 0 & 0 \\ 0 & 1 & \ldots & 0 & 0 \\ \ldots & \ldots & \ldots & \ldots & \ldots \\ 0 & 0 & \ldots & 0 & 0 \\ 0 & 0 & \ldots & 1 & 0 \end{pmatrix} \begin{pmatrix} X_1 \\ X_2 \\ X_3 \\ \ldots \\ X_{n-1} \\ X_n \end{pmatrix} + \begin{pmatrix} 1 \\ 0 \\ 0 \\ \ldots \\ 0 \\ 0 \end{pmatrix} X_e$$

$$X_s = [c_{n-1} \ldots c_0][X_1 \ldots X_n]^T + dX_e$$

Ce cas particulier (forme canonique) correspond à un choix arbitraire de $[A]$ parmi le jeu de matrices compagnes pouvant être associé au dénominateur de $T(W)$ et un choix du vecteur $[B]$ permettant l'injection du signal d'entrée en un seul point.

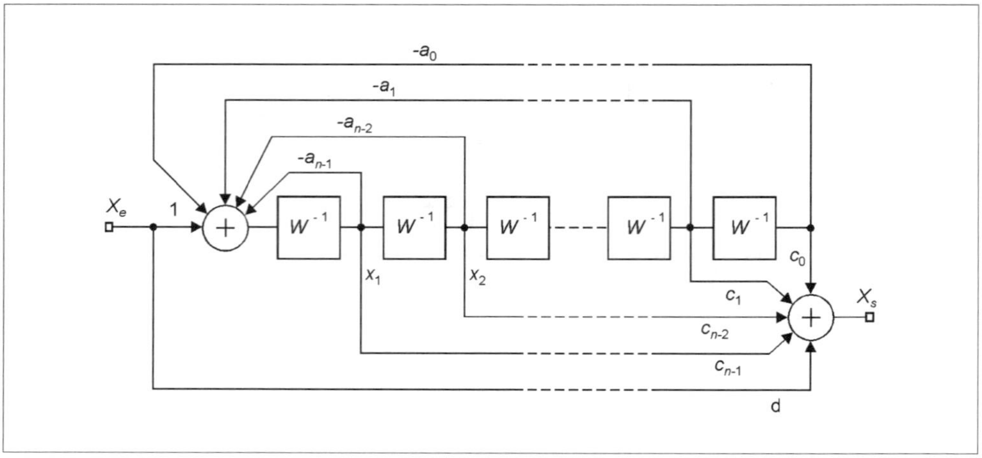

Figure 1.9

Une réalisation électrique du schéma fonctionnel correspondant (figure 1.9) établit une correspondance entre un coefficient de la fonction de transfert et un composant. De ce fait, toute variation de ce dernier affecte tous les pôles ou tous les zéros. Ce type de structure est donc caractérisé par une forte sensibilité aux imprécisions des composants et est rarement utilisé en pratique. Si de nombreuses solutions basées sur des choix particuliers de la matrice d'état ont été proposées [3] [4], actuellement deux types d'architectures sont essentiellement utilisées en capacités commutées. Pour la première, une désensibilisation est obtenue en réalisant la fonction de transfert à partir d'une mise en cascade de sections du second ordre (*cf.* chapitre 5). Les variations d'un composant n'affectent ainsi qu'une paire de pôles ou de zéros. Quant à la seconde, les propriétés de faible sensibilité sont obtenues directement par la simulation d'une structure passive de filtrage structurellement peu sensible aux variations de ses composants (*cf.* chapitre 6).

1.5 Un outil mathématique de synthèse et d'analyse : le graphe de fluence

1.51 Définitions

Un graphe de fluence ou plus exactement graphe de fluence de signal [5] est un réseau de branches unidirectionnelles affectées d'un gain ou transmittance, interconnectées en certains points appelés nœuds, définissant de façon univoque un système d'équations algébriques linéaires. Il a essentiellement pour objet de donner une image concrète de ce système d'équation. Il permet de faire ressortir certaines propriétés mathématiques (par exemple, la théorie de la réaction) ou de faciliter une mise en œuvre (synthèse de filtre). Les nœuds du graphe représentent les variables du système et les transmittances en sont les coefficients.

Ainsi le système

$X_2 = aX_1 + bX_3$

$X_3 = X_0 + eX_1 + dX_2$

est représenté conventionnellement par le graphe

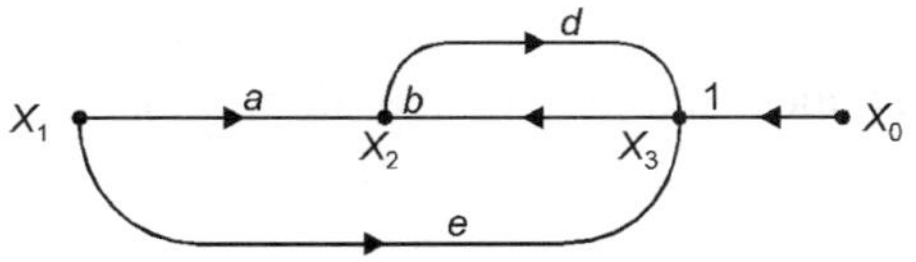

Figure 1.10

Pour faciliter le passage du graphe au schéma électrique, nous avons choisi une représentation plus explicite faisant apparaître nettement les nœuds de sommation (nous verrons par la suite qu'ils correspondent aux masses virtuelles des amplificateurs opérationnels).

Au système

$X_1 = T_1\,(k_{01}X_0 + k_{21}X_2)$

$X_2 = T_1\,(k_{12}X_1 + k_{32}X_3)$

correspond le graphe de la figure 1.11.

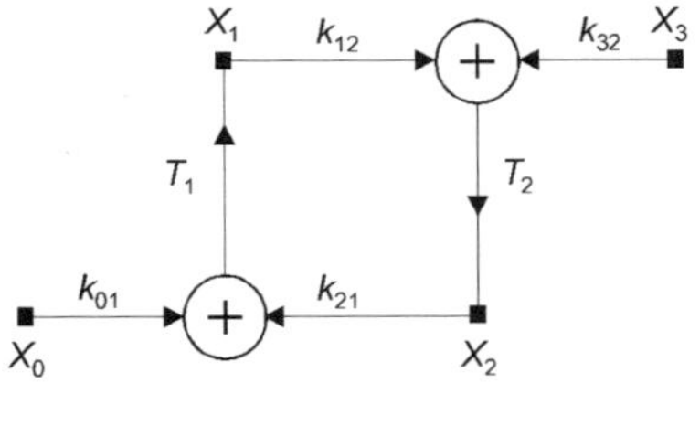

Figure 1.11

Un parcours correspond à la traversée d'une ou de plusieurs branches successives dans le sens indiqué sur les branches (exemple : *adb* ou $k_{21}T_1k_{12}$). Un parcours est dit ouvert si le même nœud n'est pas traversé plus d'une fois (exemple : *ad*). Une boucle (ou parcours fermé) est un parcours qui part d'un nœud et aboutit sur le même nœud sans traverser plus d'une fois un nœud quelconque (exemple : *db*). La transmittance d'un parcours est le produit des transmittances des boucles traversées. Une source est un nœud où n'arrive aucune branche (variable indépendante). Un puits est un nœud qui n'a que des branches convergentes. Un graphe de fluence (ou le système d'équations correspondant) peut être résolu graphiquement par des méthodes de réduction de graphe ou analytiquement par la formule de Mason.

1.52 Réduction graphique d'un graphe

Une réduction partielle ou totale d'un graphe de fluence peut être obtenue à partir d'un ensemble de règles topologiques simples qui se déduisent directement du système d'équations linéaires originel. Les trois règles les plus utilisées sont les suivantes.

❶ *Élimination d'une branche*

Deux ou plusieurs branches en parallèle peuvent être remplacées par une branche unique dont la transmittance est la somme des transmittances de chacune des branches.

❷ *Élimination d'un nœud*

Un nœud qui ne possède qu'une seule branche incidente et qu'une seule branche sortante peut être éliminé en remplaçant les deux branches par une branche unique dont la transmittance est égale au produit des deux transmittances initiales.

❸ *Élimination d'une boucle*

Une boucle de gain T_i peut être réduite en la remplaçant par une branche de gain $1/(1 - T_i)$.

Le système

$$X_3 = (X_0 - X_1)T_1$$
$$X_1 = -T_2X_4$$
$$X_4 = X_1 - T_3X_3$$

et son graphe associé peut être réduit successivement par élimination des nœuds X_1 et X_3, puis par élimination du nœud non référencé et enfin par élimination de la boucle résultante (graphes de la figure 1.12).

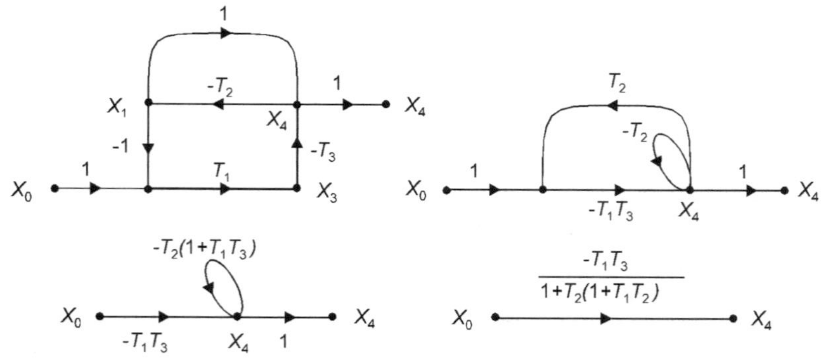

Figure 1.12

1.53 Réduction analytique d'un graphe : la formule de Mason

La formule de Mason permet d'exprimer directement la transmittance entre la source x_0 et un nœud x_j quelconque d'un graphe de fluence avec

$$x_j = x_0 \frac{\sum G_i D_i}{D}$$

- D est le déterminant du graphe (déterminant du système d'équations). Il s'obtient visuellement sous la forme

  $$D = 1 - \sum_j B_j + \sum_j \sum_k B_j B_k - \sum_j \sum_k \sum_l B_j B_k B_l + ..$$

  où

$$\sum_j B_j \quad \sum_j \sum_k B_j B_k \quad \sum_j \sum_k \sum_l B_j B_k B_l \ ...$$

sont respectivement

- la somme de tous les gains de boucle,
- la somme de tous les produits de gains de boucle étendue aux couples de boucles sans nœud commun,
- la somme de tous les produits de gains de boucle étendue aux triplets de boucles sans nœud commun,
- etc.

- G_i est la transmittance du $i^{ème}$ parcours ouvert du nœud x_0 au nœud x_j.
- D_i est le déterminant de la portion de graphe qui ne touche pas le $i^{ème}$ parcours ouvert. Il est possible de l'obtenir à partir de D en annulant les gains de boucle rencontrant un nœud du chemin direct i.

Quelques exemples

Exemple 1

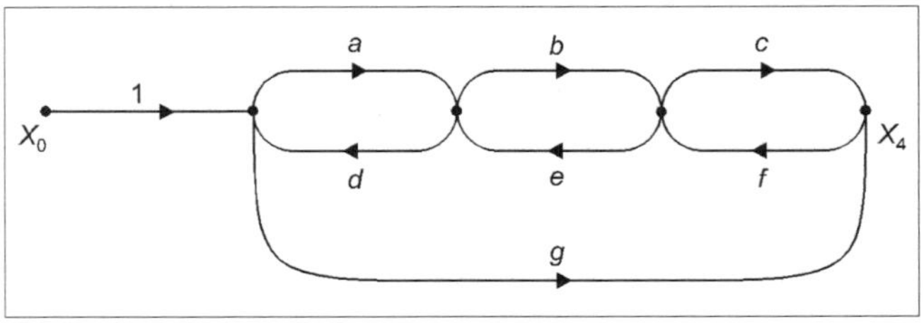

Figure 1.13

$$D = 1 - (ad + be + cf + gfed) + adcf$$

$$G_1 = abc \quad \text{et} \quad D_1 = 1$$

$$G_2 = g \quad \text{et} \quad D_2 = 1 - be$$

$$\frac{x_4}{x_0} = \frac{abc + g(1 - be)}{1 - (ad + be + cf + gfed) + adcf}$$

Exemple 2

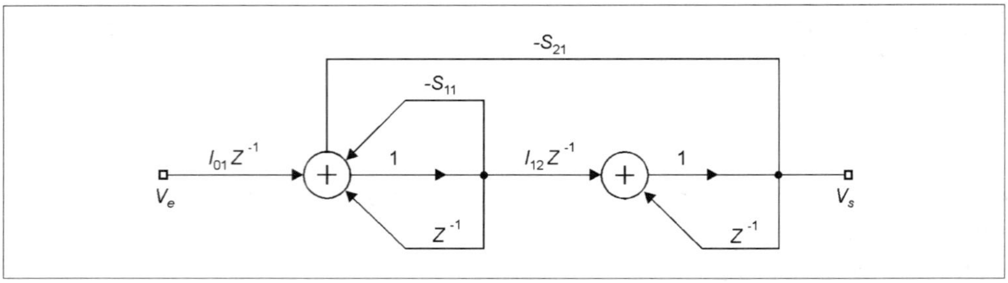

$$D = 1-(S_{11}+Z^{-1}-S_{21}l_{12}Z^{-1}+Z^{-1})+(-S_{11}Z^{-1}+Z^{-1}Z^{-1})$$

$G_1 = l_{01}l_{12}Z^{-2}$ et $D_1 = 1$

$$\frac{V_s}{V_e} = \frac{l_{12}l_{01}Z^{-2}}{Z^{-2}+(l_{12}S_{21}-S_{11}-2)Z^{-1}+(1+S_{11})}$$

L'approximation

CHAPITRE 2

L'approximation a pour but de traduire les spécifications de filtrage, données la plupart du temps en terme de gabarit, sous la forme d'une fonction de transfert réalisable par le dispositif physique choisi pour effectuer la synthèse du filtre. La méthode de l'approximation indirecte par fonctions modèles exposée dans ce chapitre, permet de résoudre analytiquement de façon précise et simple le problème de l'approximation des filtres à gabarit d'amplitude.

2.1 Nécessité d'une phase préliminaire d'approximation

2.11 Les filtres modèles de référence

Les filtres modèles de référence sont des filtres spécifiés dans le domaine fréquentiel ou temporel. Physiquement irréalisables, ils peuvent toutefois être considérés comme des limites pour les filtres réels [6].

Filtre idéal dans le domaine fréquentiel

C'est un filtre passe-bas caractérisé par une atténuation nulle en bande passante et infinie en bande atténuée (figure 2.1). L'inverse de sa fonction de transfert est tel que :

$$|H(\omega)| = 1 \quad \text{si} \quad -\omega_c \le \omega \le +\omega_c$$

et

$$|H(\omega)| = 0 \quad \text{ailleurs.}$$

Sa phase est une fonction linéaire de la fréquence :

$$\Theta(\omega) = -\frac{n\pi}{2}\frac{\omega}{\omega_c}$$

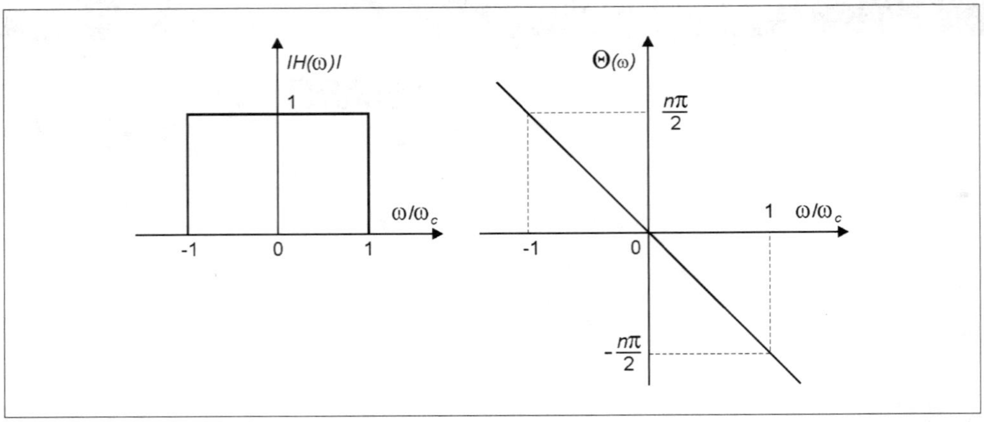

Figure 2.1

Avec

$$H(\mathrm{j}\omega) = [\gamma(\omega + \omega_c) - \gamma(\omega - \omega_c)]\exp(-\mathrm{j}n\pi\omega / 2\omega_c)$$

sa réponse impulsionnelle s'écrit

$$h(t) = \frac{\omega_c}{\pi} \frac{\sin(\omega_c t - \frac{n\pi}{2})}{\omega_c t - \frac{n\pi}{2}}$$

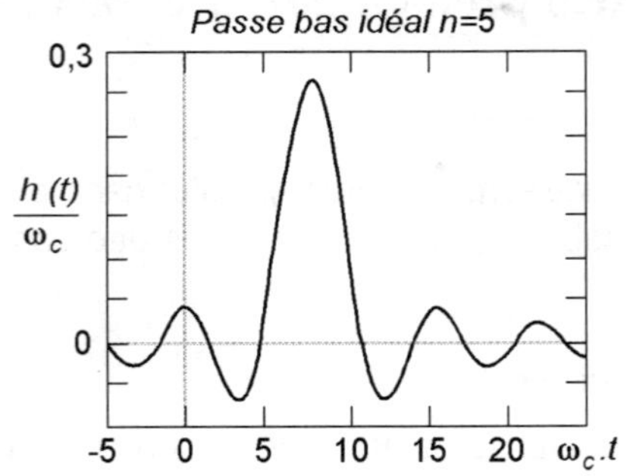

Figure 2.2

Elle est anticipatrice (débute à $t = -\infty$), donc non réalisable physiquement. Le temps de propagation de groupe $\tau = -\mathrm{d}\Theta/\mathrm{d}\omega = n\pi/2\omega_c$ est constant.

Filtre idéal dans le domaine temporel

Bien qu'étant idéal en amplitude et en phase, le filtre modèle rectangulaire est caractérisé par une réponse impulsionnelle présentant des oscillations (sur-oscillations sur la réponse indicielle). Il ne peut donc pas être considéré comme un modèle dans le domaine temporel. On définit un filtre idéal dans le domaine temporel à partir de la fonction de Gauss normalisée pour que

$|H(\omega_c)| = 1/\sqrt{2}$:

$$|H(\omega)| = \exp\left[-\frac{\text{Log}(2)}{2}\left(\frac{\omega}{\omega_c}\right)^2\right]$$

Sa réponse impulsionnelle est également une gaussienne et ainsi ne présente aucune oscillation (figure 2.4) :

$$h(t) = \frac{\omega_c}{\sqrt{2\pi\text{Log}(2)}}\exp\left[-\frac{\left(\omega_c t - \frac{n\pi}{2}\right)^2}{2\text{Log}(2)}\right]$$

Pour un même ordre (n = 5), elle est nettement moins anticipatrice que la réponse impulsionnelle précédente mais elle est toujours physiquement non réalisable. Le temps de propagation de groupe est également constant avec $\tau = n\pi/2\omega_c$.

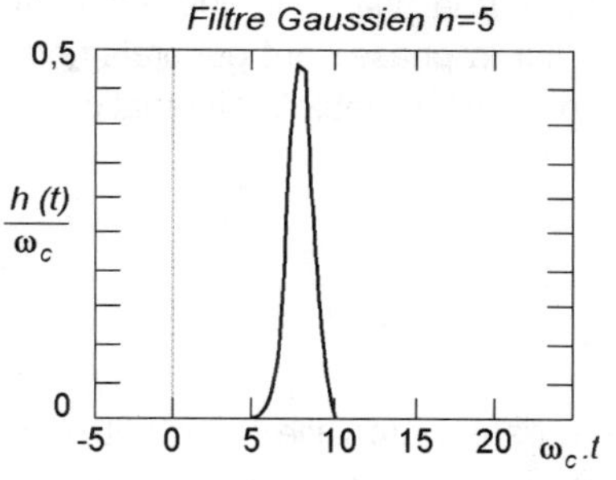

Figure 2.3

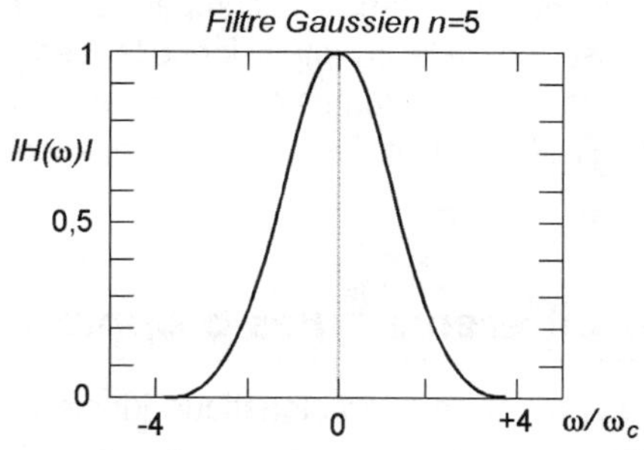

Figure 2.4

2.12 Les filtres physiquement réalisables

Les filtres réels passe-bas ne peuvent être que des approximations des filtres modèles de référence. L'irréalisabilité peut être étendue au cas des filtres idéaux passe-haut, passe-bande et coupe-bande représentés sur la figure 2.5. D'une part ceux-ci peuvent être obtenus par transformation d'un passe-bas et, d'autre part, s'il est besoin d'une justification plus théorique, on peut s'appuyer sur la condition de causalité (donc de réalisabilité) de Paley-Wiener [7] : l'intégrale

$$I = \int_{-\infty}^{+\infty} \frac{|\text{Log}|T(\omega)||}{1+\omega^2}\, d\omega$$

étant finie, on ne peut pas annuler le module d'une fonction de transfert sur une bande de fréquences.

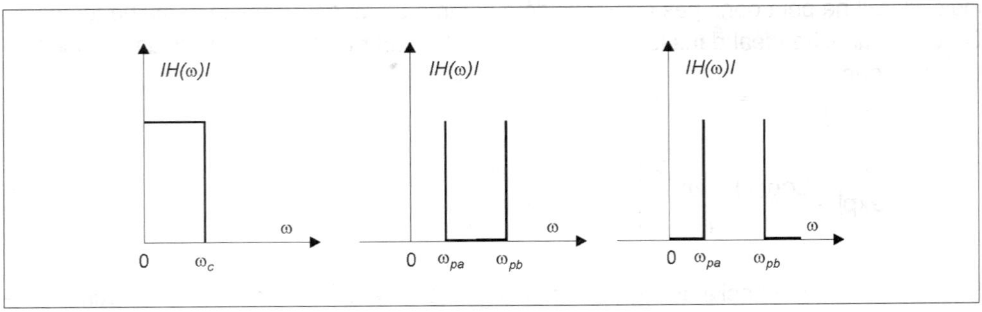

Figure 2.5

Ainsi, les filtres réels présentent une atténuation en bande passante non nulle, inférieure ou égale à une ou plusieurs valeurs a_{maxi} et un affaiblissement en bande atténuée supérieur ou égal à une ou plusieurs valeurs minimales a_{mini} au lieu d'être infinie. La transition entre bandes passantes et bandes atténuées se fait d'une manière progressive, ce qui donne lieu à une ou deux bandes de transition.

L'approximation est donc un préalable à la synthèse. Elle permet de traduire les spécifications de filtrage sous la forme d'une fonction de transfert rationnelle à réaliser. Ces spécifications sont souvent données en terme de contraintes portant uniquement sur le module du signal à traiter. Elle sont parfois accompagnées de contraintes sur la phase et plus rarement sur la réponse indicielle ou impulsionnelle. Les contraintes sur la phase sont généralement spécifiées en terme de temps de propagation de groupe, plus manipulable mathématiquement du fait qu'il s'affranchit des fonctions transcendantes.

2.2 Les différents types d'approximation

Si $g_{id}(x)$ est une caractéristique idéale à approximer dans l'intervalle $(x1,x2)$ et $g(x,\hat{a})$ une fonction approximante, approximer $g_{id}(x)$ consiste à ajuster les n paramètres du vecteur $\hat{a}$ pour que la fonction d'erreur $E(x,\hat{a}) = g(x,\hat{a}) - g_{id}(x)$ soit minimale.

2.21 L'approximation selon le critère des moindres $p^{ième}$

Si $E(x,\hat{a})$ est déterminée pour minimiser l'intégrale

$$I = \int_{X_1}^{X_2} W(x)E(x,\hat{a})^p \, dx$$

l'approximation est réalisée selon le critère des moindres $p^{ième}$. Le facteur de pondération $W(x)$ est éventuellement utilisé pour durcir ou relâcher les contraintes sur une ou plusieurs parties de l'intervalle d'approximation. L'entier $p = 2$ correspond au cas classique du critère des moindres carrés. Pratiquement, cette approximation est connue pour présenter des ondulations ayant tendance à devenir plus grandes au voisinage des bornes d'intégration. Une régularisation des ondulations est réalisée avec $p >> 2$ et le problème est théoriquement complètement résolu avec $p = \infty$ (convergence vers l'approximation selon Tchébycheff [8]).

2.22 L'approximation selon Taylor

Si la fonction $g_{id}(x)$ est développée en série de Taylor au voisinage d'un point x_0 avec

$$g_{id}(x) = g_{id}(x_0) + \left.\frac{dg_{id}(x)}{dx}\right|_{x_0}(x - x_0) + \ldots + \left.\frac{dg_{id}{}^k(x)}{dx^k}\right|_{x_0}\frac{(x - x_0)^k}{k!} + \ldots$$

soit

$$g_{id}(x) = b_0 + b_1(x - x_0) + \ldots + b_n(x - x_0)^n + b_{n+1}(x - x_0)^{n+1} + \ldots$$

et si la fonction approximante est également développée telle que

$$g(x,\hat{a}) = a'_0 + a'_1(x - x_0) + \ldots + a'_n(x - x_0)^n + a'_{n+1}(x - x_0)^{n+1} + \ldots$$

l'approximation est dite de Taylor si les n premiers termes de $g(x,\hat{a})$ et de $g_{id}(x)$ coïncident. La fonction d'erreur $E(x,\hat{a}) = [a'_n - b_n](x - x_0)^n + \ldots$ ayant ces $n - 1$ premières dérivées nulles est dite *à maximum de platitude* (approximation de type MF.).

2.23 L'approximation selon Tchébycheff

L'approximation de Taylor privilégie un point de l'intervalle (x_1, x_2). Si on souhaite que tous les points aient la même importance, la fonction approximante $g(x, \hat{a})$ doit approximer la fonction idéale $g_{id}(x)$ au sens de Tchébycheff, et le vecteur $\hat{a}$ est choisi pour que l'amplitude maximum de la fonction d'erreur $E(x, \hat{a})$ soit minimum dans l'intervalle (x_1, x_2). Ce type d'approximation conduit à une fonction d'erreur oscillant dans l'intervalle considéré entre des maximums et des minimums d'égale amplitude (figure 2.6). L'approximation est dite *à taux d'ondulation constant* (approximation de type ER ou minimax). Dans des cas simples, le problème peut être traité analytiquement (*cf.* approximation par fonction modèle de Tchébycheff, paragraphe 2.52), sinon il est traité informatiquement par des techniques itératives (algorithme de Remez [9]).

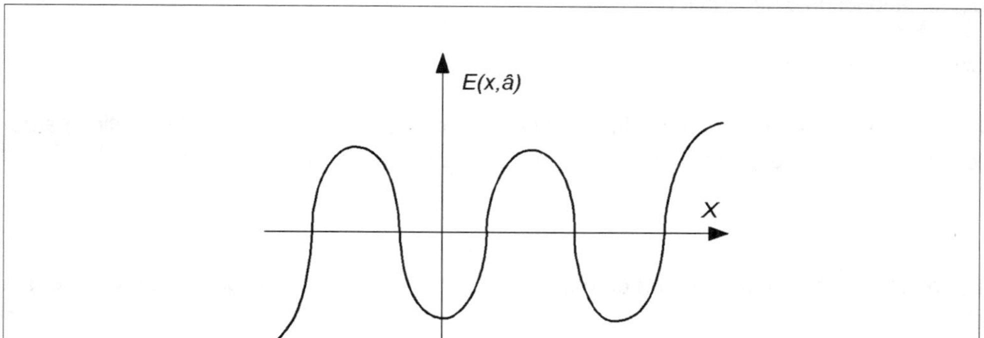

Figure 2.6

2.3 L'approximation indirecte

Le problème de l'approximation pour le filtrage temps discret peut être résolu directement ou indirectement. Dans le premier cas, la fonction de transfert en Z est générée directement à partir des spécifications. Il est généralement traité numériquement par des techniques itératives de calcul et nécessite des moyens informatiques. Les contraintes éventuelles sur le TPG (temps de propagation de groupe) peuvent être pris en compte simultanément avec les contraintes sur le module ou séparément à partir d'une égalisation de la phase à partir d'un « passe-tout » caractérisé par une fonction de transfert de module unité

$$T(z) = \frac{Z^{-N} + a_1 Z^{-(N-1)} + \ldots + a_N}{a_N Z^{-N} + a_{N-1} Z^{-(N-1)} + \ldots + 1}$$

Dans le second cas, une fonction de transfert temps continu ou une structure de filtrage associée (typiquement une échelle passive composée d'inductances, de condensateurs et à terminaisons résistives) est convertie en fonction de transfert ou structure temps discret (typiquement une échelle active à capacités commutées) par application d'une transformation $P \to Z$. La méthode indirecte ne permet pas la prise en compte de contraintes sur la phase mais permet de résoudre analytiquement, de façon précise et simple le problème de l'approximation des filtres à gabarit d'amplitude. Elle est optimale du point de vue de l'ordre de la fonction de transfert à réaliser si les spécifications de filtrage sont données à partir d'un gabarit d'amplitude standard décrit par une valeur unique d'affaiblissement en bande passante amax et une valeur unique d'affaiblissement en bande atténuée amin. Ce type de spécifications correspond généralement au traitement d'un signal caractérisé par un spectre de fréquence plat. Par commodité nous traiterons uniquement de ce type d'approximation.

2.4 Fonctions et paramètres intermédiaires

Si $T(p) = S(p)/E(p)$ est la fonction de transfert d'un système linéaire et $H(p)$ son inverse, on définit la fonction d'atténuation

$$A(\omega) = 10 \log \left| H(\mathrm{j}\omega) \right|^2$$

La fonction $|H(\mathrm{j}\omega)|$ devant approximer l'unité en bande passante, on définit la fonction caractéristique $K(\mathrm{j}\omega)$ approximant la valeur zéro dans la même bande telle que

$$\left| H(\mathrm{j}\omega) \right|^2 = 1 + \left| K(\mathrm{j}\omega) \right|^2$$

Par prolongement analytique, on étend la définition à tout le plan complexe, et on arrive à la relation de Feldtkeller

$$H(p)H(-p) = 1 + K(p)K(-p)$$

Si les variations de $|K(\mathrm{j}\omega)|$ en bande passante sont paramétrées par le taux d'ondulation

$$\varepsilon = \sqrt{10^{\frac{A_{max}}{10}} - 1}$$

la fonction caractéristique $K(p)$ ayant le même dénominateur que $H(p)$, on définit le polynôme des zéros de réflexion $F(p)$ tel que

$$K(p)K(-p) = \varepsilon^2 \frac{F(p)F(-p)}{S(p)S(-p)}$$

On obtient ainsi la seconde forme de l'équation de Feldtkeller

$$E(p)E(-p) = S(p)S(-p) + \varepsilon^2 F(p)F(-p)$$

Équation qui relie les modes naturels de la fonction de transfert (racines de $E(p)$) aux zéros de transmission (racines de $S(p)$) et aux zéros de réflexion (racines de $F(p)$). Résoudre le problème de l'approximation, c'est trouver un ensemble de zéros de transmission, un ensemble de zéros de réflexion et une valeur ε tels que la fonction d'atténuation $A(\omega)$ respecte les contraintes du gabarit. Après résolution puis factorisation de l'équation de Feldtkeller on affecte à $E(p)$ les facteurs correspondant aux pôles dans le demi-plan gauche de la variable complexe (stabilité). La fonction de transfert $T(p)$ est ainsi complètement déterminée.

2.5 Fonctions modèles d'approximation

2.51 Le gabarit passe-bas prototype

Les fonctions modèles d'approximation (ou fonctions standards) sont déterminées par rapport à un gabarit normalisé appelé *gabarit passe-bas prototype* (figure 2.7)

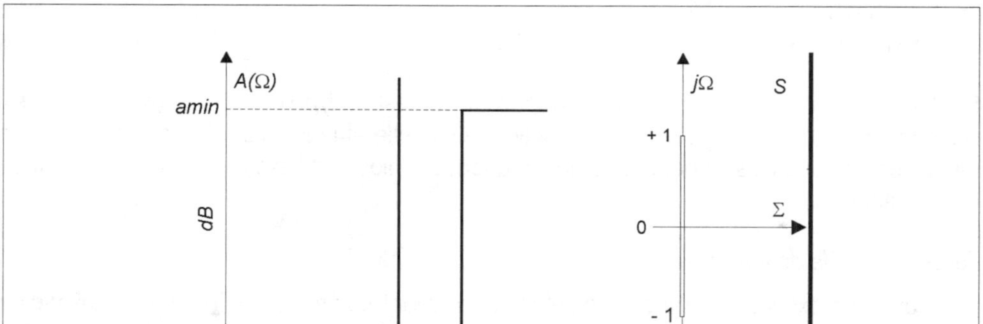

Figure 2.7 Le gabarit passe-bas prototype.

Les spécifications d'un tel gabarit correspondent à une valeur unique pour l'affaiblissement en bande passante (*amax*) et une valeur unique en bande atténuée (*amin*). L'extrémité de la bande passante est normalisée ($\Omega p = 1$). La fonction d'atténuation qui approxime ce gabarit est donnée par $A(\Omega) = 10 \log|H(j\Omega)|^2$. Elle correspond à une évaluation de $H(S)$ sur l'axe imaginaire du plan

$$S = \Sigma + j\Omega \quad \text{avec} \quad |H(j\Omega)|^2 = |H(S)H(-S)|_{s=j\Omega}$$

2.52 Les fonctions modèles usuelles

Toutes les fonctions modèles d'approximation possèdent un polynôme caractéristique pair ou impair [10]. D'autre part, pour éviter la manipulation de nombres complexes, on pose

$$|H(j\Omega)|^2 = 1 + |K(j\Omega)|^2 \quad \text{soit} \quad |H(j\Omega)|^2 = 1 + \varepsilon^2 \Psi_n^2(\Omega)$$

la fonction $\Psi_n(\Omega)$ étant une fonction de la variable réelle Ω telle que

$$|\Psi_n| \leq 1 \quad \text{pour} \quad 0 < \Omega \leq 1, |\Psi_n(1)| = 1 \quad \text{et}$$

$$A(\Omega) = 10 \log\left[1 + \varepsilon^2 \Psi_n^2(\Omega)\right] \geq a_{mini} \quad \text{pour} \quad \Omega \geq \Omega_s$$

Avec

$$\varepsilon = \sqrt{10^{\frac{amax}{10}} - 1}$$

on définit le facteur de discrimination de l'approximation

$$D = \sqrt{\frac{10^{\frac{amin}{10}} - 1}{10^{\frac{amax}{10}} - 1}} \leq \Psi_n(\Omega_s)$$

Si $\Psi_n(\Omega)$ est un polynôme, on dit que l'approximation est *de type polynomial* (ou tous pôles). Dans le cas contraire, $\Psi_n(\Omega)$ est une fraction rationnelle et la fonction de transfert possède des zéros de transmission pour certaines fréquences finies (sur l'axe imaginaire et par paires conjuguées).

Fonction modèle de Butterworth

C'est une approximation polynomiale selon Taylor ayant n zéros de réflexion nuls à l'origine (figure 2.8). La fonction à approximer $g_{id}(\Omega)$ étant nulle dans l'intervalle (0,1), la fonction approximante $g(x, \hat{a}) = \Psi_n(\Omega) = \Omega^{2n}$. Ainsi,

$$A(\Omega) = 10 \log(1 + \varepsilon^2 \Omega^{2n})$$

Pour la détermination de l'ordre, avec $\Psi_n(1) = 1$ et $\Psi_n(\Omega_s) \geq D$ soit $\Omega_s^{\,n} \geq D$, on doit respecter la contrainte : $n \geq \log(D)/\log(\Omega_s)$

Pour le calcul des pôles, il suffit de considérer le prolongement analytique (on remplace Ω par S/j) de

$$|H(j\Omega)|^2 = 1+\varepsilon^2(\Omega^2)^n \quad \text{soit} \quad H(S)H(-S) = 1+\varepsilon^2(-1)^n S^{2n}$$

On obtient les pôles avec $1+\varepsilon^2(-1)^n S^{2n} = 0$ soit

$$S^{2n} = \varepsilon^{-2}(-1)^{n-1} = \varepsilon^{-2}\exp[j\pi(n-1+2k)]$$

et

$$S_k = \varepsilon^{-1/n}\exp\left[j\left(\frac{\pi}{2}+\frac{(2k-1)\pi}{2n}\right)\right] \quad \text{pour } k = 1,\ldots,2n$$

Ils sont situés sur un cercle de rayon $\varepsilon^{-1/n}$ tous les π/n radians. En sélectionnant les racines situées dans le demi-plan gauche de la variable complexe S

$$H(S) = \varepsilon\prod_{k=1}^{n}(S-S_k) \qquad \text{et} \qquad T(S) = \frac{1}{\varepsilon\prod_{k=1}^{n}(S-S_k)}$$

Par regroupement des paires de pôles complexes conjugués,

$$T(S) = \varepsilon\prod_{k=1}^{\frac{n}{2}}\frac{1}{S^2+2\varepsilon^{-\frac{1}{n}}\sin\left[\frac{(2k-1)\pi}{2n}\right]S+\varepsilon^{-\frac{2}{n}}} \quad \text{si } n \text{ est pair et}$$

$$T(S) = \frac{1}{S+\varepsilon^{-\frac{1}{n}}}\,\varepsilon\prod_{k=2}^{\frac{n+1}{2}}\frac{1}{S^2+2\varepsilon^{-\frac{1}{n}}\sin\left[\frac{(2k-3)\pi}{2n}\right]S+\varepsilon^{-\frac{2}{n}}} \quad \text{si } n \text{ est impair}$$

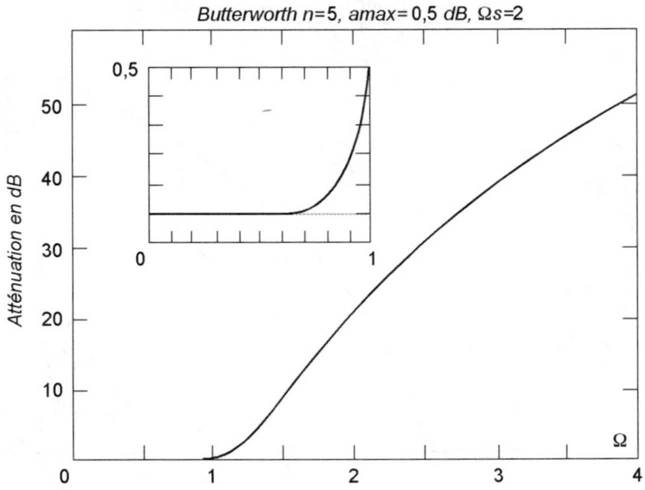

Figure 2.8

Fonction modèle de Tchébycheff

C'est également une approximation de type polynomial. Les zéros de réflexion sont distribués en bande passante et la fonction caractéristique possède n zéros de transmission à l'infini (figure 2.9). L'ondulation est uniformément répartie en bande passante. Pour la réalisation d'un gabarit passe-bas prototype donné et pour les fonctions d'approximation tous pôles, cette approximation est optimale, au sens où elle conduit à un polynôme d'ordre minimum [11]. Les polynômes de Tchébycheff T_n appartiennent à une classe de fonctions qui oscillent entre les valeurs ±1 dans l'intervalle $-1 \leq \Omega \leq +1$ et augmentent à l'extérieur. Ils s'obtiennent en éliminant le paramètre ϑ entre les équations

$$T_n(\Omega) = \cos(n\vartheta) \quad \text{et} \quad \Omega = \cos(\vartheta) \quad \text{si } 0 < \Omega \leq 1$$

et

$$T_n(\Omega) = \text{ch}(n\vartheta) \quad \text{et} \quad \Omega = \text{ch}(\vartheta) \quad \text{si } \Omega > 1$$

Ainsi

$$\Psi_n(\Omega) = T_n(\Omega) \quad \text{et} \quad A(\Omega) = 10\log\left(1 + \varepsilon^2 T_n(\Omega)^2\right)$$

L'ordre n doit être tel que $n \geq \text{arg ch}\,(D)/\text{arg ch}\,(\Omega_s)$.
Les pôles sont déterminés par $S_k = \Sigma_k + \text{j}\,\Omega_k$ avec

$$\Sigma_k = -\sin(\Phi_k)\text{sh}(\eta), \quad \Omega_k = \cos(\Phi_k)\text{ch}(\eta)$$

$$\Phi_k = (2k-1)\pi/2n \quad \text{pour } k = 1,\ldots,n \quad \text{et} \quad \eta = \frac{1}{n}\text{argsh}\frac{1}{\varepsilon}$$

Comme pour les filtres de Butterworth, les paires de pôles complexes conjugués peuvent être regroupées pour générer des sections du deuxième ordre à coefficients réels.

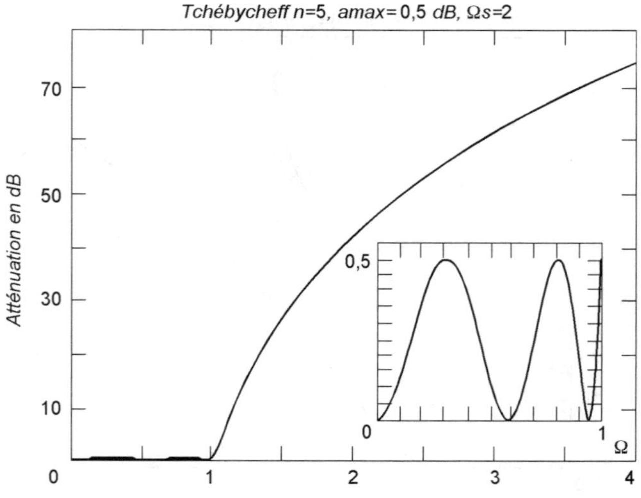

Figure 2.9

Fonction modèle de Tchébycheff inverse

C'est une approximation de type non polynomial. La fonction caractéristique comporte n zéros de réflexion à l'origine et $n/2$ ou $(n-1)/2$ zéros de transmission à fréquences finies suivant la parité ou l'imparité de n (figure 2.10). Elle s'obtient par manipulation de la fonction caractéristique des filtres de Tchébycheff (une inversion suivie d'une transformation $\Omega \to 1/\Omega$).

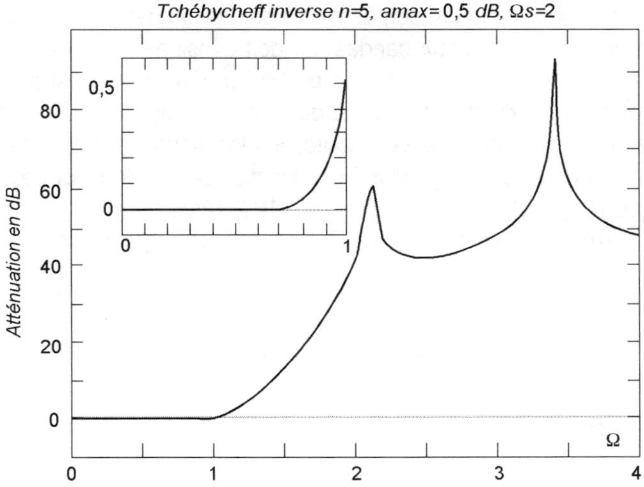

Figure 2.10

$$\Psi_n(\Omega) = \frac{T_n(\Omega)}{T_n\left(\dfrac{\Omega_s}{\Omega}\right)} \quad \text{et} \quad A(\Omega) = 10\log\left(1 + \varepsilon^2 \frac{T_n(\Omega)^2}{T_n\left(\dfrac{\Omega_s}{\Omega}\right)^2}\right)$$

Comme pour les filtres ordinaires de Tchébycheff dont ils sont dérivés, l'ordre n doit être tel que $n \geq \arg\operatorname{ch}(D)/\arg\operatorname{ch}(\Omega_s)$. Les pôles sont déterminés par $S_k = \Sigma_k + j\Omega_k$,

$$\Sigma_k = -\frac{\Omega_s \sin(\Phi_k)\operatorname{sh}(\eta)}{\cos^2(\Phi_k)\operatorname{ch}^2(\eta) + \sin^2(\Phi_k)\operatorname{sh}^2(\eta)}$$

$$\Omega_k = \frac{\Omega_s \cos(\Phi_k)\operatorname{ch}(\eta)}{\cos^2(\Phi_k)\operatorname{ch}^2(\eta) + \sin^2(\Phi_k)\operatorname{sh}^2(\eta)} \quad \text{avec}$$

$$\Phi_k = (2k-1)\frac{\pi}{2n} \quad \text{pour } k = 1, \ldots, n \quad \text{et}$$

$$\eta = \frac{1}{n}\arg\operatorname{sh}\frac{1}{\beta} \quad \beta = \left(\varepsilon\left|T_n(\Omega_s)\right|\right)^{-1}$$

Formellement, les zéros sont donnés par

$$\Omega_{zk} = \frac{\Omega_s}{\cos\left[(2k-1)\dfrac{\pi}{2n}\right]} \qquad \text{pour } k = 1,\ldots,n$$

Fonction modèle de Cauer

L'approximation au moyen de polynômes de Tchébycheff a permis d'aboutir à un affaiblissement uniformément réparti soit dans la bande passante soit dans la bande atténuée. Pour obtenir ce même affaiblissement dans les deux bandes, on doit considérer les fractions rationnelles de Tchébycheff dont les polynômes sont un cas particulier. On arrive ainsi à l'*approximation de Cauer* (ou *Elliptique*, ou *de Zolotaref*). Elle est de type non polynomial. Pour la réalisation d'un gabarit passe-bas prototype donné et pour toutes les fonctions d'approximation, cette approximation est optimale, au sens où elle conduit à une fonction de transfert d'ordre minimum. La fonction caractéristique R_n (Ω, D) possède $n/2$ ou $(n-1)/2$ zéros de réflexion distribués en bande passante et $n/2$ ou $(n-1)/2$ zéros de transmission à fréquences finies selon la parité ou l'imparité de n (figure 2.11).

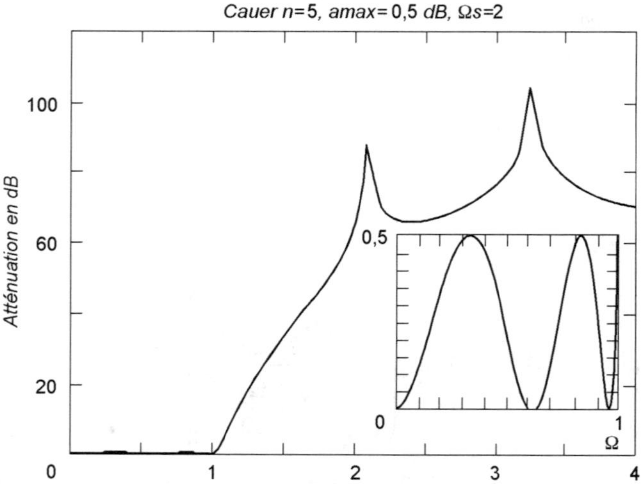

Figure 2.11

Ainsi,

$$\Psi_n(\Omega) = R_n(\Omega, D) \quad \text{et} \quad A(\Omega) = 10\log\left[1 + \varepsilon^2 R_n(\Omega, D)^2\right] \quad \text{avec}$$

$$R_n(\Omega, D) = C_1 \prod_{k=1}^{\frac{n}{2}} \frac{\Omega^2 - \Omega_{ok}^2}{\Omega^2 - \Omega_{zk}^2} \qquad \text{si } n \text{ pair et}$$

$$R_n(\Omega, D) = C_2 \Omega \prod_{k=1}^{\frac{n-1}{2}} \frac{\Omega^2 - \Omega_{ok}^2}{\Omega^2 - \Omega_{zk}^2} \qquad \text{si } n \text{ impair}$$

Les constantes C_1 et C_2 sont choisies pour avoir $\Psi_n(1) = 1$. Les fractions rationnelles de Tchébycheff sont définies en termes de fonctions elliptiques de Jacobi. L'évaluation de ces fonctions peut être effectuée à partir de tables ou de formules récursives [12], [13], [14]. On trouvera, en annexe, un programme écrit en langage Pascal à partir de [15] permettant le calcul des différents paramètres nécessaires à la détermination des filtres de Cauer.

Quelques critères de choix

Le tableau 2.1 montre clairement que si le seul critère de choix est l'ordre du filtre (nombre d'éléments actifs), l'approximation selon Cauer est la plus performante pour les filtres à forte sélectivité. Si des considérations de simplicité de réalisation sont prises en compte, on notera que les filtres tous pôles ne nécessitent évidemment pas la réalisation de zéros à fréquence finie, ainsi les structures physiques correspondantes ont un nombre de composants passifs réduit. Du point de vue distorsion de phase, toutes choses étant égales par ailleurs, c'est-à-dire pour la réalisation d'un même gabarit, les ordres pouvant être très différents selon la sélectivité, le choix d'une fonction d'approximation doit être fait au cas par cas.

amax = 0,1 dB et amin > 40 dB								
Butterworth			***Tchébycheff***			***Cauer***		
Ω_s	***n***	***amin***	Ω_s	***n***	***amin***	Ω_s	***n***	***amin***
4	5	43,8	4	4	49,3	4	3	43,4
3	6	40,9	3	5	54,2	3	4	56,9
2	10	43,8	2	6	46,0	2	4	41,4
1,5	16	40,0	1,5	8	44,5	1,5	5	43,4
1,2	36	40,6	1,2	12	42,5	1,2	7	50,9
1,15	47	40,7	1,15	14	43,4	1,15	7	45,7

Tableau 2.1

2.6 Transformations de fréquence

Par définition, les fonctions modèles d'approximation satisfont uniquement les spécifications relatives à un gabarit passe-bas prototype. On doit donc effectuer une transformation de la variable complexe S du passe-bas prototype qui préserve les contraintes de réalisabilité (fonction de transfert stable, rationnelle et à coefficients réels) et qui établit une correspondance entre une partie de l'axe imaginaire du plan S et une ou deux bandes de fréquence du plan p.

2.61 La transformation passe-bas → passe-bas

La transformation passe-bas → passe-bas ou *transformation de dénormalisation en fréquence* est obtenue par la transformation

$$S = f(p) = \frac{p}{\omega_p}$$

La fonction d'atténuation étant une fonction paire de Ω, une représentation complète doit tenir compte de la fonction $A(-\Omega)$, image de $A(\Omega)$ sur l'axe $[-\infty < \Omega \leq 0]$. La fréquence particulière $S_i = \pm j\Omega_i$ sur l'axe imaginaire du plan S est transformée dans le plan p en $\pm j\omega_i/\omega_p$, en particulier

$$\Omega_i = 1 \rightarrow \omega_i = \omega_p \quad \text{et}$$

$$\Omega_i = \Omega_s \rightarrow \omega_i = \omega_a = \Omega_s \omega_p$$

Ainsi, la spécification en fréquence Ω_s du gabarit passe-bas prototype est obtenue simplement à partir du gabarit standard réel avec $\Omega_s = \omega_a/\omega_p$.

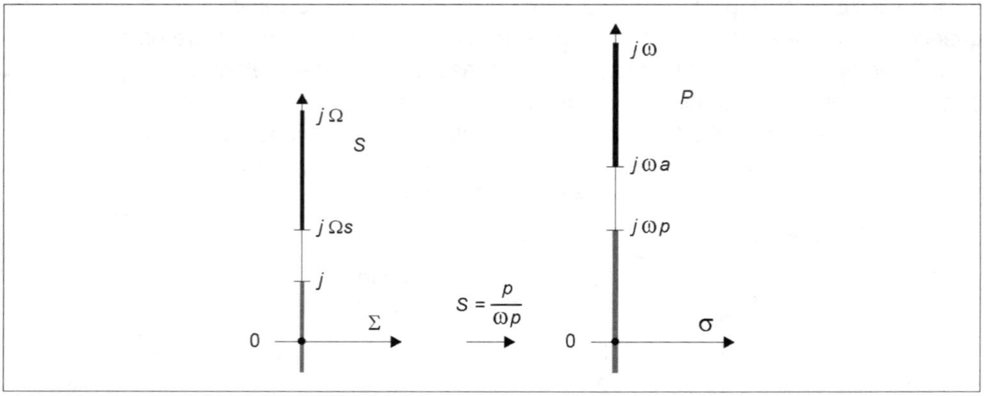

Figure 2.12 Transformation passe-bas → passe-bas.

2.62 La transformation passe-bas → passe-haut

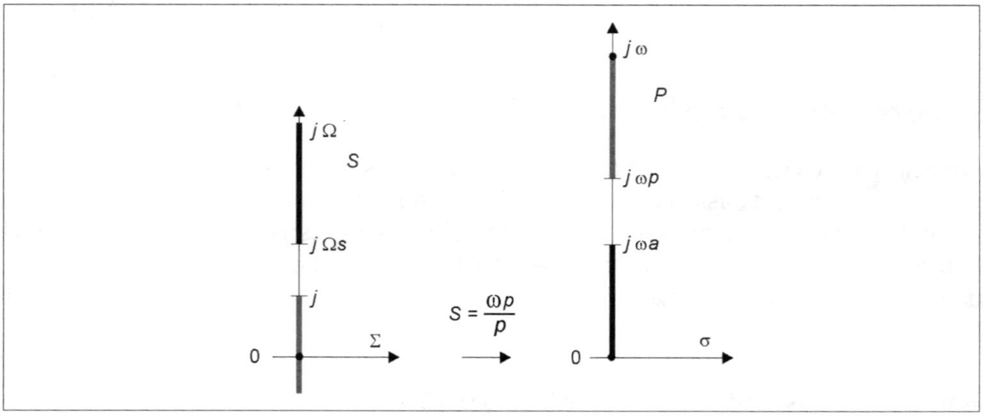

Figure 2.13 Transformation passe-bas → passe-haut.

Elle est réalisée par le changement de variable $S = f(p) = \omega_p/p$. Sur l'axe imaginaire :

$$S_i = \pm j\Omega_i \rightarrow \pm j\frac{\omega_p}{\omega_i}$$

en particulier

$$\Omega_i = 0 \rightarrow \omega_i = \pm\infty, \quad \Omega_i = 1 \rightarrow \omega_i = \omega_p \quad \text{et} \quad \Omega_i = \Omega_s \rightarrow \omega_i = \omega_a = \frac{\omega_p}{\Omega_s}$$

Les paramètres ω_p et ω_a du gabarit passe-haut standard étant connus, la spécification en fréquence du passe-bas prototype est déterminée par $\Omega_s = \omega_p/\omega_a$

2.63 La transformation passe-bas → passe-bande

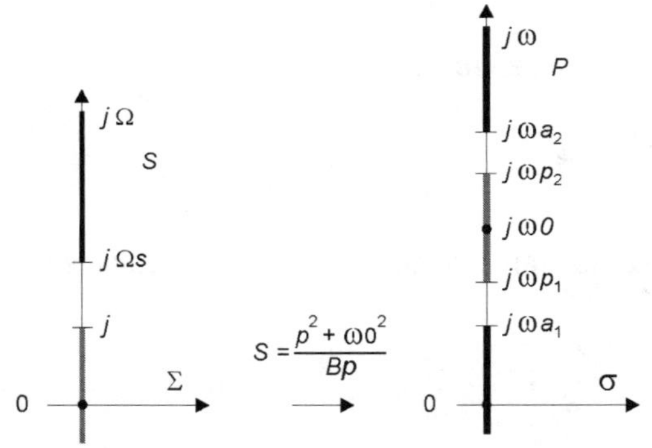

Figure 2.14 Transformation passe-bas → passe — bande.

La transformation passe-bas → passe-bande est réalisée par le changement de variable :

$$S = f(p) \quad \text{soit} \quad S = \frac{1}{B}\left(p + \frac{\omega_0^2}{p}\right)$$

Sur l'axe imaginaire :

$$S_i = \pm \mathrm{j}\Omega_i \rightarrow \pm\frac{\omega_0^2 - \omega_i^2}{\mathrm{j}B\omega_i}$$

À la pulsation + Ω_i correspond deux pulsations ω_{i1} et ω_{i2} et à la pulsation – Ω_i correspond deux pulsations ω_{i3} et ω_{i4}. Les deux pulsations positives ω_{i1} et ω_{i3} sont en symétrie géométrique avec

$$\omega_{i1}\omega_{i3} = \omega_0^2 \quad \text{et} \quad \omega_{i1} - \omega_{i3} = B\Omega_j$$

Pour la valeur $\Omega_i = \pm 1$ du passe-bas prototype on obtient les deux pulsations particulières du plan p, ω_{p1} et ω_{p2}. Et pour la valeur particulière $\Omega_i = \pm\, \Omega_s$, on obtient les deux valeurs ω_{a1} et ω_{a2}.

Le paramètre

$$B = \omega_{p2} - \omega_{p1}$$

est la bande passante du filtre et le paramètre

$$\omega_0 = \sqrt{\omega_{p1}\omega_{p2}} = \sqrt{\omega_{a1}\omega_{a2}}$$

est la pulsation centrale.

Avec $\omega_{a2} - \omega_{a1} = B\Omega_s$, la fréquence Ω_s du gabarit passe-bas prototype est obtenue par

$$\Omega_s = \frac{\omega_{a2} - \omega_{a1}}{\omega_{p2} - \omega_{p1}}$$

À partir de l'expression des pôles transformés

$$p_{i_{1,2}} = -\frac{B}{2}S_i \pm \mathrm{j}\sqrt{\omega_0^2 - \left(\frac{BS_i}{2}\right)^2}$$

une valeur réelle $S_i = -\Sigma_i$ est transformée en une paire de valeurs complexes conjuguées

$$p_{i_{1,2}} = -\frac{B}{2}\Sigma_i \pm \mathrm{j}\sqrt{\omega_0^2 - \left(\frac{B\Sigma_i}{2}\right)^2}$$

Une section passe-bas d'ordre un est donc transformée en une section quadratique passe-bande. Une paire de valeurs complexes conjuguées $S_i = -\Sigma_i \pm \mathrm{j}\Omega_i$ est transformée en deux paires de valeurs complexes conjuguées telles que

$$p_{ia_{1,2}} = 0{,}5\left[-B\Sigma_i + \sqrt{Z} \pm \mathrm{j}\left(B\Omega_i - \frac{Y}{2\sqrt{Z}}\right)\right]$$

$$p_{ib_{1,2}} = 0{,}5\left[-B\Sigma_i - \sqrt{Z} \pm \mathrm{j}\left(B\Omega_i + \frac{Y}{2\sqrt{Z}}\right)\right]$$

avec

$$X = B^2\left[\Sigma_i^2 - \Omega_i^2 - \left(\frac{2\omega_0}{B}\right)^2\right], \quad Y = 2\Sigma_i\Omega_i B^2$$

et

$$Z = \frac{X}{2}\left(1 + \sqrt{1 + \frac{Y^2}{X^2}}\right) \quad \text{si } X > 0$$

$$Z = \frac{Y^2}{4}\frac{1}{\frac{|X|}{2}\left(1 + \sqrt{1 + \frac{Y^2}{X^2}}\right)} \quad \text{si } X < 0$$

Après recombinaison des pôles conjugués, une section passe-bas d'ordre deux tous pôles est transformée en deux sections quadratiques de type passe-bande.

Une valeur sur l'axe imaginaire $S_i = \pm j\Omega_i$ est transformée en deux paires de valeurs imaginaires

$$p_{i_{1,2}} = \pm j\left[\frac{B}{2}\Omega_i \pm \sqrt{\omega_0^2 + \left(\frac{B\Omega_i}{2}\right)^2}\right]$$

Une section passe-bas d'ordre deux avec un zéro sur l'axe imaginaire est transformée en deux sections biquadratiques. L'une est de type réjecteur passe-bas et l'autre réjecteur passe-haut.

2.64 La transformation passe-bas → coupe-bande

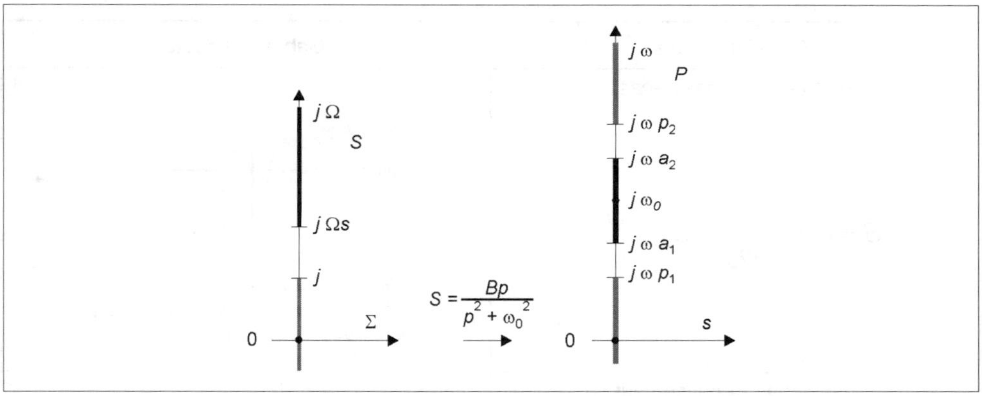

Figure 2.15 Transformation passe-bas → coupe-bande.

On effectue le changement de variable

$$S = f(p) = \frac{Bp}{\left(p^2 + \omega_0^2\right)}$$

Si on observe que $f(p)_{\text{coupe bande}} = 1/f(p)_{\text{passe-bande}}$, la transformation passe-bas → coupe-bande peut être obtenue en appliquant successivement la transformation passe-haut sur un passe-bas prototype puis la transformation passe-bande sur le passe-haut obtenu.

Les propriétés du coupe-bande sont directement déductibles des propriétés de la transformation passe-bas→passe-bande par le changement $\Omega_i \to 1/\Omega_i$. Le paramètre B est la largeur de bande réjectée et la relation

$\omega_{p_1}\omega_{p_2} = \omega_{a_1}\omega_{a_2} = \omega_0^2$ est conservée.

Le passe-bas prototype sera tel que :

$$\Omega_s = \frac{\omega_{p_2} - \omega_{p_1}}{\omega_{a_2} - \omega_{a_1}}$$

2.65 La méthode du gabarit passe-bas prototype

L'affaiblissement du filtre obtenu par transformation à une pulsation particulière ω_i étant le même que celui du passe-bas prototype à la pulsation Ωi avec $j\Omega_i = f\,(j\omega_i)$, pour réaliser un filtre de gabarit quelconque à partir d'un gabarit passe-bas prototype, il suffit :

- de traduire les spécifications imposées sur le gabarit quelconque en spécifications relatives à un gabarit standard du même type (un jeu unique de valeur *amin* et *amax*),
- de traduire les spécifications imposées sur le gabarit standard passe-bas, passe-haut, passe-bande ou coupe-bande en spécifications relatives à un gabarit passe-bas prototype,
- de choisir une fonction modèle d'approximation qui réalise le gabarit passe-bas prototype et de déterminer T (S),
- d'effectuer le changement de variable complexe adéquat $S = f\,(p)$ sur la fonction d'atténuation passe-bas prototype.

Transformation	**Gabarit associé**
passe-bas → passe-bas $S = f(p) = \dfrac{p}{\omega_p}\ ;\ \Omega_s = \dfrac{\omega_a}{\omega_p}$	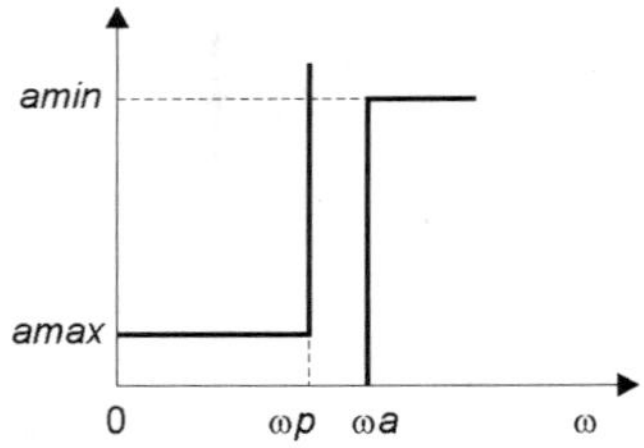
passe-bas → passe-haut $S = f(p) = \dfrac{\omega_p}{p}\ ;\ \Omega_s = \dfrac{\omega_p}{\omega_a}$	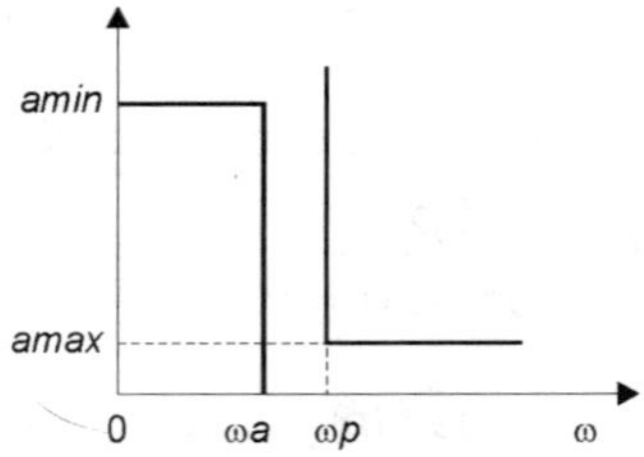
passe-bas → passe-bande $S = f(p) = \dfrac{p + \omega_0^2}{Bp}\ ;\ \Omega_s = \dfrac{\omega_{a_2} - \omega_{a_1}}{\omega_{p_2} - \omega_{p_1}}$	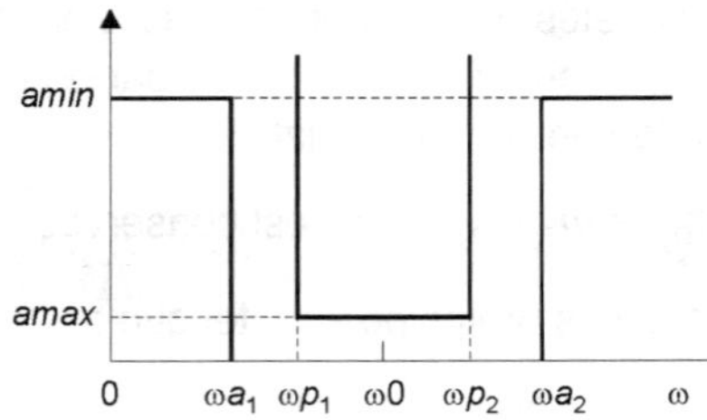

Transformation	Gabarit associé
passe-bas → coupe-bande $S = f(p) = \dfrac{Bp}{p^2 + \omega_0^2}$; $\Omega_s = \dfrac{\omega_{p_2} - \omega_{p_1}}{\omega_{a_2} - \omega_{a_1}}$	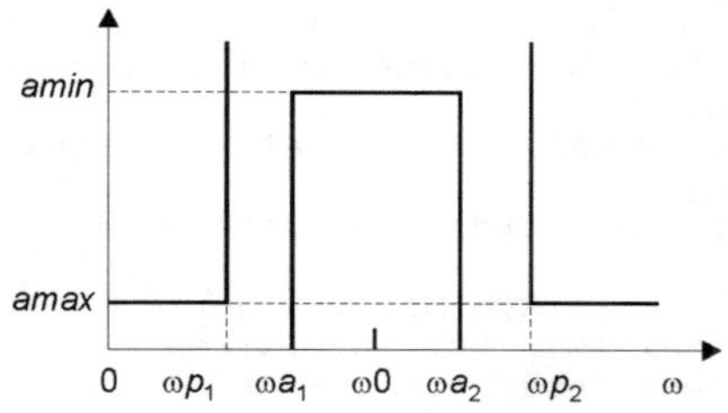

Tableau 2.2

2.A Annexe : programme de calcul des paramètres des filtres de Cauer

```
(*-----------------------*)
(* FILTRES ELLIPTIQUES *)
(*-----------------------*)
PROGRAM Elliptique(input,output);
const
   N=20;MAXFLT=1E37;MAXIT=10;PI=3.1415927;
type
   Pole=record Wo,Qo:real end;
var
   Ordre,i,k,m,Nit:integer;
   Amax,Amin,Ws,Eps,Dis:real;
   test,teta,Pr:real;
   So,Sr,Si,Rho,Rho2,Echange:real;
   A:array[0..MAXIT] of real;
   J:array[0..MAXIT] of real;
   Zeros:array[1..N] of real;
   Poles:array[1..N] of Pole;
function Incremente(x:real):real;
   begin x:=sqr(x);x:=x+sqrt(sqr(x)-1);Incremente:=x end;
function Decremente(x:real):real;
   begin x:=(x+1/x)/2;x:=sqrt(x);Decremente:=x end;
begin
   writeln;writeln('entrer: Amax Amin Ws');
   readln(Amax,Amin,Ws);
   Eps:=sqrt(exp(0.1*ln(10)*Amax)-1);
   Dis:=sqrt(exp(0.1*ln(10)*Amin)-1)/Eps;
(*----------------------------------------*)
(*   calcul de l'ordre - nouveau Amin *)
(*----------------------------------------*)
   A[0]:=sqrt(Ws);J[0]:=0;Nit:=0;Ordre:=0;
   while A[Nit]<sqrt(sqrt(MAXFLT)) do begin
   Nit:=Nit+1;A[Nit]:=Incremente(A[Nit-1]);
end;
while J[0]<sqrt(Dis) do begin
   Ordre:=Ordre+1;test:=Ordre*ln(2*A[Nit]);
   while test>ln(MAXFLT) do begin
      Nit:=Nit-1;test:=Ordre*ln(2*A[Nit]);
   end;
   J[Nit]:=exp(Ordre*ln(2*A[Nit])-ln(2));
   for i:=Nit downto 1 do begin
      J[i-1]:=Decremente(J[i]);
   end;
end;
   Amin:=10*ln(1+sqr(Eps*sqr(J[0])))/ln(10);
   writeln('Ordre=',Ordre);
   writeln('Nouveau Amin=',Amin);
(*--------------------*)
(* calcul des zeros *)
(*--------------------*)
writeln('Zeros:');
m:=Ordre div 2;
for k:=1 to m do begin
   teta:=(2*k-1)*PI/(2*Ordre);
   Zeros[k]:=A[Nit]/cos(teta);
   for i:=Nit downto 1 do begin
      Zeros[k]:=(Zeros[k]+1/Zeros[k])/(2*A[i-1]);
   end;
      Zeros[k]:=Zeros[k]*A[0];
   writeln(Zeros[k]);
end;
```

```
(*----------------------*)
(* calcul des poles *)
(*----------------------*)
So:=1/Eps+sqrt(1+(1/sqr(Eps)));
k:=1;test:=0;
while (test<ln(sqrt(MAXFLT))) and (k<Nit) do begin
   So:=J[k]*So;So:=So+sqrt(1+sqr(So));
   k:=k+1;test:=ln(J[k])+ln(So);
end;
Nit:=k;
   Rho:=exp(ln(J[Nit]/So+sqrt(1+sqr(J[Nit]/So)))/Ordre);
if odd(Ordre) then begin
   So:=Rho;
   for i:=Nit downto 0 do begin
      So:=(So-1/So)/(2*A[i]);
      if (i=Nit) then So:=1/So
      end;
   Pr:=-So*A[0];
   (*------------------------*)
   writeln('Pole reel:',Pr);
   (*------------------------*)
end;
(*----------------------------*)
writeln('Poles complexes:');
(*------------------------------*)
m:=Ordre div 2;
for k:=1 to m do begin
   teta:=(2*(m-k)+1)*(Pi/(2*Ordre));
   Sr:=Rho*cos(teta);Si:=Rho*sin(teta);
   for i:=Nit downto 0 do begin
      Rho2:=sqr(Sr)+sqr(Si);
      Sr:=Sr*(1+1/Rho2)/(2*A[i]);
      Si:=Si*(1-1/Rho2)/(2*A[i]);
      if (i=Nit) then begin
         Rho2:=sqr(Sr)+sqr(Si);
         Sr:=Sr/Rho2;Si:=Si/Rho2
      end;
end;
Echange:=Sr*A[0];
Sr:=-Si*A[0];
Si:=Echange;
   Poles[k].Wo:=sqrt(sqr(Sr)+sqr(Si));
   Poles[k].Qo:=Poles[k].Wo/(2*abs(Sr));
   (*--------------------------*)
   writeln('Wo=',Poles[k].Wo,' Qo=',Poles[k].Qo);
   (*--------------------------*)
   end;
end.
```

Les transformations $P \to Z$

CHAPITRE 3

Les transformations $p = f(z)$ réalisent le passage du plan de la variable complexe $P = \sigma + j\omega$ au plan de la variable complexe $Z = \exp(pT_e) = \exp(\Sigma d + j\Omega_d)$. Partant d'une fonction de transfert en P, elles doivent conduire à une fonction de transfert en Z répondant aux spécifications de filtrage initiales et synthétisable à partir de circuits à capacités commutées.

Pour ce faire, elles doivent répondre à trois critères :

❶ établir une correspondance entre l'axe imaginaire du plan P et le cercle unité du plan de la variable Z,

❷ être rationnelles (assurent la rationalité de $T(z)$),

❸ préserver la stabilité (à un pôle p_i à partie réelle négative correspond un pôle z_i dont le module est inférieur à l'unité).

Les transformations les plus souvent utilisées et susceptibles de répondre globalement ou partiellement à ces trois conditions sont généralement obtenues :

❶ à partir d'une méthode d'intégration numérique,

❷ par transformation directe des pôles et des zéros du plan P,

❸ par copie temps discret d'une réponse temporelle temps continu à une excitation particulière $e(t)$.

La première méthode est utilisée lorsque les spécifications de filtrage portent sur un gabarit d'amplitude. Les deux autres sont des méthodes approximatives, sensées préserver les caractéristiques de phase et d'amplitude – donc temporelles – de la fonction originale $T(p)$.

3.1 Les transformations issues d'une méthode d'intégration numérique

Pour trouver la transformation $p = f(z)$, on cherche un équivalent temps discret de l'opérateur intégration $1/p$. Cet équivalent peut être obtenu en considérant le calcul numérique de l'intégrale $I(t) = \int y(t)\,dt$ comme une approximation de l'aire A (figure 3.1) déterminée par la fonction $y(t)$ entre les instants nT_e et $(n-1)T_e$. Pour ce faire, on peut utiliser les méthodes classiques d'intégration rectangulaire (formules dites *du rectangle* ou *d'Euler*), d'intégration trapézoïdale ou d'intégration rectangulaire à point milieu.

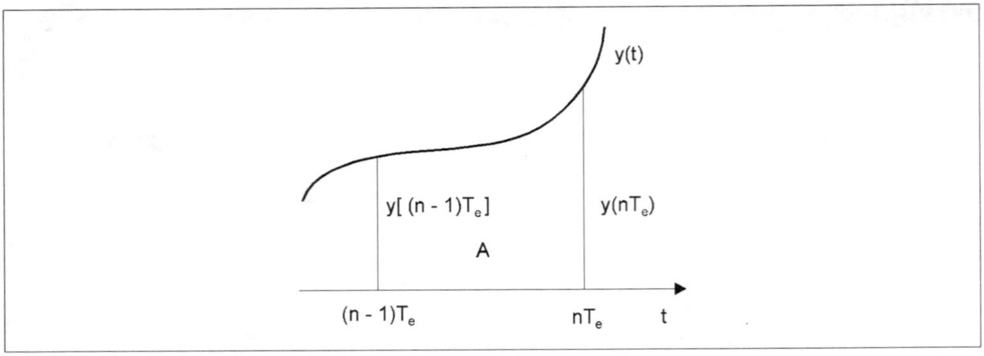

Figure 3.1

3.11 Intégration rectangulaire sur l'échantillon avant : la transformation BEDI (*Backward Euler Discrete Integrator*)

Formulation

En considérant l'aire du rectangle *A* on obtient l'équation aux différences

$$I(nT_e) - I[(n-1)T_e] = T_e y(nT_e)$$

Par transformation en *Z*, on écrit

$$I(z)\left(1 - Z^{-1}\right) = T_e Y(z)$$

D'où la transformation

$$p = f(z) = \frac{1 - Z^{-1}}{T_e} = \psi$$

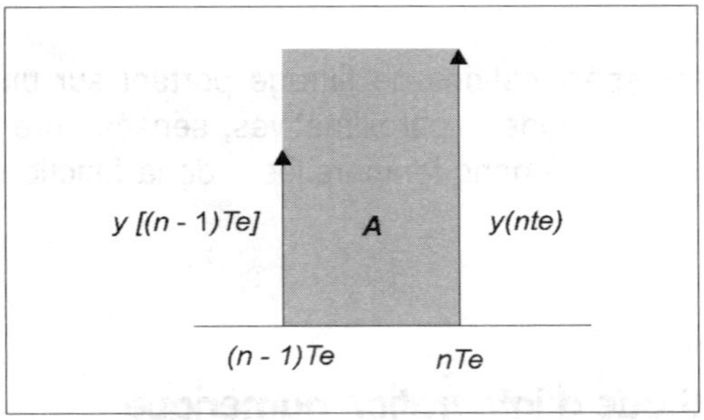

Figure 3.2

Propriétés

À un pôle temps continu $p_i = \sigma_i + j\omega_i$ correspond un pôle

$$z_i = \frac{1}{1 - (\sigma_i + j\omega_i)T_e} = \frac{(1 - \sigma_i T_e) + j\omega_i T_e}{(1 - \sigma_i T_e)^2 + (\omega_i T_e)^2} = X + jY$$

La transformation d'un pôle p_i sur l'axe imaginaire ($\sigma_i = 0$) ne s'effectue pas sur le cercle unité ($| z_i | \neq 1$ sauf pour $\omega_i = 0$). Les valeurs X et Y étant liées par la relation

$$\left(X - \frac{1}{2}\right)^2 + Y^2 = \left(\frac{1}{2}\right)^2$$

l'axe imaginaire du plan P est transformé en cercle de rayon 1/2, centré sur l'abscisse $X = 1/2$ du plan Z. Tous les points à l'intérieur du cercle considéré sont l'image d'un point du demi plan gauche de la variable P. La stabilité est ainsi préservée.

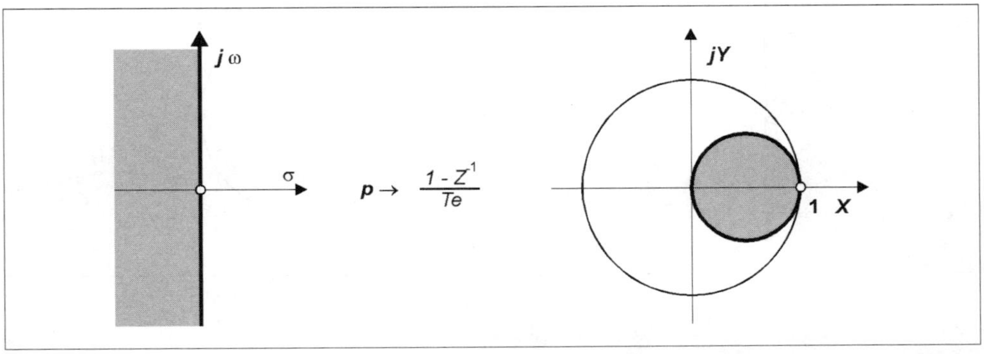

Figure 3.3

3.12 Intégration rectangulaire sur l'échantillon arrière : la transformation FEDI (*Forward Euler Discrete Integrator*)

Formulation

À l'équation aux différences

$$I(nT_e) - I[(n-1)T_e] = T_e y[(n-1)T_e]$$

correspond l'équation en Z

$$I(z)\left(1 - Z^{-1}\right) = T_e Z^{-1} Y(z)$$

D'où la transformation

$$p = f(z) = \frac{1}{T_e}\frac{1 - Z^{-1}}{Z^{-1}} = \phi$$

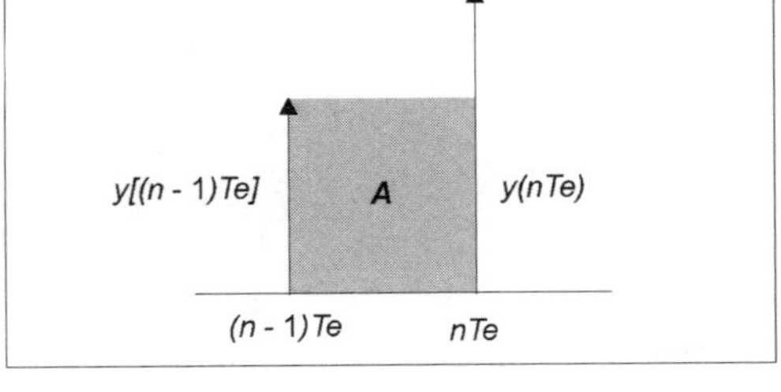

Figure 3.4

Propriétés

À un pôle temps continu $p_i = \sigma_i + j\omega_i$ correspond un pôle $z_i = (\sigma_i + j\omega_i)\ T_e + 1 = X + jY$. Comme $|z_i|^2 = (1 + \sigma_i T_e)^2 + (\omega_i T_e)^2 = X^2 + Y^2$ peut être plus grand que l'unité, la stabilité n'est pas assurée. À l'axe imaginaire ($\sigma = 0$) du plan P correspond dans le plan Z la droite parallèle à l'axe des ordonnées passant par le point d'abscisse $x = 1$

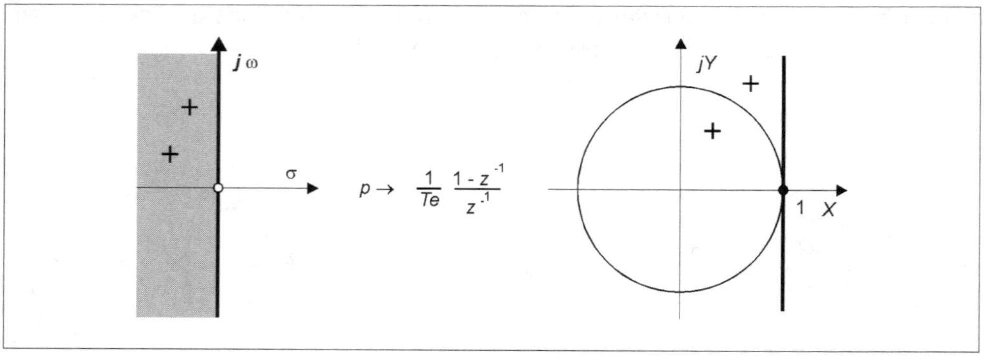

Figure 3.5

3.13 Intégration trapézoïdale : la transformation algébrique bilinéaire (transformation TAB)

Formulation

À l'équation aux différences

$$I(nT_e) - I[(n-1)T_e] = \frac{T_e}{2}\left[y(nT_e) + y\{(n-1)T_e\}\right]$$

correspond l'équation en Z

$$I(z)\left(1 - Z^{-1}\right) = \frac{T_e}{2}\left(1 + Z^{-1}\right)Y(z)$$

On obtient ainsi la transformation

$$p = f(z) = \frac{2}{T_e}\frac{1 - Z^{-1}}{1 + Z^{-1}} = \lambda$$

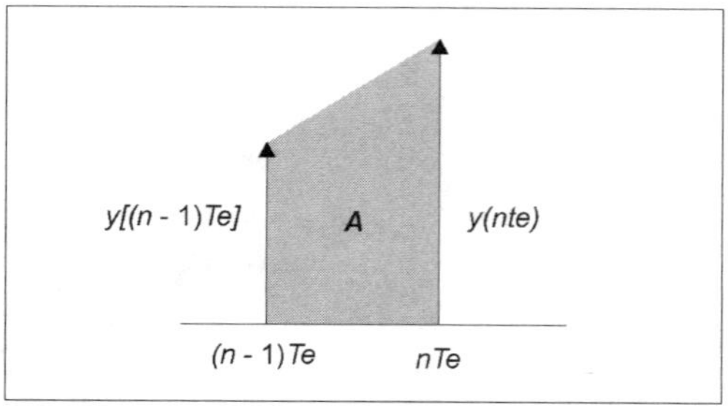

Figure 3.6

Propriétés

À un pôle temps continu $p_i = \sigma_i + j\omega_i$ correspond un pôle temps discret

$$z_i = \frac{\left(\frac{2}{T_e} + \sigma_i\right) + j\omega_i}{\left(\frac{2}{T_e} - \sigma_i\right) - j\omega_i}$$

L'axe imaginaire ($\sigma = 0$) du plan P est transformé en cercle unité dans le plan Z ($|z| = 1$).
Avec

$$p = j\omega = \frac{2}{T_e}\,\frac{\exp\left(\frac{j\Omega_d T_e}{2}\right) - \exp\left(\frac{-j\Omega_d T_e}{2}\right)}{\exp\left(\frac{j\Omega_d T_e}{2}\right) + \exp\left(\frac{-j\Omega_d T_e}{2}\right)} = j2F_e \mathrm{tg}\left(\frac{\Omega_d T_e}{2}\right)$$

on établit une correspondance entre la fonction de transfert temps continu en régime sinusoïdal et la fonction de transfert temps discret en régime isochrone ($Z = \exp j\Omega_d T_e$) avec une distorsion en tangente de l'axe des fréquences (anamorphose). Le demi plan gauche du plan P correspond avec l'intérieur du cercle unité du plan Z. La stabilité est préservée.

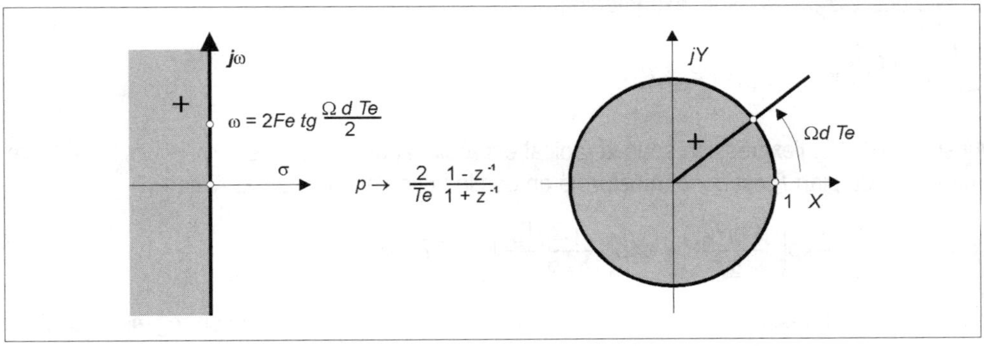

Figure 3.7

3.14 Intégration rectangulaire au point milieu : la transformation LDI

La transformation LDI (***L**ossless **D**iscrete **I**ntegrator*) ou *transformation de Bruton* nécessite la connaissance de la fonction à la moitié des instants d'échantillonnage.

Formulation

En considérant l'aire du rectangle A, on écrit

$$I(nT_e) - I[(n-1)T_e] = T_e y\left[\left(n - \frac{1}{2}\right)T_e\right] \quad \text{et} \quad I(z)\left(1 - Z^{-1}\right) = T_e Z^{-\frac{1}{2}} Y(z)$$

On obtient ainsi la transformation

$$p = f(z) = \frac{1}{T_e}\frac{1-Z^{-1}}{Z^{\frac{-1}{2}}} = \gamma$$

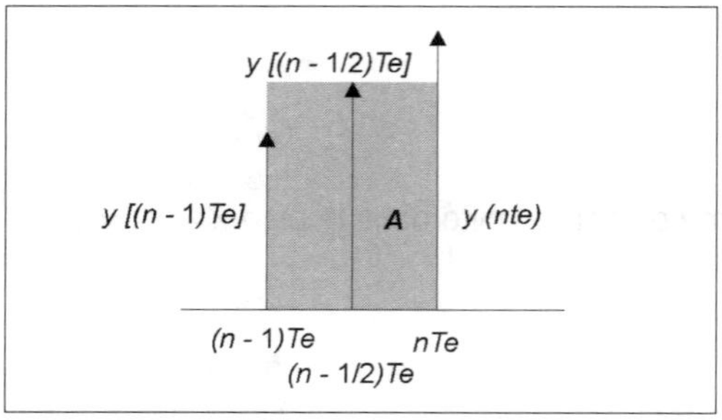

Figure 3.8

Propriétés

La transformation $f(z)$ est une expression rationnelle du second degré en $Z^{1/2}$ avec les deux racines correspondantes

$$z_{1,2}^{\frac{1}{2}} = \frac{1}{2}\left[pT_e \pm \sqrt{p^2T_e^2+4}\right]$$

et telle que $z_1 z_2 = -1$. Sur l'axe imaginaire ($p = \mathrm{j}\omega$), on a

$$z_{1,2}^{\frac{1}{2}} = \frac{1}{2}\left[\mathrm{j}\omega T_e \pm \sqrt{-\omega^2T_e^2+4}\right]$$

Ainsi, si $\omega \leq 2F_e$, l'expression sous le radical est réelle et on vérifie que $| z_1 | = | z_2 | = 1$. L'axe imaginaire du plan P est donc transformé en cercle unité dans le plan Z. Avec

$$p = \mathrm{j}\omega = \frac{1}{Te}\left[\exp\left(\frac{\mathrm{j}\Omega_d T_e}{2}\right) - \exp\left(\frac{-\mathrm{j}\Omega_d T_e}{2}\right)\right] = \mathrm{j}2F_e \sin\left(\frac{\Omega_d T_e}{2}\right)$$

on établit une correspondance entre la fonction de transfert temps continu en régime sinusoïdal et la fonction de transfert temps discret en régime isochrone, avec une distorsion en sinus de l'axe des fréquences. Si $\omega > 2F_e$ (soit $F > F_e/\pi$), l'expression sous le radical est imaginaire, $| z_1 | \neq | z_2 |$ et les racines sont localisées sur l'axe Y du plan Z (figure 3.9).

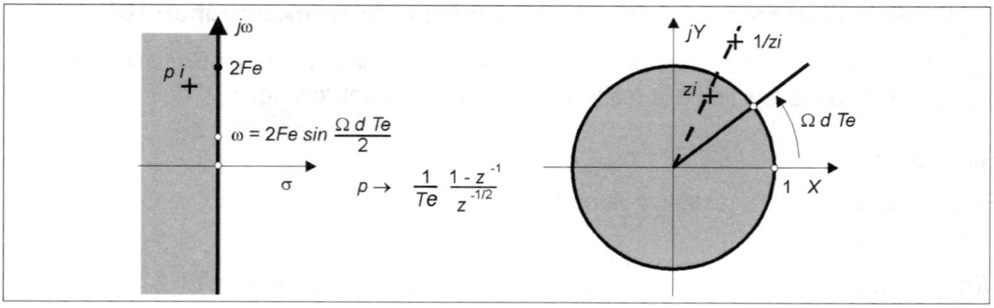

Figure 3.9

Un pôle stable quelconque $p_i = \sigma_i + j\omega_i$ est transformé en un pôle stable $| z_1 | < 1$ et un pôle instable $| z_2 | > 1$. Contrairement à la méthode de transformation précédente, la LDI ne peut donc être appliquée directement sur la variable p de la fonction de transfert temps continu. Elle peut être appliquée sur les pôles et les zéros de $T(p)$, la stabilité est ensuite assurée par sélection des pôles à l'intérieur du cercle unité. Ainsi, un facteur, $f_i(p) = p - a_i$ (correspondant à un pôle ou zéro réel simple dans le plan p) est transformé dans le plan Z en un facteur $f_i(z) = 1 - z_i Z^{-1}$ avec

$$z_i = \left(\frac{a_i}{2F_e}\right)^2 \left[1 - \sqrt{1 + \left(\frac{2F_e}{a_i}\right)^2}\right]^2$$

Pour une paire de pôles ou zéros complexes conjugués telle que

$f_i(p) = (p - a_i + jb_i)(p - a_i - jb_i)$

avec

$$X = \frac{a_i^2 - b_i^2}{F_e^2} + 4 \quad \text{et} \quad Y = \frac{-2a_i b_i}{F_e^2}$$

$$W = \frac{X}{2}\left(1 + \sqrt{1 + \frac{Y^2}{X^2}}\right) \quad \text{si} \quad X > 0 \quad \text{et}$$

$$W = \frac{X}{2}\left(1 - \sqrt{1 + \frac{Y^2}{X^2}}\right) \quad \text{si} \quad X < 0$$

$$U_1 = \frac{1}{2}\left(\frac{a_i}{F_e} + \sqrt{W}\right)$$

$$V_1 = \frac{1}{2}\left(\frac{-b_i}{F_e} + \frac{Y}{2\sqrt{W}}\right)$$

$$U_2 = \frac{1}{2}\left(\frac{a_i}{F_e} - \sqrt{W}\right)$$

$$V_2 = \frac{1}{2}\left(\frac{-b_i}{F_e} - \frac{Y}{2\sqrt{W}}\right)$$

$$R_1 = U_1^2 - V_1^2$$
$$Q_1 = 2U_1V_1$$
$$R_2 = U_2^2 - V_2^2$$
$$Q_2 = 2U_2V_2$$
$$R = R_1$$

et

$$Q = Q_1 \quad \text{si} \quad \sqrt{R_1^2 + Q_1^2} < 1$$

$$R = R_2 \quad \text{et}$$

$$Q = Q_2 \quad \text{si} \quad \sqrt{R_1^2 + Q_1^2} > 1$$

on obtient le facteur quadratique

$$f_i(z) = Z^{-2} - \frac{2R}{R^2 + Q^2} Z^{-1} + \frac{1}{R^2 + Q^2}$$

Enfin, un facteur $g_i(p) = p^2 + \omega z_i^2$, correspondant à un zéro sur l'axe imaginaire du plan P, est transformé en terme quadratique de la forme

$$Z^{-2} - 2\left(1 - \frac{\omega z_i^2}{2F_e^2}\right) Z^{-1} + 1$$

3.15 Quelques critères de choix

Si pour des fréquences F_e très grandes (devant la fréquence maximum F_{max} de la bande utile du signal) toutes les transformations sont évidemment équivalentes, il n'en est pas de même pour les fréquences pratiques d'échantillonnage ($F_e < qqs\, 10 F_{max}$). Les transformations BEDI et FEDI présentent très peu d'intérêt. D'une part, elles n'établissent la correspondance entre axe imaginaire du plan P et cercle unité du plan Z qu'en un seul point. D'autre part, un pôle dominant (proche de l'axe imaginaire du plan P) pouvant être transformé en un pôle loin du cercle unité du plan Z, la première transformation entraîne un écrasement des surtensions. Au contraire, pour la seconde, ce même pôle dominant ayant tendance à se rapprocher du cercle unité, il provoque une augmentation des surtensions pouvant aller jusqu'à l'instabilité.

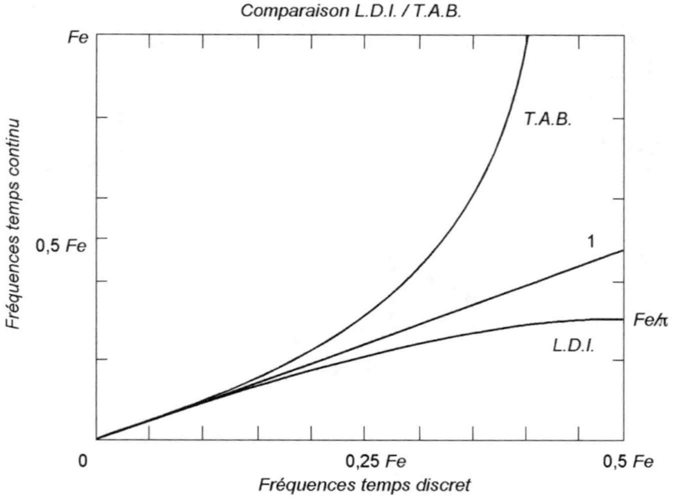

Figure 3.10

Quant aux transformations TAB et LDI, elles répondent au premier critère de transformation, de ce fait, ce sont des méthodes de transformation exactes en amplitude si l'anamorphose de l'axe des fréquences est prise en compte lors de la détermination du gabarit à approximer. Pour la réalisation de fonction de transfert ayant un ou plusieurs zéros à l'infini (degré du dénominateur supérieur au degré du numérateur), la LDI ne génère pas de zéro à $F_e/2$ (figure 3.10). Elle peut conduire à des structures à capacités commutées plus simples que la transformation algébrique bilinéaire.

Si les spécifications de filtrage sont conservées en terme d'amplitude, il n'en est pas de même pour les spécifications de TPG (ou de phase). En effet avec $\Lambda_{TAB} = 2F_e\text{th}\,(pT_e/2)$ et $\Lambda_{LDI} = 2F_e\text{sh}\,(pT_e/2)$, Φ étant la phase et τ étant le temps de propagation de groupe (TPG) on peut écrire pour $\tau(\Lambda)$:

$$\tau = -\frac{\mathrm{d}\Phi(\Lambda)}{\mathrm{d}p} = -\frac{\mathrm{d}\Phi(\Lambda)}{\mathrm{d}\Lambda}\frac{\mathrm{d}\Lambda}{\mathrm{d}p}$$

soit

$$\tau_{TAB=} -\frac{\mathrm{d}\Phi(\Lambda)}{\mathrm{d}\Lambda}(1-\Lambda_{TAB}^2) \quad \text{et} \quad \tau_{LDI=} -\frac{\mathrm{d}\Phi(\Lambda)}{\mathrm{d}\Lambda}\sqrt{1+\Lambda_{LDI}^2}$$

Les facteurs

$$(1-\Lambda_{TAB}^2) \text{ et } \sqrt{(1+\Lambda_{LDI}^2)}$$

font que les caractéristiques de TPG de la fonction de transfert descriptive $T(p)$ ne sont pas transmises à la fonction de transfert temps discret $T(z)$.

3.16 Un exemple

Sur la figure 3.11 sont représentées les courbes d'atténuation correspondant à une fonction de transfert temps continu sous forme cascade d'un filtre de Cauer d'ordre cinq

$$T(p) = \left[0{,}037\frac{p^2+417{,}1974}{p^2+3{,}647665p+20{,}72606}\right]$$
$$\left[0{,}117\frac{p^2+172{,}3213}{p^2+1{,}209841p+40{,}82145}\right]\left[2{,}656\frac{2{,}466854}{p+2{,}466854}\right]$$

ainsi qu'à la fonction de transfert temps discret obtenue par la TAB

$$T(z) = \left[0{,}092\frac{Z^{-2}+0{,}109341Z^{-1}+1}{Z^{-2}-2{,}179464Z^{-1}+1{,}435235}\right]$$
$$\left[0{,}164\frac{Z^{-2}-0{,}738187Z^{-1}+1}{Z^{-2}-1{,}702341Z^{-1}+1{,}119556}\right]\left[0{,}388\frac{Z^{-1}+1}{-Z^{-1}+1{,}29244}\right]$$

et la fonction de transfert déterminée par la LDI

$$T(z)=\left[0{,}045\frac{Z^{-2}+2{,}036515Z^{-1}+1}{Z^{-2}-2{,}201174Z^{-1}+1{,}441977}\right]$$
$$\left[0{,}125\frac{Z^{-2}-0332736+1}{Z^{-2}-1{,}712959Z^{-1}+1{,}133448}\right]\left[0{,}727\frac{1}{-Z^{-1}+1{,}273865}\right]$$

Les constantes de gain sont ajustées pour que les maximums en sortie de chaque section soient identiques et l'anamorphose en fréquence a été corrigée à la limite de la bande passante F_p = 1 Hz. On peut constater que la TAB génère un zéro de transmission à $F_e/2$ et que sur ce cas d'espèce, le zéro de transmission de la fonction de transfert temps continu supérieur à F_e/π n'est pas transformé en zéro sur le cercle unité par la transformation LDI.

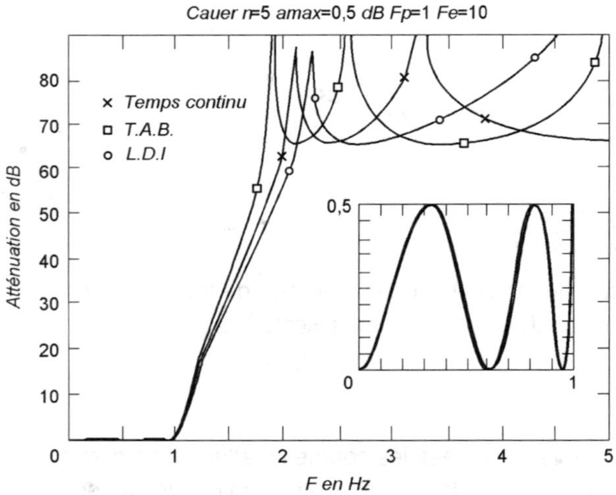

Figure 3.11

3.2 Transformation logarithmique naturelle (ou transformation en *Z* adaptée)

Formulation

C'est une transformation directe des pôles et des zéros de la fonction de transfert temps continu telle que

$$p=f(z)=\frac{1}{T_e}\mathrm{Log}Z$$

Pour un pôle $p_i = \sigma_i + j\omega_i$, on obtient $z_i = \exp[(\sigma_i + j\omega_i)\, T_e] = \exp[(\Sigma d_i + j\Omega d_i)\, T_e]$. Les pôles et les zéros du plan Z sont dits adaptés aux pôles et aux zéros du plan P. C'est une transformation non rationnelle qui préserve la stabilité.

Un facteur $(p - a_i)$ de la fonction de transfert descriptive $T(p)$ correspondant à un pôle ou à un zéro réel simple a_i est représenté par un facteur

$$f_i = 1 - \exp(a_i T_e) Z^{-1}$$

dans la fonction de transfert $T(z)$, alors qu'un facteur correspondant à une paire de pôles ou de zéros complexes conjugués $[p - (a_i \pm jb_i)]$ est représenté par un terme

$$f_i = 1 - 2\exp(a_i T_e)\cos(b_i T_e) Z^{-1} + \exp(2a_i T_e) Z^{-2}$$

Propriétés

Avec k = entier et

$$p = \frac{1}{T_e} Log\big[|Z|\exp(j\Omega_d T_e)\big] = \frac{1}{T_e}\mathrm{Log}|Z| + j\left(\Omega_d + \frac{2k\pi}{T_e}\right)$$

on voit que la fonction de transfert $T(z)$ correspond à une fonction de transfert $T(p)$ dont le diagramme des pôles et des zéros a été périodisé. De ce fait, la transformation en Z adaptée est sujette au phénomène de recouvrement de spectre. Ainsi, un zéro de transmission temps continu – sur l'axe imaginaire du plan P – supérieur à $F_e/2$ est replié en bande de base après transformation.

Généralement la transformation logarithmique naturelle donne des résultats peu satisfaisants pour les fonctions passe-bas et passe-bande tous pôles. On peut atténuer l'effet de recouvrement en bande passante par un filtre de garde $G(z)$ comportant M zéros à $F_e/2$ tel que

$$G(z) = (1 + z^{-1})^M$$

où $M \leq$ (degré du dénominateur – degré du numérateur)

soit, en régime isochrone

$$G(e^{j\Omega_d T_e}) = \exp\left[-j\Omega_d \frac{T_e}{2}\right] 2\cos\left[\Omega_d \frac{T_e}{2}\right]$$

La transformation est dans ce cas dite transformation en Z adaptée modifiée.

De par sa formulation, la transformation logarithmique naturelle est indiquée lorsque la fonction de transfert comporte des zéros sur l'axe imaginaire (y compris à l'origine). Elle transfère à $T(z)$, sans trop de dégradations selon F_e, les caractéristiques d'amplitude et de phase de $T(p)$.

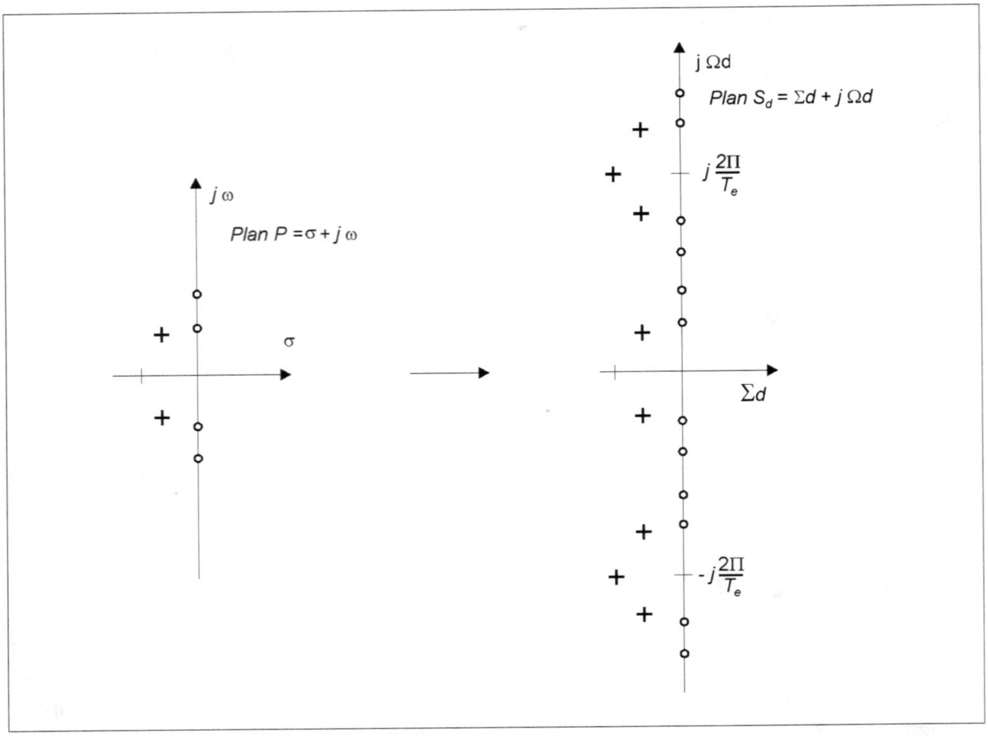

Figure 3.12

3.3 Les méthodes d'invariance

Une méthode d'invariance consiste à synthétiser une fonction de transfert temps discret par copie (simulation temps discret) de la réponse temporelle d'une fonction de transfert temps continu à une excitation particulière. Les excitations considérées sont la fonction impulsion (fonction de Dirac $e(t) = \partial(t) \rightarrow$ invariance impulsionnelle), l'échelon ($e(t) = \Gamma(t) \rightarrow$ invariance indicielle) et le sinus ($e(t) = \sin(\omega_m t) \rightarrow$ invariance sinusoïdale).

3.31 Invariance impulsionnelle (ou transformation standard)

Formulation

Si une fonction de transfert temps continu ne comporte que n pôles simples et si le degré du numérateur est inférieur ou égal au degré du dénominateur elle est représentable par la décomposition en éléments simples (forme parallèle de la fonction de transfert)

$$T(p) = K + \sum_{i=1}^{n} \frac{R_i}{p - p_i}$$

La constante K est la partie entière de la fraction rationnelle et R_i est le résidu relatif au pôle p_i. La transformation de Laplace du Dirac étant l'unité, $S(p) = T(p)$ et, avec $K = 0$ (fonction régulière),

$$s(t) = L^{-1}[T(p)] = L^{-1}\left[\sum_{i=1}^{n} \frac{R_i}{p - p_i}\right] = \sum_{i=1}^{n} R_i \exp[p_i(t)]\Gamma(t)$$

Une copie temps discret de cette réponse à $t = nT_e$ est obtenue en échantillonnant $s(t)$ à $t = nT_e$ et en appliquant la transformation en Z

$$S(z) = Z[s(t)] = \sum_{i=1}^{n} \frac{R_i}{1 - \exp(p_i T_e)Z^{-1}}$$

La fonction de transfert $T(z)$ recherchée est donc

$$T(z) = \frac{S(z)}{E(z)} = S(z)$$

La contribution à $T(z)$ (sous sa forme parallèle) d'un élément simple de première espèce de $T(p)$ correspondant à un pôle simple réel a_i est de la forme

$$T_i = \frac{R_i}{1 - \exp(a_i T_e)Z^{-1}}$$

et la contribution d'un élément simple de seconde espèce (résidu : $R_i \pm \mathrm{j}I_i$) correspondant à une paire de pôles complexes conjugués $a_i \pm \mathrm{j}b_i$ est de la forme

$$T_i = \frac{A_{i,1}Z^{-1} + A_{i,0}}{B_{i,2}Z^{-2} + B_{i,1}Z^{-1} + 1}$$

avec

$$A_{i,1} = -2\exp(a_i T_e)[R_i \cos(b_i T_e) + I_i \sin(b_i T_e)]$$

$$A_{i,0} = 2R_i$$

$$B_{i,2} = \exp(2a_i T_e) \quad \text{et}$$

$$B_{i,1} = -2\exp(a_i T_e)\cos(b_i T_e)$$

Propriétés

Par échantillonnage de la sortie $S(p)$ et en utilisant l'équation de Poisson [16], on écrit en régime isochrone avec

$$\frac{s(0)^+}{2} = \lim\,\{pS(p)\}_{p \to \infty} = 0$$

$$S(e^{j\Omega_d T_e}) = S^*(\mathrm{j}\omega) = \frac{s(0)^+}{2} + \frac{1}{T_e}\sum_{k=-\infty}^{+\infty} S(\mathrm{j}\omega + \mathrm{j}k\omega_e)$$

En bande de base ($k = 0$) et avec $s(0)^+ = 0$, on obtient l'expression

$$S(e^{j\Omega_d T_e}) = \frac{1}{T_e} T(\mathrm{j}\omega)$$

identifiable avec

$$S(z)_{z=e^{j\Omega_d T_e}} = T(z)$$

La présence de réponses images centrées sur les multiples de F_e implique un recouvrement des spectres. Si la fonction de transfert descriptive $T(p)$ est à bande limitée, la réponse en fréquence de la fonction de transfert temps discret est approximativement celle de la fonction de transfert temps continu à une constante multiplicative près ($1/T_e$). L'expression des pôles est analytiquement identique à celle obtenue par la transformation en Z adaptée, la stabilité est préservée.

3.32 Invariance indicielle

Formulation

L'excitation considérée est un échelon de tension $\Gamma(t)$ (fonction unité d'Heaviside). La transformation de Laplace étant $1/p$, on a $S(p) = T(p)\,(1/p)$. Avec $s(t) = L^{-1}[T(p)]$:

$$s(t) = L^{-1}\left[\frac{K}{p} + \sum_{i=1}^{n}\left(\frac{R_i}{p(p-p_i)}\right)\right] = K\Gamma(t) + \sum_{i=1}^{n}\left(-\frac{R_i}{p_i}\Gamma(t) + \frac{R_i}{p_i}\exp(p_i t)\Gamma(t)\right)$$

La fonction de transfert temps discret avec la même réponse indicielle à $t = nT_e$ est obtenue en échantillonnant $s(t)$ à $t = nT_e$ et en appliquant la transformation en Z

$$S(z) = Z[s(t)] = \frac{K}{1-Z^{-1}} + \sum_{i=1}^{n} -\frac{\frac{R_i}{p_i}}{1-Z^{-1}} + \frac{\frac{R_i}{p_i}}{1-\exp(p_i T_e)Z^{-1}}$$

En identifiant avec la sortie recherchée

$$S(z) = T(z)E(z) = T(z)\frac{1}{1-Z^{-1}}$$

on peut écrire

$$T(z) = K + \sum_{i=1}^{n} -\frac{R_i}{p_i} + \frac{\frac{R_i}{p_i}(1-Z^{-1})}{1-\exp(p_i T_e)Z^{-1}}$$

La contribution à $T(z)$ d'un élément simple de première espèce de $T(p)$ correspondant à un pôle simple réel a_i est de la forme

$$T_i = \frac{-\frac{R_i}{p_i} Z^{-1}[1-\exp(a_i T_e)]}{1-\exp(a_i T_e)Z^{-1}}$$

et la contribution d'un élément simple de seconde espèce (résidu : $R_i \pm jI_i$) correspondant à une paire de pôles complexes conjugués $a_i \pm jb_i$ est de la forme

$$T_i = \frac{A_{i,2}Z^{-2} + A_{i,1}Z^{-1}}{B_{i,2}Z^{-2} + B_{i,1}Z^{-1} + 1}$$

avec

$$A_{i,2} = 2\{u\exp(2a_iT_e) - \exp(a_iT_e)[u\cos(b_iT_e) + v\sin(b_iT_e)]\}$$
$$A_{i,1} = 2u - 2\exp(a_iT_e)[u\cos(b_iT_e) - v\sin(b_iT_e)]$$

où u est la partie réelle de $\left\{\frac{R_i \pm jI_i}{a_i \pm jb_i}\right\}$ et v est la partie imaginaire de $\left\{\frac{R_i \pm jI_i}{a_i \pm jb_i}\right\}$

$$B_{i,2} = \exp(2a_iT_e)$$
$$B_{i,1} = -2\exp(a_iT_e)\cos(b_iT_e)$$

Propriétés

En bande de base en régime isochrone avec $s\,(0)^+ = 0$,

$$S(e^{j\Omega_dT_e}) = \frac{1}{T_e}T(j\omega)\frac{1}{j\omega}$$

que l'on peut identifier avec

$$S(z)_{z=e^{j\Omega_dT_e}} = T(e^{j\Omega_dT_e})\frac{1}{1-\exp(-j\Omega_dT_e)}$$

la réponse en fréquence de la fonction de transfert temps discret est approximativement celle de la fonction de transfert temps continu à un facteur multiplicatif $\varepsilon\,(\Omega_d)$ près (modulation en sinus cardinal)

$$\varepsilon(\Omega_d) = \frac{1-\exp(-j\Omega_dT_e)}{j\Omega_dT_e} = \exp\left(\frac{-j\Omega_dT_e}{2}\right)\mathrm{sinc}\left(\frac{\Omega_dT_e}{2}\right)$$

L'expression des pôles est analytiquement identique à celle obtenue par la transformation en Z adaptée et la stabilité est préservée.

3.33 Invariance sinusoïdale [17]

Formulation

L'excitation considérée est une sinusoïde de pulsation ω_m et d'amplitude unité. La transformation de Laplace

$\frac{\omega_m}{p^2 + \omega_m^2}$ permet d'écrire $S(p) = T(p)\frac{\omega_m}{p^2 + \omega_m^2}$

Temporellement

$$s(t) = L^{-1}\left[\frac{K\omega_m}{(p+\mathrm{j}\omega_m)(p-\mathrm{j}\omega_m)} + \sum_{i=1}^{n}\frac{R_i\omega_m}{(p-p_i)(p+\mathrm{j}\omega_m)(p-\mathrm{j}\omega_m)}\right]$$

soit

$$s(t) = \mathrm{j}\frac{K}{2}\Gamma(t)\left[\exp(-\mathrm{j}\omega_m t) - \exp(+\mathrm{j}\omega_m t)\right] +$$

$$\Gamma(t)\sum_{i=1}^{n}\left[-\mathrm{j}\frac{R_i}{2(p_i+\mathrm{j}\omega_m)}\exp(-\mathrm{j}\omega_m t) +\right.$$

$$\left.\mathrm{j}\frac{R_i}{2(p_i-\mathrm{j}\omega_m)}\exp(+\mathrm{j}\omega_m t) + \frac{R_i\omega_m}{p^2+\omega_m^2}\exp(p_i t)\right]$$

La fonction de transfert temps discret avec la même réponse sinusoïdale à $t = nT_e$ est obtenue en échantillonnant $s\,(t)$ à $t = nT_e$ et en prenant la transformation en Z

$$S(z) = \frac{K\sin(\omega_m T_e)Z^{-1}}{Z^{-2} - 2\cos(\omega_m T_e)Z^{-1} + 1} +$$

$$\sum_{i=1}^{n}\left[\frac{B_i}{1-\exp(-\mathrm{j}\omega_m T_e)Z^{-1}} + \frac{C_i}{1-\exp(\mathrm{j}\omega_m T_e)Z^{-1}} + \frac{D_i}{1-\exp(p_i T_e)Z^{-1}}\right]$$

avec

$$B_i = -\mathrm{j}\frac{R_i}{2(p_i+\mathrm{j}\omega_m)}$$

$$C_i = \mathrm{j}\frac{R_i}{2(p_i-\mathrm{j}\omega_m)}$$

$$D_i = \frac{R_i\omega_m}{p_i^2+\omega_m^2}$$

À partir de la sortie recherchée

$$S(z) = T(z)E(z) = T(z)\frac{\sin(\omega_m T_e)Z^{-1}}{Z^{-2} - 2\cos(\omega_m T_e)Z^{-1} + 1}$$

on peut écrire

$$T(z) = \sum_{i=1}^{n}\frac{u_i + v_i Z^{-1}}{1-\exp(p_i T_e)Z^{-1}}$$

avec

$$u_i = R_i \frac{\omega_m \exp(p_i T_e) - p_i \sin(\omega_m T_e) - \omega_m \cos(\omega_m T_e)}{(p_i^2 + \omega_m^2)\sin(\omega_m T_e)}$$

$$v_i = R_i \frac{\exp(p_i T_e)[p_i \sin(\omega_m T_e) - \omega_m \cos(\omega_m T_e)] + \omega_m}{(p_i^2 + \omega_m^2)\sin(\omega_m T_e)}$$

La contribution à $T(z)$ d'un élément simple de première espèce de $T(p)$ correspondant à un pôle simple réel $p_i = a_i$ est de la forme

$$T_i = \frac{u_i + v_i Z^{-1}}{1 - \exp(a_i T_e) Z^{-1}}$$

et la contribution d'un élément simple de seconde espèce (résidu : $R_i \pm jI_i$) correspondant à une paire de pôles complexes conjugués $a_i \pm jb_i$ est de la forme

$$T_i = \frac{A_{i,2} Z^{-2} + A_{i,1} Z^{-1} + A_{i,0}}{B_{i,2} Z^{-2} + B_{i,1} Z^{-1} + 1}$$

avec

$$A_{i,2} = -2\exp(a_i T_e)[r_v \cos(b_i T_e) + i_v \sin(b_i T_e)]$$

$$A_{i,1} = 2\{r_v - \exp(a_i T_e)[r_u \cos(b_i T_e) + i_u \sin(b_i T_e)]\}$$

$$A_{i,0} = 2r_u$$

$$B_{i,2} = \exp(2a_i T_e)$$

$$B_{i,1} = -2\exp(a_i T_e)\cos(b_i T_e)$$

$$r_u = r_1 x_u - i_1 y_u \; ; \qquad i_u = i_1 x_u + r_1 y_u$$

$$r_v = r_1 x_v - i_1 y_v \; ; \qquad i_v = i_1 x_v + r_1 y_v$$

$$r_1 = \frac{R_i q + I_i h}{q^2 + h^2} \; ; \qquad i_1 = \frac{I_i q - R_i h}{q^2 + h^2}$$

$$q = \sin(\omega_m T_e)(a_i^2 - b_i^2 + \omega_m^2)$$

$$h = 2a_i b_i \sin(\omega_m T_e)$$

$$x_u = \omega_m \exp(a_i T_e)\cos(b_i T_e) - a_i \sin(\omega_m T_e) - \omega_m \cos(\omega_m T_e)$$

$$y_u = \omega_m \exp(a_i T_e)\sin(b_i T_e) - b_i \sin(\omega_m T_e)$$

$$x_v = \omega_m + \exp(a_i T_e)\{\cos(b_i T_e)[a_i \sin(\omega_m T_e) - \omega_m \cos(\omega_m T_e)] - b_i \sin(\omega_m T_e)\sin(b_i T_e)\}$$

$$y_v = \exp(a_i T_e)\{\sin(b_i T_e)[a_i \sin(\omega_m T_e) - \omega_m \cos(\omega_m T_e)] + b_i \sin(\omega_m T_e)\cos(b_i T_e)\}$$

Propriétés

En bande de base, en régime isochrone avec $s(0)^+ = 0$

$$S(e^{j\Omega_d T_e}) = \frac{1}{T_e} T(j\omega) \frac{\omega_m}{\omega_m^2 - \omega^2}$$

que l'on peut identifier avec

$$S(z)_{z=e^{j\Omega_d T_e}} = \left[T(e^{j\Omega_d T_e})\right]\left[\frac{\sin(\Omega_{dm} T_e)}{2\left[\cos(\Omega_{dm} T_e) - \cos(\Omega_d T_e)\right]}\right]$$

la réponse en fréquence de la fonction de transfert temps discret est approximativement celle de la fonction de transfert temps continu en module et en phase à un facteur multiplicatif $\varepsilon(\Omega_d)$ réel près (modulation passe-bas)

$$\varepsilon(\Omega_d) = \frac{2\Omega_{dm}[\cos(\Omega_d T_e) - \cos(\Omega_{dm} T_e)]}{T_e(\Omega_{dm}^2 - \Omega_d^2)\sin(\Omega_{dm} T_e)} \quad \to \quad 1 \quad \text{avec} \quad \Omega_d \to \Omega_{dm}$$

La stabilité est préservée.

3.34 Quelques critères de choix

Les méthodes d'invariance ne sont utilisables que si le degré du numérateur de $T(p)$ est inférieur au degré du dénominateur. L'invariance indicielle est à utiliser lorsque la fonction de transfert temps continu a été déterminée à partir de spécifications concernant la réponse indicielle. L'invariance impulsionnelle et sinusoïdale préserve à la fois les caractéristiques de phase et d'amplitude. Cette dernière est particulièrement indiquée pour la discrétisation des filtres passe-bande tous pôles.

3.35 Un exemple

On cherche un équivalent temps discret avec $F_e = 4$ Hz à la fonction de transfert d'ordre huit

$$T(p) = \left[\frac{3,774736p}{p^2 + 3,774736p + 52,13954}\right]\left[\frac{4,314600p}{p^2 + 3,811015p + 33,91156}\right]$$
$$\left[\frac{30,4}{p^2 + 2,806837p + 72,90361}\right]\left[\frac{35,682}{p^2 + 2,89298p + 18,29277}\right]$$

d'un passe-bande à phase linéaire à symétrie arithmétique.

La fréquence centrale est $F_0 = 1$ Hz et la bande passante à 3 dB est de 0,5 Hz (figure 3.13).

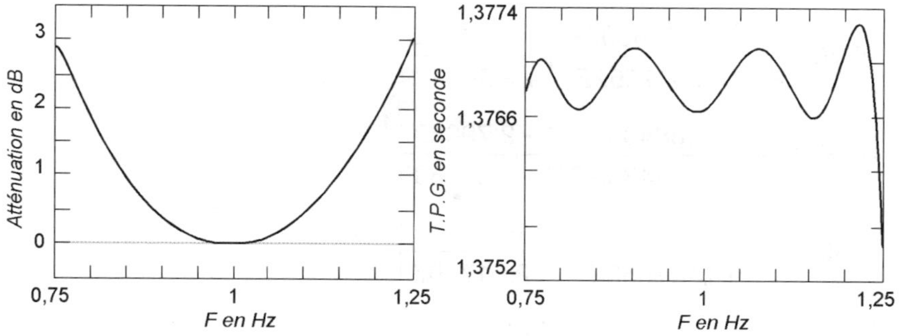

Figure 3.13 Atténuation et TPG de la fonction de transfert temps continu à discrétiser.

Par la transformation logarithmique naturelle

$$T(z)=\left[0,983\frac{-Z^{-1}+1}{Z^{-2}+0,547562Z^{-1}+2,569429}\right]$$

$$\left[1,343\frac{-Z^{-1}+1}{Z^{-2}-0,624335Z^{-1}+2,592839}\right]$$

$$\left[1,106\frac{1}{Z^{-2}+1,447653Z^{-1}+2,017197}\right]$$

$$\left[2,804\frac{1}{Z^{-2}-1,536260Z^{-1}+2,061110}\right]$$

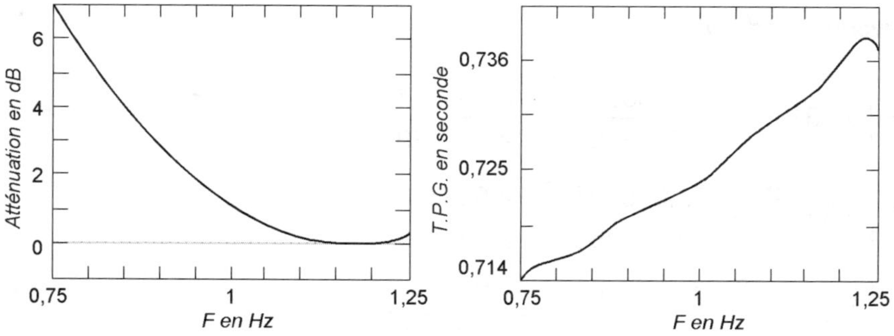

Figure 3.14 Atténuation et TPG de la fonction de transfert temps discret (logarithmique naturelle).

Par l'invariance impulsionnelle

$$T(z) = \left[0{,}707\,\frac{Z^{-2} + 2{,}246509Z^{-1} + 3{,}21775}{Z^{-2} + 0{,}547562Z^{-1} + 2{,}569429}\right]$$
$$\left[0{,}378\,\frac{Z^{-2} + 3{,}884338Z^{-1} + 2{,}790597}{Z^{-2} - 0{,}624335Z^{-1} + 2{,}592839}\right]$$
$$\left[1{,}306\,\frac{Z^{-1} - 0{,}964176}{Z^{-2} + 1{,}447653Z^{-1} + 2{,}017197}\right]$$
$$\left[1{,}391\,\frac{-Z^{-1} + 1{,}036114}{Z^{-2} - 1{,}536260Z^{-1} + 2{,}061110}\right]$$

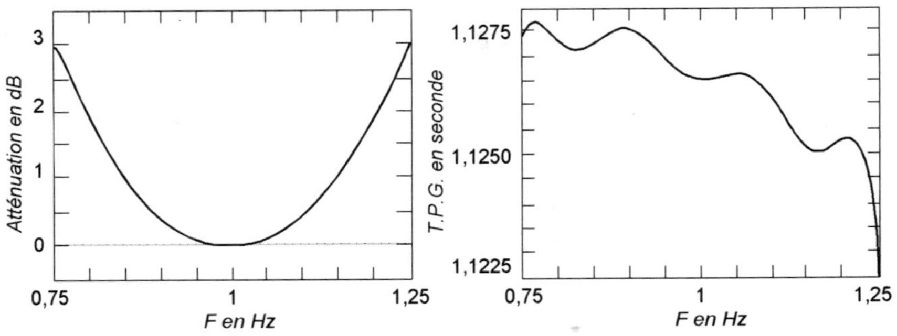

Figure 3.15 Atténuation et TPG de la fonction de transfert temps discret (invariance impulsionnelle).

Par l'invariance indicielle

$$T(z) = \left[0{,}031\,\frac{Z^{-2} + 50{,}55083Z^{-1} + 2{,}655354}{Z^{-2} + 0{,}547562Z^{-1} + 2{,}569429}\right]$$
$$\left[0{,}307\,\frac{Z^{-2} + 5{,}405503Z^{-1} + 2{,}555670}{Z^{-2} - 0{,}624335Z^{-1} + 2{,}592839}\right]$$
$$\left[0{,}672\,\frac{Z^{-2} + 0{,}571410Z^{-1} - 1{,}571098}{Z^{-2} + 1{,}447653Z^{-1} + 2{,}017197}\right]$$
$$\left[1{,}382\,\frac{-Z^{-1} + 1}{Z^{-2} - 1{,}536260Z^{-1} + 2{,}061110}\right]$$

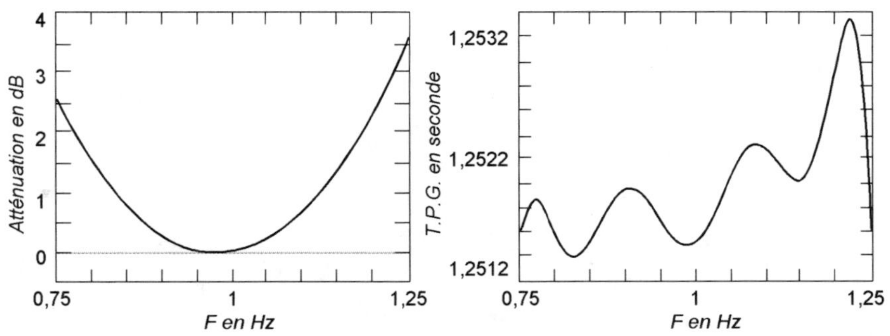

Figure 3.16 Atténuation et TPG de la fonction de transfert temps discret (invariance indicielle).

Par l'invariance sinusoïdale (Fm = 1 Hz)

$$T(z)=\left[0,602\frac{Z^{-2}-2Z^{-1}+1}{Z^{-2}+0,547562Z^{-1}+2,569429}\right]$$

$$\left[0,0218\frac{Z^{-2}+101,1367Z^{-1}+2,380930}{Z^{-2}-0,624335Z^{-1}+2,592839}\right]$$

$$\left[0,168\frac{Z^{-2}+7,790967Z^{-1}+2,298020}{Z^{-2}+1,447653Z^{-1}+2,017197}\right]$$

$$\left[0,760\frac{Z^{-2}+3,239637Z^{-1}+2,192594}{Z^{-2}-1,536260Z^{-1}+2,061110}\right]$$

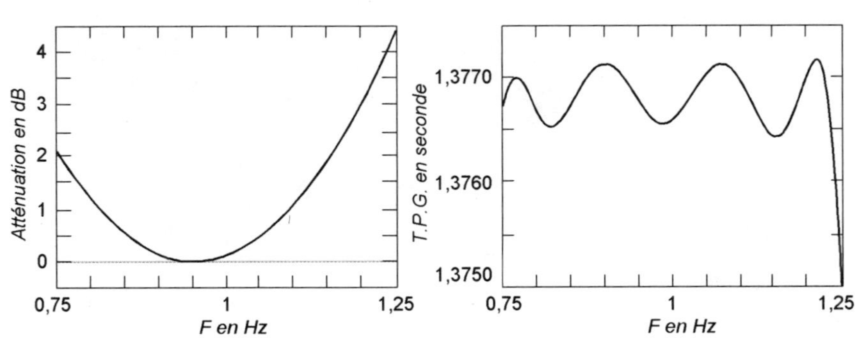

Figure 3.17 Atténuation et TPG de la fonction de transfert temps discret (invariance sinusoïdale).

Les cellules élémentaires d'ordre 1 et 2

CHAPITRE 4

Pratiquement, les filtres à capacités commutées sont réalisés à partir de cellules du premier ordre ou du deuxième ordre reliées par un réseau de connexion. Après avoir défini les différentes formes génériques temps discret à réaliser, un jeu de cellules d'ordre un et d'ordre deux est présenté. Les équations de synthèse données permettent une réalisation optimale du point de vue sensibilités passives et actives ainsi que du point de vue aire de silicium.

4.1 La forme temps discret du premier ordre

4.11 Définitions

Une cellule élémentaire du premier ordre temps discret établit une correspondance entre la suite d'entrée $e\,(nT_e)$ et la suite de sortie $s\,(nT_e)$ d'un système linéaire telle que

$$s(nT_e) = \frac{1}{\varepsilon} s[(n-1)T_e] + G\frac{\beta}{\varepsilon} e[(n-1)T_e] + G\frac{\gamma}{\varepsilon} e(nT_e)$$

En prenant la transformée en Z, on définit la fonction de transfert du premier ordre

$$T(z) = \frac{S(z)}{E(z)} = G\frac{\beta Z^{-1} + \gamma}{-Z^{-1} + \varepsilon}$$

Par une évaluation de $T\,(z)$ sur le cercle unité (régime isochrone), avec

$$Z = \exp(\mathrm{j}\Omega_d T_e) = \cos(\Omega_d T_e) + \mathrm{j}\sin(\Omega_d T_e)$$

on obtient

$$T(e^{j\Omega_d T_e}) = G\frac{\beta + \gamma\cos(\Omega_d T_e) + \mathrm{j}\gamma\sin(\Omega_d T_e)}{-1 + \varepsilon\cos(\Omega_d T_e) + \mathrm{j}\varepsilon\sin(\Omega_d T_e)}$$

À partir de cette expression, on détermine pour la fonction de transfert :
le module

$$|\mathbf{T}(\Omega_d)| = G\sqrt{\frac{[\beta+\gamma\cos(\Omega_d T_e)]^2 + [\gamma\sin(\Omega_d T_e)]^2}{[-1+\varepsilon\cos(\Omega_d T_e)]^2 + [\varepsilon\sin(\Omega_d T_e)]^2}}$$

la phase

$$\Theta = \text{arctg}\left[\frac{\gamma \sin(\Omega_d T_e)}{\beta + \gamma \cos(\Omega_d T_e)}\right] - \text{arctg}\left[\frac{\varepsilon \sin(\Omega_d T_e)}{-1 + \varepsilon \cos(\Omega_d T_e)}\right]$$

et le temps de propagation de groupe

$$\tau = \text{TPG} = -\frac{d\Theta}{d\Omega_d} = -\frac{T_e\gamma[\gamma + \beta\cos(\Omega_d T_e)]}{[\gamma \sin(\Omega_d T_e)]^2 + [(\beta+\gamma)\cos(\Omega_d T_e)]^2}$$
$$+\frac{T_e\varepsilon[\varepsilon - \cos(\Omega_d T_e)]}{[\varepsilon \sin(\Omega_d T_e)]^2 + [(\varepsilon - 1)\cos(\Omega_d T_e)]^2}$$

4.12 Stabilité

La stabilité est assurée pour les valeurs de $|\varepsilon| > 1$ correspondant à une racine z_1 de $D(z) = -Z^{-1} + \varepsilon$ à l'intérieur du cercle unité.

4.13 Les formes génériques des fonctions particulières

Les coefficients du numérateur caractérisent les formes génériques des fonctions particulières réalisables et, selon leurs valeurs, on définit un ensemble de fonctions particulières (tableau 4.1). Une des spécificités du temps discret est qu'une même fonction peut avoir plusieurs formes génériques. Elles dépendent de la transformation temps continu → temps discret utilisée ou du nombre de retard sur la fonction (un facteur multiplicatif Z^{-1} est un terme de phase). Afin de pouvoir distinguer les différentes formes génériques, on fait suivre usuellement la dénomination abrégée de la fonction réalisée par le nombre de zéro à $F_e/2$ (facteur $[1 + Z^{-1}]$) et par le nombre de retard (facteur Z^{-1} au numérateur).

Fonction	Forme générique	Numérateur
Passe-bas	Pbs 10	$G_1(Z^{-1} + 1)$
Passe-bas	Pbs 00	G_1
Passe-bas	Pbs 01	$G_1 Z^{-1}$
Passe-haut	Pht 00	$G_2(1 - Z^{-1})$
Passe-tout	Pto 00	$G_3(Z^{-1} - 1/\varepsilon)$

Tableau 4.1

4.14 Caractérisation en fréquence

Si on multiplie le numérateur et le dénominateur de $T(z)$ par le facteur $Z^{+1/2}$, on peut écrire en régime isochrone :

$$T(e^{j\Omega_d T_e}) = G \frac{(\beta+\gamma)\cos\left(\frac{\Omega_d T_e}{2}\right) + j(\gamma-\beta)\sin\left(\frac{\Omega_d T_e}{2}\right)}{(\varepsilon-1)\cos\left(\frac{\Omega_d T_e}{2}\right) + j(\varepsilon+1)\sin\left(\frac{\Omega_d T_e}{2}\right)}$$

soit

$$T(e^{j\Omega_d T_e}) = \frac{N(e^{j\Omega_d T_e})}{1 + j\frac{(\varepsilon+1)}{(\varepsilon-1)}\text{tg}\left(\frac{\Omega_d T_e}{2}\right)} = \frac{N(e^{j\Omega_d T_e})}{1 + j\frac{\text{tg}\left(\frac{\Theta}{2}\right)}{\text{tg}\left(\frac{\Theta_c}{2}\right)}}$$

Par analogie avec la fonction de transfert temps continu en régime sinusoïdal

$$T(j\omega) = \frac{N(j\omega)}{1 + j\frac{\omega}{\omega_c}}$$

on définit la coupure de la fonction de transfert temps discret comme étant l'angle Θ_c qui égalise partie réelle et partie imaginaire de son dénominateur :

$$\Theta_c = \Omega_c T_e = 2\text{arctg}\left(\frac{\varepsilon-1}{\varepsilon+1}\right)$$

4.2 Synthèse des cellules du premier ordre

4.21 Cellules à entrée et sortie simples

Deux cellules sont nécessaires pour synthétiser les fonctions élémentaires du tableau 4.1 à partir d'un amplificateur à sortie simple. Pour la première (directement issue de l'opérateur de base du chapitre 1), il n'y a pas de transfert de charge sur l'amplificateur opérationnel sur la phase I aux instants $(n-1/2)\ T_e$.

En écrivant

$$\Delta q(nT_e) = S_{01}CV_e(nT_e) - I_{01}CV_e[(n-1)T_e] + N_{01}C\{V_e(nT_e) - V_e[(n-1)T_e]\} +$$
$$S_{11}CV_s(nT_e) + C\{V_s(nT_e) - V_s[(n-1)T_e]\} = 0$$

on détermine la fonction de transfert

$$T(z) = \frac{V_s^p(z)}{V_e^p(z)} = \frac{-S_{01} + I_{01}Z^{-1} + N_{01}(1-Z^{-1})}{-Z^{-1} + S_{11} + 1}$$

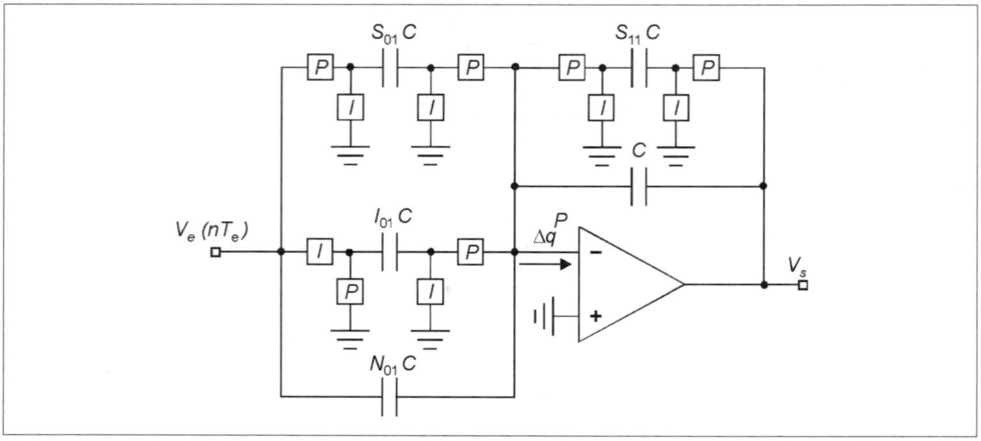

Figure 4.1

Ce circuit permet la réalisation des fonctions du tableau 4.2.

Synthèse du dénominateur : $S_{11} = \varepsilon - 1$		
Forme générique	**Numérateur**	**Rapports capacitifs**
Pbs 01	$G_1 Z^{-1}$	$S_{01} = N_{01} = 0$; $I_{01} = G_1$
Pbs 00	G_1	$I_{01} = N_{01} = 0$; $S_{01} = -G_1$
Pht 00	$G_2(1 - Z^{-1})$	$I_{01} = S_{01} = 0$; $N_{01} = -G_2$
Pto 00	$G_3(Z^{-1} - 1/\varepsilon)$	$N_{01} = 0$; $I_{01} = G_3$; $S_{01} = G_3/\varepsilon$

Tableau 4.2

La positivité de S_{11} implique une limite basse pour la fréquence d'échantillonnage. En fait, cette contrainte est purement théorique puisque pratiquement les filtres à capacités commutées sont suréchantillonnés.

La synthèse d'un zéro à $F_e/2$ correspondant à la transformation TAB d'un pôle simple nécessite l'utilisation de la cellule de la figure 4.2 connue sous le nom de *circuit de Knob*.

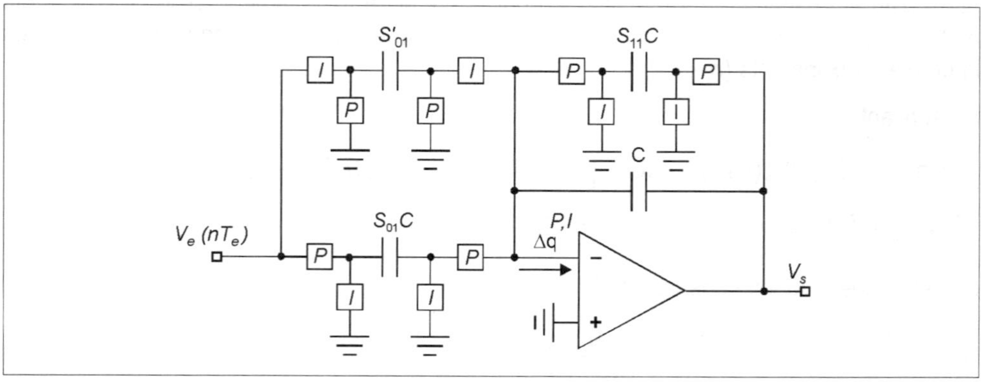

Figure 4.2 Circuit de Knob.

Les transferts de charge vers la capacité d'intégration ayant lieu sur les deux phases, le calcul des fonctions de transfert n'est pas immédiat. Avec $S'_{01}C = S_{01}C$ et le couple d'équations

$$\Delta q(nT_e) = S_{01}CV_e(nT_e) + S_{11}CV_s(nT_e) + C\left\{V_s(nT_e) - V_s\left[\left(n-\frac{1}{2}\right)T_e\right]\right\} = 0$$

$$\Delta q\left[\left(n-\frac{1}{2}\right)T_e\right] = S'_{01}CV_e[(n-1)T_e] + C\left\{V_s\left[\left(n-\frac{1}{2}\right)T_e\right] - V_s[(n-1)T_e]\right\} = 0$$

on détermine les fonctions de transfert

$$T_1(z) = \frac{V_s^p(z)}{V_e^p(z)} = \frac{-S_{01}\left(1+Z^{-1}\right)}{-Z^{-1}+S_{11}+1} \quad \text{et} \quad T_2(z) = \frac{V_s^I(z)}{V_e^p(z)} = \frac{-S_{01}Z^{-1/2}(2+S_{11})}{-Z^{-1}+S_{11}+1}$$

La synthèse du passe-bas Pbs 10 n'est réalisée qu'aux instants nT_e avec $S_{01} = -G_1$. Sur la phase *I*, la fonction de transfert est différente, ce circuit nécessite un prélèvement de la sortie par échantillonnage.

4.22 Cellules à entrée et sortie différentielles

Un intégrateur différentiel est représenté sur la figure 4.3. Les deux tensions d'entrée V_e^+ et V_e^- sont symétriques par rapport à la tension d'entrée de mode commun V_{emc} et les deux tensions de sortie sont symétriques par rapport à la tension de sortie de mode commun V_{smc}. Comparativement aux montages à sortie simple, l'excursion du signal de sortie en mode différentiel est doublée, et les bruits d'alimentation ainsi que les injections de charges parasites d'horloge apparaissant en mode commun sont rejetés. Ce type de structure possède donc une meilleure dynamique. Les tensions de mode commun d'entrée et de sortie peuvent être fixées indépendamment mais la tension V_{smc} doit être stabilisée (généralement à la demi tension d'alimentation). Ce circuit de stabilisation complique significativement la conception de l'amplificateur opérationnel et implique une augmentation de la surface occupée et une plus grande consommation.

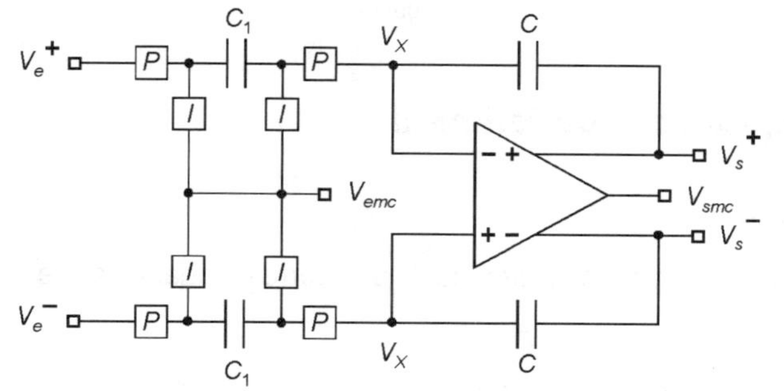

Figure 4.3

En mode différentiel,

$$T(z)=\frac{V_s^{p+}(z)-V_s^{p-}(z)}{V_e^{p+}(z)-V_e^{p-}(z)}=\frac{V_{sd}^{p}(z)}{V_{ed}^{p}(z)}=-\frac{C_1}{C}\frac{1}{1-Z^{-1}}$$

En généralisant, par duplication de la circuiterie sur le côté opposé de l'AOP, on obtient les mêmes fonctions de transfert que celles obtenues avec le circuit de la figure 4.1. Du fait de la présence des entrées et sorties inversées, d'autres variantes sont possibles. Ainsi, le circuit de la figure 4.4 réalise la synthèse du passe-bas Pbs 10 sans l'inconvénient de la nécessité d'un échantillonnage de la sortie avec

$$T(z)=\frac{V_{sd}^{p}(z)}{V_{ed}^{p}(z)}=\frac{-S_{01}(1+Z^{-1})}{-Z^{-1}+S_{11}+1}$$

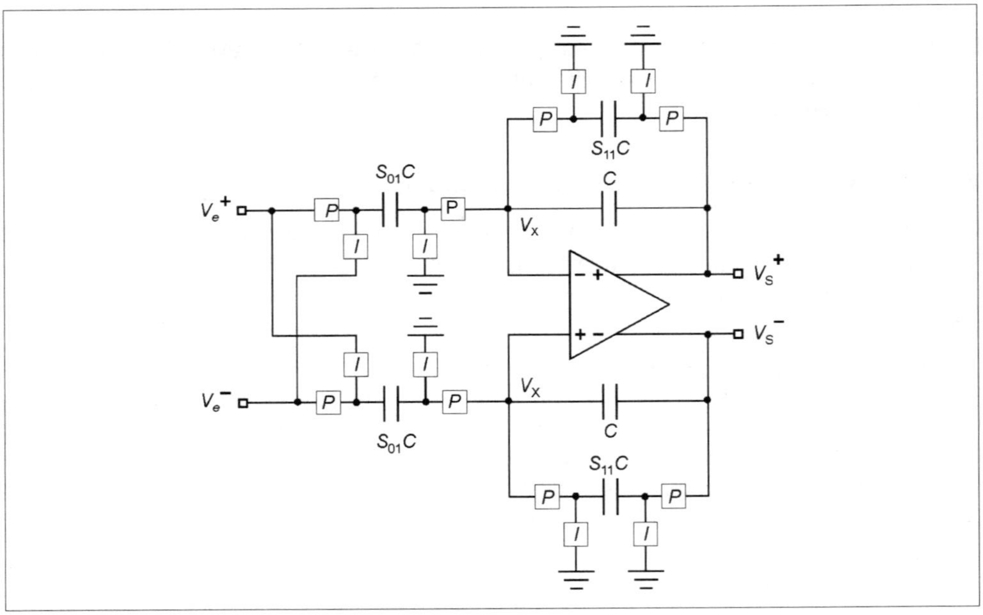

Figure 4.4

4.3 La forme biquadratique temps discret

4.31 Définitions

Une forme biquadratique temps discret établit une correspondance entre la suite $e\,(nT_e)$ et la suite $s\,(nT_e)$ telle que

$$s(nT_e)=-\frac{1}{\varepsilon}s[(n-2)T_e]-\frac{\eta}{\varepsilon}s[(n-1)T_e]+G\left\{\frac{\alpha}{\varepsilon}e[(n-2)T_e]+\frac{\beta}{\varepsilon}e[(n-1)T_e]+\frac{\gamma}{\varepsilon}e(nT_e)\right\}$$

Par transformation en Z, on définit la fonction de transfert du deuxième ordre :

$$T(z) = \frac{S(z)}{E(z)} = G\frac{\alpha Z^{-2} + \beta Z^{-1} + \gamma}{Z^{-2} + \eta Z^{-1} + \varepsilon}$$

La valeur des trois coefficients du numérateur détermine les formes génériques des différentes fonctions particulières réalisables, alors qu'au dénominateur les paramètres η et ε caractérisent la stabilité et la sélectivité de la forme biquadratique.

Si on considère une paire de pôles à l'intérieur du cercle unité du plan de la variable complexe $Z = \exp\,[(\sigma + j\omega)\ T_e]$ (figure 4.5) telle que $z_p = r_p \exp\,(\pm j\theta_p)$ et une paire de zéros $z_z = r_z \exp\,(\pm j\theta_z)$, on peut également définir formellement la forme biquadratique temps discret à partir de l'expression

$$T(z) = G'\frac{[Z - r_z\exp(+j\theta_z)][Z - r_z\exp(-j\theta_z)]}{[Z - r_p\exp(+j\theta_p)][Z - r_p\exp(-j\theta_p)]}$$

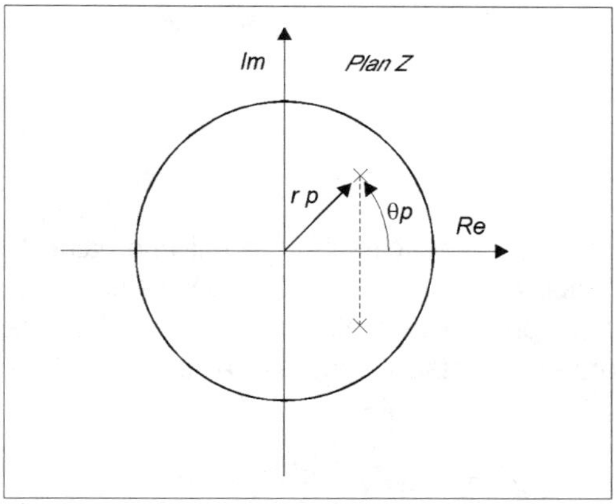

Figure 4.5

En régime isochrone, avec $Z = \exp\,(j\Omega_d T_e) = \cos\,(\Omega_d T_e) + j\sin\,(\Omega_d T_e)$:

$$T(e^{j\Omega_d T_e}) = G\frac{\alpha+\gamma}{\varepsilon+1}\,\frac{\cos(\Omega_d T_e) + \dfrac{\beta}{\alpha+\gamma} + j\dfrac{\gamma-\alpha}{\alpha+\gamma}\sin(\Omega_d T_e)}{\cos(\Omega_d T_e) + \dfrac{\eta}{\varepsilon+1} + j\dfrac{\varepsilon-1}{\varepsilon+1}\sin(\Omega_d T_e)}$$

Cette expression a pour module :

$$|T(\Omega_d)| = G\sqrt{\frac{[\beta + (\gamma+\alpha)\cos(\Omega_d T_e)]^2 + [(\gamma-\alpha)\sin(\Omega_d T_e)]^2}{[\eta + (\varepsilon+1)\cos(\Omega_d T_e)]^2 + [(\varepsilon-1)\sin(\Omega_d T_e)]^2}}$$

pour phase :

$$\Theta = \mathrm{arctg}\left[\frac{(\gamma-\alpha)\sin(\Omega_d T_e)}{\beta + (\gamma+\alpha)\cos(\Omega_d T_e)}\right] - \mathrm{arctg}\left[\frac{(\varepsilon-1)\sin(\Omega_d T_e)}{\eta + (\varepsilon+1)\cos(\Omega_d T_e)}\right],$$

et pour temps de propagation de groupe :

$$\tau = TPG = -\frac{d\Theta}{d\Omega_d}$$

$$= -\frac{T_e(\gamma-\alpha)[(\gamma+\alpha)+\beta\cos(\Omega_d T_e)]}{[(\gamma-\alpha)\sin(\Omega_d T_e)]^2+[(\beta+(\gamma+\alpha)\cos(\Omega_d T_e)]^2}$$

$$+\frac{T_e(\varepsilon-1)[(\varepsilon+1)+\eta\cos(\Omega_d T_e)]}{[(\varepsilon-1)\sin(\Omega_d T_e)]^2+[\eta+(\varepsilon+1)\cos(\Omega_d T_e)]^2}$$

4.32 Stabilité

Conditions analytiques

La stabilité est assurée si le dénominateur $D(Z) = \varepsilon Z^2 + \eta Z + 1$ est un polynôme stable. À partir de l'expression des racines

$$z_{1,2} = \frac{-\eta \pm \sqrt{\eta^2 - 4\varepsilon}}{2\varepsilon}$$

on détermine qu'avec $\eta^2 - 4\varepsilon < 0$ la forme biquadratique est caractérisée par une paire de pôles complexes conjugués, les conditions de stabilité ($|z_{1,2}| < 1$) imposant une valeur $\varepsilon > 1$. Avec $\eta^2 - 4\varepsilon > 0$, les deux racines sont réelles (la forme biquadratique est réalisable par la mise en cascade de deux cellules du premier ordre) et la stabilité est assurée par la vérification des inéquations :
avec $\varepsilon > 0$: $\varepsilon + \eta + 1 > 0$; $\varepsilon - \eta + 1 > 0$; $1 - \varepsilon < 0$
et avec $\varepsilon < 0$: $-\varepsilon - \eta - 1 > 0$; $-\varepsilon + \eta - 1 > 0$; $-1 + \varepsilon < 0$.

Interprétation géométrique de la stabilité

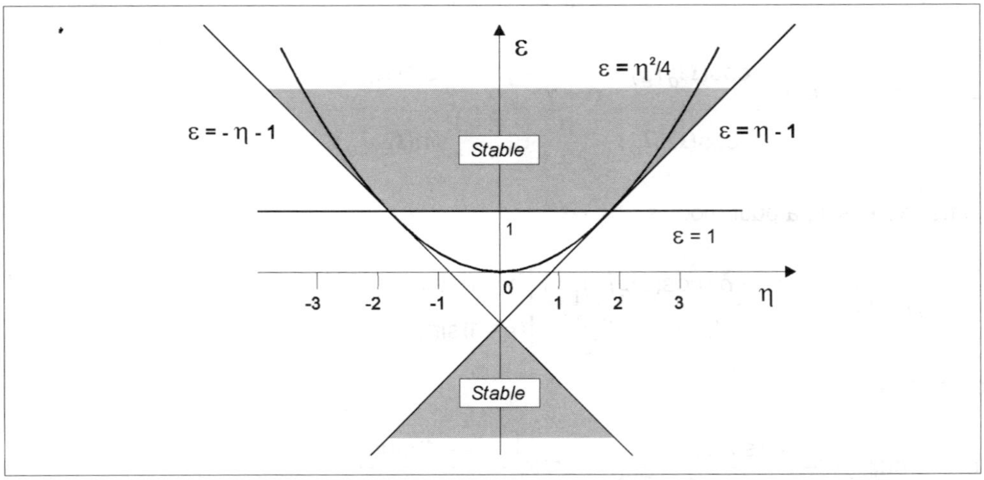

Figure 4.6 Interprétation géométrique de la stabilité.

Les droites d'équation $\varepsilon = -\eta - 1$, $\varepsilon = \eta - 1$ et $\varepsilon = 1$ déterminent la zone de stabilité de la forme biquadratique temps discret. La parabole d'équation $\varepsilon = \eta^2/4$ sépare la partie du plan correspondant à une paire de pôles complexes de la partie correspondant à deux pôles réels sur l'axe réel du plan Z. Le segment de droite découpé par la parabole sur la droite d'équation $\varepsilon = 1$ est l'image du cercle unité ($Z = \exp \mathrm{j}\Omega_d T_e$).

4.33 Les formes génériques des fonctions particulières

Selon la valeur des coefficients du numérateur de la forme biquadratique, on définit un ensemble de fonctions particulières (tableau 4.3). Les fonctions de type passe-bas, passe-bande, passe-haut et réjecteur sont nécessaires et suffisantes pour effectuer la synthèse des filtres à gabarit d'amplitude obtenus à partir d'une approximation par transformation standard, la fonction réjectrice englobant le réjecteur symétrique, le réjecteur passe-bas et le réjecteur passe-haut. Par convention, une fonction réjectrice avec $|\beta| > 2$ sera dénommée *réjecteur dégénéré* (typiquement cette forme est issue de la transformation LDI d'un zéro sur l'axe imaginaire supérieur à F_e/π). Comme pour les cellules du premier ordre, les différentes formes génériques d'une même fonction sont répertoriées en faisant suivre la dénomination abrégée de la fonction réalisée par le nombre de zéros à $F_e/2$ (facteur $[1 + Z^{-1}]$) et par le nombre de retard (facteur Z^{-1} au numérateur).

Fonction	Forme générique	Numérateur
Passe-bas	Pbs 20	$G_1(Z^{-2} + 2Z^{-1} + 1)$
Passe-bas	Pbs 00	G_1
Passe-bas	Pbs 01	$G_1 Z^{-1}$
Passe-bas	Pbs 02	$G_1 Z^{-2}$
Passe-bande	Pbd 10	$G_2(1 - Z^{-2})$
Passe-bande	Pbd 00	$G_2(1 - Z^{-1})$
Passe-bande	Pbd 01	$G_2 Z^{-1}(Z^{-1} - 1)$
Passe-haut	Pht 00	$G_3(Z^{-2} - 2Z^{-1} + 1)$
Réjecteur	Réj 00	$G_4(Z^{-2} + \beta Z^{-1} + 1)$
Passe-tout	Pto 00	$G_5[Z^{-2} + (\eta/\varepsilon) Z^{-1} + 1/\varepsilon]$

Tableau 4.3

4.34 Caractérisation de la sélectivité

Les propriétés de sélectivité (propriétés fréquentielles) d'une paire de pôles complexes de la forme biquadratique temps continu

$$T(p) = K \frac{p^2 + \frac{\omega_z}{Q_z} p + \omega_z^2}{p^2 + \frac{\omega_0}{Q_0} p + \omega_0^2}$$

sont déterminées à partir du couple de paramètres (Q_0, ω_0).

Par analogie, on peut caractériser les propriétés de sélectivité de la forme biquadratique temps discret à partir d'un coefficient de qualité temps discret Q_0 et d'un angle de résonance

$$\theta_0 = \Omega_{d0} T_e = \frac{2\pi F_{d0}}{F_e}$$

Pour donner une définition naturelle de ces deux paramètres, on peut considérer *T (z)* en régime isochrone et par analogie avec la forme temps continu, définir la résonance comme étant l'angle qui annule la partie réelle du dénominateur de

$$T(e^{j\Omega_d T_e})$$

soit

$$\cos(\theta_0) = \cos(\Omega_{d0} T_e) = -\frac{\eta}{\varepsilon + 1}$$

et poser

$$Q_0 = \sin(\theta_0)\frac{\varepsilon+1}{2(\varepsilon-1)} = \frac{\varepsilon+1}{2(\varepsilon-1)\sqrt{1-\frac{\eta^2}{(\varepsilon+1)^2}}}$$

soit

$$Q_0 = \frac{1}{2(\varepsilon-1)}\sqrt{(1+\eta+\varepsilon)(1-\eta+\varepsilon)}$$

Avec ce couple de valeurs

$$T(e^{j\theta}) = \frac{N(e^{j\theta})}{2(\cos\theta - \cos\theta_0) + j\frac{\sin\theta_0}{Q_0}\sin\theta}$$

Le facteur 2 assure la correspondance du développement limité du dénominateur de la forme temps discret avec le dénominateur de la forme temps continu en régime harmonique

$$T(j\omega) = \frac{N(j\omega)}{(\omega_0^2 - \omega^2) + j\frac{\omega_0}{Q_0}\omega}$$

Si les racines du numérateur de la forme biquadratique temps discret sont caractérisables à partir d'une pulsation de résonance cos (θ_z) et d'un facteur de qualité Q_z associé (cas de la fonction passe-tout), tels que

$$\cos(\theta_z) = \cos(\omega_z T_e) = -\frac{\beta}{\alpha + \gamma}$$

et

$$Q_z = \sin(\theta_z)\frac{\gamma+\alpha}{2(\gamma-\alpha)}$$

on peut définir une forme canonique temps discret en régime isochrone

$$T(e^{j\theta}) = G' \frac{2(\cos\theta - \cos\theta_z) + j\dfrac{\sin\theta_z}{Q_z}\sin\theta}{2(\cos\theta - \cos\theta_0) + j\dfrac{\sin\theta_0}{Q_0}\sin\theta}$$

4.35 Sensibilités passives

Définitions

La sensibilité est un indice mathématique qui permet d'évaluer les performances d'un circuit ou d'effectuer une comparaison entre différentes topologies susceptibles de synthétiser une même fonction de réseau. Les composants d'un circuit réel diffèrent des valeurs nominales calculées. Pour une perturbation Δx_i d'un composant x_i utilisé pour réaliser une fonction F :

$$F(x_i + \Delta x_i) - F(x_i) = \frac{\partial F}{\partial x_i}\Delta x_i + \frac{\partial^2 F}{2\partial x_i^2}\Delta x_i^2 + \ldots$$

Pour de petites variations, on peut limiter la série de Taylor au terme linéaire et écrire

$$\Delta F \approx \frac{\partial F}{\partial x_i}\Delta x_i = x_i \frac{\partial F}{\partial x_i}\frac{\Delta x_i}{x_i} = {}^*S_{x_i}^F \frac{\Delta x_i}{x_i}$$

ou

$$\frac{\Delta F}{F} \approx \frac{\partial F}{F}\frac{x_i}{\partial x_i}\frac{\Delta x_i}{x_i} = \frac{\partial \operatorname{Log} F}{\partial \operatorname{Log} x_i}\frac{\Delta x_i}{x_i} = S_{x_i}^F \frac{\Delta x_i}{x_i}$$

La sensibilité relative d'une fonction de réseau F par rapport à une variable x est définie conventionnellement (au sens de Bode) à partir des erreurs relatives par

$$S_x^F = \frac{\dfrac{\partial F}{F}}{\dfrac{\partial x}{x}} = \frac{\partial \operatorname{Log} F}{\partial \operatorname{Log} x}$$

alors que la sensibilité semi-relative est définie à partir de

$${}^*S_x^F = x\frac{\partial F}{\partial x}$$

Sensibilités de la forme biquadratique temps discret

Si on considère le module de la forme canonique temps discret sous la forme

$$M(\Omega_d) = 20\log\left| G' \frac{2(\cos\theta - \cos\theta_z) + j\dfrac{\sin\theta_z}{Q_z}\sin\theta}{2(\cos\theta - \cos\theta_0) + j\dfrac{\sin\theta_0}{Q_0}\sin\theta} \right|$$

pour de faibles variations Δx_i de m rapports capacitifs d'une structure à capacités commutées réalisant cette fonction, on peut écrire :

$$\Delta M(\Omega_d) = \frac{\Delta x_i}{x_i}\left\{\sum_{i=1}^{m} {}^*S_{G'}^{M(\Omega_d)} S_{x_i}^{G'} + {}^*S_{Q_z}^{M(\Omega_d)} S_{x_i}^{Q_z} + {}^*S_{\cos\theta_z}^{M(\Omega_d)} S_{x_i}^{\cos\theta_z} - {}^*S_{Q_0}^{M(\Omega_d)} S_{x_i}^{Q_0} - {}^*S_{\cos\theta_0}^{M(\Omega_d)} S_{x_i}^{\cos\theta_0}\right\}$$

En explicitant les sensibilités semirelatives, on constate que les facteurs

$${}^*S_{G'}^{M(\Omega_d)} = 8{,}686\,\text{dB}$$

$${}^*S_{\cos\theta_{0,z}}^{M(\Omega_d)} = \pm\, 8{,}686 \frac{4\left(1-\dfrac{\cos\theta}{\cos\theta_{0,z}}\right) - \left(\dfrac{\sin\theta}{Q_{0,z}}\right)^2}{4\left(1-\dfrac{\cos\theta}{\cos\theta_{0,z}}\right)^2 + \left(\dfrac{\sin\theta}{Q_{0,z}}\text{tg}\theta_{0,z}\right)^2}\ \text{dB}$$

$$-{}^*S_{Q_{0,z}}^{M(\Omega_d)} = \pm\, 8{,}686 \frac{\left(\dfrac{\sin\theta}{Q_{0,z}}\text{tg}\theta_{0,z}\right)^2}{4\left(1-\dfrac{\cos\theta}{\cos\theta_{0,z}}\right)^2 + \left(\dfrac{\sin\theta}{Q_{0,z}}\text{tg}\theta_{0,z}\right)^2}\ \text{dB}$$

qui ne dépendent que de la fonction de transfert à réaliser (donc de l'approximation utilisée) par l'intermédiaire des paramètres biquadratiques $\theta_{0,z}$ et $Q_{0,z}$ interviennent comme facteurs de pondération sur les sensibilités relatives de ces paramètres vis-à-vis des rapports capacitifs. Quant à ces dernières, elles dépendent de la structure choisie pour la réalisation. Un tracé avec $F_e/F_{d0} = 20$ (figures 4.7 et 4.8) des fonctions

$${}^*S_{\Omega_{d0}}^{M(\Omega_d)} = \theta_0\,\text{tg}\,\theta_0\ {}^*S_{\cos\theta_0}^{M(\Omega_d)}$$

et

$${}^*S_{Q_0}^{M(\Omega_d)}$$

met en évidence la prépondérance de la sensibilité semirelative de M (Ω_d) par rapport à Ω_{d0} sur celle par rapport à Q_0. Les deux séries de courbes sont pratiquement identiques aux courbes obtenues pour la forme biquadratique temps continu [18].

Elles sont donc sujettes à la même interprétation : du fait des pondérations des sensibilités relatives, on peut admettre des variations plus fortes sur Q_0 que sur Ω_{d0} (de l'ordre de $2Q_0$ à $\Omega_d = \Omega_{d0}$ (1 ± Q_0/2) pour des coefficients de qualité élevés) pour un écart identique sur $M(\Omega_d)$.

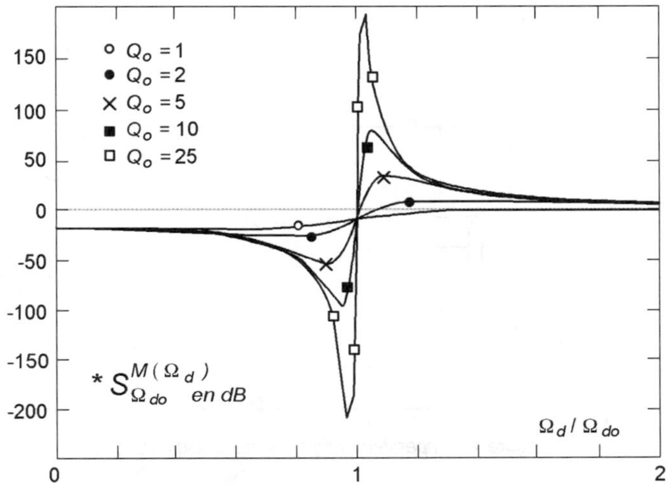

Figure 4.7

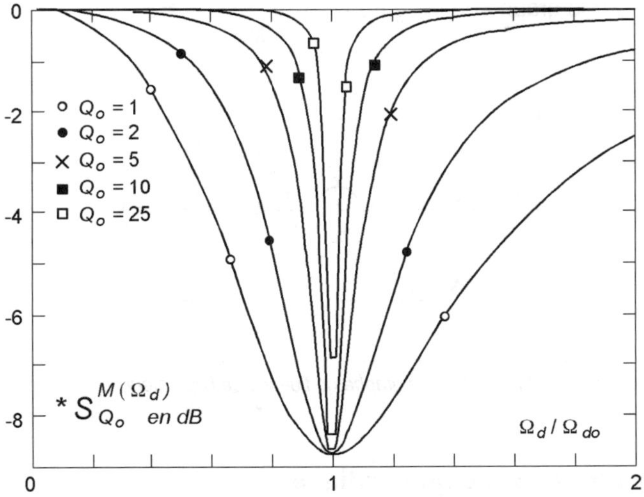

Figure 4.8

4.4 Synthèse des cellules du deuxième ordre : un biquad banalisé à capacités commutées

4.41 L'opérateur de base

L'opérateur de base pour la synthèse des cellules temps discret du deuxième ordre est l'intégrateur généralisé défini au chapitre 1.

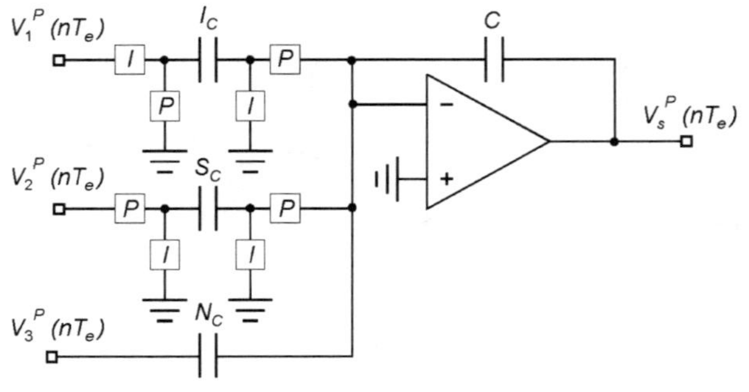

Figure 4.9 L'opérateur temps discret du biquad.

Une représentation fonctionnelle de l'expression de la sortie

$$V_s^P(z) = I\frac{Z^{-1}}{1-Z^{-1}}V_1^P(z) - S\frac{1}{1-Z^{-1}}V_2^P(z) - NV_3^P(z)$$

peut être donnée par le graphe de la figure 4.10.

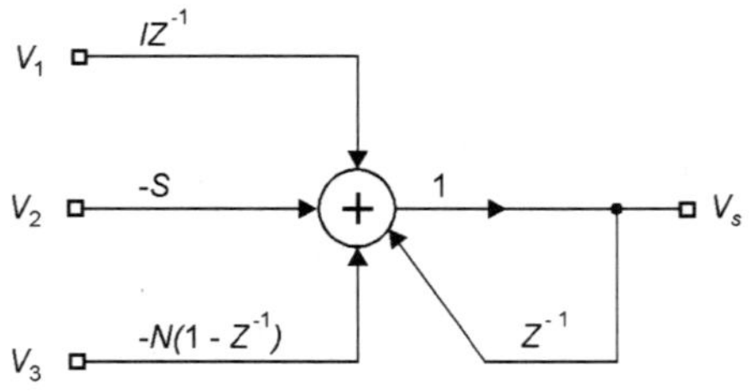

Figure 4.10 Le graphe de fluence de l'opérateur.

4.42 Synthèse d'une forme quadratique

Une synthèse de la forme passe-bas temps continu

$$T(p) = \frac{1}{p^2 + a_1 p + a_0}$$

sous forme de variables d'état peut être donnée en se donnant pour matrice d'état la matrice compagne associée au dénominateur de $T(p)$

$$[A] = \begin{pmatrix} -a_1 & -a_0 \\ 1 & 0 \end{pmatrix}$$

L'injection de l'entrée V_e et le prélèvement de la sortie V_s étant respectivement réalisés par le vecteur colonne $[B] = [1, 0]^T$ et le vecteur ligne $[C] = [0, 1]$. La forme quadratique est représentable par le graphe de la figure 4.11.

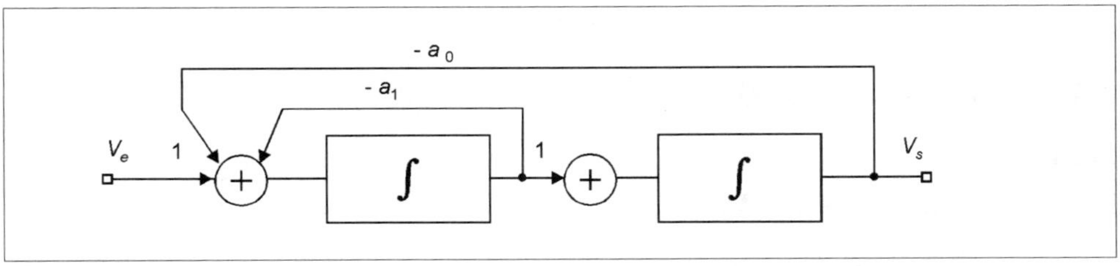

Figure 4.11 Le graphe de la forme quadratique passe-bas.

Une réalisation électrique directe du graphe à partir de l'opérateur à capacités commutées est donnée sur la figure 4.12.

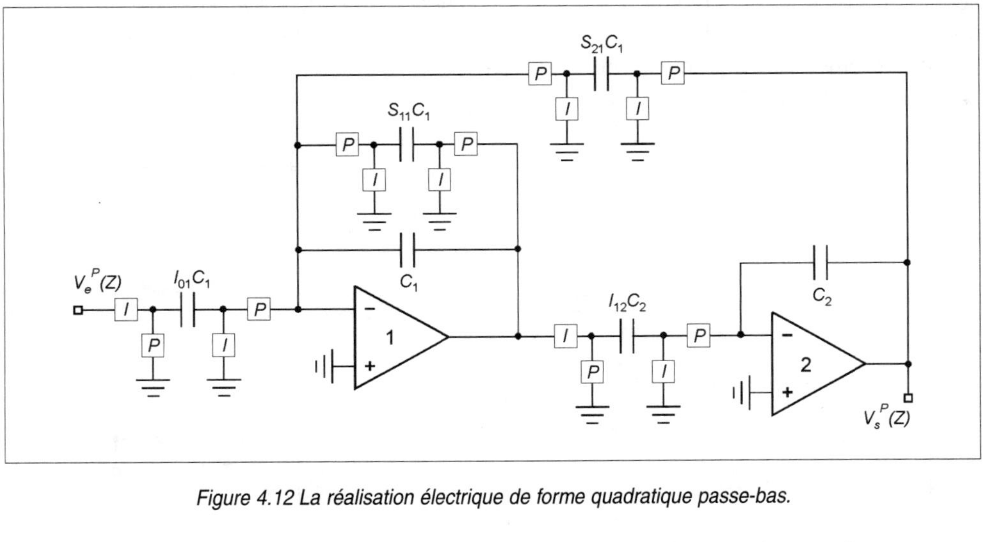

Figure 4.12 La réalisation électrique de forme quadratique passe-bas.

Le graphe de fluence correspondant (figure 4.13) conduit à la fonction de transfert

$$T_2^P(Z) = \frac{V_s^p(z)}{V_e^p(z)} = \frac{I_{12}I_{01}Z^{-2}}{Z^{-2} + (I_{12}S_{21} - S_{11} - 2)Z^{-1} + (1 + S_{11})}$$

permettant la synthèse de la fonction passe-bas temps discret (Pbs 02).

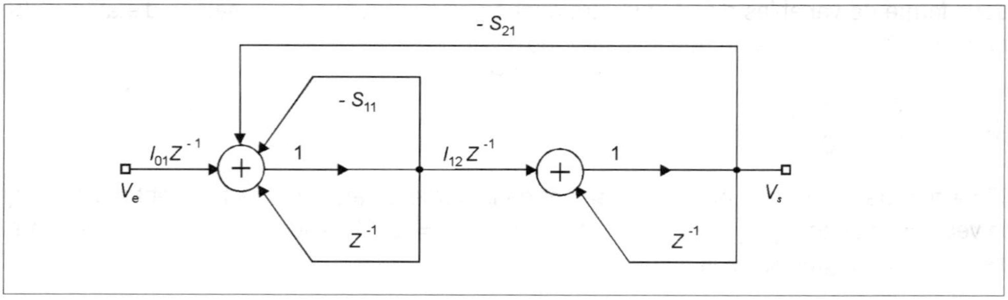

Figure 4.13

4.43 Le biquad de type G

Synthèse

D'après la formule du gain de Mason, pour réaliser la forme biquadratique

$$T(z) = G\frac{\alpha Z^{-2} + \beta Z^{-1} + \gamma}{Z^{-2} + \eta Z^{-1} + \varepsilon}$$

quelque soit la valeur des coefficients α, β et η, il suffit de générer des chemins multiples entre l'entrée V_e et la sortie V_s (parcours ouverts). En considérant le graphe de fluence précédent et le graphe de l'intégrateur généralisé, on génère la structure à capacités commutées de la figure 4.14. Une cellule susceptible de synthétiser n'importe quelle fonction élémentaire du deuxième ordre est un biquad. Nous conviendrons de dénommer cette première structure : *biquad de type G.*

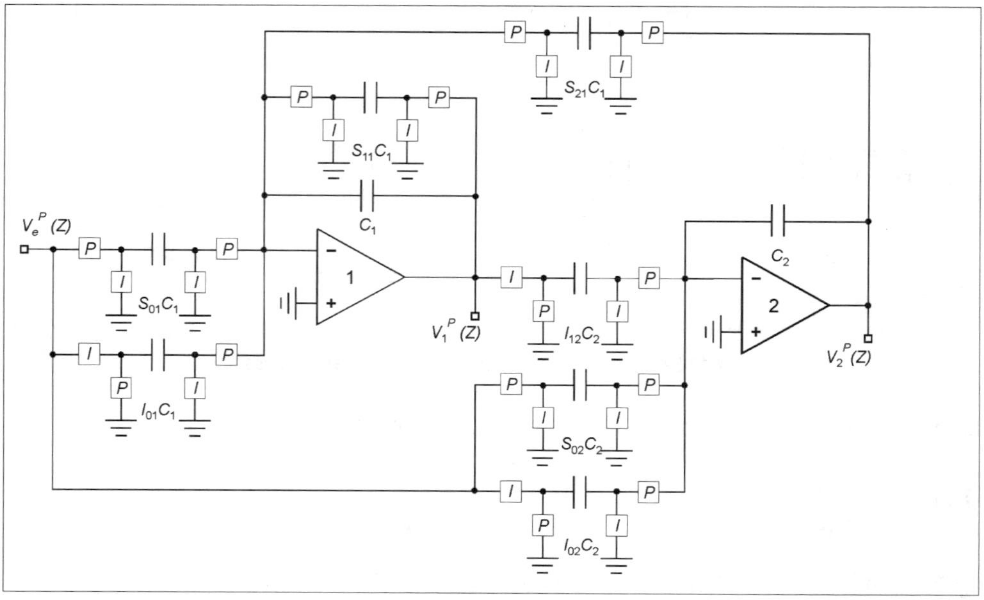

Figure 4.14 Le biquad de type G.

Fonctions de transfert

En considérant que le prélèvement de la sortie peut être effectué en V_1, on calcule les deux fonctions de transfert

$$TG_1^p(z) = \frac{V_1^p(z)}{V_e^p(z)} = \frac{-I_{01}Z^{-2} + (S_{01} - I_{02}S_{21} + I_{01})Z^{-1} + (S_{02}S_{21} - S_{01})}{Z^{-2} + (I_{12}S_{21} - S_{11} - 2)Z^{-1} + (1 + S_{11})}$$

$$TG_2^p(z) = \frac{V_2^p(z)}{V_e^p(z)} =$$

$$\frac{(I_{12}I_{01} - I_{02})Z^{-2} + [S_{02} + I_{02}(1 + S_{11}) - I_{12}S_{01}]Z^{-1} - S_{02}(1 + S_{11})}{Z^{-2} + (I_{12}S_{21} - S_{11} - 2)Z^{-1} + (1 + S_{11})}$$

Pôles synthétisables

Par identification du dénominateur des fonctions de transfert du biquad de type G avec le dénominateur de la forme biquadratique temps discret, on obtient

$S_{11} = \varepsilon - 1$ et $S_{21} I_{12} = \eta + \varepsilon + 1$

La positivité de S_{11} implique un recouvrement partiel entre la zone de stabilité et la zone de réalisabilité des pôles. Toutes les paires de pôles complexes situés à l'intérieur du cercle unité du plan de la variable Z sont synthétisables. Pour les pôles réels seuls les pôles correspondant à la valeur $\varepsilon > 1$ sont réalisables.

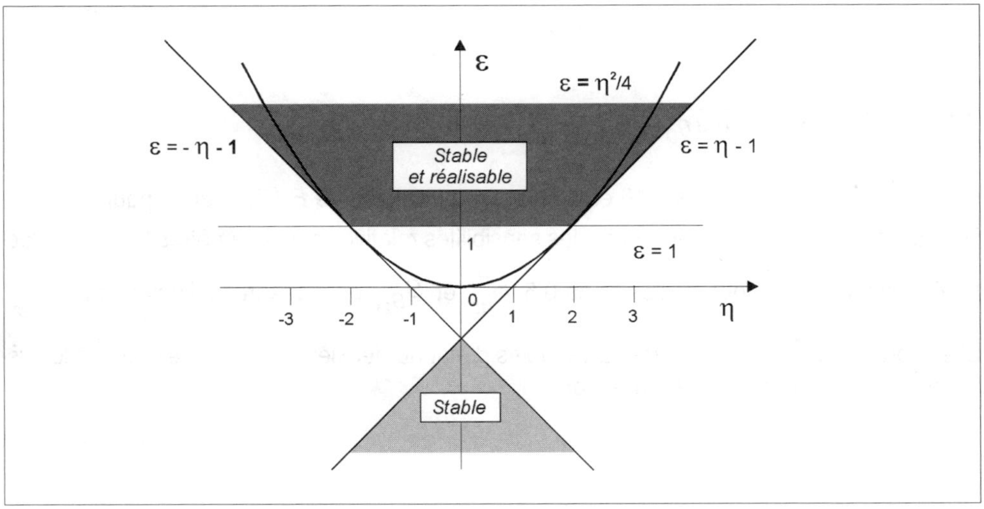

Figure 4.15 Interprétation géométrique de la stabilité et de la réalisabilité des pôles du biquad de type G.

Sensibilités passives

À partir des paramètres caractérisant la sélectivité

$$\cos(\theta_0) = 1 - \frac{l_{12}S_{21}}{2 + S_{22}}$$

et

$$Q_0 = \sin(\theta_0)\left(\frac{1}{S_{22}} + \frac{1}{2}\right) = \frac{\sqrt{l_{12}S_{21}(4 + 2S_{22} - l_{12}S_{21})}}{2S_{22}}$$

on détermine

$$S_{22} = \frac{2\sin(\theta_0)}{2Q_0 - \sin(\theta_0)}$$

et

$$l_{12}S_{21} = 4Q_0 \frac{1 - \cos(\theta_0)}{2Q_0 - \sin(\theta_0)}$$

On déduit de ces deux expressions les différentes sensibilités relatives

$$S_{l_{12}}^{\theta_0} = S_{S_{21}}^{\theta 0} = \frac{1 - \cos(\theta_0)}{\theta_0 \sin(\theta_0)} \quad \text{et} \quad S_{S_{22}}^{\theta_0} = \frac{1 - \cos(\theta_0)}{2Q_0\theta_0}$$

ainsi que

$$S_{l_{12}}^{Q_0} = S_{S_{21}}^{Q_0} = \frac{\cos(\theta_0)}{1 + \cos(\theta_0)}$$

et

$$S_{S_{22}}^{Q_0} = -1 + \frac{\sin(\theta_0)}{2Q_0[1 + \cos(\theta_0)]}$$

Comme le montre les figures 4.16 et 4.17, pour des valeurs de $F_e/F_{d0} > 20$ et pour des coefficients de qualité de quelques unités, les sensibilités relatives des paramètres fixant la sélectivité sont faibles, puisque de l'ordre de 0,5 $S_{l_{12}}^{\theta_0}$ et $S_{S_{21}}^{\theta_0}$ et inférieures à l'unité pour $S_{S_{22}}^{Q_0}$.

Elles sont typiques des structures à variables d'état du deuxième ordre, quelque soit le système physique choisi pour la réalisation.

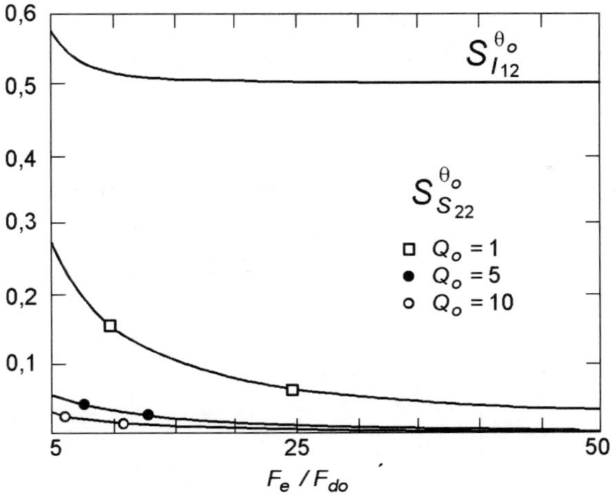

Figure 4.16 Sensibilités relatives de θ_0 par rapport à l_{12} et S_{22} du biquad de type G.

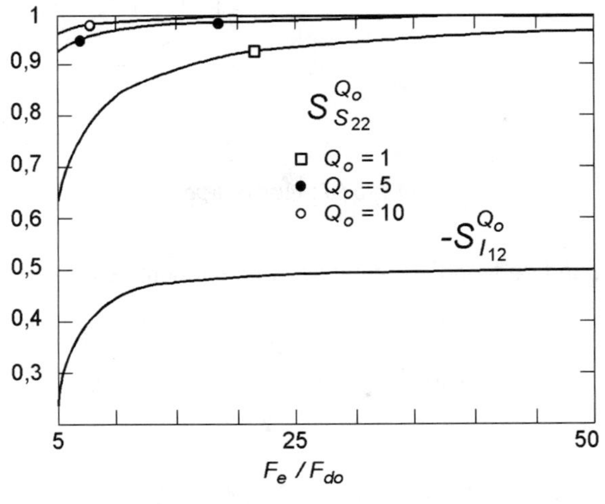

Figure 4.17 Sensibilités relatives de Q_0 par rapport à l_{12} et S_{22} du biquad de type G.

4.44 Le biquad de type F

Au lieu de réaliser l'amortissement des pôles sur le premier intégrateur, on peut le réaliser au niveau du second intégrateur (figure 4.18).

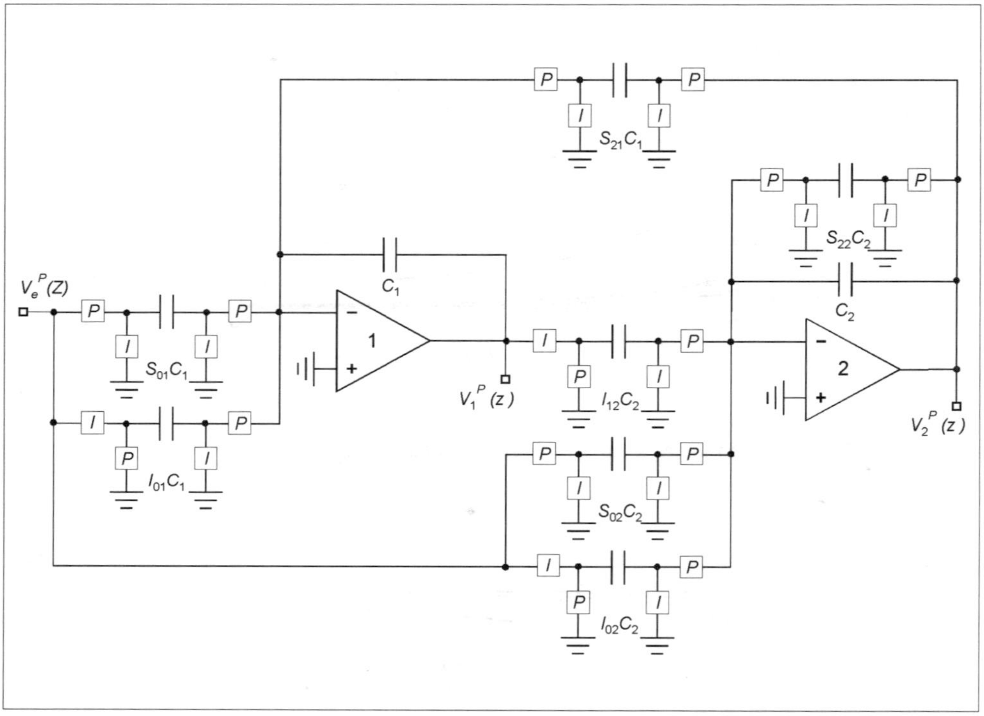

Figure 4.18 Le biquad de type F.

On arrive ainsi au biquad de type F caractérisé par les fonctions de transfert

$$TF_1^p(z) = \frac{-I_{01}Z^{-2} + [S_{01} - I_{02}S_{21} + I_{01}(1+S_{22})]Z^{-1} + [S_{02}S_{21} - S_{01}(1+S_{22})]}{Z^{-2} + (I_{12}S_{21} - S_{22} - 2)Z^{-1} + (1+S_{22})}$$

et

$$TF_2^p(z) = \frac{(I_{12}I_{01} - I_{02})Z^{-2} + (S_{02} + I_{02} - I_{12}S_{01})Z^{-1} - S_{02}}{Z^{-2} + (I_{12}S_{21} - S_{22} - 2)Z^{-1} + (1+S_{22})}$$

Pour les pôles, on obtient un formalisme identique à celui du biquad de type G avec le changement $S_{11} \rightarrow S_{22}$.

4.45 Le biquad de type E

Synthèse

On réalise dans ce cas l'amortissement des pôles par le dipôle ($S_{21}C_1$; $N_{21}C_1$) [19]

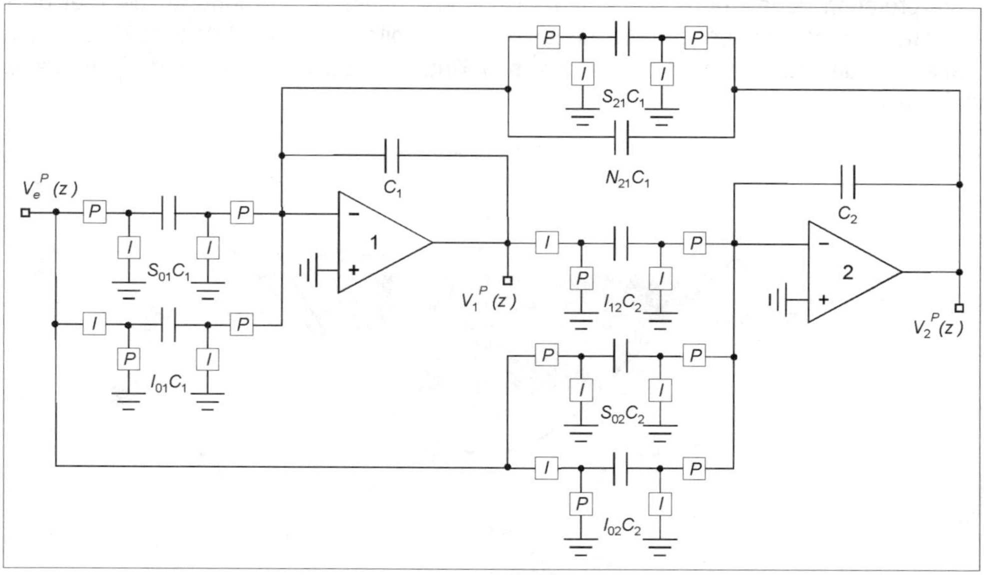

Figure 4.19 Le biquad de type E.

Fonctions de transfert

Ce biquad a pour fonctions de transfert

$$TE_1^p(z) = \frac{\dfrac{N_{21}I_{02} - I_{01}}{1 - I_{12}N_{21}} Z^{-2} + \dfrac{S_{01} - N_{21}S_{02} + I_{01} - I_{02}(N_{21} + S_{21})}{1 - I_{12}N_{21}} Z^{-1}}{Z^{-2} + \dfrac{I_{12}(N_{21} + S_{21}) - 2}{1 - I_{12}N_{21}} Z^{-1} + \dfrac{1}{1 - I_{12}N_{21}}}$$

$$+ \frac{\dfrac{S_{02}(S_{21} + N_{21}) - S_{01}}{1 - I_{12}N_{21}}}{Z^{-2} + \dfrac{I_{12}(N_{21} + S_{21}) - 2}{1 - I_{12}N_{21}} Z^{-1} + \dfrac{1}{1 - I_{12}N_{21}}}$$

$$TE_2^p(z) = \frac{\dfrac{I_{12}I_{01} - I_{02}}{1 - I_{12}N_{21}} Z^{-2} + \dfrac{S_{02} + I_{02} - I_{12}S_{01})}{1 - I_{12}N_{21}} Z^{-1} + \dfrac{S_{02}}{1 - I_{12}N_{21}}}{Z^{-2} + \dfrac{I_{12}(N_{21} + S_{21}) - 2}{1 - I_{12}N_{21}} Z^{-1} + \dfrac{1}{1 - I_{12}N_{21}}}$$

Pôles synthétisables

Avec $S_{21}I_{12} = (\eta + \varepsilon + 1)/\varepsilon$ et $N_{21}I_{12} = (\varepsilon - 1)/\varepsilon$ toutes les valeurs de η et ε correspondant à une fonction de transfert stable conduisent à des valeurs de S_{21}, N_{21} et I_{12} positives. L'interprétation géométrique des valeurs de pôles réalisables en fonction de η et de ε implique un recouvrement complet de la zone de stabilité. Le biquad de type E permet la réalisation de toutes les paires de pôles à l'intérieur du cercle unité du plan de la variable Z.

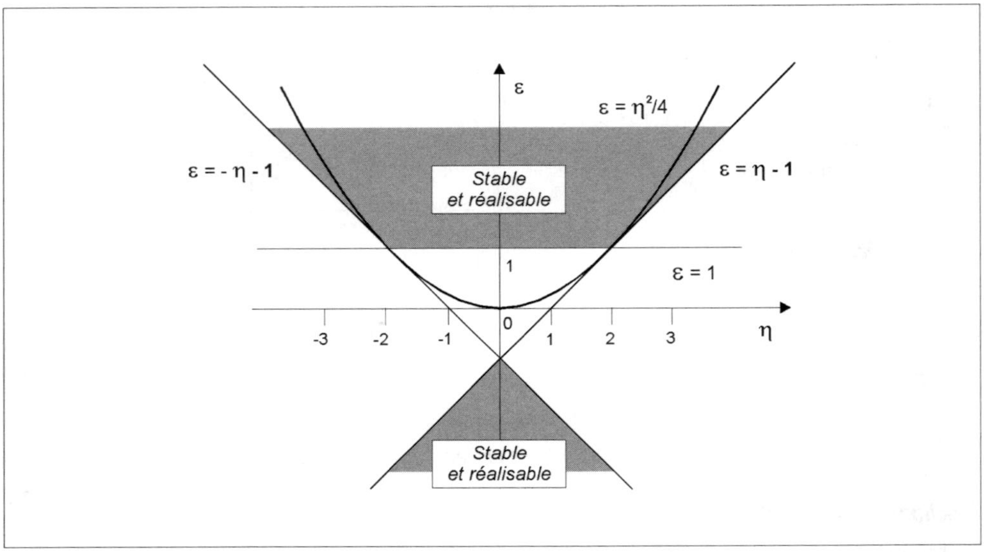

Figure 4.20 Interprétation géométrique de la stabilité et de la réalisabilité des pôles du biquad de type E.

Sensibilités passives

Avec

$$\cos(\theta_0) = 1 - \frac{I_{12}S_{21}}{2 + I_{12}N_{21}}$$

et

$$Q_0 = \sin(\theta_0)\left(\frac{1}{I_{12}N_{21}} - \frac{1}{2}\right) = \frac{\sqrt{I_{12}S_{21}(4 - 2I_{12}N_{21} - I_{12}S_{21})}}{2I_{12}N_{21}}$$

on détermine

$$I_{12}N_{21} = \frac{2\sin(\theta_0)}{2Q_0 + \sin(\theta_0)} \text{ et } I_{12}S_{21} = 4Q_0\frac{1 - \cos(\theta_0)}{2Q_0 + \sin(\theta_0)}$$

D'où les sensibilités relatives :

$$S_{I_{12}}^{\theta_0} = \frac{1-\cos(\theta_0)}{\theta_0}\left[\frac{1}{2Q_0} + \frac{1}{\sin(\theta_0)}\right]$$

$$S_{S_{21}}^{\theta_0} = \frac{1-\cos(\theta_0)}{\theta_0 \sin(\theta_0)}, \quad S_{N_{21}}^{\theta_0} = \frac{1-\cos(\theta_0)}{2Q_0\theta_0}$$

ainsi que

$$S_{I_{12}}^{Q_0} = -\frac{1}{2}\left[1 + \frac{\sin(\theta_0)}{2Q_0[1+\cos(\theta_0)]} + \frac{1-\cos(\theta_0)}{1+\cos(\theta_0)}\right]$$

$$S_{S_{21}}^{Q_0} = \frac{\cos(\theta_0)}{1+\cos(\theta_0)}$$

et

$$S_{N_{21}}^{Q_0} = -\left[1 + \frac{\sin(\theta_0)}{2Q_0[1+\cos(\theta_0)]}\right]$$

Comparativement aux cellules de type F et G précédentes, on constate une légère dégradation des sensibilités par rapport à θ_0 du fait du terme inversement proportionnel à Q_0 de

$$S_{I_{12}}^{\theta_0}$$

(figures 4.21) et des sensibilités par rapport à Q_0 comme le montrent les figures 4.22 et 4.23. Toutefois, cette perte de sensibilité est largement compensée par l'amélioration sur l'étendue des capacités apportée par le biquad E pour les grands rapports F_e/F_{d0} et les grands coefficients de qualité (figures 4.24 à 4.27).

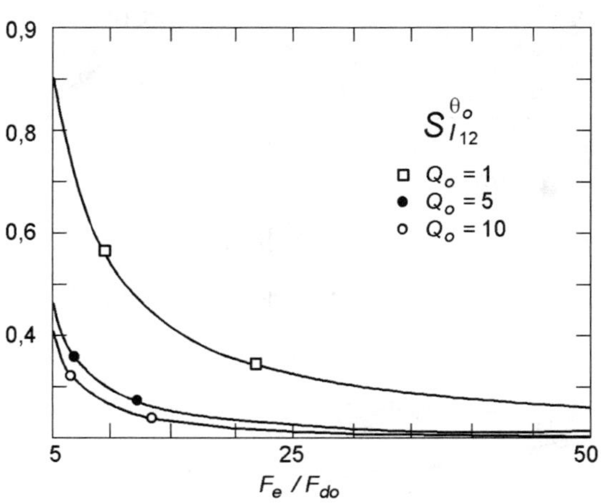

Figure 4.21 Sensibilités relatives de θ_0 par rapport à I_{12} du biquad de type E.

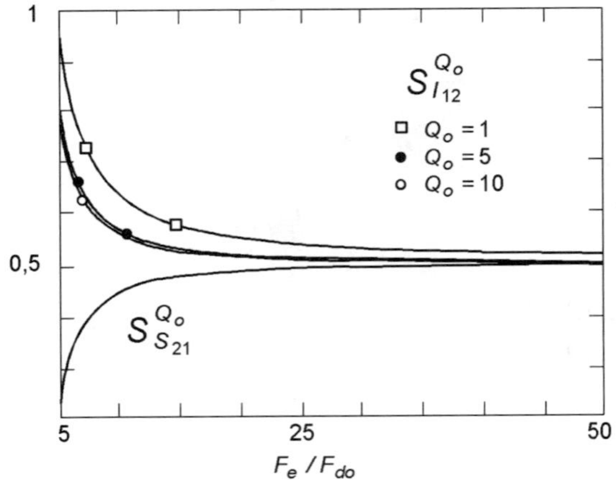

Figure 4.22 Sensibilités relatives de Q_0 par rapport à I_{12} du biquad de type E.

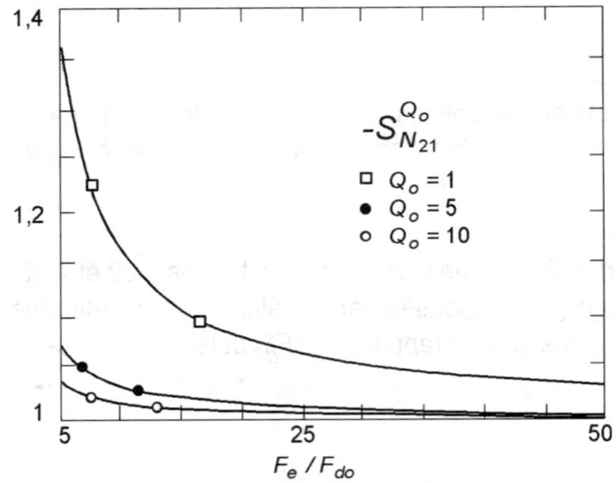

Figure 4.23 Sensibilités relatives de Q_0 par rapport à N_{21} du biquad de type E.

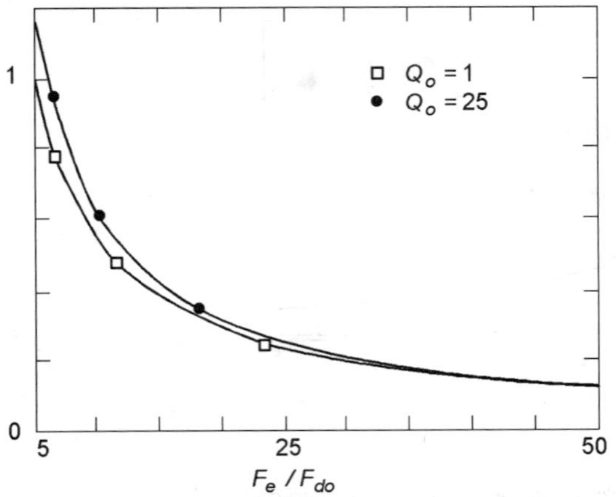

Figure 4.24 Amplitude des rapports $S_{21}C_1/C_1$ et $I_{12}C_2/C_2$ pour le biquad de type E.

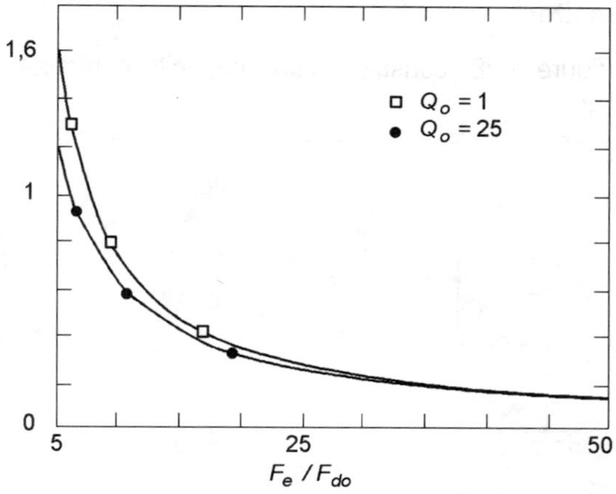

Figure 4.25 Amplitude des rapports $S_{21}C_1/C_1$ et $I_{12}C_2/C_2$ pour les biquads de types F et G.

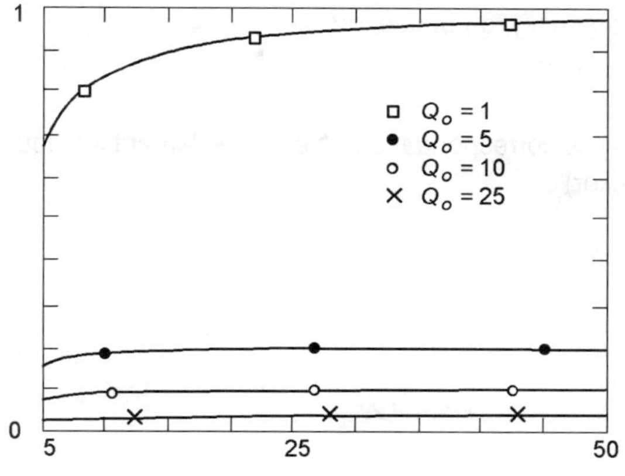

Figure 4.26 Amplitude du rapport $N_{21}C_1/C_1$.

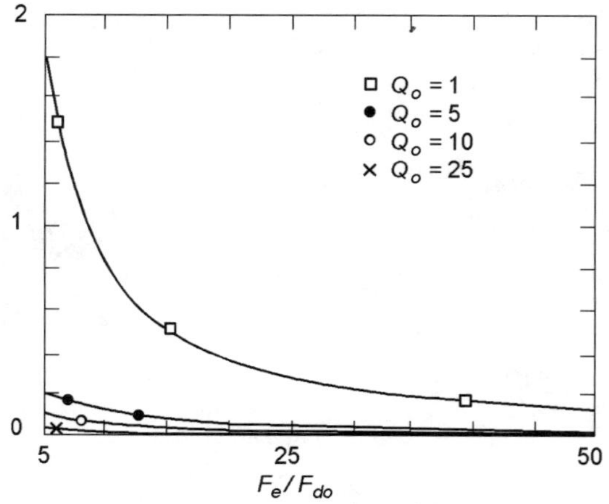

Figure 4.27 Amplitude du rapport $S_{11}C_1/C_1$.

4.46 La réduction de dipôles composites

Considérons le dipôle composite (S ; I) (figure 4.28) constitué d'une capacité commutée inverseuse et d'une capacité commutée série.

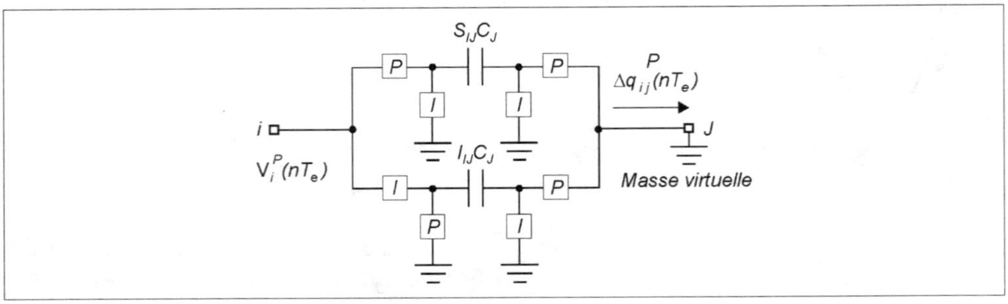

Figure 4.28 Le dipôle composite (S ; I).

Le nœud *i* étant une tension échantillonnée et bloquée aux instants nT_e (phase P), et le nœud j une masse virtuelle d'un AOP (entrée inverseuse), on peut écrire

$$\Delta q_{ij}^{P}(nT_e) = S_{ij}C_jV_i^P(nT_e) - I_{ij}C_jV_i^P[(n-1)T_e]$$

Par identification avec les transferts de charges correspondant, on vérifie facilement les équivalences (transformations de Fleischer-Lacker) :

- *avec $S_{ij} = I_{ij}$: équivalence (S, I) → (N)*

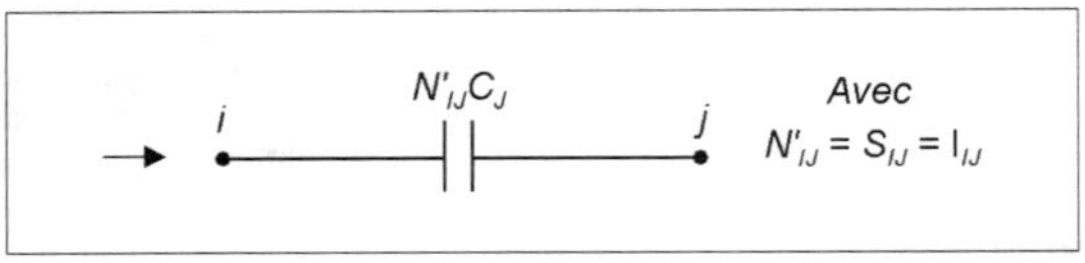

Figure 4.29

- *avec $S_{ij} > I_{ij}$: équivalence (S, I) → (S, N)*

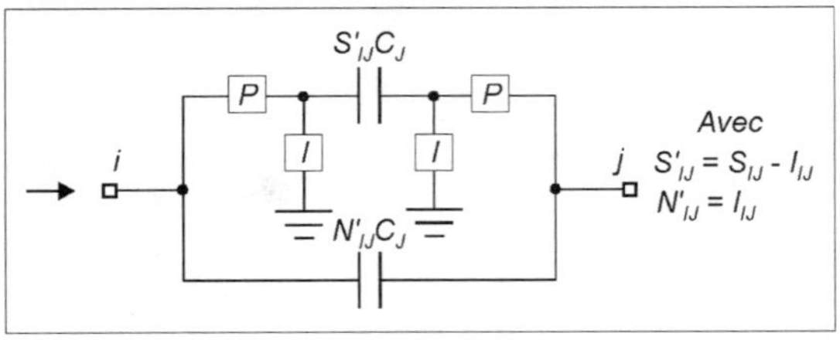

Figure 4.30

- *avec $S_{ij} < I_{ij}$: équivalence (S, I) → (I, N)*

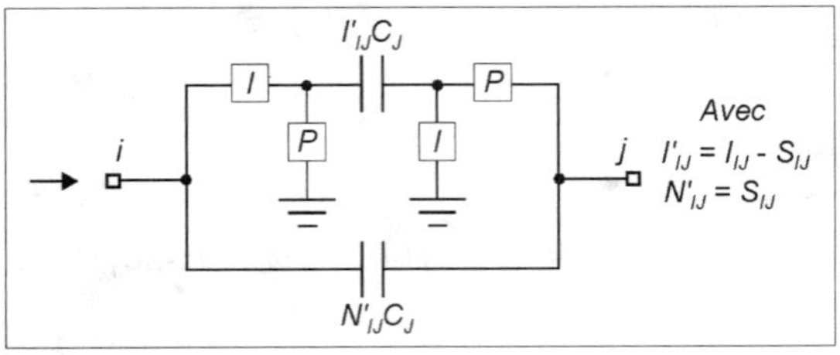

Figure 4.31

Quelle que soit la transformation, la somme des aires capacitives ($S' + I' + N'$) est égale à la plus grande capacité du dipôle. Cette opération de réduction d'un dipôle composite permet de réduire l'aire capacitive d'un biquad, si elle ne modifie pas la plus petite capacité de l'intégrateur considéré.

4.47 Un biquad banalisé à capacités commutées

Si on regroupe les topologies de type E, F, G et si on considère que les dipôles composites permettant l'injection du signal d'entrée V_e sont éventuellement réductibles, on peut définir un biquad banalisé permettant la synthèse de n'importe quelle forme biquadratique (figure 4.32).

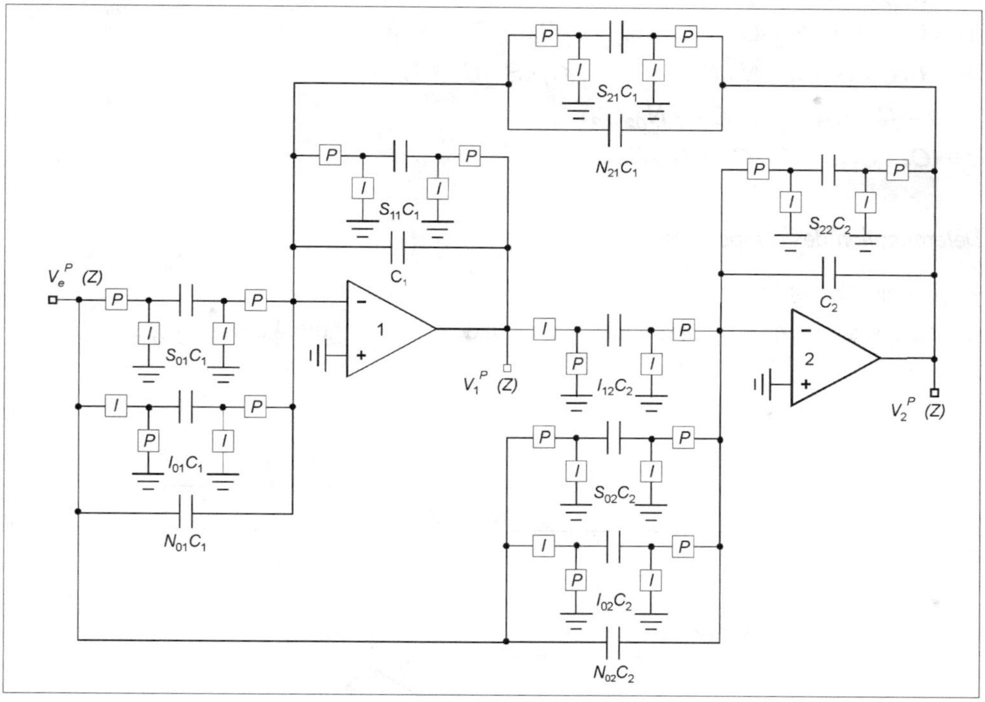

Figure 4.32 Le biquad banalisé.

Il a pour fonctions de transfert

$$T_1(z) = \frac{\dfrac{D}{A}\left[Z^{-2} + \dfrac{E}{D}Z^{-1} + \dfrac{F}{D}\right]}{Z^{-2} + \dfrac{B}{A}Z^{-1} + \dfrac{C}{A}}$$

et

$$T_2(z) = \frac{-\dfrac{G}{A}\left[Z^{-2} + \dfrac{H}{G}Z^{-1} + \dfrac{I}{G}\right]}{Z^{-2} + \dfrac{B}{A}Z^{-1} + \dfrac{C}{A}}.$$

avec

$$A = C_1C_2 - I_{12}C_2N_{21}C_1$$
$$B = I_{12}C_2(N_{21}C_1 + S_{21}C_1) - (C_1 + S_{11}C_1)C_2 - C_1(C_2 + S_{22}C_2)$$
$$C = (C_1 + S_{11}C_1)(C_2 + S_{22}C_2)$$
$$D = N_{21}C_1(I_{02}C_2 + N_{02}C_2) - C_2(I_{01}C_1 + N_{01}C_1)$$
$$E = (C_2 + I_{22}C_2)(S_{01}C_1 + N_{01}C_1) + (C_2 + S_{22}C_2)(N_{01}C_1 + I_{01}C_1) \\ - N_{21}C_1(S_{02}C_2 + N_{02}C_2) - (N_{21}C_1 + S_{21}C_1)(N_{02}C_2 + I_{02}C_2)$$
$$F = (S_{02}C_2 + N_{02}C_2)(S_{21}C_1 + N_{21}C_1) - (S_{01}C_1 + N_{01}C_1)(S_{22}C_2 + C_2)$$
$$G = (C_1 + I_{11}C_1)(I_{02}C_2 + N_{02}C_2) - I_{12}C_2(I_{01}C_1 + N_{01}C_1)$$
$$H = I_{12}C_2(S_{01}C_1 + N_{01}C_1) - (C_1 + I_{11}C_1)(S_{02}C_2 + N_{02}C_2) \\ - (C_1 + S_{11}C_1)(I_{02}C_2 + N_{02}C_2)$$
$$I = (C_1 + S_{11}C_1)(S_{02}C_2 + N_{02}C_2)$$

Détermination des composants

• *Détermination du rapport capacitif* I_{12}

Considérons le graphe correspondant au biquad banalisé (figure 4.33).

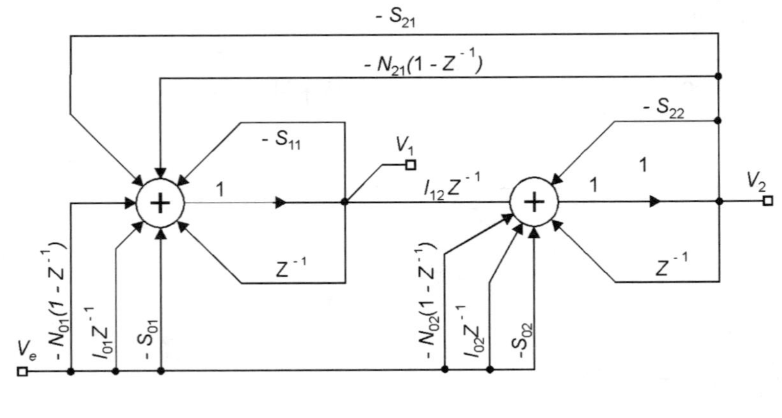

Figure 4.33 Le graphe du biquad banalisé.

Multiplions les transmittances issues de V_2 et V_e qui aboutissent sur le premier sommateur par un facteur K_1 et divisons la transmittance $I_{12}Z^{-1}$ par le même facteur K_1. Les gains des boucles ne sont pas modifiés et seuls les parcours ouverts $V_e \to V_1$ sont multipliés par K_1. On ne modifie pas la fonction de transfert en V_2 et on change le niveau de tension sur le premier intégrateur qui devient K_1V_1. De même, si on multiplie les transmittances issues de V_1 et V_e correspondant au second sommateur par un facteur K_2 et si on divise les transmittances issues de V_2 qui aboutissent sur le premier sommateur par K_2, on ne modifie pas la fonction de transfert en V_1 et on change V_2 en K_2V_2. En observant que ces deux manipulations de graphe correspondent à une modification du gain des intégrateurs à capacités commutées on peut fixer les niveaux de tension en sortie de ces derniers par les transformations

$V_1 \to K_1V_1$ par

$$(C_1\,;S_{11}C_1\,;I_{12}C_2) \to \left(\frac{C_1}{K_1};\frac{S_{11}C_1}{K_1};\frac{I_{12}C_2}{K_1}\right) \quad \text{et}$$

$V_2 \to K_2V_2$ par

$$(C_2\,;S_{22}C_2\,;N_{21}C_1\,;S_{21}C_1) \to \left(\frac{C_2}{K_2};\frac{S_{22}C_2}{K_2};\frac{N_{21}C_1}{K_2};\frac{S_{21}C_1}{K_2}\right)$$

La détermination initiale des sorties V_1 et V_2 se fait en choisissant arbitrairement le rapport capacitif I_{12} et la valeur définitive est imposée par le choix des constantes de gain K_1 et K_2.

• *Détermination des capacités C_1 et C_2*

Les valeurs des condensateurs C_1 et C_2 n'apparaissant pas explicitement dans les fonctions de transfert calculées en V_1 et V_2, on peut les choisir arbitrairement. Si on considère que les contraintes technologiques imposent la valeur C_{unit} de la plus petite capacité intégrable avec précision (capacité unitaire du réseau capacitif), il suffit de poser au niveau du premier et du second intégrateur

$$min\{C_1,\ S_{01}C_1,\ I_{01}C_1,\ N_{01}C_1,\ S_{11}C_1,\ S_{21}C_1,\ N_{21}C_1\} \neq 0 = C_{unit}$$

et

$$min\{C_2,\ S_{02}C_2,\ I_{02}C_2,\ N_{02}C_2,\ I_{12}C_2\} \neq 0 = C_{unit}$$

pour déterminer complètement C_1 et C_2.

• *Synthèse des différentes fonctions du deuxième ordre*

Toutes les formes génériques des différentes fonctions du deuxième ordre sont synthétisables à partir des structures de type E F ou G du biquad banalisé. Les valeurs des rapports capacitifs fixant les numérateurs des fonctions de transfert correspondantes peuvent être déterminées en fonction d'un composant en surnombre (degré de liberté en caractère gras sur le tableau 4.3). Une valeur particulière de ce composant permet de déterminer une topologie optimale. Une minimisation du nombre de condensateurs conduisant généralement à un bon compromis entre l'aire capacitive et la sensibilité passive, un formulaire correspondant aux "topologies minimales" des principales formes génériques est reporté en annexe.

Biquad de type E	
$S_{21}I_{12} = \dfrac{\eta + \varepsilon + 1}{\varepsilon}$ et $N_{21}I_{12} = \dfrac{\varepsilon - 1}{\varepsilon}$	
Sortie sur le premier intégrateur	Sortie sur le second intégrateur
$S_{01} = \mathbf{S_{02}}(N_{21} + S_{21}) - G\gamma(1 - I_{12}N_{21})$ $I_{01} = \mathbf{S_{02}}N_{21} - \dfrac{G}{S_{21}}(1 - I_{12}N_{21})\left[N_{21}(\alpha + \beta + \gamma) + S_{21}\alpha\right]$ $\mathbf{S_{02}} = \text{libre}$ $I_{02} = \mathbf{S_{02}} - \dfrac{G}{S_{21}}(1 - I_{12}N_{21})(\alpha + \beta + \gamma)$	$S_{01} = \mathbf{I_{01}} - \dfrac{G}{I_{12}}(1 - I_{12}N_{21})(\alpha + \beta + \gamma)$ $\mathbf{I_{01}} = \text{libre}$ $S_{02} = -G\gamma(1 - I_{12}N_{21})$ $I_{02} = \mathbf{I_{01}}I_{12} - G\alpha(1 - I_{12}N_{21})$
Biquad de type F	
$S_{21}I_{12} = \eta + \varepsilon + 1$ et $S_{22} = \varepsilon - 1$	
Sortie sur le premier intégrateur	Sortie sur le second intégrateur
$\mathbf{S_{01}} = \text{libre}$ $I_{01} = -G\alpha$ $S_{02} = \dfrac{\mathbf{S_{01}}}{S_{21}}(S_{22} + 1) + G\dfrac{\gamma}{S_{21}}$ $I_{02} = \dfrac{\mathbf{S_{01}}}{S_{21}} - \dfrac{G}{S_{21}}\left[\alpha(S_{22} + 1) + \beta\right]$	$S_{01} = \mathbf{I_{01}} - \dfrac{G}{I_{12}}(\alpha + \beta + \gamma)$ $\mathbf{I_{01}} = \text{libre}$ $S_{02} = -G\gamma$ $I_{02} = \mathbf{I_{01}}I_{12} - G\alpha$
Biquad de type G	
$S_{21}I_{12} = \eta + \varepsilon + 1$ et $S_{11} = \varepsilon - 1$	
Sortie sur le premier intégrateur	Sortie sur le second intégrateur
$\mathbf{S_{01}} = \text{libre}$ $I_{01} = -G\alpha$ $S_{02} = \dfrac{\mathbf{S_{01}}}{S_{21}} + G\dfrac{\gamma}{S_{21}}$ $I_{02} = \dfrac{\mathbf{S_{01}}}{S_{21}} - \dfrac{G}{S_{21}}\left[\alpha + \beta\right]$	$S_{01} = \mathbf{I_{01}}(S_{11} + 1) - \dfrac{G}{I_{12}}\left[\alpha(S_{11} + 1) + \beta + \dfrac{\gamma}{S_{11} + 1}\right]$ $\mathbf{I_{01}} = \text{libre}$ $S_{02} = -G\dfrac{\gamma}{S_{11} + 1}$ $I_{02} = \mathbf{I_{01}}I_{12} - G\alpha$

Tableau 4.3.

4.48 Le découplage temporel des biquads

Quel que soit le biquad considéré, lors du transfert de charges effectué par $I_{12}C_2$, on observe que les deux intégrateurs sont couplés temporellement sur la phase P. Le signal transmis par $S_{21}C_1$ au premier intégrateur n'est pas un échelon de tension idéal du fait de la vitesse de montée finie (*slew rate*) et de la réponse en fréquence du second amplificateur opérationnel (*cf.* chapitre 7). Sur la sortie V_1 il y a donc une accumulation des temps de montée des deux AOP susceptible d'altérer la précision du transfert si la fréquence d'échantillonnage est trop élevée. Pour les biquads de type F et G, il est possible d'effectuer un "découplage temporel" par une permutation des phases P et I sur le premier ou le second intégrateur.

Le graphe de fluence montre que s'il y a conservation des gains de boucle, donc des pôles, certains parcours directs sont modifiés. L'élimination de ces parcours modifiés implique une réduction des degrés de liberté donnés pour la synthèse des différentes formes génériques. Le biquad représenté sur la figure 4.34 correspond à une modification des phases sur le premier intégrateur. On peut observer que si la tension d'entrée V_e est prélevée sur la sortie d'une cellule à capacités commutées, le découplage temporel des zéros n'est complet qu'en l'absence de $S_{02}C_2$ et $N_{02}C_2$.

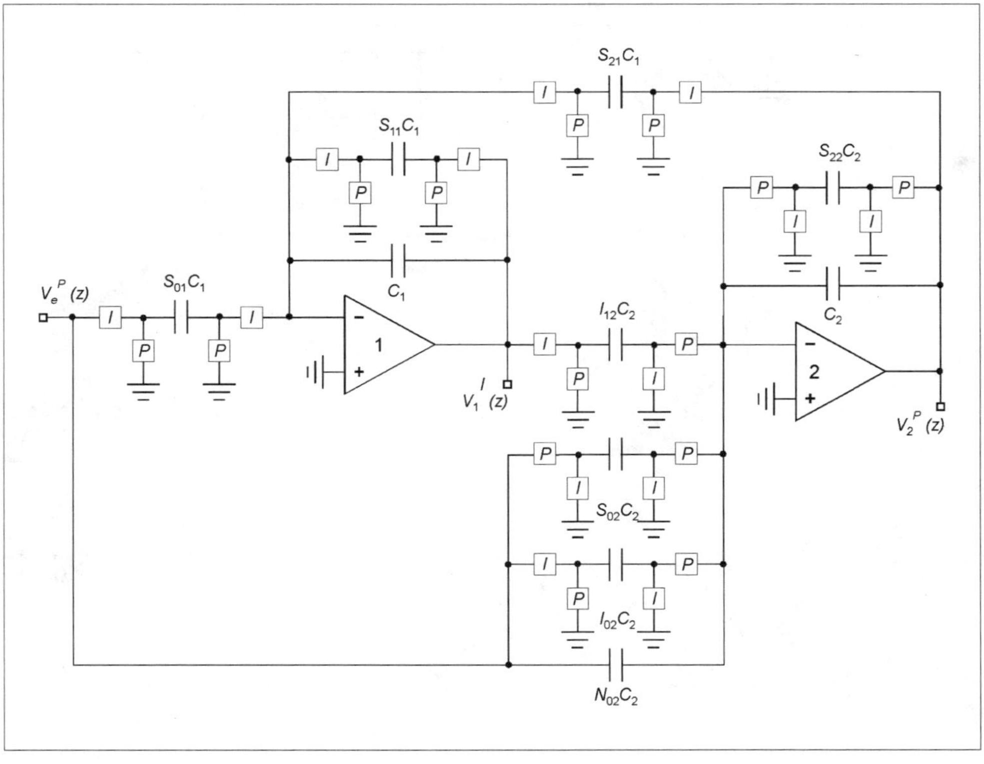

Figure 4.34 Un biquad découplé temporellement.

4.5 Les biquads à entrée et sortie différentielle

Comme pour les cellules du premier ordre, sans modification de la fonction de transfert nominale, on peut directement générer un biquad à sorties différentielles par duplication de la circuiterie sur le côté opposé de l'amplificateur opérationnel.

D'autres variantes sont possibles [20]. Si on substitue à la capacité commutée inverseuse $I_{12}C_2$ de la structure précédente une capacité commutée série connectée sur la sortie opposée du premier intégrateur, le prélèvement des charges s'effectue après un demi temps d'horloge. On renforce ainsi le découplage temporel des deux intégrateurs (figure 4.35).

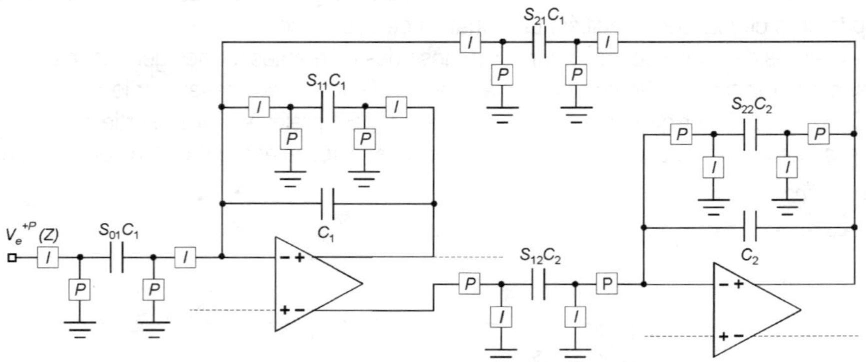

Figure 4.35 Demi-biquad différentiel avec découplage temporel renforcé.

4.A Annexe : formulaire

Biquad de type E

<table>
<tr><th colspan="2">Synthèse des pôles</th></tr>
<tr><td colspan="2">$$S_{21}l_{12} = \frac{\eta + \varepsilon + 1}{\varepsilon} \quad \text{et} \quad N_{21}l_{12} = \frac{\varepsilon - 1}{\varepsilon}$$</td></tr>
<tr><th colspan="2">Synthèse des numérateurs</th></tr>
<tr><th colspan="2">Pbs 20 $\rightarrow G_1\,(Z^{-2} + 2Z^{-1} + 1)$</th></tr>
<tr><td>Sortie sur le premier intégrateur</td><td>Sortie sur le second intégrateur</td></tr>
<tr><td>$S_{01} = -G_1(1 - l_{12}N_{21})$
$l_{01} = -G_1(1 - l_{12}N_{21})(1 + 4\frac{N_{21}}{S_{21}})$
$S_{02} = 0$
$l_{02} = -4G_1\frac{1 - l_{12}N_{21}}{S_{21}}$</td><td>$S_{01} = -4\frac{G_1}{l_{12}}(1 - l_{12}N_{21})$
$l_{01} = 0$
$N_{02} = -G_1(1 - l_{12}N_{21})$</td></tr>
<tr><th colspan="2">Pbs 00 $\rightarrow G_1$</th></tr>
<tr><td>Sortie sur le premier intégrateur</td><td>Sortie sur le second intégrateur</td></tr>
<tr><td>$S_{01} = G_1(1 - l_{12}N_{21})\frac{N_{21}}{S_{21}}$
$l_{01} = 0$
$S_{02} = \frac{G_1}{S_{21}}(1 - l_{12}N_{21})$
$l_{02} = 0$</td><td>$S_{01} = -\frac{G_1}{l_{12}}(1 - l_{12}N_{21})$
$l_{01} = 0$
$S_{02} = -G_1(1 - l_{12}N_{21})$
$l_{02} = 0$</td></tr>
<tr><th colspan="2">Pbs 01 $\rightarrow G_1Z^{-1}$</th></tr>
<tr><td>Sortie sur le premier intégrateur</td><td>Sortie sur le second intégrateur</td></tr>
<tr><td>$S_{01} = G_1(1 - l_{12}N_{21})(1 + \frac{N_{21}}{S_{21}})$
$l_{01} = 0$
$S_{02} = \frac{G_1}{S_{21}}(1 - l_{12}N_{21})$
$l_{02} = 0$</td><td>$S_{01} = -\frac{G_1}{l_{12}}(1 - l_{12}N_{21})$
$l_{01} = 0$
$S_{02} = 0$
$l_{02} = 0$</td></tr>
</table>

Pbs 02 $\rightarrow G_1 Z^{-2}$	
Sortie sur le premier intégrateur	Sortie sur le second intégrateur
$S_{01} = 0$ $I_{01} = -G_1(1 - I_{12}N_{21})(1 + \frac{N_{21}}{S_{21}})$ $S_{02} = 0$ $I_{02} = -\frac{G_1}{S_{21}}(1 - I_{12}N_{21})$	$S_{01} = 0$ $I_{01} = \frac{G_1}{I_{12}}(1 - I_{12}N_{21})$ $S_{02} = 0$ $I_{02} = 0$

Pbd 10 $\rightarrow G_2(1 - Z^{-2})$	
Sortie sur le premier intégrateur	Sortie sur le second intégrateur
$S_{01} = 0$ $I_{01} = G_2(1 - I_{12}N_{21})(1 + \frac{N_{21}}{S_{21} + N_{21}})$ $N_{02} = G_2 \frac{1 - I_{12}N_{21}}{S_{21} + N_{21}}$	$N_{01} = -\frac{G_2}{I_{12}}(1 - I_{12}N_{21})$ $S_{02} = -G_2(1 - I_{12}N_{21})$ $I_{02} = 0$

Pbd 00 $\rightarrow G_2(1 - Z^{-1})$	
Sortie sur le premier intégrateur	Sortie sur le second intégrateur
$S_{01} = -G_2(1 - I_{12}N_{21})$ $I_{01} = 0$ $S_{02} = 0$ $I_{02} = 0$	$S_{01} = 0$ $I_{01} = 0$ $S_{02} = -G_2(1 - I_{12}N_{21})$ $I_{02} = 0$

Pbd 01 $\rightarrow G_2 Z^{-1}(1 - Z^{-1})$	
Sortie sur le premier intégrateur	Sortie sur le second intégrateur
$S_{01} = 0$ $I_{01} = G_2(1 - I_{12}N_{21})$ $S_{02} = 0$ $I_{02} = 0$	$S_{01} = 0$ $I_{01} = 0$ $S_{02} = 0$ $I_{02} = G_2(1 - I_{12}N_{21})$

Pht 00 $\rightarrow G_3(Z^{-2} - 2Z^{-1} + 1)$	
Sortie sur le premier intégrateur	Sortie sur le second intégrateur
$N_{01} = -G_3(1 - I_{12}N_{21})$ $S_{02} = 0$ $I_{02} = 0$	$S_{01} = 0$ $I_{01} = 0$ $N_{02} = -G_3(1 - I_{12}N_{21})$

Rej 00 → $G_4(Z^{-2}+bZ^{-1}+1)$ avec $b>-2$	
Sortie sur le premier intégrateur	Sortie sur le second intégrateur
$S_{01}=G_4(1-I_{12}N_{21})\left[(b+2)\dfrac{S_{21}+N_{21}}{N_{21}}+\dfrac{S_{21}}{N_{21}}\right]$ $I_{01}=0$ $S_{02}=G_4(1-I_{12}N_{21})\dfrac{b+2}{S_{21}}\dfrac{1}{N_{21}}$ $I_{02}=\dfrac{G_4}{N_{21}}(1-I_{12}N_{21})$	$S_{01}=-\dfrac{G_4}{I_{12}}(1-I_{12}N_{21})(b+2)$ $I_{01}=0$ $N_{02}=-G_4(1-I_{12}N_{21})$

Pto 00 → $G_5[Z^{-2}+(\eta/\varepsilon)Z^{-1}+1/\varepsilon]$	
Sortie sur le premier intégrateur	Sortie sur le second intégrateur
$S_{01}=G_5(1-I_{12}N_{21})\left(S_{21}\dfrac{1+I_{12}N_{21}}{N_{21}}+2I_{12}N_{21}\right)$ $I_{01}=0$ $S_{02}=\dfrac{G_5}{N_{21}}\left[1-(1-I_{12}N_{21})^2\right]$ $I_{02}=\dfrac{G_5}{N_{21}}(1-I_{12}N_{21})$	$S_{01}=-G_5(1-I_{12}N_{21})S_{21}$ $I_{01}=0$ $S_{02}=-G_5(1-I_{12}N_{21})^2$ $I_{02}=-G_5(1-I_{12}N_{21})$

Biquad de type F

Synthèse des pôles	
$S_{21}I_{12}=\eta+\varepsilon+1$	$S_{22}=\varepsilon-1$
Synthèse des numérateurs	
Pbs 20 → $G_1(Z^{-2}+2Z^{-1}+1)$	
Sortie sur le premier intégrateur	Sortie sur le second intégrateur
$N_{01}=-G_1$ $S_{02}=-G_1\dfrac{S_{22}}{S_{21}}$ $I_{02}=-G_1\dfrac{4+S_{22}}{S_{21}}$	$S_{01}=-4\dfrac{G_1}{I_{12}}$ $I_{01}=0$ $N_{02}=-G_1$

Pbs 00 → G_1	
Sortie sur le premier intégrateur	Sortie sur le second intégrateur
$S_{01} = 0$ $I_{01} = 0$ $S_{02} = \frac{G_1}{S_{21}}$ $I_{02} = 0$	$S_{01} = -\frac{G_1}{I_{12}}$ $I_{01} = 0$ $S_{02} = -G_1$ $I_{02} = 0$

Pbs 01 → G_1Z^{-1}	
Sortie sur le premier intégrateur	Sortie sur le second intégrateur
$S_{01} = 0$ $I_{01} = 0$ $S_{02} = 0$ $I_{02} = -\frac{G_1}{S_{21}}$	$S_{01} = -\frac{G_1}{I_{12}}$ $I_{01} = 0$ $S_{02} = 0$ $I_{02} = 0$

Pbs 02 → G_1Z^{-2}	
Sortie sur le premier intégrateur	Sortie sur le second intégrateur
$S_{01} = 0$ $I_{01} = -G_1$ $S_{02} = 0$ $I_{02} = -G_1 \frac{1+S_{22}}{S_{21}}$	$S_{01} = 0$ $I_{01} = \frac{G_1}{I_{12}}$ $S_{02} = 0$ $I_{02} = 0$

Pbd 10 → $G_2(1 - Z^{-2})$	
Sortie sur le premier intégrateur	Sortie sur le second intégrateur
$N_{01} = G_2$ $N_{02} = \frac{G_2}{S_{21}}(2+S_{22})$	$N_{01} = -\frac{G_2}{I_{12}}$ $S_{02} = -G_2$ $I_{02} = 0$

Pbd 00 → $G_2(1 - Z^{-1})$

Sortie sur le premier intégrateur	Sortie sur le second intégrateur
$S_{01} = 0$ $I_{01} = 0$ $N_{02} = \frac{G_2}{S_{21}}$	$S_{01} = 0$ $I_{01} = 0$ $S_{02} = -G2$ $I_{02} = 0$

Pbd 01 → $G_2 Z^{-1}(1 - Z^{-1})$

Sortie sur le premier intégrateur	Sortie sur le second intégrateur
$S_{01} = 0$ $I_{01} = G_2$ $S_{02} = 0$ $I_{02} = G_2 \frac{S_{22}}{S_{21}}$	$S_{01} = 0$ $I_{01} = 0$ $S_{02} = 0$ $I_{02} = G_2$

Pht 00 → $G_3(Z^{-2} - 2Z^{-1} + 1)$

Sortie sur le premier intégrateur	Sortie sur le second intégrateur
$N_{01} = -G_3$ $N_{02} = -G_3 \frac{S_{22}}{S_{21}}$	$S_{01} = 0$ $I_{01} = 0$ $N_{02} = -G_3$

Rej 00 → $G_4(Z^{-2} + bZ^{-1} + 1)$ avec $b > -2$

Sortie sur le premier intégrateur	Sortie sur le second intégrateur
$N_{01} = -G_4$ $S_{02} = -G_4 \frac{S_{22}}{S_{21}}$ $I_{02} = -G_4 \frac{b+2+S_{22}}{S_{21}}$	$S_{01} = -\frac{G_4}{I_{12}}(b+2)$ $I_{01} = 0$ $N_{02} = -G_4$

Pto 00 → $G_5\,[Z^{-2} + (\eta/\varepsilon)\,Z^{-1} + 1/\varepsilon]$	
Sortie sur le premier intégrateur	Sortie sur le second intégrateur
$S_{01} = -\dfrac{G_5}{(1+S_{22})^2}$ $I_{01} = -G_5$ $S_{02} = 0$ $I_{02} = -\dfrac{G_5}{S_{21}}\left[S_{22} + \dfrac{1}{1+S_{22}}\left(\dfrac{1}{1+S_{22}} + S_{21}I_{12} - 1\right)\right]$	$S_{01} = -G_5\,\dfrac{S_{21}}{1+S_{22}}$ $I_{01} = 0$ $S_{02} = -\dfrac{G_5}{1+S_{22}}$ $I_{02} = -G_5$

Biquad de type G

Synthèse des pôles	
$S_{21}I_{12} = \eta + \varepsilon + 1$	$S_{11} = \varepsilon - 1$
Synthèse des numérateurs	
Pbs 20 → $G_1\,(Z^{-2} + 2Z^{-1} + 1)$	
Sortie sur le premier intégrateur	Sortie sur le second intégrateur
$N_{01} = -G_1$ $S_{02} = 0$ $I_{02} = -4\,\dfrac{G_1}{S_{21}}$	$S_{01} = -\dfrac{G_1}{I_{12}}\left(3 + S_{11} + \dfrac{1}{1+S_{11}}\right)$ $I_{01} = 0$ $S_{02} = -\dfrac{G_1}{1+S_{11}}$ $I_{02} = -G_1$
Pbs 00 → G_1	
Sortie sur le premier intégrateur	Sortie sur le second intégrateur
$S_{01} = 0$ $I_{01} = 0$ $S_{02} = \dfrac{G_1}{S_{21}}$ $I_{02} = 0$	$S_{01} = -\dfrac{G_1}{I_{12}}\,\dfrac{1}{1+S_{11}}$ $I_{01} = 0$ $S_{02} = -\dfrac{G_1}{1+S_{11}}$ $I_{02} = 0$

Pbs 01 → G_1Z^{-1}

Sortie sur le premier intégrateur	Sortie sur le second intégrateur
$S_{01}=0$ $I_{01}=0$ $S_{02}=0$ $I_{02}=-\frac{G_1}{S_{21}}$	$S_{01}=-\frac{G_1}{I_{12}}$ $I_{01}=0$ $S_{02}=0$ $I_{02}=0$

Pbs 02 → G_1Z^{-2}

Sortie sur le premier intégrateur	Sortie sur le second intégrateur
$S_{01}=0$ $I_{01}=-G_1$ $S_{02}=0$ $I_{02}=-\frac{G_1}{S_{21}}$	$S_{01}=0$ $I_{01}=\frac{G_1}{I_{12}}$ $S_{02}=0$ $I_{02}=0$

Pbd 10 → $G_2(1-Z^{-2})$

Sortie sur le premier intégrateur	Sortie sur le second intégrateur
$N_{01}=G_2$ $N_{02}=2\frac{G_2}{S_{21}}$	$N_{01}=-\frac{G_2}{I_{12}}\frac{2+S_{11}}{1+S_{11}}$ $N_{02}=-\frac{G_2}{1+S_{11}}$

Pbd 00 → $G_2(1-Z^{-1})$

Sortie sur le premier intégrateur	Sortie sur le second intégrateur
$S_{01}=-G_2$ $I_{01}=0$ $S_{02}=0$ $I_{02}=0$	$N_{01}=-\frac{G_2}{I_{12}}\frac{1}{1+S_{11}}$ $N_{02}=-\frac{G_2}{1+S_{11}}$

Pbd 01 → $G_2Z^{-1}(1-Z^{-1})$

Sortie sur le premier intégrateur	Sortie sur le second intégrateur
$S_{01}=0$ $I_{01}=G_2$ $S_{02}=0$ $I_{02}=0$	$N_{01}=-\frac{G_2}{I_{12}}$ $S_{02}=0$ $I_{02}=0$

Pht 00 → $G_3(Z^{-2} - 2Z^{-1} + 1)$	
Sortie sur le premier intégrateur	Sortie sur le second intégrateur
$N_{01} = -G_3$ $S_{02} = 0$ $I_{02} = 0$	$S_{01} = -\frac{G_3}{I_{12}} \frac{S_{11}^2}{1+S_{11}}$ $I_{01} = 0$ $S_{02} = -\frac{G_3}{1+S_{11}}$ $I_{02} = -G_3$

Rej 00 → $G_4(Z^{-2} + bZ^{-1} + 1)$ avec $b > -2$	
Sortie sur le premier intégrateur	Sortie sur le second intégrateur
$N_{01} = -G_4$ $S_{02} = 0$ $I_{02} = -\frac{G_4}{S_{21}}(b+2)$	$S_{01} = -\frac{G_4}{I_{12}}(1+S_{11}+b+\frac{1}{1+S_{11}})$ $I_{01} = 0$ $N_{02} = -\frac{G_4}{1+S_{11}}$ $I_{02} = -G_4$

Pto 00 → $G_5[Z^{-2} + (\eta/\varepsilon) Z^{-1} + 1/\varepsilon]$	
Sortie sur le premier intégrateur	Sortie sur le second intégrateur
$S_{01} = -\frac{G_5}{1+S_{11}}$ $I_{01} = -G_5$ $S_{02} = 0$ $I_{02} = -G_5 \frac{I_{12}}{1+S_{11}}$	$S_{01} = -\frac{G_5}{I_{12}}(S_{11}+\frac{S_{21}I_{12}-1}{1+S_{11}}$ $+\frac{1}{(1+S_{11})^2})$ $I_{01} = 0$ $S_{02} = -\frac{G_5}{(1+S_{11})^2}$ $I_{02} = -G_5$

La structure cascade

CHAPITRE 5

La structure cascade correspond au réseau de connexion le plus simple pouvant relier des cellules élémentaires d'ordre un et d'ordre deux et permettre ainsi la synthèse d'un filtre d'ordre élevé. Aucune contrainte n'est imposée sur la fonction de transfert. La décomposition d'une fonction de transfert en facteurs du premier et du second degré n'étant pas unique, il est nécessaire de choisir parmi toutes les solutions possibles une cascade « optimale ». Le critère d'optimalité exposé dans ce chapitre est le *critère de Lueder*.

5.1 La topologie cascade

D'un point de vue strictement topologique, c'est la structure de filtre d'ordre supérieur à deux, la plus simple.

La fonction de transfert

$$T(z) = \frac{b_M Z^{-M} + b_{M-1} Z^{-(M-1)} + \ldots + b_0}{a_N Z^{-N} + a_{N-1} Z^{-(N-1)} + \ldots + a_0} \quad \text{avec } M \leq N,$$

est décomposée en $m = N/2$ facteurs du second degré si N est pair. Si l'ordre est impair, la structure comporte un seul facteur du premier degré et $m = (N+1)/2$. Chaque facteur du second degré est réalisé par un biquad à capacités commutées et le terme du premier degré est synthétisé par une cellule du premier ordre. Les m sections ainsi obtenues sont simplement placées les unes derrière les autres (figure 5.1) et l'absence d'interaction entre cellules implique que

$$T(z) = \prod_{i=1}^{m} T_i = \prod_{i=1}^{m} G_i t_i = \prod_{i=1}^{m} G_i \frac{N_i(z)}{D_i(z)}$$

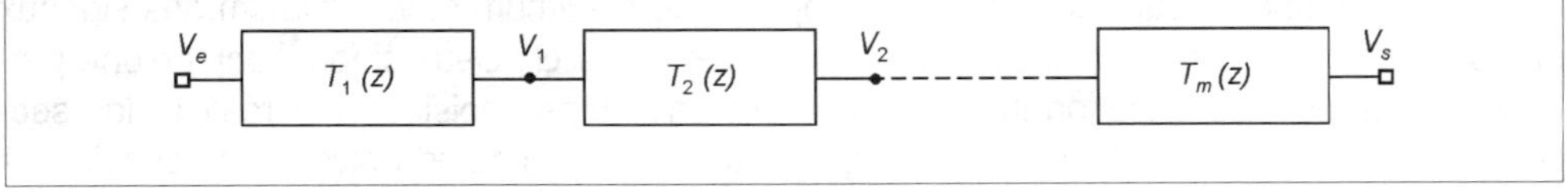

Figure 5.1

Du fait de la commutativité de la multiplication, il y a un nombre considérable de choix pour l'affectation d'un numérateur particulier $N_i(z)$ à un dénominateur particulier $D_i(z)$ (l'affectation pôles et zéros), pour la position d'une section particulière $T_i(z)$ au sein de la cascade (l'ordonnancement) et enfin pour la fixation d'un gain particulier G_i. Si toutes les cascades possibles réalisent évidemment la même fonction de transfert, elles n'ont pas toutes les mêmes performances du point de vue sensibilité à l'imprécision des rapports capacitifs, aire capacitive, dynamique... Les trois degrés de liberté, c'est-à-dire l'affectation pôles et zéros, l'ordonnancement et l'affectation du gain doivent donc être simultanément utilisés pour obtenir la « meilleure cascade » possible, ils sont donc sujets à l'optimisation. Pour cela, il est nécessaire de définir un critère d'optimalité. Les filtres à capacités commutées sont réalisés à partir d'éléments actifs dont la sortie est limitée par la tension d'alimentation et ils sont généralement situés dans un environnement électrique pollué par des bruits de commutation issus principalement des différents circuits numériques coexistant sur le même substrat. Pratiquement, l'amplitude maximum des signaux à filtrer est limitée par la vitesse d'excursion (*slew rate*) ou la tension d'écrêtage des éléments actifs et l'amplitude minimum est imposée par le bruit ambiant. Ainsi, si on définit la dynamique d'un filtre comme étant le rapport entre l'amplitude maximum et l'amplitude la plus petite qu'il peut traiter, un critère pertinent pour définir la cascade optimale à capacités commutées est le critère de dynamique optimum.

5.2 Optimisation algorithmique de la dynamique : le critère de Lueder

Le *critère de Lueder* [21] ou *indice de platitude maximum* permet de résoudre mathématiquement le problème de l'optimisation. Il part de la constatation suivante : si un signal de spectre plat à l'entrée d'une structure cascade produit une réponse sensiblement constante en bande passante en sortie, il n'en est pas de même pour les sorties des sections intermédiaires. Celles-ci présentent un minimum et un maximum d'autant plus prononcés que le coefficient de qualité des cellules est grand. Pour arriver à la réponse prescrite par les spécifications de filtrage en sortie, il est donc nécessaire de ramener par amplification les minimums de tension inévitablement bruités au même niveau que les maximums. Donc, parmi toutes les cascades possibles, la cascade optimale du point vue dynamique est celle satisfaisant le critère

$$d_r = \frac{\max\left|\prod_{i=1}^{r} t_i(j\omega)\right|_{\omega=[0\to\infty]}}{\min\left|\prod_{i=1}^{r} t_i(j\omega)\right|_{\text{en bande passante}}} \to \text{min. pour } r = 1,\ldots,m-1$$

Cet indice est une mesure de la distance séparant le maximum et le minimum des signaux en sortie de chaque section. Il est indépendant des gains G_i. Ceux ci font l'objet d'une procédure séparée d'optimisation indépendante des structures choisies pour réaliser les sections, donc de la contribution de leur propre bruit. Les maximums doivent être considérés entre la fréquence nulle et infinie puisqu'ils peuvent se produire à l'extérieur de la bande passante (en bande de transition pour les sections à grands coefficients de qualité) et servent de niveau de référence pour l'affectation des gains. Quant aux minimums, ils ne sont considérés que dans la bande de fréquences utiles.

Pour une fonction de transfert particulière ayant m paires de zéros et de pôles complexes, on doit effectuer la recherche de la cascade optimale parmi $(m\,!)^2$ solutions possibles. Cette « combinatoire explosive » (pour $m = 8$ on arrive à $1{,}6.10^9$ cascades possibles), typique du problème de la recherche du chemin optimum dans un graphe, conduit à utiliser des techniques de programmation particulières [21]. En s'appuyant sur la commutativité des sections, on peut tout d'abord trouver le choix optimum pour les sections 1 et 2, utiliser ce résultat pour déterminer la sélection optimum pour les sections 1,2 et 3 et ainsi de suite (programmation dynamique). Une seconde technique — le *backtracking* — consiste à partir d'une cascade sous-optimale (déterminée d'après une heuristique), puis à éliminer par tri les solutions qui conduisent à un indice de performance inférieur. Si la cascade initiale est proche de l'optimum, l'algorithme peut converger très rapidement. Afin de réduire la complexité du problème, une autre technique couramment utilisée consiste à découpler la procédure de l'affectation pôles et zéros de celle de l'ordonnancement. Le nombre de cascades possibles est réduit $(2m\,!)$ mais la cascade déterminée est généralement sous-optimale.

5.3 Optimisation heuristique

L'application de règles simples basées sur des constatations pratiques (heuristique) permet d'arriver à une cascade qui, sans être forcément l'optimum, en est suffisamment proche pour pallier l'absence de moyens informatiques ou pour servir de point de départ pour certains algorithmes d'optimisation. L'heuristique que nous proposons est basée sur le critère de platitude maximum et découple le problème de l'affectation pôles et zéros de celui de l'ordonnancement.

5.31 L'affectation pôles et zéros

En présence de zéros multiples à l'origine (cas type des filtres passe-bande tous pôles), par soucis de simplicité, on génère le plus grand nombre de sections de type passe-bande. S'il existe des zéros sur le cercle unité (cas type des filtres elliptiques), les pulsations correspondantes sont associées aux pôles pour que la distance $d_i = |\Omega dz_i - \Omega d0_i|$ la plus petite corresponde au coefficient de qualité le plus élevé, l'opération est réalisée jusqu'à l'épuisement des possibilités d'affectation pôles et zéros. Cette procédure se justifie par le fait qu'un zéro de transmission écrase d'autant plus une surtension qu'il est proche de la pulsation de résonance.

5.32 L'ordonnancement de la cascade

Cas des filtres passe-bas et passe-haut

Les sections du second degré étant classées par ordre de coefficient de qualité croissant $(Q_{01}, Q_{02} \ldots Q_{0m})$, on ordonnance la cascade en associant les sections de plus haut et de plus petit coefficient de qualité. La paire ainsi formée est placée en queue de cascade, et on recommence l'opération sur les cellules restantes. Cette procédure se justifie par le fait que les maximums des fonctions de transfert des cellules se produisent à des fréquences d'autant plus proches de l'origine que les coefficients de qualité sont petits. Ainsi, en associant une surtension se produisant au voisinage de la bande de transition due à une cellule de fort coefficient de qualité à une atténuation dans ce même voisinage due à une cellule de faible coefficient de qualité on peut espérer une compensation des deux effets. Formellement, on ordonne les k sections du deuxième ordre de la cascade avec :

• si k pair

$$\left\{Q_{0_{k/2}}, Q_{0_{(k/2)+1}}, Q_{0_{(k/2)-1}}, Q_{0_{(k/2)+2}}, Q_{0_{(k/2)-2}}, Q_{0_{(k/2)+3}}, \ldots, Q_{0_1}, Q_{0_k}\right\}$$

• si k impair

$$\left\{Q_{0_{\frac{k+1}{2}}}, Q_{0_{\left[\frac{k+1}{2}\right]-1}}, Q_{0_{\left[\frac{k+1}{2}\right]+1}}, Q_{0_{\left[\frac{k+1}{2}\right]-2}}, Q_{0_{\left[\frac{k+1}{2}\right]+2}}, \ldots, Q_{0_1}, Q_{0_k}\right\}$$

La cellule du premier ordre éventuelle est placée en tête de cascade.

Cas des filtres passe-bande et coupe-bande

Les transformations passe-bas → passe-bande et passe-bas → coupe-bande génèrent des paires de sections ayant le même coefficient de qualité. Chaque paire est traitée comme une entité, la section ayant la plus faible pulsation de résonance Ω_{d0} étant placée la première, la procédure précédente est appliquée. Dans le cas général, une section passe-bas ou passe-bande placée en tête de cascade a pour effet de limiter d'éventuels défauts de linéarité provoqués par le *slew rate* des amplificateurs. Une section passe-bande ou passe-haut en queue de cascade atténue la composante continue produite par les différentes tensions de décalage issues directement des éléments actifs ou générées par les injections de charges d'horloge au niveau des commutateurs.

5.3 La détermination des facteurs de gain

Les critères retenus généralement pour l'affectation des gains des cellules portent sur le maximum des tensions en sortie des sections intermédiaires.

Avec

$$V_{1max} = G_1 \max\{|t_1|\} V_{e_{max}}$$

$$V_{2max} = G_1 G_2 \max\{|t_1||t_2|\} V_{e_{max}}$$

$$\ldots$$

$$V_{imax} = G_1 G_2 \ldots G_i \max\{|t_1||t_2| \ldots |t_i|\} V_{e_{max}}$$

on détermine :

$$G_1 = \frac{V_{1_{max}}}{V_{e_{max}} \max\{|t_1|\}}, \quad G_2 = \frac{V_{2_{max}}}{V_{e_{max}} G_1 \max\{|t_1||t_2|\}}$$

$$G_i = \frac{V_{i_{max}}}{V_{e_{max}} G_1 G_2 \ldots G_{i-1} \max\{|t_1||t_2|\ldots|t_i|\}}$$

La solution couramment utilisée consiste à déterminer les constantes de gain G_i pour que tous les maximums soient égaux avec

$$V_{1_{max}} = V_{2_{max}} = \ldots = V_{(m-1)_{max}} = V_{s_{max}}$$

Les échelles actives à capacités commutées

CHAPITRE 6

Si la structure cascade est simple à mettre en œuvre et permet la réalisation de n'importe quelle fonction de transfert, elle présente une certaine sensibilité aux composants passifs, et son champ d'application est limité à la réalisation de gabarit de filtrage à basse et moyenne sélectivité correspondant à des sections caractérisées par des facteurs de qualité inférieurs à quelques dizaines.

Cette sensibilité étant attribuée à l'absence d'interaction entre les différentes cellules, il est naturel de chercher à améliorer les performances de la structure cascade en introduisant des couplages entre les sections. La structure *leapfrog* présentée dans ce chapitre est une structure couplée appartenant à la famille des échelles actives. Elle permet la synthèse de filtres à capacités commutées à faible sensibilité par *recopie* du fonctionnement interne d'une échelle passive à inductances et condensateurs.

6.1 L'argument d'Orchard

Pour des tolérances identiques sur les composants et pour la réalisation d'une même fonction de transfert, les filtres passifs à résistances, inductances et condensateurs (échelles passives RLC) sont connus pour présenter une plus faible sensibilité aux variations des éléments passifs que les filtres actifs cascades. Une explication qualitative de cette simple constatation pratique peut être donnée par l'argument d'Orchard.

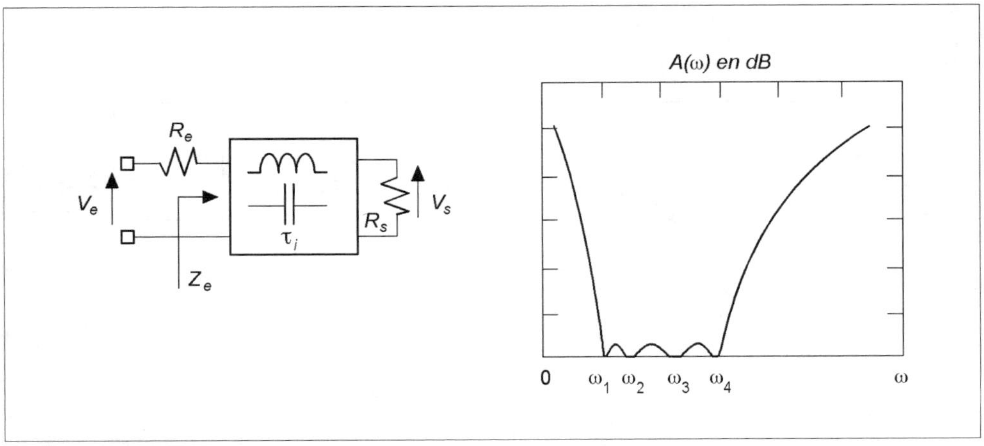

Figure 6.1

Pour ce faire, considérons la structure passive de la figure 6.1, réalisant la fonction d'affaiblissement $A(\omega)$ avec un taux d'ondulation constant en bande passante.Il est possible de réaliser cette fonction de telle manière que la source délivre son maximum de puissance aux différents minimums d'affaiblissements ω_j (c'est implicitement le cas de tous les filtres passifs en échelle réalisant une approximation par une fonction modèle). À ces fréquences, l'impédance d'entrée Z_e du réseau passif est purement réelle et égale à R_e. Le réseau LC étant sans perte, toute la puissance délivrée par la source est transmise à la charge R_s. En conséquence, toute variation d'un élément réactif τ_i ne peut entraîner qu'une diminution de la puissance fournie à R_s, donc une augmentation de la fonction d'affaiblissement. Partant de cette constatation, Orchard postule que les minimums d'affaiblissement constituent des points de sensibilité nulle tels que

$$\left.\frac{\partial A(\omega)}{\partial \tau_i}\right|_{\omega_j} = 0$$

Ainsi, pour un taux réduit d'ondulation et un grand nombre de points d'affaiblissement nuls, il est parfaitement raisonnable d'espérer que cette sensibilité reste faible entre deux minimums consécutifs, donc dans toute la bande passante.

En toute rigueur, le raisonnement précédent ne peut être tenu que pour des structures strictement passives. Mais l'expérience montre qu'il est possible de recopier les propriétés de faible sensibilité des filtres passifs à terminaisons résistives à partir de structures actives. Ces *échelles actives* peuvent être obtenues à partir d'une simulation directe des inductances (par exemple par des gyrateurs), à partir d'une simulation des composants transformés (simulables par un convertisseur d'impédance généralisé) ou par simulation des courants et des tensions de l'échelle passive. Cette troisième technique conduit à une structure réalisable à partir d'intégrateurs à capacités commutées portant le nom évocateur de structure *leapfrog* du fait des couplages particuliers reliant les cellules constituantes (*leap-frog* est l'expression anglaise pour « saute-mouton »).

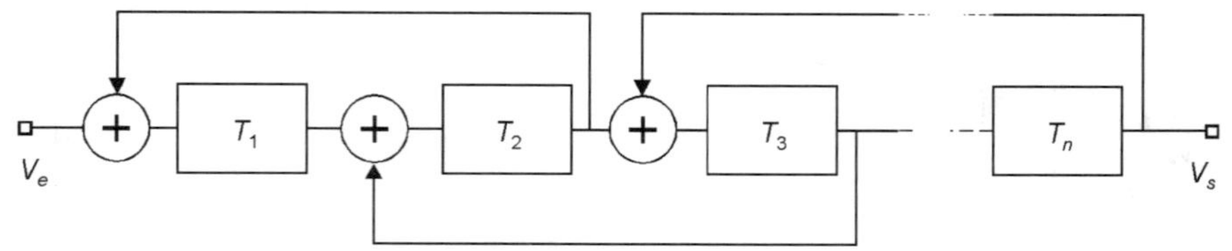

Figure 6.2

6.2 Les échelles passives à terminaisons résistives

6.21 Les échelles passives passe-bas

L'approximation par une fonction modèle tous pôles conduit à une fonction de transfert toujours réalisable à partir d'une structure en échelle passive LC à terminaisons résistives (filtre RLC). La figure 6.3 représente un filtre RLC correspondant à un gabarit passe-bas prototype approximé par une fonction d'ordre impaire. Le cas pair correspond à la structure de la figure 6.4. Les éléments longitudinaux et verticaux constituent respectivement les bras séries et les bras parallèles de l'échelle. Pour ce type de filtre, les composants sont exprimables analytiquement. Ainsi, avec

$$\varepsilon = \sqrt{10^{\frac{a_{max}}{10}} - 1}$$

et $\tau_k = C_k$ si k impair et $\tau_k = L_k$ si k pair, pour un filtre de Butterworth d'ordre n, les résistances de terminaison sont égales à l'unité et les inductances et les condensateurs sont donnés par

$$\tau_k = 2\varepsilon^{\frac{1}{n}} \sin\left(\frac{2k-1}{2n}\pi\right) \quad \text{pour } k = 1 \text{ à } n$$

Pour un filtre de Tchébycheff, avec $R_e = 1$, $R_s = 1$ si n est impair ou

$$R_s = \left(\varepsilon + \sqrt{1+\varepsilon^2}\right)^{-2} \quad \text{si } n \text{ est pair et}$$

$$\xi = \text{sh}\left(\frac{1}{n}\text{argsh}\frac{1}{\varepsilon}\right)$$

les composants sont donnés par

$$C_1 = \frac{2}{\xi}\sin\left(\frac{\pi}{2n}\right)$$

et

$$C_{2k-1}L_{2k} = \frac{4\sin\left(\frac{4k-3}{2n}\pi\right)\sin\left(\frac{4k-1}{2n}\pi\right)}{\xi^2 + \sin^2\left(\frac{2k-1}{n}\pi\right)}$$

$$C_{2k+1}L_{2k} = \frac{4\sin\left(\frac{4k-1}{2n}\pi\right)\sin\left(\frac{4k+1}{2n}\pi\right)}{\xi^2 + \sin^2\left(\frac{2k}{n}\pi\right)} \quad \text{pour } k = 1, 2\ldots$$

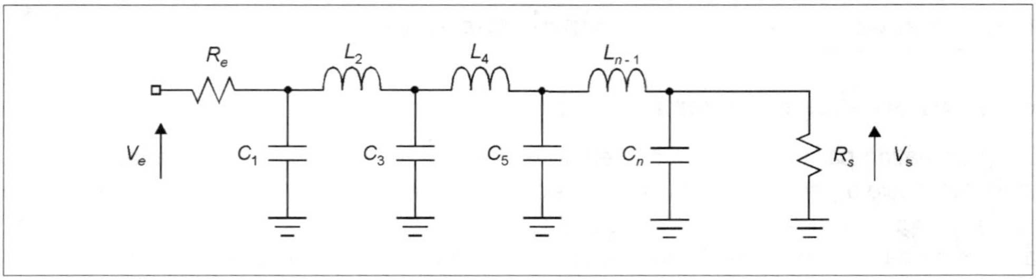

Figure 6.3 Filtre RLC impair.

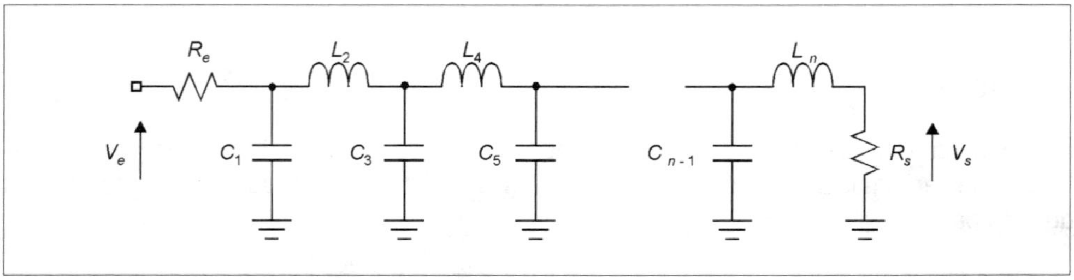

Figure 6.4 Filtre RLC pair.

Les zéros de transmission nécessaires à la réalisation des filtres non polynomiaux sont synthétisés par des bras antirésonnants séries (figure 6.5).

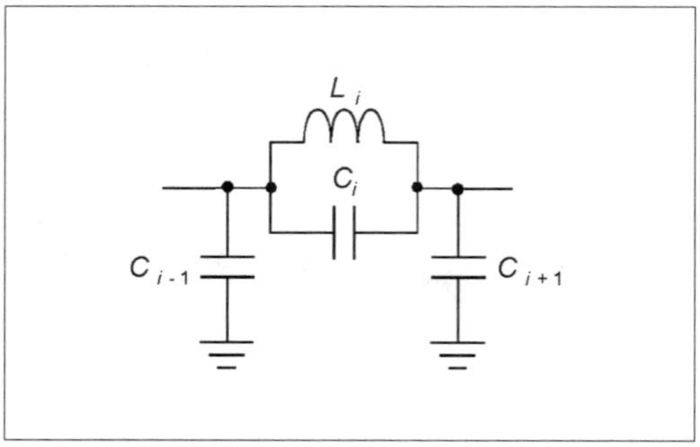

Figure 6.5 Bras antirésonnant série.

Si les filtres d'ordre impair ne pose aucun problème de réalisation, les ordres pairs nécessitent l'utilisation d'un transformateur. De ce fait, les filtres de Tchébycheff inverses et les filtres de Cauer pairs sont modifiés pour être synthétisés uniquement à partir d'inductances et de condensateurs (suppression du dernier zéro de transmission au détriment de l'affaiblissement en bande atténuée).

À ce jour, il n'existe aucun formalisme purement analytique pour le calcul des éléments passifs. Ils sont déterminés à partir de tables [22] ou par des procédures informatiques. Un programme écrit en langage Pascal à partir de [12] permettant le calcul des filtres d'ordre impair est reporté en annexe.

6.22 Les autres échelles passives

Un bras série de l'échelle passe-bas prototype constitué d'une inductance L a pour impédance $Z_s = LS$. Une application directe de la transformation passe-bas → passe-bande sur la variable S transforme cette impédance en un dipôle d'impédance

$$Z_s^{'} = L\frac{p^2 + \omega_0^2}{Bp} \qquad \text{soit} \qquad Z_s^{'} = \frac{L}{B}p + \frac{L\omega_0^2}{Bp}$$

Ainsi, le bras série correspondant de l'échelle passe-bande est constitué d'une inductance de valeur L/B en série avec un condensateur de valeur $B/L\omega_0^2$. En raisonnant de même sur les admittances des bras parallèles et, considérant, les transformations du paragraphe 2.6, pour les filtres passifs tous pôles, on obtient le tableau de correspondance 6.1.

Passe-bas prototype	
	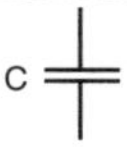
Passe-bas dénormalisé	
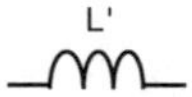 $L' = L/\omega_p$	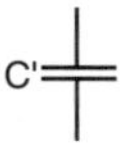 $C' = C/\omega_p$
Passe-haut dénormalisé	
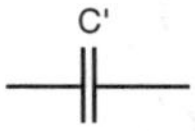 $C' = 1/L\omega_p$	 $L' = 1/C\omega_p$
Passe-bande dénormalisé	
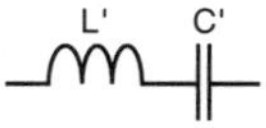 $L' = L/B$; $C' = B/L\omega_0^2$	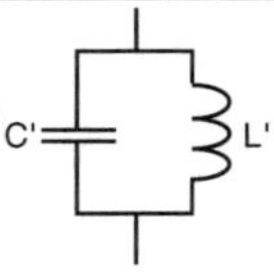 $C' = C/B$; $L' = B/C\omega_0^2$
Coupe-bande dénormalisé	
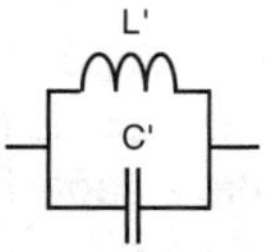 $C' = 1/LB$; $L' = LB/\omega_0^2$	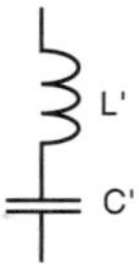 $L' = 1/CB$; $C' = CB/\omega_0^2$

Tableau 6.1

La transformation passe-bas → passe-bande d'un bras antirésonnant série conduit à la première représentation de le tableau 6.2. La seconde représentation plus utilisée en pratique est obtenue par transformation équivalente [23]

<table>
<tr><td colspan="2">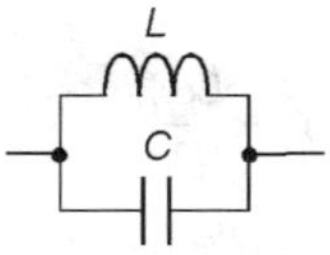
</td></tr>
<tr><td>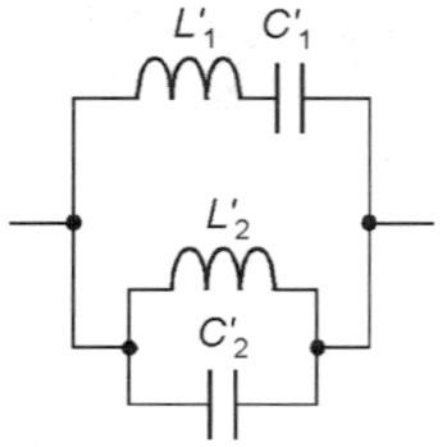

$L'_1 = \frac{L}{B} \quad C'_1 = \frac{B}{L\omega_0^2}$

$L'_2 = \frac{B}{C\omega_0^2} \quad C'_2 = \frac{C}{B}$</td>
<td>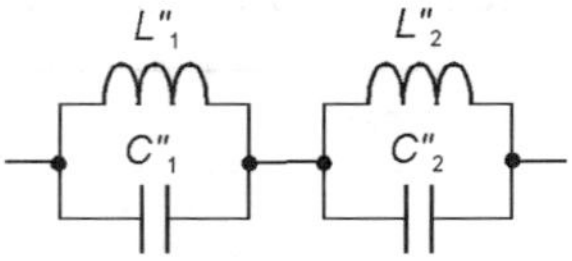

$L''_1 = L'_2\frac{1-y}{2} \quad L''_2 = L'_2\frac{1+y}{2}$

$C''_1 = C'_1 x\frac{1-z}{2} \quad C''_2 = C'_1 x\frac{1+z}{2}$

$x = \left(1+\frac{C'_2}{C'_1}+\frac{L'_1}{L'_2}\right)^2 - 4\frac{C'_2}{C'_1}\frac{L'_1}{L'_2}$

$y = \sqrt{1-\frac{4L'_1}{xL'_2}} \quad z = \sqrt{1-\frac{4C'_2}{xC'_1}}$</td></tr>
</table>

Tableau 6.2 Transformation passe-bas → passe-bande d'un bras antirésonnant série.

6.3 Synthèse directe du *leapfrog* (*leapfrog* LDI)

6.31 Principe de synthèse

Partant d'un filtre passif en échelle d'ordre n, à partir de l'écriture systématique de l'ensemble des équations d'état régissant les variables internes (tensions aux bornes des condensateurs et courants dans les inductances), on détermine un graphe de fluence avec $n-2$ transmittances réalisant l'opération « intégration idéale » et deux transmittances réalisant l'opération "intégration amortie" simulant la combinaison des éléments réactifs et des résistances de terminaison. Les intégrateurs sont ensuite réalisés par paires à partir d'intégrateurs à capacités commutées topologiquement insensibles aux capacités parasites. La structure de référence temps continu composée d'inductances, de condensateurs et de résistances est ainsi transformée en structure équivalente temps discret composée d'intégrateurs à capacités commutées par la transformation LDI.

6.32 Synthèse du passe-bas tous pôles

Le graphe de l'échelle passive

Considérons un motif élémentaire d'une échelle passive (figure 6.6).

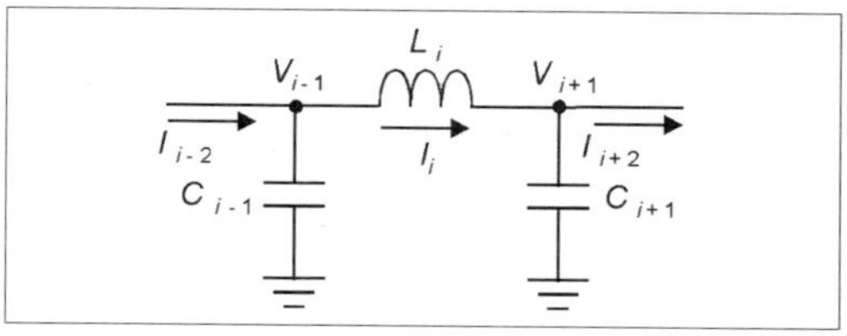

Figure 6.6

Son fonctionnement interne est régi par le jeu d'équations

$$V_{i-1} = \frac{I_{i-2} - I_i}{C_{i-1}p}$$

$$I_i = \frac{V_{i-1} - V_{i+1}}{L_i p}$$

$$V_{i+1} = \frac{I_i - I_{i+2}}{C_{i+1}p}$$

Les tensions aux bornes des condensateurs et les courants dans les inductances sont les variables d'état de la structure. Ils peuvent être représentés par une variable unique X_k conduisant à l'algorithme

$$X_k = \frac{X_{k-1} - X_{k+1}}{\tau_k p}$$

auquel on peut associer, pour le motif considéré, le graphe de la figure 6.7 dont les transmittances sont uniquement composées d'intégrateurs positifs et négatifs.

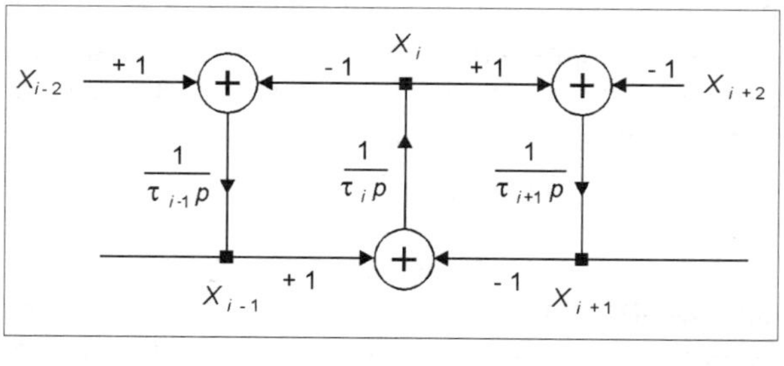

Figure 6.7

Considérons maintenant une des terminaisons de l'échelle.

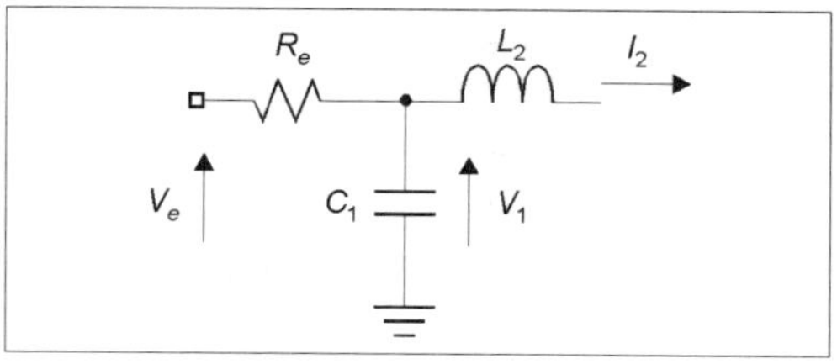

Figure 6.8

En écrivant

$$V_1 = \frac{1}{C_1 p}\left(\frac{V_e - V_1}{R_e} - I_2\right) = \frac{\frac{V_e}{R_e} - I_2}{\frac{1}{R_e} + C_1 p}$$

on obtient le graphe non réduit et le graphe réduit équivalent de la figure 6.9 faisant apparaître explicitement l'opération intégration amortie.

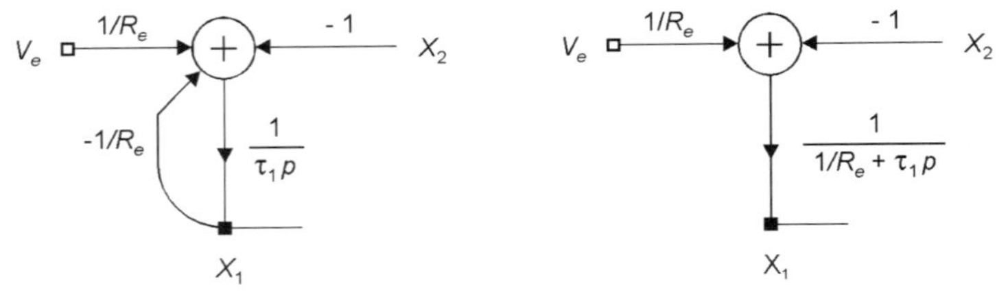

Figure 6.9

La réalisation électrique du graphe

Optimisation du graphe

Une transcription directe du graphe de l'échelle passive sous forme de circuit à capacités commutées est parfaitement possible, mais elle conduit à une structure où le nombre de commutateurs n'est pas minimisé et surtout où les tensions de sortie des amplificateurs opérationnels sont une reproduction exacte des tensions et des courants de l'échelle passive d'origine. Or, comme tout dispositif actif, afin d'éviter les mises en saturation, un filtre à capacités commutées nécessite un contrôle de tous les niveaux de tension. Une modification du graphe doit donc être opérée. Pour ce faire, on utilise la propriété de la règle de Mason stipulant que le dénominateur de la fonction de transfert V_s/V_e correspondant à un graphe n'est pas modifié si on ne modifie pas les gains de boucle. D'une part, si on regroupe les transmittances de même signe du même côté du graphe (figure 6.10), à un signe éventuel près, dû à la modification de la transmittance du parcours ouvert $V_e \rightarrow V_s$ (déphasage constant sans signification physique), la fonction de transfert est inchangée. D'autre part, si on multiplie chaque nœud Y_n du graphe (figure 6.11) par une constante arbitraire K_n et si on multiplie les transmittances arrivant à ce nœud par un facteur $t_{n,\,m} = k_n/k_m$, à un facteur multiplicatif constant près, on laisse également la fonction de transfert inchangée. Le jeu de valeur K_i ainsi créé arbitrairement est ensuite sélectionné pour imposer le niveau de tension désiré sur les nœuds du graphe (sortie des amplificateurs opérationnels). Une dynamique optimum est obtenue par le choix

$$k_1 |Y_1|_{max} = k_2 |Y_2|_{max} = \ldots = k_n |Y_n|_{max} = \ldots = |V_e|_{max}$$

Les valeurs $|Y_i|_{max}$ sont obtenues par analyse du graphe de la figure 6.10 ou par analyse de l'échelle passive.

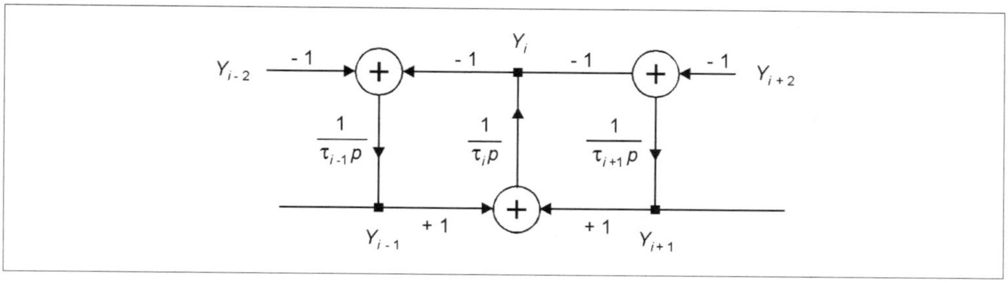

Figure 6.10

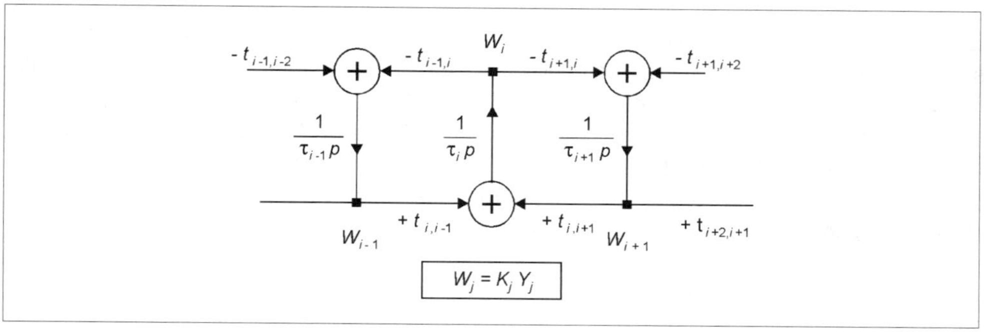

Figure 6.11

Réalisation des opérateurs « intégration idéale » temps discret

Pour passer du plan P au plan Z, il suffit de remplacer l'opérateur intégration temps continu par un opérateur intégration temps discret LDI. Ainsi, selon la phase considérée, l'intégrateur de la figure 6.12 admet pour fonctions de transfert

$$\frac{V_s^P}{V_e^P} = -\frac{C_1}{C}\frac{1}{1-Z^{-1}} = -\frac{C_1}{C}\frac{1}{\Phi} \quad \text{et} \quad \frac{V_s^I}{V_e^P} = -\frac{C_1}{C}\frac{Z^{-\frac{1}{2}}}{1-Z^{-1}} = -\frac{C_1}{C}\frac{1}{\Gamma}$$

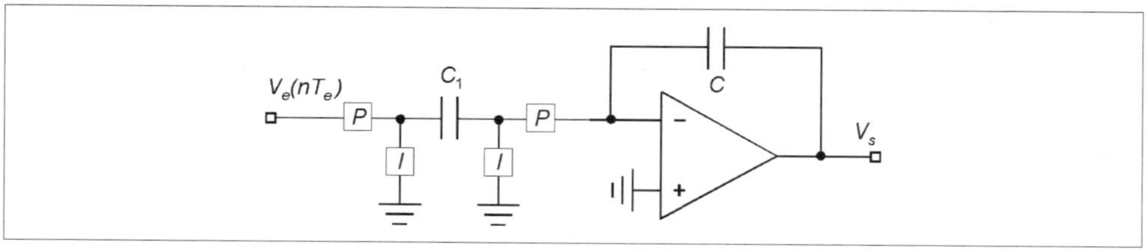

Figure 6.12

Quant à l'intégrateur de la figure 6.13, il admet pour fonctions de transfert

$$\frac{V_s^P}{V_e^I} = +\frac{C_1}{C}\frac{Z^{-\frac{1}{2}}}{1-Z^{-1}} = +\frac{C_1}{C}\frac{1}{\Gamma} \quad \text{et} \quad \frac{V_s^I}{V_e^I} = +\frac{C_1}{C}\frac{Z^{-1}}{1-Z^{-1}} = +\frac{C_1}{C}\frac{1}{\Psi}$$

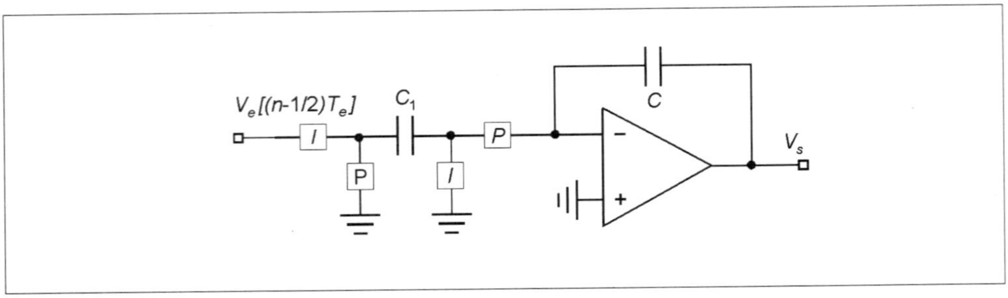

Figure 6.13

Chaque boucle du graphe de fluence est constituée d'une paire d'intégrateurs de signe opposé. D'un point de vue purement formel, les gains de boucle étant identiques, il est parfaitement équivalent d'utiliser deux intégrateurs LDI (± k/Γ) ou un intégrateur BEDI (+ k/Ψ) avec un intégrateur FEDI (– k/Φ). Mais, si on observe les figures 6.14 et 6.15, on constate que, dans le premier cas, les amplificateurs opérationnels sont chaînés sur la phase *P*. Il y a accumulation de deux temps de montée. Par contre, dans le second cas de figure, les deux éléments actifs sont découplés temporellement.

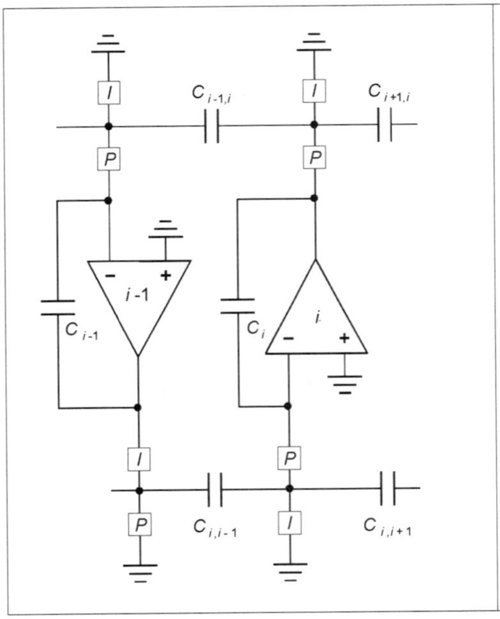

Figure 6.14

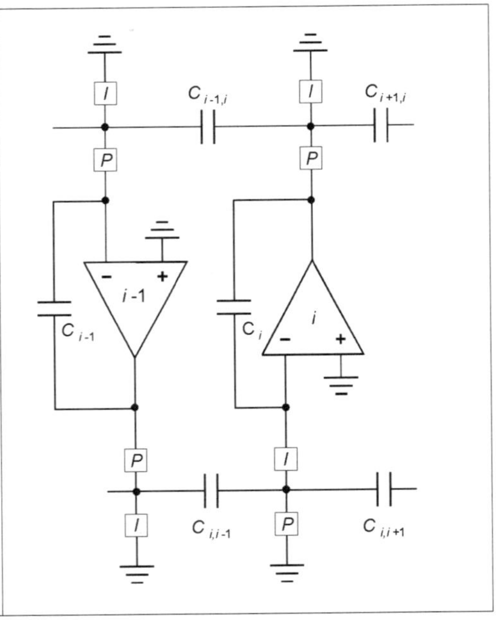

Figure 6.15

Réalisation des opérateurs intégration amortie temps discret

L'amortissement de l'intégrateur idéal est simplement réalisé par une capacité commutée série (C_2 sur la figure 6.16).

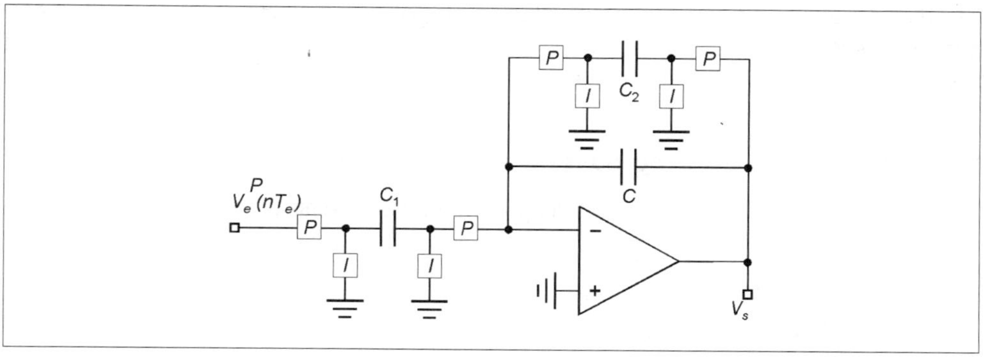

Figure 6.16

La fonction de transfert correspondante

$$T(Z) = \frac{V_s^I}{V_e^P} = -\frac{C_1 Z^{-\frac{1}{2}}}{(C_2 + C) - CZ^{-1}} = \frac{-1}{\frac{C_2}{C_1} Z^{+\frac{1}{2}} + \frac{C}{C_1}(Z^{+\frac{1}{2}} - Z^{-\frac{1}{2}})}$$

soit

$$T(Z) = \frac{-1}{\frac{C_2}{2C_1}(Z^{+\frac{1}{2}} + Z^{-\frac{1}{2}}) + \frac{2C + C_2}{2C_1}(Z^{+\frac{1}{2}} - Z^{-\frac{1}{2}})}$$

s'écrit en régime isochrone

$$T(e^{j\Omega_d T_e}) = \frac{-1}{\frac{C_2}{C_1}\cos\left[\frac{\Omega_d T_e}{2}\right] + j\frac{2C + C_2}{C_1}\sin\left[\frac{\Omega_d T_e}{2}\right]}$$

avec

$$\cos\left[\frac{\Omega_d T_e}{2}\right] \approx 1 - \frac{1}{2}\left[\frac{\Omega_d T_e}{2}\right]^2 + \ldots$$

la partie réelle du dénominateur (amortissement), fonction de la fréquence, introduit un biais sur la réponse en fréquence du filtre réalisé. Cette « erreur de conception » correspond, à une fréquence particulière F_0, à une erreur $\Delta R \approx 0{,}5\ (\pi F_0 / F_e)117117^2$ sur les résistances de terminaison simulées. Elle est négligeable aux fréquences d'échantillonnage utilisées en pratique (de l'ordre de 1 % pour $F_e / F_0 = 20$). Il faut noter que ce qui apparaît comme une "erreur de conception" assure en réalité la stabilité du filtre. En effet, sans ce retard, au lieu d'être un polynôme d'ordre n en Z stable, le dénominateur de la fonction de transfert réalisée serait un polynôme en $Z^{1/2}$ d'ordre $2n$ instable (d'après le graphe de fluence correspondant, une permutation $Z^{1/2} \rightarrow -Z^{-1/2}$ ne modifie pas le déterminant principal). Une synthèse exacte peut éventuellement être réalisée par un ajustement de la valeur des condensateurs pour placer les pôles de la fonction de transfert LDI stable (à l'intérieur du cercle unité) en position correcte. Cet ajustement est effectué à partir de la résolution d'un système de *n* équations non linéaires par des méthodes numériques [24].

6.33 Synthèse du *leapfrog* passe-bas avec zéro de transmission

Considérons la section en π d'une échelle passive non polynomiale.

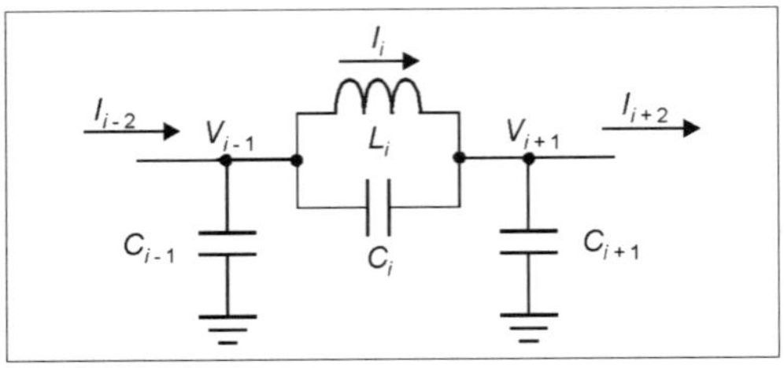

Figure 6.17

Si on conserve la même « règle du jeu », c'est-à-dire si on donne une description électrique à partir du courant dans l'inductance et de la tension aux bornes des condensateurs non flottants, on écrit le système d'équations

$$V_{i-1} = \frac{I_{i-2} - I_i}{(C_{i-1} + C_i)p} + \frac{C_i}{C_{i-1} + C_i} V_{i+1}$$

$$I_i = \frac{V_{i-1} - V_{i+1}}{L_i p}$$

$$V_{i+1} = \frac{I_i - I_{i+2}}{(C_i + C_{i+1})p} + \frac{C_i}{C_{i+1} + C_i} V_{i-1}$$

En posant $\tau'_n = C_n + C_{n+1}$ et $t_{n,\,m} = k_n/k_m$, on vérifie aisément que le motif considéré est représentable par l'élément de graphe de la figure 6.18 simulable par le circuit à capacités commutées de la figure 6.19.

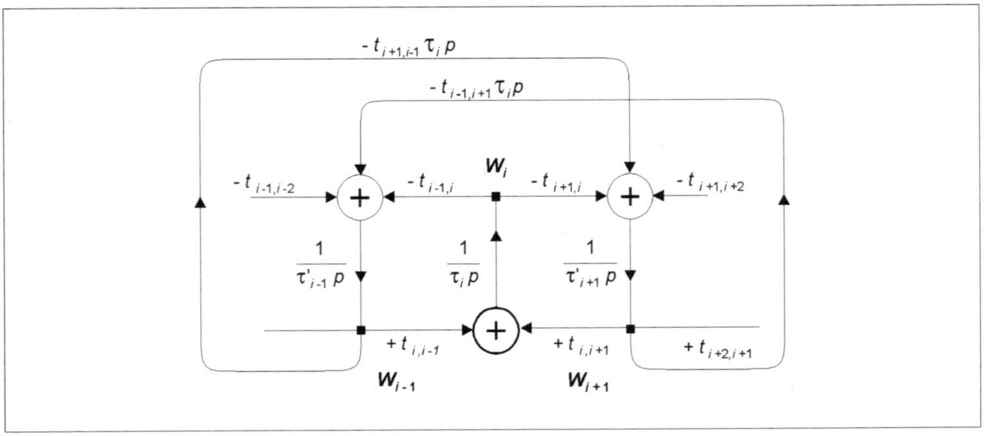

Figure 6.18

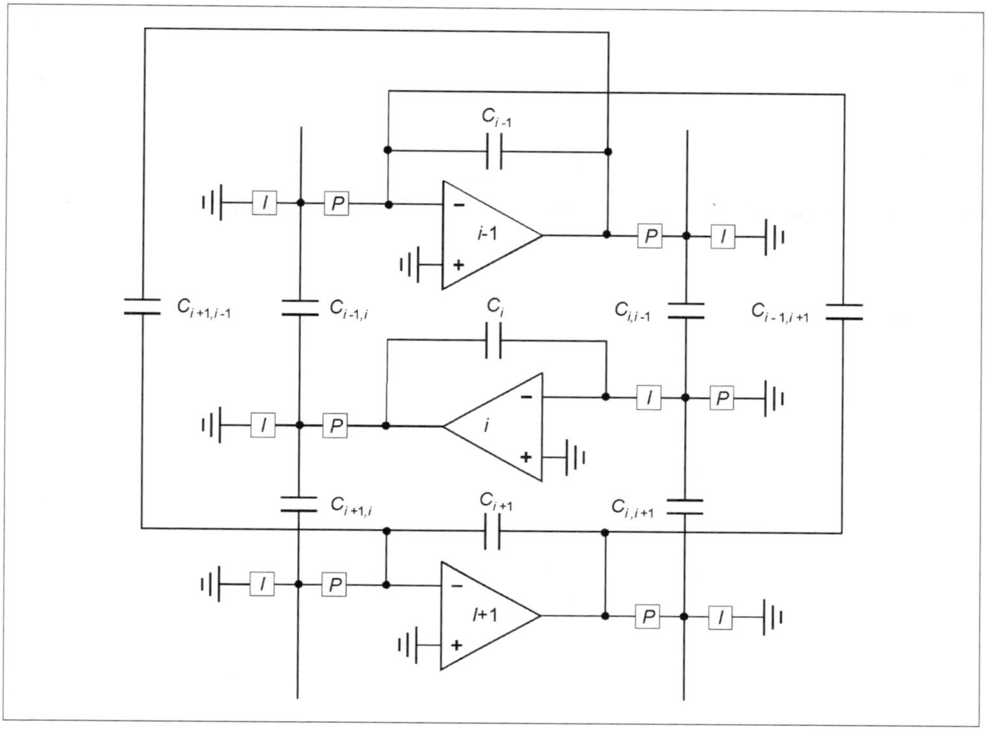

Figure 6.19

6.34 Calcul des composants

Le calcul des composants (rapports de condensateurs) se fait par identification entre le graphe (ou de manière équivalente le système d'équations) et la structure à capacités commutées. À titre d'exemple, si on considère la figure 6.20, entre un nœud du graphe et une sortie d'amplificateur opérationnel, on peut établir une identité du type

$$\frac{\pm t_{k,k-1}W_{k-1} \pm t_{k,k+1}W_{k+1} - t_{k,k\pm 2}\tau_{dk\pm 1}\gamma W_{k\pm 2}}{\tau_{dk}\gamma}$$

et

$$\frac{\pm C_{k,k-1}F_e W_{k-1} \pm C_{k,k+1}F_e W_{k+1} - C_{k,k\pm 2}\gamma W_{k\pm 2}}{C_k\gamma}$$

L'inductance ou le condensateur τ_{dk} devant être une valeur dénormalisée, du fait de transformation LDI, on a la relation

$$\tau_{dk} = \frac{\tau_k}{\omega_p} = \frac{\tau_k}{2F_e \sin\left[\dfrac{\pi F_p}{F_e}\right]}$$

Par identification, pour un intégrateur, on détermine ainsi les rapports capacitifs

$$\frac{C_{k,k\pm 1}}{C_k} = \frac{t_{k,k\pm 1} 2\sin\left[\frac{\pi F_p}{F_e}\right]}{\tau_k} \quad \text{et} \quad \frac{C_{k,k\pm 2}}{C_k} = t_{k,k\pm 2}\frac{\tau_{k\pm 1}}{\tau_k}$$

Le degré de liberté est utilisé en affectant la valeur C_{unit} à la plus petite capacité.

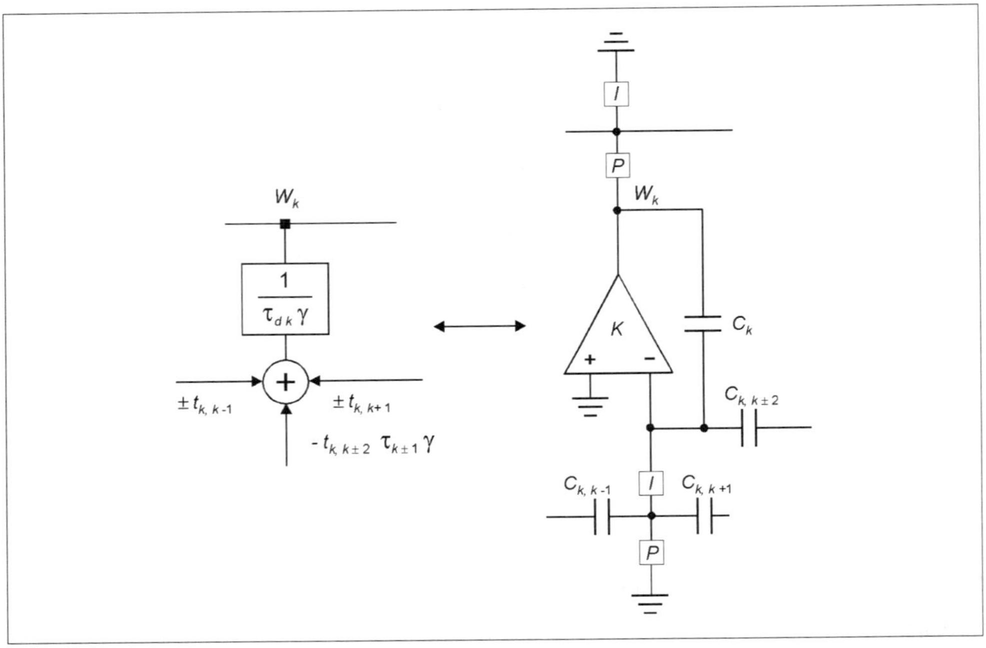

Figure 6.20

Pour le calcul des terminaisons, on peut considérer la figure 6.21. L'identification des parties réelles des dénominateurs de

$$\frac{\pm t_{10}V_e \pm t_{12}W_2 - t_{13}\tau_{2d}\gamma W_3}{\frac{1}{R_e} + \tau_{1d}\gamma} = \frac{\pm C_{10}V_e \pm C_{12}W_2 - C_{13}\frac{\gamma}{F_e}W_3}{C_{11}\cos\left[\frac{\Omega_{d_0}T_e}{2}\right] + \frac{2C_1 + C_{11}}{2F_e}\gamma}$$

sera réalisée à une fréquence particulière Ω_{d_0} (typiquement à l'origine ou en limite de bande passante). En posant $m = \cos(\Omega_{d_0}\ T_e/2)$ on détermine les équations de synthèse

$$\frac{C_1}{C_{11}} = 0{,}5\left(\frac{\tau_1 R_e m}{\sin\left[\frac{\pi F_p}{F_e}\right]} - 1\right), \quad \frac{C_{10}}{C_{11}} = mt_{10}R_e, \quad \frac{C_{12}}{C_{11}} = mt_{12}R_e \quad \text{et} \quad \frac{C_{13}}{C_{11}} = \frac{mt_{13}\tau_2}{2\sin\left[\frac{\pi F_p}{F_e}\right]}$$

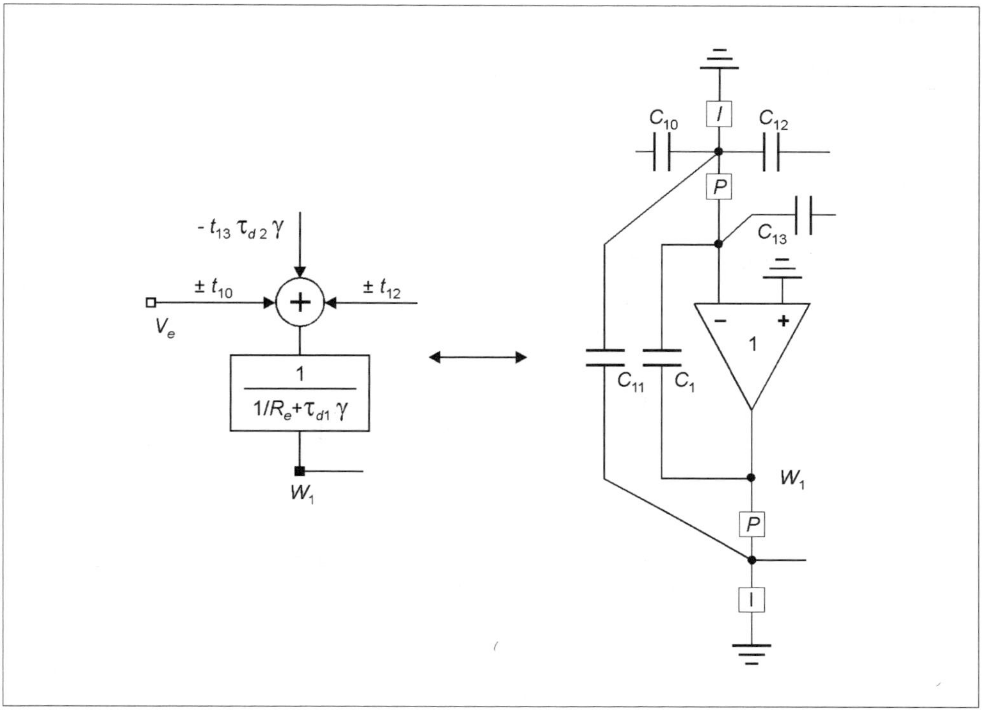

Figure 6.21

6.35 Synthèse du *leapfrog* passe-bande

Pour un filtre tous pôles, la transformation passe-bas → passe-bande établit la correspondance de la figure 6.22.

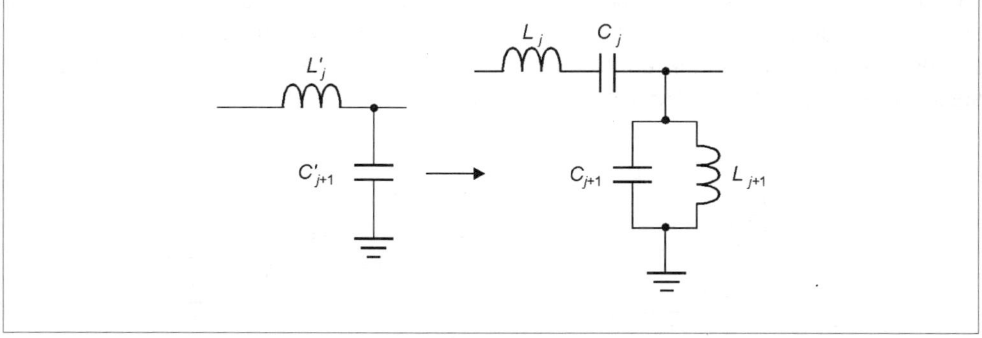

Figure 6.22

Pour synthétiser le *leapfrog* passe-bande, la règle reste la même que pour le passe-bas : on simule les courants dans les inductances et les tensions aux bornes des condensateurs.

Ce faisant, on écrit le jeu d'équations

$$I_{L_j} = \frac{V_{C_{j-1}} - V_{C_{j+1}} - V_{C_j}}{L_j p}, \quad V_{C_j} = \frac{I_{L_j}}{C_j p},$$

$$V_{C_{j+1}} = \frac{I_{L_j} - I_{L_{j+2}} - I_{L_{j+1}}}{C_{j+1} p}, \quad I_{L_{j+1}} = \frac{V_{C_{j+1}}}{L_{j+1} p}$$

et on détermine le graphe de fluence

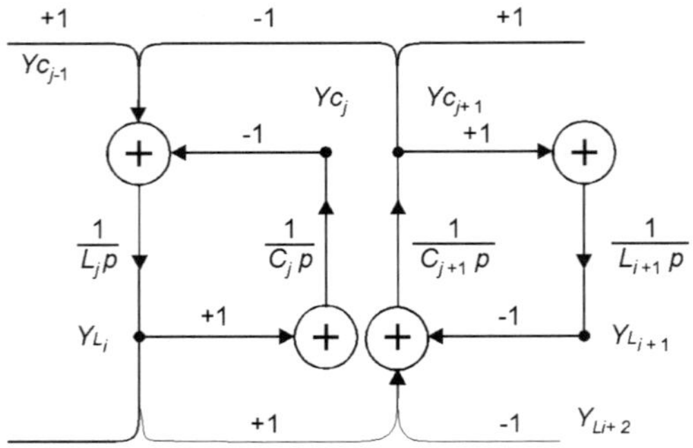

Figure 6.23

L'optimisation du graphe et sa synthèse à partir d'intégrateurs à capacités commutées sont réalisées comme pour le passe-bas.

La transformation d'une section passe-bas passive comportant un zéro de transmission génère une section passe-bande avec une boucle inductive (table 6.2). Une simulation directe des quatre courants inductifs de la figure 6.24 conduit à une structure active instable, du fait de la mise en saturation des amplificateurs opérationnels par leur tension de décalage interne [25]. Une réduction de la boucle est possible. Pour ce faire, il suffit de simuler, non pas chaque courant dans les inductances, mais la somme des courants inductifs aux nœuds $i-1$, i et $i+1$. En combinant ces trois équations de courant aux trois équations de tension prises aux bornes de C_{i-1}, C_{i+1} et au nœud i, on arrive ainsi à une échelle active parfaitement stable et canonique en nombre d'éléments actifs.

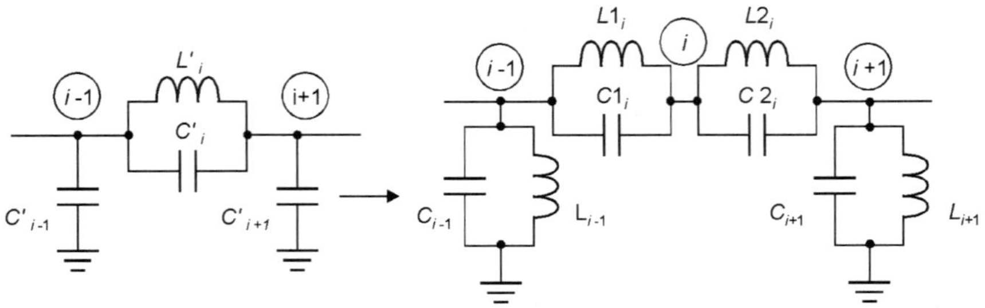

Figure 6.24

6.36 Synthèse des *leapfrogs* passe-haut et coupe-bande

La synthèse des *leapfrogs* passe-haut et coupe-bande n'est pas directe et peut conduire à des filtres non canoniques en nombre d'amplificateurs opérationnels [26]. Les spécifications de gabarit pour ce type de filtre étant souvent peu sévères, la synthèse est généralement réalisée à partir d'une cascade.

6.4 Synthèse indirecte du *leapfrog* (*leapfrog* TAB)

6.41 Principe de synthèse

La synthèse n'est pas effectuée directement à partir d'une échelle passive mais par l'intermédiaire d'un filtre auxiliaire obtenu par transformation d'impédance. La structure équivalente temps discret composée d'intégrateurs à capacités commutées est obtenue par la transformation algébrique bilinéaire. Cette méthode n'est directement applicable que pour les filtres passe-bas d'ordre n impair. Elle élimine l'erreur de conception inhérente à la synthèse des échelles actives par transformation LDI, mais en pose d'autres : nécessité d'un échantillonnage et blocage de l'entrée, introduction de couplages capacitifs pour les filtres tous pôles...

6.42 Synthèse du passe-bas tous pôles

Détermination du filtre auxiliaire à simuler

Pour faciliter l'exposé de la méthode, nous convenons de représenter directement les impédances des bras séries et parallèles des échelles passives. Ainsi, considérons l'échelle passive passe-bas temps continu.

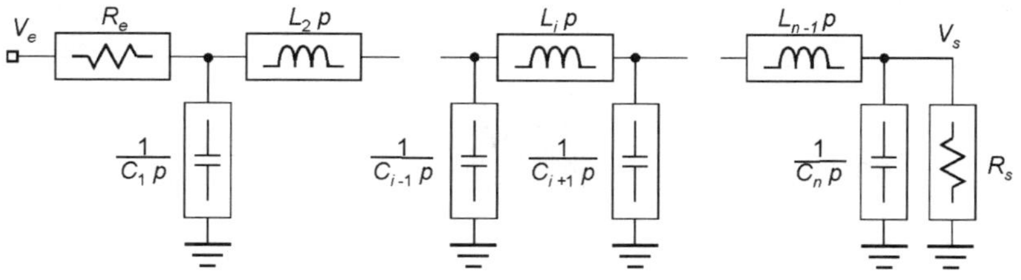

Figure 6.25

Par transformation algébrique bilinéaire

$$\lambda = 2F_e \frac{z^{+\frac{1}{2}} - z^{-\frac{1}{2}}}{z^{+\frac{1}{2}} + z^{-\frac{1}{2}}} = 2F_e \,\mathrm{th}\left[\frac{pT_e}{2}\right]$$

on obtient l'échelle équivalente de la figure 6.26.

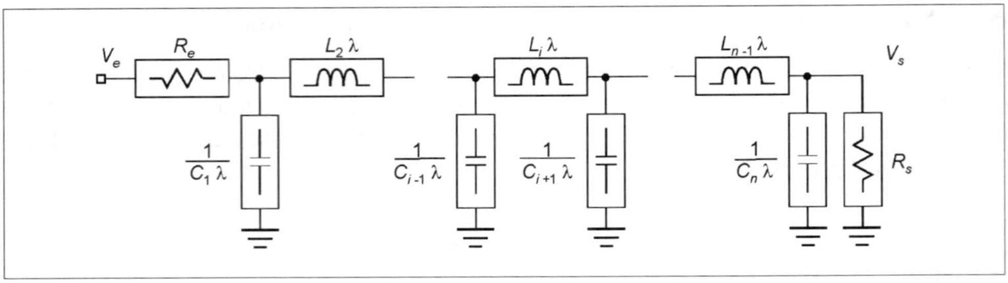

Figure 6.26

Si on divise toutes les impédances par un même facteur, on ne modifie pas la fonction de transfert en tension. Soit $\mu = 0{,}5\ (Z^{+1/2} + Z^{-1/2}) = \mathrm{ch}\ (pT_e/2)$ ce facteur. On obtient l'échelle de la figure 6.27.

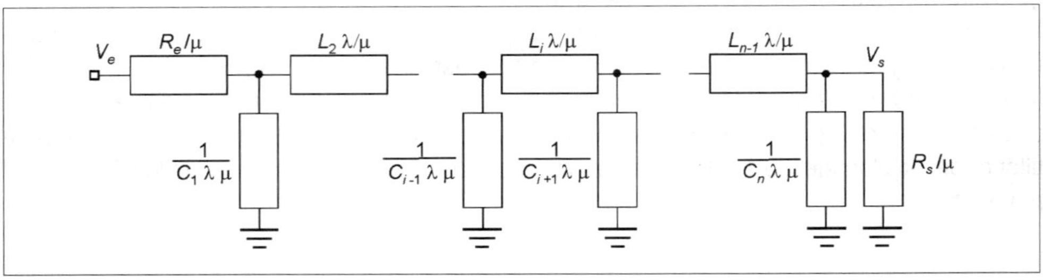

Figure 6.27

Si on prend en compte le fait que l'opérateur de la transformation LDI peut s'écrire $\gamma = F_e\ (Z^{+1/2} - Z^{-1/2}) = 2F_e\mathrm{sh}\ (pT_e/2)$, les impédances des bras parallèles et les admittances des bras séries deviennent respectivement

$$Z_{C_k} = \frac{1}{C_k\lambda\mu} = \frac{1}{C_k\gamma}$$

et

$$Y_{L_k} = \frac{\mu}{L_k\lambda} = \frac{1}{L_k}\frac{\mathrm{ch}^2\left[\frac{pT_e}{2}\right]}{2F_e\mathrm{sh}\left[\frac{pT_e}{2}\right]} = \frac{1}{L_k}\frac{1+\mathrm{sh}^2\left[\frac{pT_e}{2}\right]}{2F_e\mathrm{sh}\left[\frac{pT_e}{2}\right]} = \frac{1}{L_k\gamma} + \frac{\gamma}{4F_e^2 L_k}$$

Après transformation d'impédance, les condensateurs du plan λ restent des condensateurs dans le plan γ, et les inductances du plan λ sont transformées en circuits antirésonnants dans le plan γ avec

$$L_k'' = L_k \quad \text{et} \quad C_k'' = \frac{1}{L_k 4F_e^2}$$

L'échelle de la figure 6.28 est le filtre auxiliaire à synthétiser.

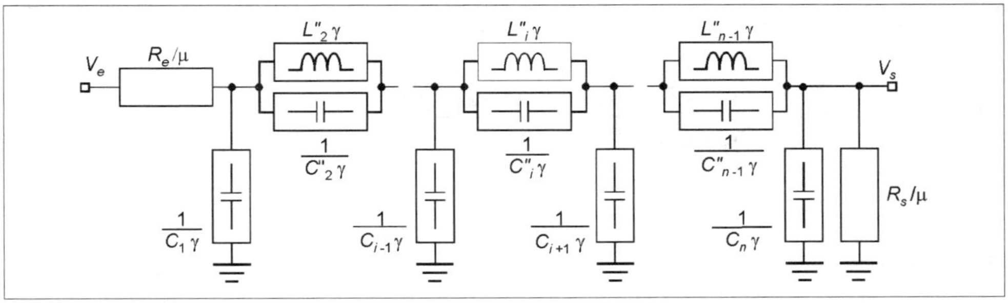

Figure 6.28

Synthèse du filtre auxiliaire

On vérifie facilement que la partie réactive du filtre auxiliaire est directement synthétisable comme un *leapfrog* direct (à partir d'intégrateurs idéaux LDI) et que l'impédance de sortie R_s/μ est réalisée idéalement par l'intégrateur amorti de la figure 6.21.

Quant à la réalisation du facteur μ/R_e sur l'entrée, issu de l'écriture de V_{C1} :

$$V_{C_1} = \frac{1}{C_1\gamma}\left[\frac{V_e - V_{C_1}}{\frac{R_e}{\mu}} - I_{L''_2} - (V_{C_1} - V_{C_3})C''_2\gamma\right] \quad \text{soit} \quad V_{C_1} = \frac{\mu\frac{V_e}{R_e} - I_{L''_2} + C''_2\gamma V_{C_3}}{\frac{\mu}{R_e} + (C_1 + C''_2)\gamma}$$

elle peut être effectuée aux instants nT_e à partir du circuit de la figure 6.29 basé sur le montage de Knob (*cf.* paragraphe 4.21).

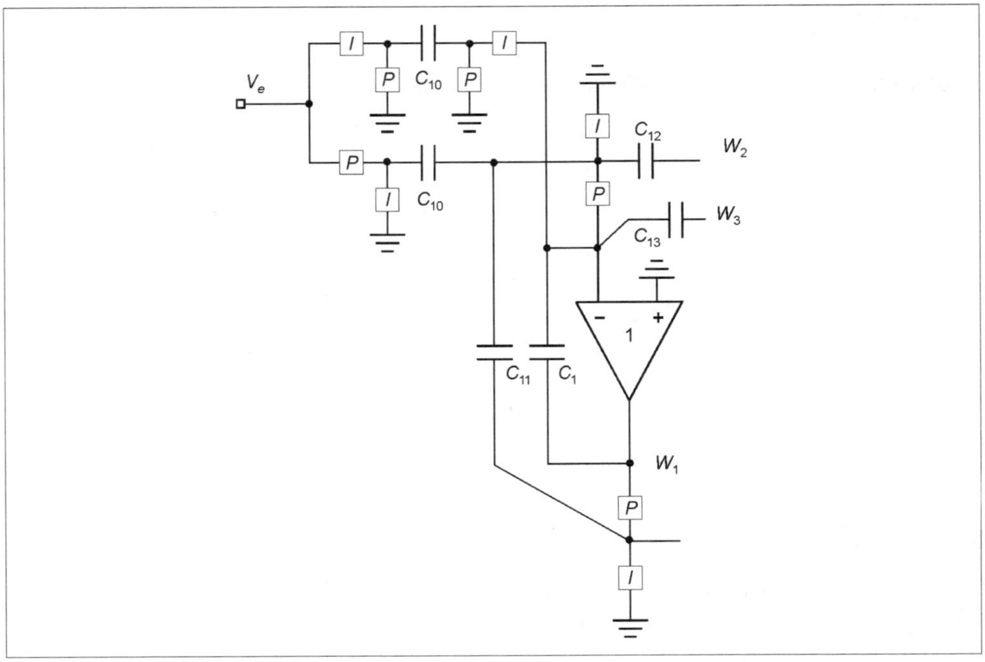

Figure 6.29

Sur la phase P, ce circuit est régi par l'équation

$$W_1 = \frac{-C_{10}(1+Z^{-1})V_e - C_{12}Z^{-\frac{1}{2}}W_2 - C_{13}(1-Z^{-1})W_3}{C_{11} + C_1(1-Z^{-1})}$$

$$W_1 = \frac{-C_{10}(Z^{+\frac{1}{2}} + Z^{-\frac{1}{2}})V_e - C_{12}W_2 - C_{13}(Z^{+\frac{1}{2}} - Z^{-\frac{1}{2}})W_3}{\frac{C_{11}}{2}(Z^{+\frac{1}{2}} + Z^{-\frac{1}{2}}) + \frac{2C_1 + C_{11}}{2}(Z^{+\frac{1}{2}} - Z^{-\frac{1}{2}})}$$

soit

$$W_1 = \frac{-2C_{10}\mu V_e - C_{12}W_2 - \frac{C_{13}\gamma}{F_e}W_3}{C_{11}\mu + \frac{2C_1 + C_{11}}{2F_e}\gamma}$$

6.43 Synthèse du passe-bas avec zéro de transmission

Après représentation dans le plan de la transformation algébrique bilinéaire puis transformation d'impédance, on obtient la correspondance de la figure 6.30, avec

$$C_i''' = \frac{1}{L_i 4F_e^2} + C_i$$

La procédure de synthèse précédente n'est évidemment pas modifiée.

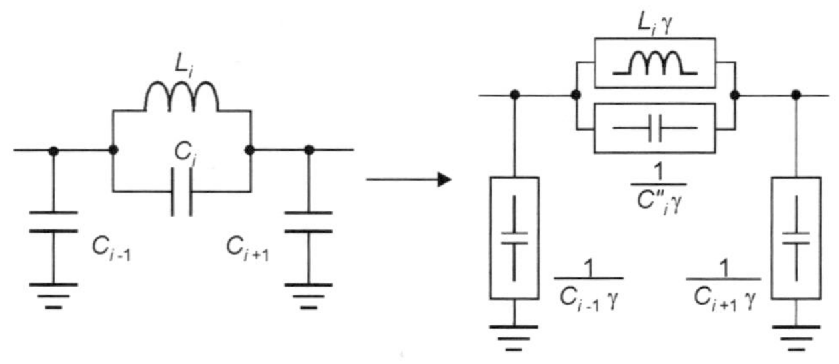

Figure 6.30

6.44 Calcul des composants

La procédure de calcul des rapports capacitifs est celle utilisée précédemment pour les échelles actives *leapfrog* LDI, à deux différences près. D'une part, les sorties des amplificateurs opérationnels évoluent aux instants nT_e et $(n - 1/2)\ T_e$ du fait du montage à capacités commutées d'entrée, la détermination des constantes k_{ij} d'optimisation de la dynamique doit donc se faire à partir d'une analyse de la structure sur les deux phases. D'autre part, la synthèse étant réalisée dans le plan de la transformation algébrique bilinéaire, la dénormalisation des composants se fait à partir de

$$\tau_{kd} = \frac{\tau_k}{\omega_p} = \frac{\tau_k}{2F_e \mathrm{tg}\left[\dfrac{\pi F_p}{F_e}\right]}$$

6.45 Particularités de la synthèse *leapfrog* indirecte

La synthèse du *leapfrog* indirecte est une synthèse exacte quelque soit le facteur de suréchantillonnage de la structure. Utilisée avec un circuit simplifié à l'entrée (sans C'_1), elle réalise la fonction de transfert dans le plan de la transformation algébrique bilinéaire à un facteur modulant $[\cos(\Omega_d T_e/2)]^{-1}$ près. Ce facteur, connu analytiquement, peut éventuellement être corrigé en aval de la chaîne de traitement, par exemple par la partie numérique ou lors de la reconstitution du signal temps continu (combiné avec le facteur en sinus cardinal dû au blocage, la correction à effectuer est en tangente).

6.5 Synthèse par simulation nodale

6.51 Principe de synthèse

On simule directement les tensions de nœud d'une échelle passive. Les fonctions du deuxième ordre temps continu obtenues sont synthétisées dans le plan de la transformation algébrique bilinéaire (TAB) par des biquads à capacités commutées. Cette méthode est applicable aux filtres passe-bande quelconques (non dérivés d'un filtre passe-bas) [27] lorsque les bras séries et parallèles de l'échelle passive sont constitués d'un composant ou d'une mise en parallèle de composants. Elle est particulièrement simple à mettre en œuvre lorsque les gabarits sont obtenues à partir de la transformation d'un passe-bas.

6.52 Synthèse d'un passe-bande standard

Le graphe du passe-bande temps continu est directement dérivé du passe-bas prototype par application de la transformation passe-bas → passe-bande sur l'opérateur intégration. Les intégrateurs sont ainsi transformés en cellules biquadratiques à coefficient de qualité fini pour les cellules de terminaisons et à coefficient de qualité infini pour les autres. Le passage à l'échelle active temps discret est ensuite réalisé par la transformation algébrique bilinéaire. Nous exposerons la méthodologie de synthèse sur un exemple. Le filtre à réaliser est d'ordre six et comporte deux zéros de transmission.

L'échelle passive prototype de référence

L'échelle RLC prototype est du troisième ordre.

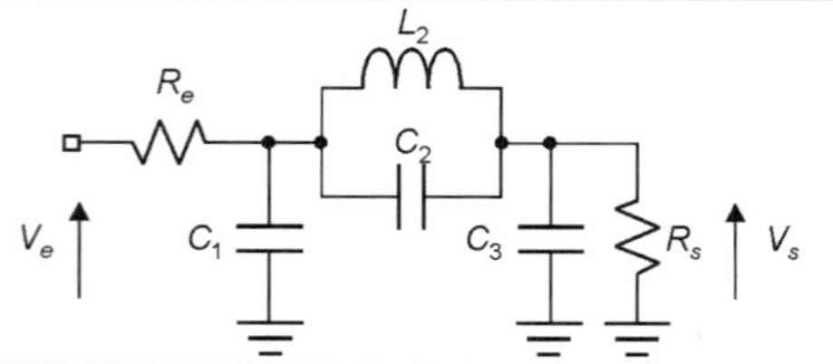

Figure 6.31

Elle est régie par le système d'équation

$$V_{C_1} = \frac{\frac{V_e}{R_e} - I_{L_2} + C_2 S V_{C_3}}{\frac{1}{R_e} + C_1' S} \quad \text{avec} \quad C_1' = C_1 + C_2$$

$$I_{L_2} = \frac{V_{C_1} - V_{C_3}}{L_2 S}$$

$$V_{C_3} = \frac{I_{L_2} + C_2 S V_{C_1}}{\frac{1}{R_s} + C_3' S} \quad \text{avec} \quad C_3' = C_3 + C_2$$

Le graphe de l'échelle passe-bande

Si on applique la transformation passe-bas passe-bande

$$S \rightarrow \frac{p^2 + \omega_0'^2}{B_p'}$$

directement sur le système d'équation précédent, avec

$$d_1 = p^2 + \frac{B'}{R_e C_1'} p + \omega_0'^2 \quad d_2 = p^2 + \omega_0'^2 \quad d_3 = p^2 + \frac{B'}{R_s C_3'} p + \omega_0'^2$$

$$n_{01} = \frac{k_1}{k_0} \frac{B'}{R_e C_1'} p \quad n_{21} = \frac{k_1}{k_2} \frac{B'}{C_1'} p \quad n_{31} = \frac{k_1}{k_3} \frac{C_2}{C_1'} (p^2 + \omega_0'^2)$$

$$n_{12} = \frac{k_2}{k_1} \frac{B'}{L_2} p \quad n_{32} = \frac{k_2}{k_3} \frac{B'}{L_2} p$$

$$n_{23} = \frac{k_3}{k_2} \frac{B'}{C_3'} p \quad \text{et} \quad n_{13} = \frac{k_3}{k_1} \frac{C_2}{C_3'} (p^2 + \omega_0'^2),$$

les paramètres k_i étant les constantes d'optimisation de la dynamique, on détermine le graphe

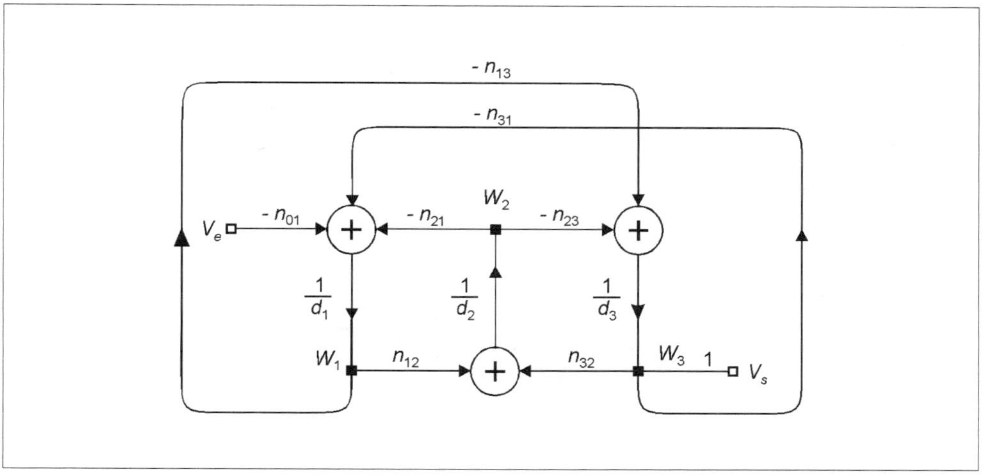

Figure 6.32

La réalisation de l'échelle active passe-bande

Pour réaliser la synthèse de l'échelle active passe-bande, il suffit d'appliquer la transformation algébrique bilinéaire sur les formes passe-bande et réjectrices temps continu précédentes, et d'utiliser un des biquads à capacités commutées donné au chapitre 4. On devra veiller à choisir le bon signe de la constante de gain de chaque cellule (étude de cas 9.2.5).

6.53 Synthèse des filtres passe-bande non standards

Partant de l'échelle passive passe-bande temps continu, on exprime la tension de chaque nœud en fonction du précédent et du suivant. Les deux fonctions de transfert ainsi déterminées ont des numérateurs différents mais ont le même dénominateur du second degré. Les différentes sections sont ensuite réalisées par des biquads à capacités commutées dans le plan de la transformation algébrique bilinéaire.À titre d'exemple, considérons l'échelle passe-bande d'ordre huit [27] :

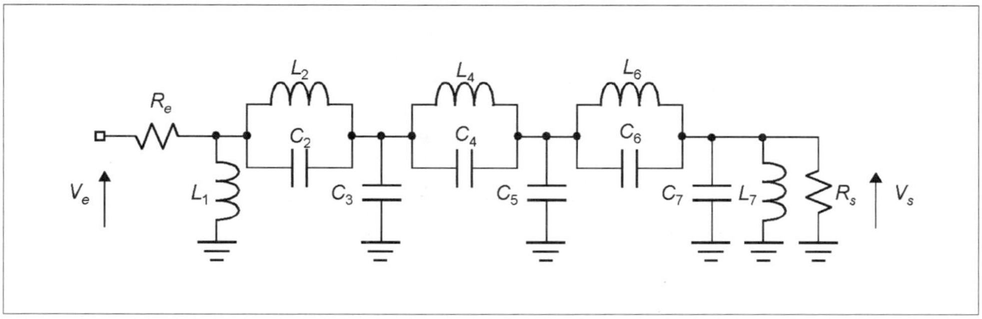

Figure 6.33

En explicitant les tensions de nœud aux bornes de L_1, C_3, C_5 et C_7, à partir du théorème de Milleman, on écrit :

$$VL_1 = \frac{\frac{p}{R_eC_2}V_e + \left(p^2 + \frac{1}{L_2C_2}\right)VC_3}{p^2 + \frac{p}{R_eC_2} + \left(\frac{1}{L_1C_2} + \frac{1}{L_2C_2}\right)}$$

$$VC_3 = \frac{\frac{C_2}{C_2+C_3+C_4}\left(p^2 + \frac{1}{L_2C_2}\right)VL_1 + \frac{C_4}{C_2+C_3+C_4}\left(p^2 + \frac{1}{L_4C_4}\right)VC_5}{p^2 + \frac{1}{C_2+C_3+C_4}\left(\frac{1}{L_2} + \frac{1}{L_4}\right)}$$

$$VC_5 = \frac{\frac{C_4}{C_4+C_5+C_6}\left(p^2 + \frac{1}{L_4C_4}\right)VC_3 + \frac{C_6}{C_4+C_5+C_6}\left(p^2 + \frac{1}{L_6C_6}\right)VC_7}{p^2 + \frac{1}{C_4+C_5+C_6}\left(\frac{1}{L_4} + \frac{1}{L_6}\right)}$$

et

$$VC_7 = \frac{\frac{C_6}{C_6+C_7}\left(p^2 + \frac{1}{L_6C_6}\right)VC_5}{p^2 + \frac{p}{R_s(C_6+C_7)} + \frac{1}{C_6+C_7}\left(\frac{1}{L_6} + \frac{1}{L_7}\right)}$$

Ce système d'équation conduit directement au graphe de la figure 6.34. Les transmittances n_{ij} tiennent compte du calage des nœuds du graphe sur les niveaux de tension désirés. La synthèse du filtre à capacités commutées est réalisée selon la procédure utilisée précédemment.

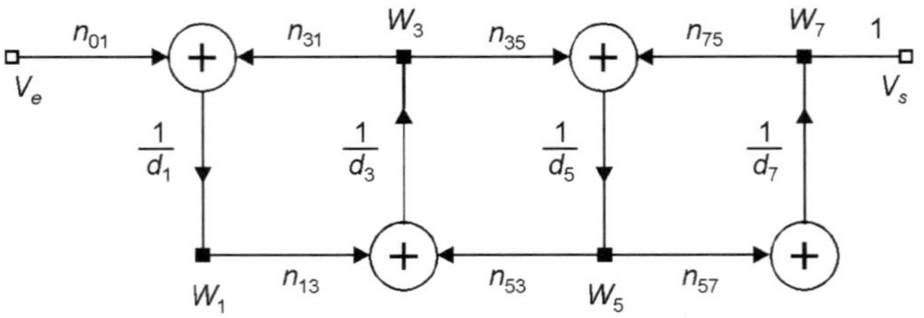

Figure 6.34

6.6 Les échelles actives différentielles

Évidemment, on peut directement générer une échelle active différentielle par duplication de la circuiterie sur le côté opposé de l'amplificateur opérationnel. Comme pour le biquad, il existe une variante permettant un renforcement du découplage temporel par substitution de la capacité commutée inverseuse d'une boucle d'intégrateurs LDI par une capacité commutée série [28].

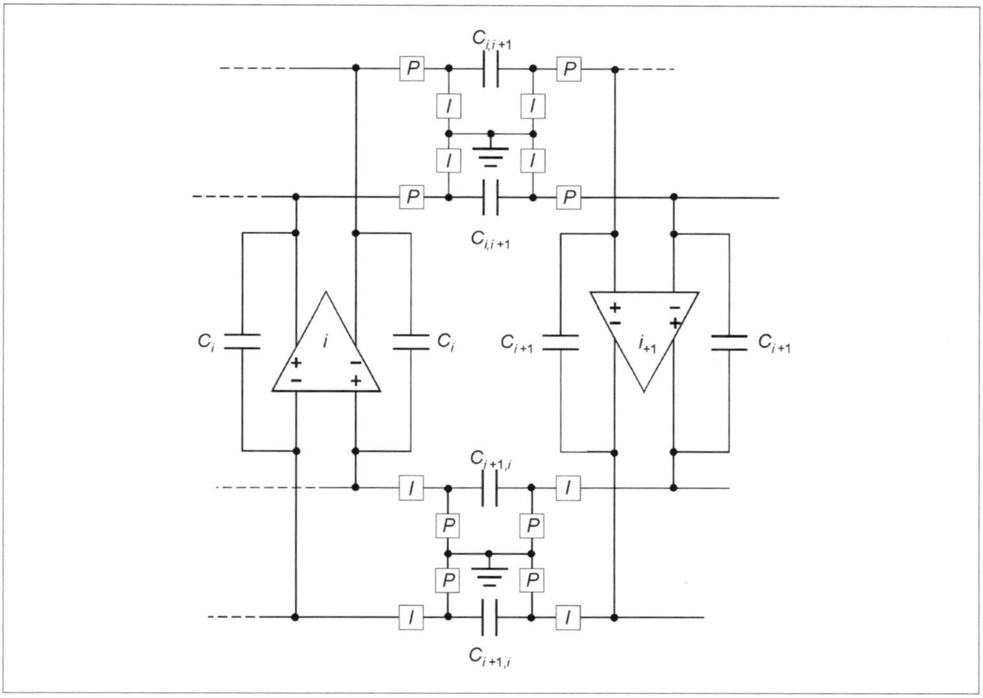

Figure 6.35

La synthèse des *leapfrog* TAB est simplifiée puisque l'intégrateur amorti d'entrée est directement synthétisable avec la cellule d'ordre un de la figure 4.4.

6.A Annexe : programme de calcul des composants des filtres de Cauer impairs

```
{————————————————————————————————-}
{ FILTRES LC ELLIPTIQUES IMPAIRS }
{————————————————————————————————-}
PROGRAM LCelliptique (input, output);
const
NMAX = 37; PI = 3.1415927; DN = 0.23025851;
var
m, n, k, i, j, l: integer;
 Amax, Amin, Ws, fs, fc, fp, r, s, p, q, y, z, w, x: real;
 b, c, d, e, f: array [0..NMAX] of real;
begin
repeat
writeln; writeln ('entrer: Ordre Amin Ws');
 readln (m, Amin, Ws); Amin: = abs (Amin);
 until (odd (m)) and (Ws > 1);
 n: = (m-1) div (2); fs: = Ws/(2*PI); fp: = 0.5/PI; fc: = sqrt (fp*fs); r: = 2*fc; k: = 0;
 repeat
 k: = k + 1; s: = fp + fs; j: = 0;
repeat
 j: = j + 1; p: = sqrt (s*r); s: = (s + r)/2;
 if 1e8*(s-p) < s then j: = 7 else r: = p;
 until j > = 6;
 if k < 2 then begin q: = m/s; r: = abs (fs-fp); end;
 until k > = 2;
 q: = q*s; s: = exp (-PI/q); y: = s; s: = exp (Amin*DN/2); r: = exp (PI*q);
 p: = (ln (1 + (s*s-1)/sqr (r/4 + 1/r)))/DN; r: = r/(2*(s + sqrt (s*s-1)));
 Amax: = p; r: = ln (r + sqrt (r*r + 1))/(2*q); r: = sin (r)/cos (r); w: = r;
 r: = 1; z: = y; e [n]: = w; w: = w*w;
 for j: = 1 to m-1 do f [j]: = 1; k: = 1; j: = 0;
 repeat
j: = j + 1; f [k]: = f [k]*(1-z)/(1 + z);
 if k > = m-1
then begin
  z: = z*y; x: = sqr ((1-z)/(1 + z));e [n]: = e [n]*(w + x)/(1 + w*x); k: = 0;
  end;
  z: = z*y;
  if z < 0.25e-18 then j: = 2000 else k: = k + 1;
 until j > = 1024;
 for j: = 1 to n do begin f [j]: = f [j]*f [m-j]; f [m-j]: = f [j]; end;
 for j: = 1 to n do
begin
d [j]: = f [2*j]*(1-sqr (sqr (f [j])))/f [j]; b [j]: = e [n]*f [j];
 end;
 c [1]: = 1/b [n];
 for j: = 1 to n-1 do
begin
c [j + 1]: = (c [j]-b [n-j])/(1 + c [j]*b [n-j]);
 e [n-j]: = e [n + 1-j] + e [n]*d [j]/(1 + b [j]*b [j]);
 end;
 for j: = 1 to n do
begin
b [j]: = ((1 + c [j]*c [j])*e [j]/d [j]-c [j]/f [j])/2;
 c [j]: = c [j]*f [j]; d [j]: = f [j]*f [j];
 end;
```

```
b [n+1]:=b [n]; c [n+1]:=c [n]; d [n+1]:=d [n];
 if n>1
then
begin
for l:=1 to 2 do
begin
 k:=l+2;
  while k<=n+1 do
 begin
 j:=l;
  while j<=k-2 do
 begin
 y:=c [j]-c [k]; z:=1/(y/(b [j]*(d [k]-d [j]))-1);
   b [k]:=(b [k]-b [j])*z*z-b [j]*(1+z+z); c [k]:=y*z;
   j:=j+2;
  end;
  k:=k+2;
  end;
  s:=b [n]/b [n+1]-1;
 end;
 end;
 q:=0.5/(PI*fc); p:=q*r; q:=q/r;
 for j:=1 to n do
begin
c [j]:=q*c [j]; d [j]:=q*b [j]*d [j]; b [j]:=p/b [j]; f [j]:=fc/f [j];
 end;
 c [n+1]:=q*c [n+1]; j:=1; i:=0;
 writeln; writeln (' Amax=', Amax,' re=rs=1 Ohm');
 writeln; writeln (' C en Farad L en Henry');
 while j<=n do
begin
i:=i+1; writeln (' C (', i: 2,')=', c [j]);
 i:=i+1; writeln (' C (', i: 2,')=', d [j],' L (', i: 2,')=', b [j]);
 j:=j+2;
 end;
i:=i+1; writeln (' C (', i: 2,')=', c [n+1]);
 if n>1 then begin
 l:=((n+1) div (2))*2; k:=m-1-l; j:=l+2;
     while j<=m-1 do
 begin
 i:=i+1; writeln (' C (', i: 2,')=', d [k],' L (', i: 2,')=', b [k]);
     i:=i+1; writeln (' C (', i: 2,')=', c [k]);
     k:=k-2; j:=j+2;
     end;
    end;
end.
```

Contraintes de conception

CHAPITRE 7

Les filtres à capacités commutées sont réalisés à partir de condensateurs, de commutateurs et d'amplificateurs opérationnels. Inévitablement, après intégration, ces composants induisent des effets parasites qui doivent être minimisés ou éliminés par des techniques appropriées de conception.

7.1 Les condensateurs

Le diélectrique d'un condensateur MOS est formé par de l'oxyde de silicium. L'électrode supérieure est en aluminium ou en silicium polycristallin et l'électrode inférieure est diffusée ou est en silicium polycristallin. La figure 7.1 est caractéristique d'un procédé de fabrication à deux niveaux de silicium polycristallin.

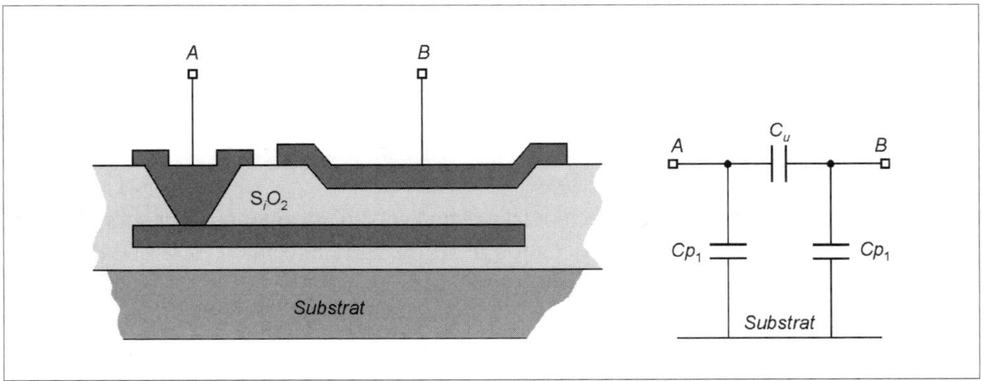

Figure 7.1 Un condensateur MOS et ses capacités parasites associées.

Selon l'épaisseur de l'oxyde, les valeurs de capacité C_u réalisées sont de l'ordre de 0,3 à 1 nF/mm^2. Deux autres capacités doivent être associées à la valeur utile C_u considérée entre les bornes *A* et *B* (figure 7.1). La première Cp_1 dépend des connexions et la seconde Cp_2 a pour valeur 5 à 20 % de C_u. Tous les circuits utilisés en filtrage à capacités commutées doivent donc être rendus topologiquement insensibles à l'influence de ces deux capacités parasites (*cf.* paragraphe 1.3). Les dispersions sur l'épaisseur d'oxyde et la surface n'étant pas corrélées, une précision inférieure à 10 % est très difficilement envisageable. Quant aux erreurs de linéarité générées par le coefficient de tension $\gamma_V^C = (1/C)\ (\partial C/\partial V)$ et le coefficient de température $\gamma_T^C = (1/C)\ (\partial C/\partial T)$, elles sont généralement négligées (quelques 10 ppm) [29]).

7.11 Contraintes de conception

Règles d'appariement

Si les tolérances absolues que l'on peut espérer atteindre sur un condensateur isolé ne sont pas compatibles avec les précisions requises pour le filtrage analogique, par « appariement » il est possible d'obtenir directement une précision suffisante sur le rapport de deux capacités. En effet, deux types d'erreur de conception affectent la précision de tout dispositif analogique intégré. Une erreur systématique (déterministe) qui concerne tous les composants d'une même tranche de silicium, et une erreur aléatoire modélisable par un processus stationnaire de valeur moyenne nulle, qui varie d'un composant à l'autre. La première a des origines très diverses (différence entre cote dessinée et cote physiquement réalisée, variations d'épaisseur d'oxyde, défaut de centrage des masques...). Elle conduit à des écarts de valeur guère inférieurs à dix pour cent mais pouvant être corrigés par appariement. La seconde est également issue des différentes phases d'intégration (granularité des matériaux...). Elle est d'un ou de deux ordres de grandeur plus petite, et étant irréductible, elle fixe la précision ultime sur l'appariement des composants. Pour s'affranchir des erreurs systématiques de conception en profitant des corrélations spatiales, c'est à dire par appariement de dispositifs, ces derniers doivent répondre à un certain nombre de règles de conception [30] :

- même forme et mêmes dimensions,
- distance minimum,
- même orientation,
- géométrie commune centrée,
- mêmes effets de bord (même environnement),
- même température,
- dimensions non minimum.

7.12 Contraintes de forme

Les règles d'appariement étant respectées, les dimensions d'un condensateur sont affectées globalement d'une variation aléatoire centrée et d'amplitude maximum $\Delta L/2$ et $\Delta W/2$ (figure 7.2).

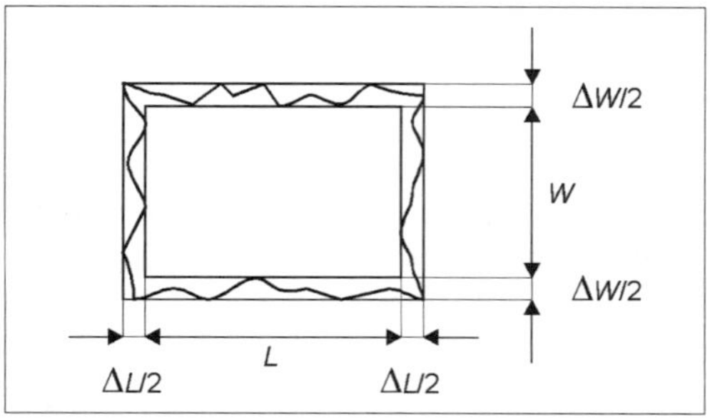

Figure 7.2 Variations aléatoires globales des dimensions d'un condensateur MOS.

Si $S = WL$ est la surface et ε l'épaisseur d'oxyde, on écrit

$$\Delta C = \frac{\varepsilon}{d}[(W + \Delta W)(L + \Delta L) - WL]$$

Au premier ordre, on en déduit l'erreur relative sur C :

$$\frac{\Delta C}{C} \approx \frac{\Delta W}{W} + \frac{\Delta L}{L}$$

Si les variables aléatoires ΔW et ΔL ont pour écart type $\sigma_L = \sigma_W$, on détermine

$$\frac{\sigma_{\Delta C}}{C} = \sigma_L \sqrt{\frac{1}{W^2} + \frac{1}{L^2}}$$

Cette expression a pour valeur minimum

$$\frac{\sigma_{\Delta C}}{C} = \sqrt{2}\,\frac{\sigma_L}{L}$$

lorsque la surface considérée est un carré.

Réalisation de rapports capacitifs supérieurs à l'unité

La réalisation des coefficients qui fixent les différents paramètres d'une fonction de transfert implique l'utilisation de rapports capacitifs différents de l'unité. La règle d'appariement « même forme et même dimension » est donc, de fait, transgressée. Une des principales causes d'erreur systématique affectant un condensateur MOS est l'erreur par défaut de gravure le long de son périmètre (figure 7.3).

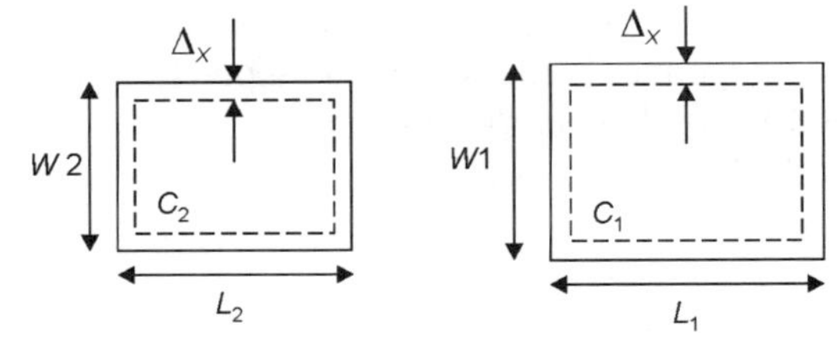

Figure 7.3 Erreur par défaut de gravure.

Avec

$$r = r_{nom} = \frac{S_1}{S_2} = \frac{W_1 L_1}{W_2 L_2}$$

et

$$P = 2(W + L)$$

on écrit

$$r_{réal} \approx \frac{W_1 L_1 - 2(W_1 + L_1)\Delta_X}{W_2 L_2 - 2(W_2 + L_2)\Delta_X} = r_{nom}\,\frac{1 - \dfrac{P_1}{S_1}\Delta_X}{1 - \dfrac{P_2}{S_2}\Delta_X}$$

L'erreur systématique est corrigée si les périmètres des deux condensateurs sont dans le même rapport que les aires ($P_1/P_2 = S_1/S_2$). Une technique couramment utilisée consiste à réaliser C_1 et éventuellement C_2 à partir de plusieurs condensateurs identiques en parallèle. Typiquement, un rapport capacitif entier est synthétisé à partir d'une matrice de capacités unitaires aboutées [31] (figure 7.4).

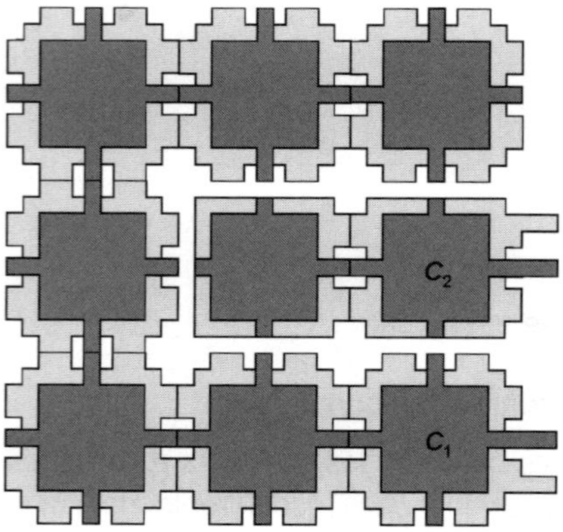

Figure 7.4 Matrice de capacités unitaires.

Cette structure compense un éventuel gradient de l'épaisseur d'oxyde (géométrie centrée) et s'affranchit d'une erreur éventuelle de centrage du masque réalisant les plaques supérieures des condensateurs. Si elle permet la réalisation de rapports capacitifs supérieurs à l'unité extrêmement précis (≈ 0,1 %), elle peut s'avérer être très gourmande en surface de silicium puisque tous ces rapports doivent être exprimés à partir de deux nombres entiers de capacités unitaires.

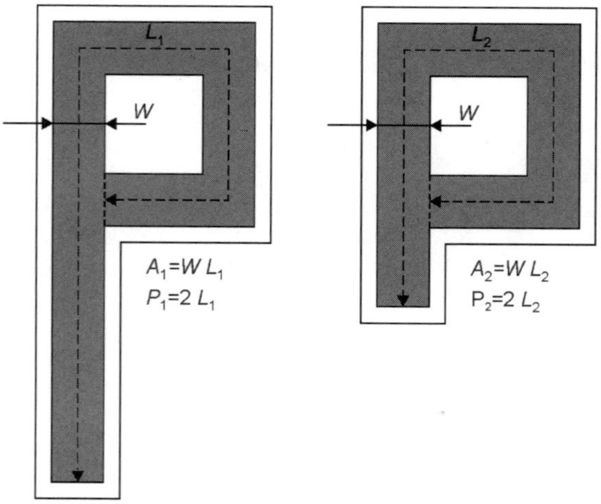

Figure 7.5 Un exemple de structure capacitive à S/P constant.

D'autres architectures à surface de silicium réduite, mais un peu moins précises, sont réalisables. Ainsi, si la partie entière de C_2 correspondant à $m = [r] - 1$ capacités unitaires est réalisée par une matrice et si la partie fractionnaire restante est réalisée par un rectangle, avec

$$W_2 = L_2, W_1 = L_2(r - \sqrt{r^2 - r}) \text{ et } L_1 = L_2(r + \sqrt{r^2 - r})$$

on peut générer un rapport capacitif non entier tout en respectant la condition $P_1/P_2 = S_1/S_2$. Il est également facile de vérifier que le schéma de la figure 7.5 offre les mêmes possibilités.

7.13 Modélisation statistique de l'erreur d'appariement

Un condensateur rectangulaire est décrit formellement par la relation

$$C = \varepsilon ox\left(\frac{WL}{dox}\right)$$

Les erreurs systématiques étant corrigées, les variables aléatoires sont modélisables par un processus aléatoire stationnaire de valeur moyenne nulle. Si elles ne sont pas corrélées, au premier ordre on écrit l'écart type

$$\sigma_C = C\sqrt{\left(\frac{\sigma_{\varepsilon ox}}{\varepsilon ox}\right)^2 + \left(\frac{\sigma_{dox}}{dox}\right)^2 + \left(\frac{\sigma_W}{W}\right)^2 + \left(\frac{\sigma_L}{L}\right)^2}$$

En associant aux deux premiers termes les erreurs d'oxyde globales (défauts de platitude...) et locales (granularité des matériaux, défauts de surfaces...) et aux deux autres termes les erreurs de dimensionnement globales (variations dimensionnelles « grande échelle ») et locales (granularité des matériaux...), on peut montrer [32] [33] que

$$\frac{\sigma_C}{C} = \frac{1}{LW}\sqrt{K_{ox}(L+W)^2 + K_d(L+W)}$$

Les constantes technologiques K_{ox} et K_d peuvent être déterminées expérimentalement, et typiquement, pour des condensateurs carrés de quelques dizaines de microns l'erreur d'appariement est de l'ordre de quelques 0,1 %. Mais cette erreur de conception peut encore être réduite. En effet, si on considère un rapport capacitif $r = C_m/C_n$, les valeurs C_m et C_n, étant formées respectivement de m et n capacités unitaires C_{unit} avec

$$\sigma_{C_m}^2 = \left(\sum_m \sigma_{C_{unit}}\right)^2 = m\sigma_{C_{unit}}^2$$

on détermine

$$\left(\frac{\sigma_r}{r}\right)^2 = \left(\frac{\sigma_{C_m}}{C_m}\right)^2 + \left(\frac{\sigma_{C_n}}{C_n}\right)^2 \quad \text{soit} \quad \frac{\sigma_r}{r} = \frac{\sigma_{C_{unit}}}{C_{unit}}\sqrt{\frac{1}{m} + \frac{1}{n}}$$

7.2 Les commutateurs

7.21 Les commutateurs MOS et CMOS

Lorsque le commutateur est passant, en fin de régime transitoire, la tension V_1 de la figure 7.6 tend vers V_2. Le transistor MOS est en régime ohmique et son courant de drain est modélisable analytiquement au premier ordre par l'expression

$$Ids = \mu C_{ox}\frac{W}{L}\left[(V_{gs}-V_T)V_{ds}-\frac{1}{2}V_{ds}^2\right]$$

où la tension de seuil

$$V_T = V_{T_0}+\gamma\left(\sqrt{V_{bs}+2\phi_f}-\sqrt{2\phi_f}\right)$$

Il est donc équivalent à une résistance de valeur

$$R_{on}=\frac{1}{gd_{on}}=\frac{1}{\mu C_{ox}\frac{W}{L}(V_{gs}-V_T)}$$

Typiquement, avec $\mu_N C_{ox}$ = 90 µA/V² et $\mu_P C_{ox}$ = 30 µA/V², avec $W = L$ et $V_{gs} - V_T$ = 1 V, pour un MOS.N, $R_{on} \approx$ 15 kΩ, et pour un MOS.P, $R_{on} \approx$ 33 kΩ. Une horloge de 500 kHz et de rapport cyclique 1/2 peut donc charger une capacité de 5 pF avec une précision de 0,1 % à partir d'un commutateur élémentaire de type P.

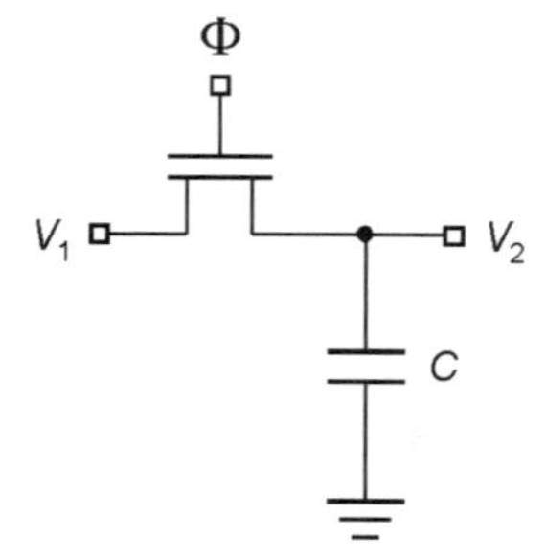

Figure 7.6

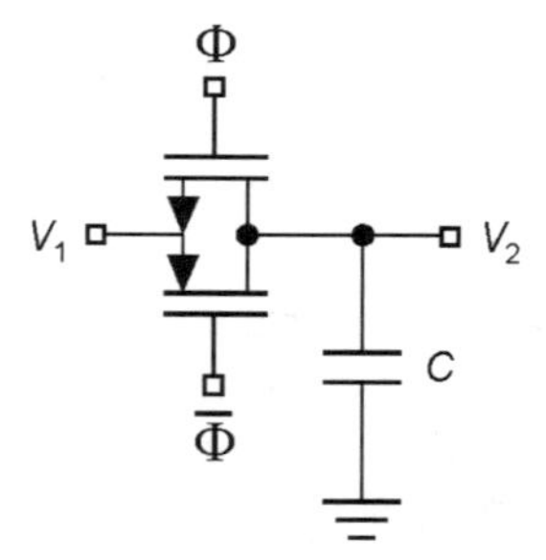

Figure 7.7

Comme le montre la figure 7.8, l'utilisation d'un commutateur composite CMOS constitué d'un MOS.N et d'un MOS.P en parallèle (figure 7.7) permet un balayage complet des tensions d'alimentation avec une conductance réduite selon la valeur de la tension V_{seuil}.

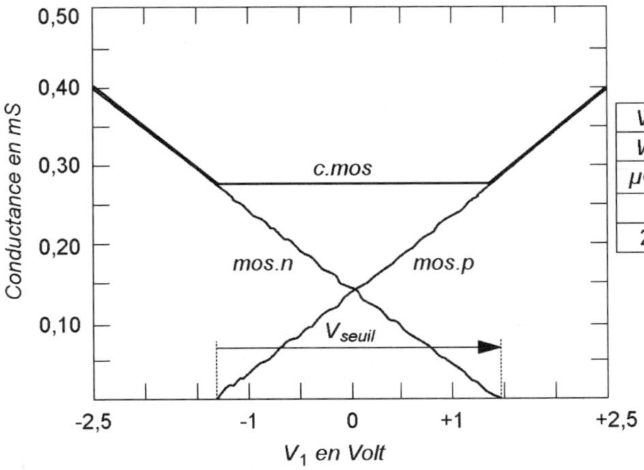

	N.MOS	P.MOS
VTo	0,58	0,64
W/L	1	3
µCox	90µ	30µ
γ	0,36	0,39
2ϕf	0,76	0,74

Figure 7.8 Conductance typique d'un commutateur CMOS.

Il faut noter que l'erreur résiduelle de charge du condensateur *C* peut être une source de non linéarités dans un filtre à capacités commutées du fait de la caractéristique non linéaire du transistor MOS.

En régime bloqué, ce sont essentiellement les courants de fuite des jonctions *PN*, inversement polarisées et associées aux transistors MOS qui limitent inférieurement la fréquence de commutation. Ainsi, la fréquence d'horloge des filtres à capacités commutées est généralement supérieure à quelques centaines de Hz.

7.22 Le câblage des phases

En régime passant, une certaine quantité de charge est stockée dans le canal et sur les capacités de grille des transistors MOS (figure 7.9). Lors du passage au régime bloqué, ces charges sont évacuées côté drain et côté source et provoquent un phénomène connu en capacités commutées sous le nom d'*injection de l'horloge*. Ces charges, intégrées par les différentes capacités des montages, sont à l'origine de deux sources d'erreur. La première, indépendante du signal commuté, crée une tension continue de décalage. Elle est souvent peu gênante en filtrage. La seconde, fonction du signal traité par l'intermédiaire de la tension de seuil V_T, génère des harmoniques, et de ce fait influe sur les performances en dynamique d'un filtre à capacités commutées.

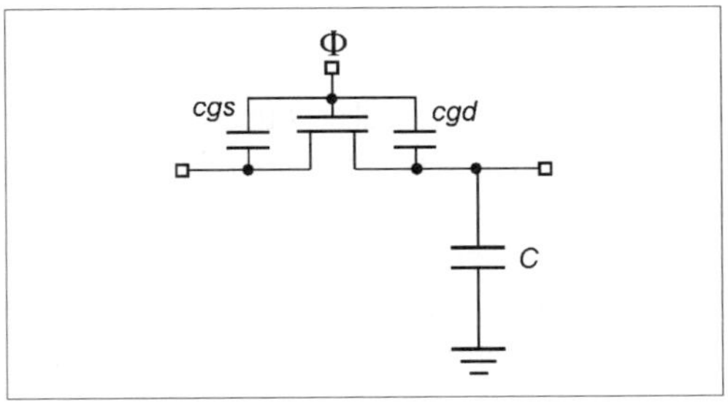

Figure 7.9

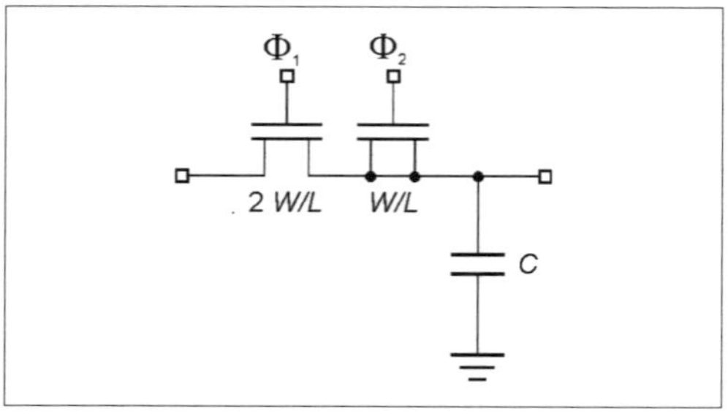

Figure 7.10

L'utilisation de techniques de compensation (comme l'ajout d'un commutateur factice commandé par une horloge Φ_2 retardée par rapport à Φ_1 (figure 7.10)) ou de structures différentielles permettent une réduction de l'injection d'horloge. Une autre solution, éventuellement complémentaire des précédentes et simple à mettre en œuvre, consiste à jouer sur des décalages entre les commandes des différents commutateurs. En effet, considérons l'intégrateur temps discret de la figure 7.11 et le diagramme des phases correspondant noté *A*. Les phases *P* et *I* traditionnelles ont été dissociées respectivement en $P_1 - P_2$ et $I_1 - I_2$. Si les charges stockées par les transistors commandés par P_2 et I_2 sont indépendantes du signal, il n'en est pas de même pour les commutateurs P_1 et I_1. Mais comme la transition ouvrant P_2 (ou I_2) se produit avant celle de P_1 (ou I_1), il n'y a pas d'injection de charge dépendante du signal. Pour le diagramme noté B, une amélioration supplémentaire [34] est apportée par le fait que la fermeture de P_1 (I_1) se produit avant celle de P_2 (I_2). On évite ainsi les charges parasites injectées à l'ouverture et non entièrement compensées par la charge de C_1 si la fréquence d'horloge est élevée.

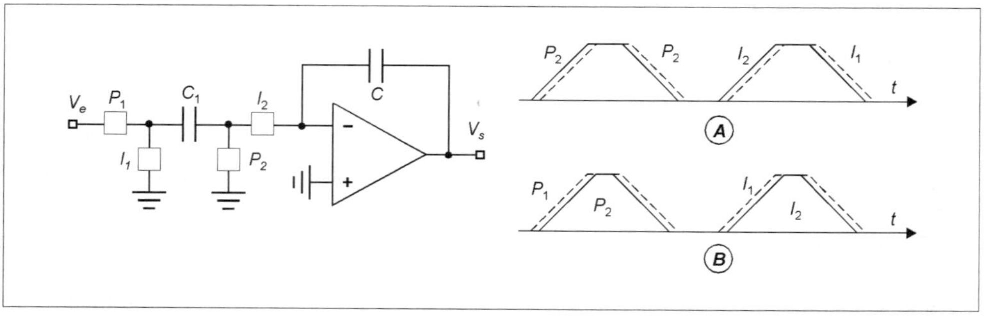

Figure 7.11

7.3 Les amplificateurs opérationnels

En capacités commutées, le terme *amplificateur opérationnel* est utilisé aussi bien pour un amplificateur de tension (source de tension commandée en tension) que pour l'amplificateur de transconductance (source de courant commandée en tension). La particularité de l'AOP travaillant exclusivement en tension est que toutes ses spécifications (gain statique, fréquence de transition...) sont fixées par des paramètres internes. Ainsi, au niveau de la conception d'un filtre à capacités commutées, il peut être modélisé par une « boîte noire » indépendante de son environnement.

Quant à l'amplificateur de transconductance (en abrégé OTA), il utilise le fait qu'une capacité peut facilement être chargée sur haute impédance par un générateur de courant. Physiquement, c'est un amplificateur opérationnel en tension tronqué dont on a ôté l'étage de sortie basse impédance. Si comparativement à l'AOP en tension, l'OTA consomme une puissance moindre et occupe une plus petite surface de silicium, il a sa fréquence de transition fixée par des paramètres externes puisque dépendante des capacités connectées sur son nœud de sortie.

Quel que soit son type, l'amplificateur opérationnel est utilisé pour effectuer un transfert de charges. Sa caractéristique la plus importante est son temps de montée, comportant deux zones distinctes. La première zone correspond à un mode de fonctionnement non linéaire. Sur une transition active, le condensateur directement connecté sur l'entrée et chargé à une tension importante provoque la mise en saturation de l'étage différentiel d'entrée. L'AOP fonctionne en balayage et le transfert des charges s'effectue proportionnellement à un temps qui est contraint par la vitesse limite de montée (*slew rate*). L'éventuelle erreur résiduelle de charge dépend de l'amplitude du signal d'entrée, il y a risque de production de non linéarités. Le passage en seconde zone s'effectue lorsque la tension d'entrée est devenue suffisamment basse. Le régime linéaire intervient et la contre-réaction est effective.

L'analyse de l'influence du gain en boucle ouverte et de la vitesse limite de montée de l'amplificateur sur la réponse en fréquence et sur la distorsion de linéarité d'un filtre à capacités commutées conduit à des calculs extrêmement laborieux. Le lecteur désirant approfondir cette question se référera en [35], [36], [37], [38], [39], [40], [41] et [42]. Ainsi, nous nous limiterons à une analyse de l'influence du gain en boucle ouverte de l'amplificateur opérationnel de tension sur la réponse d'un intégrateur à capacités commutées.

7.31 Influence du gain statique A_0

L'intégrateur à capacités commutées de la figure 7.12 est caractérisé dans le cas idéal par la fonction de transfert nominale

$$\frac{V_s^p}{V_e^p} = T_{nom}(Z) = -\frac{C_1}{C}\frac{1}{1-Z^{-1}}$$

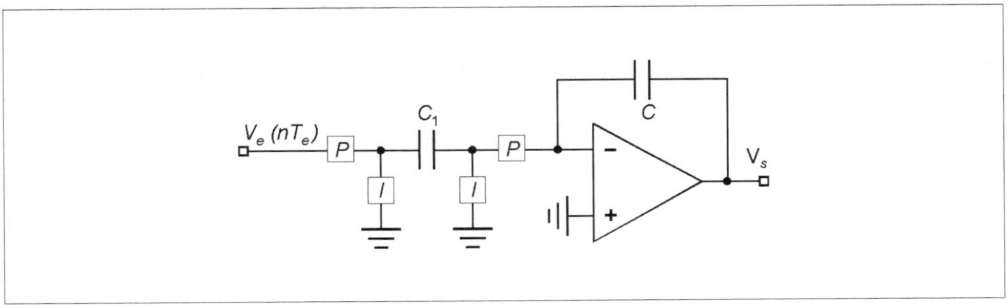

Figure 7.12

Si on prend en compte un gain statique A_0 fini pour l'amplificateur opérationnel, on peut écrire directement

$$C_1\left\{V_e(nT_e)+\frac{V_s(nT_e)}{A_0}\right\}+$$
$$C\left\{\left[V_s(nT_e)+\frac{V_s(nT_e)}{A_0}\right]-\left[V_s[(n-1)T_e]+\frac{V_s[(n-1)T_e]}{A_0}\right]\right\}=0$$

soit

$$V_s(nT_e)=-\frac{C_1}{C_2}\frac{1}{1+\frac{1}{A_0}+\frac{C_1}{A_0C_2}}V_e[nT_e]+\frac{1+\frac{1}{A_0}}{1+\frac{1}{A_0}+\frac{C_1}{A_0C_2}}V_s[(n-1)T_e]$$

Avec

$$k=\frac{C}{C_1},\ \alpha=\frac{1}{1+\frac{1}{A_0}+\frac{C}{A_0C_1}}\approx 1-\frac{1}{A_0}(1+k)$$

et

$$\beta=\frac{1+\frac{1}{A_0}}{1+\frac{1}{A_0}+\frac{C_1}{A_0C_2}}\approx 1-\frac{k}{A_0}$$

on obtient ainsi la fonction de transfert en Z

$$\frac{V_s^p}{V_e^p}=T(Z)=-\frac{k\alpha}{1-\beta Z^{-1}}$$

Le gain statique A_0 a donc pour effet d'introduire une erreur sur le module et la phase de l'intégrateur en réduisant la constante de gain et la valeur du pôle. L'erreur de gain introduit un décalage en fréquences sur la réponse des filtres. L'erreur de phase affecte les coefficients de qualité des biquads et génère un amortissement sur les boucles d'intégrateurs des échelles actives. Pour les filtres très sélectifs, présentant des grands coefficients de qualité, l'erreur de phase est nettement prépondérante sur l'erreur de gain. Pratiquement, la capacité d'intégration C est très supérieure à C_1 et une valeur de quelques milliers pour le gain A_0 est généralement suffisante pour minimiser son influence. Pour le filtrage des hautes fréquences, la fréquence de transition des amplificateurs opérationnels est privilégiée au détriment du gain statique, un intégrateur à gain compensé (*cf.* chapitre 12 § 12.13) peut être utilisé en lieu et place de l'intégrateur basique.

7.32 Influence de la fréquence de transition F_T

La modélisation communément adoptée pour prendre en compte l'influence de la fréquence de transition de l'amplificateur opérationnel est une modélisation par un circuit à un pôle qui conduit à décrire le fonctionnement de l'AOP dans le plan de la variable complexe $p = \sigma + j\omega$ par la relation

$$V_s = -A(\omega)V_d$$

avec

$$A(\omega) = \frac{A_0}{1 + j\dfrac{\omega}{\omega_c}}$$

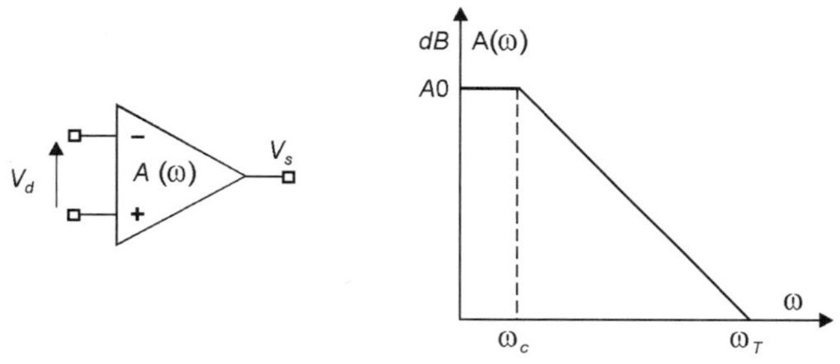

Figure 7.13

Le paramètre $\omega_T = A_0\omega_c$ étant la pulsation de transition, on écrit

$$pV_s + \omega_c V_s = -A_0\omega_c V_d \approx -\omega_T V_d$$

on peut ainsi donner une description dans le domaine temporel de l'AOP telle que

$$\frac{dV_s}{dt} + \omega_c V_s = -\omega_T V_d$$

Principe de calcul

Si l'entrée différentielle $V_d(t)$ est discontinue sur chaque transfert de charges actif, il n'en est pas de même pour la tension de sortie $V_s(t)$ qui est une fonction continue du temps d'après les propriétés de continuité de l'équation différentielle (la tension V_d est limitée). On devra donc résoudre un jeu d'équations de conservation des charges à l'intérieur de chaque phase en conjonction avec l'équation différentielle satisfaisant la relation entrée-sortie de l'amplificateur opérationnel. L'élimination de la tension au nœud de sommation qui assure le couplage entre les différentes phases s'effectue à partir des équations qui contrôlent les transferts de charges actifs. Si le réseau à capacités commutées n'a qu'un seul élément actif, la tension $V_d(t)$ ne dépend que de la topologie du circuit, de la sortie $V_s(t)$, des conditions initiales, d'une (éventuellement plusieurs) entrée temps discret $V_e(kT_e)$ et d'une (éventuellement plusieurs) entrée temps continu $V_e(t)$.

À l'intérieur de chaque phase, on peut donc écrire

$$\frac{dV_s}{dt} + \alpha V_s(t) = \beta + B(t)$$

Si on pose $V_s = xy$, on a

$$\frac{dV_s}{dt} = \frac{dx}{dt}y + \frac{dy}{dt}x = -\alpha V_s(t) + \beta + B(t)$$

Avec

$$x\frac{dy}{dt} = -\alpha V_s(t) = -\alpha xy$$

on obtient

$$y = Ke^{-\alpha t}$$

et avec

$$\frac{dx}{dt}y = [\beta + B(t)]$$

on obtient

$$x = \int [\beta + B(t)]\frac{e^{\alpha t}}{K}dt + K_1$$

On en déduit l'expression générale pour $V_s(t)$

$$V_s(t) = e^{-\alpha t}\int e^{\alpha t}[\beta + B(t)]dt + \eta e^{-\alpha t}$$

Si $B(t)$ est nulle, la réponse à une tension temps discret est la somme d'une constante et d'une exponentielle. Et si $B(t)$ est la composante exponentielle d'une sortie d'AOP, la réponse est la somme de deux exponentielles et d'une constante. Cet effet de traînage dû à l'accumulation des temps de montée des amplificateurs opérationnels en couplage direct peut parfois être éliminé par un découplage temporel (*cf.* 4.48 et 6.3).

Exemple de calcul

Si on considère le passe-bas du premier ordre de la figure 7.14, l'entrée étant échantillonnée et bloquée à $t = nT_e$, à l'intérieur de chaque phase, le fonctionnement du circuit est décrit par la relation

$$V_s(t) = V_s(t_0)e^{-\alpha(t-t_0)} + \frac{\beta}{\alpha}\left(1 - e^{-\alpha(t-t_0)}\right)$$

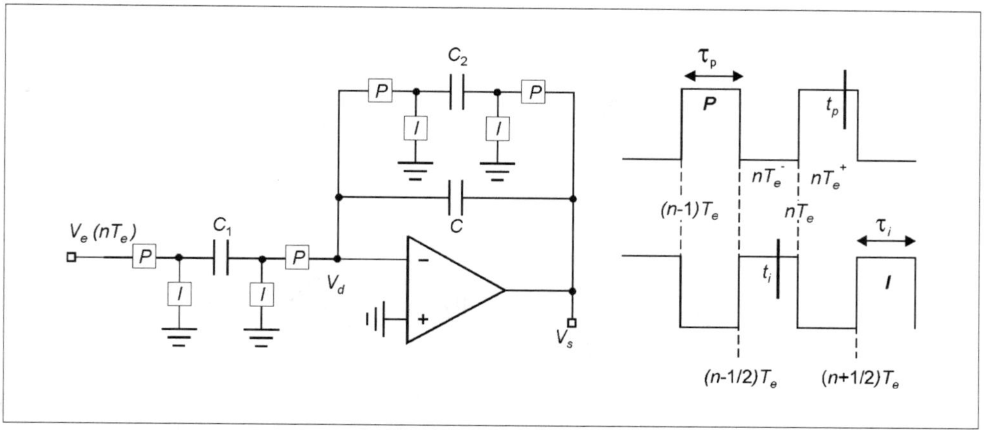

Figure 7.14

En écrivant le transfert de charge à l'instant $t = nT_e$, puis la valeur de $V_d(nT_e)^-$ et de $V_s(nT_e)$ à la fin de la phase I, puis la valeur de $V_d(n + 1/2)\,T_e$ et de $V_s(n + 1/2)\,T_e$ à la fin de la phase P, et enfin en résolvant les différents jeux d'équations aux différences, on détermine très laborieusement la fonction de transfert

$$T(z) = \frac{V_s^I(z)}{V_e^P(z)} = \frac{-\frac{C_1}{C} Z^{-\frac{1}{2}}(m + nZ^{-1})}{qZ^{-2} - \left[1 + m\frac{C_1}{C + C_1 + C_2} + n\frac{C_1}{C} + q\frac{C + C_1 + C_2}{C}\right]Z^{-1}} + \frac{-\frac{C_1}{C} Z^{-\frac{1}{2}}(m + nZ^{-1})}{\frac{C + C_1 + C_2}{C}}$$

avec

$$\alpha_p = \omega_c + \omega_T \frac{C + C_2}{C + C_1 + C_2}, \quad \alpha_I = \omega_c + \omega_T\,,$$

$$m = \frac{\omega_T}{\alpha_p}(1 - e^{-\alpha_p \tau_p}), \quad n = \frac{\omega_T}{\alpha_I} e^{-\alpha_p \tau_p}(1 - e^{-\alpha_I \tau_I}) \quad \text{et}$$

$$q = e^{-(\alpha_p \tau_p + \alpha_I \tau_I)}$$

Application

La fréquence d'échantillonnage F_e est normalisée à $F_e = 1$ et les capacités sont calculées pour obtenir un gain de – 3 dB à $F_p = 0{,}02$ avec un amplificateur opérationnel idéal. On met en évidence l'influence du gain en boucle ouverte de l'AOP à partir d'une modélisation à un pôle avec $\omega_c = 0$, F_T prenant successivement les valeurs ∞, 5,1 et 0,2.

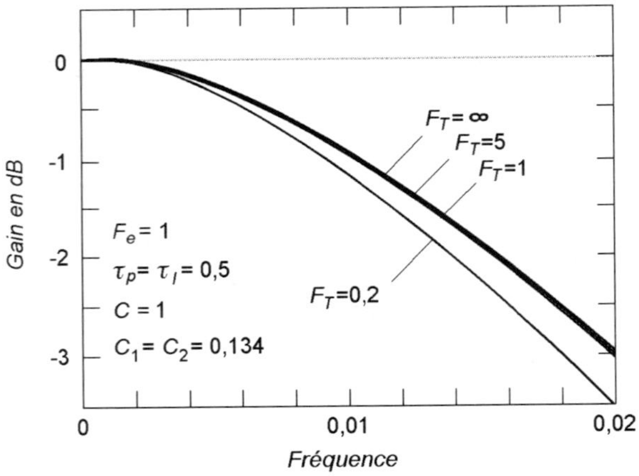

Figure 7.15 Influence du gain en boucle ouverte de l'AOP sur un passe-bas du premier ordre.

Dans la bande $0 \rightarrow F_p$ et pour $F_T = 5F_e$, la fonction de transfert V_s^I/V_e^P en régime isochrone correspond pratiquement à la réponse du passe-bas idéal. D'autre part, le calcul de $V_s^P(z)$ montre que pendant la phase inactive la tension de sortie n'évolue pas significativement quelque soit F_T. Sur la phase *I*, la sortie peut donc être considérée comme échantillonnée et bloquée.

7.4 Le bruit dans les circuits à capacités commutées

Comme tout système physique, un circuit à capacités commutées est le siège de fluctuations aléatoires de charges électriques. Ces fluctuations constituent pour le signal utile traité par le système une limite basse ultime : le bruit. Les deux sources primaires de bruit dans un circuit à capacités commutées sont la résistance des commutateurs à l'état passant et l'amplificateur opérationnel. La largeur de bande de ces deux sources étant très supérieure à la fréquence d'échantillonnage F_e, les techniques de calcul utilisées sont différentes de celles utilisées lorsque le signal satisfait le critère de Nyquist. Nous exposerons ces techniques de calcul à partir d'un exemple simple : *l'intégrateur amorti*. Un traitement beaucoup plus détaillé du bruit dans les circuits à capacités commutées peut être trouvé en [43] et [44].

7.41 Calcul du bruit dans l'intégrateur amorti

On se propose de calculer le bruit apparaissant aux instants nT_e (phase *P*) en sortie de l'intégrateur amorti de la figure 7.16.

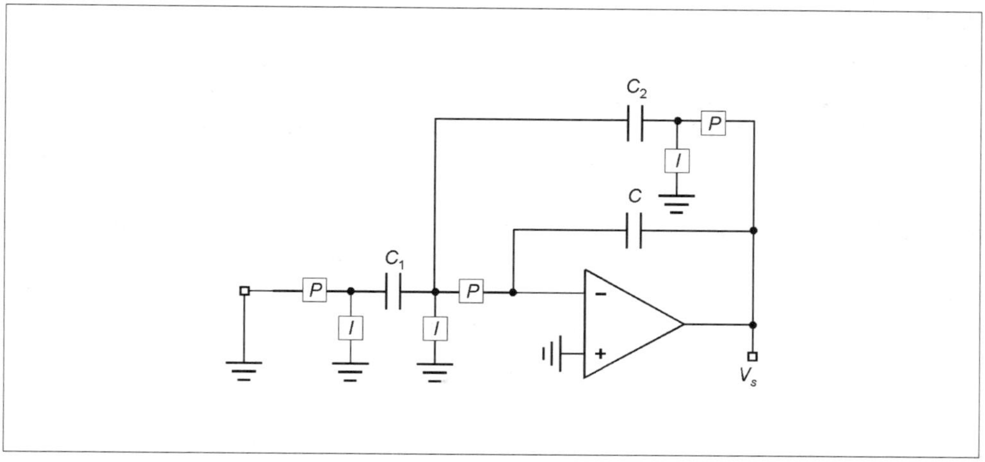

Figure 7.16

Modélisation du bruit

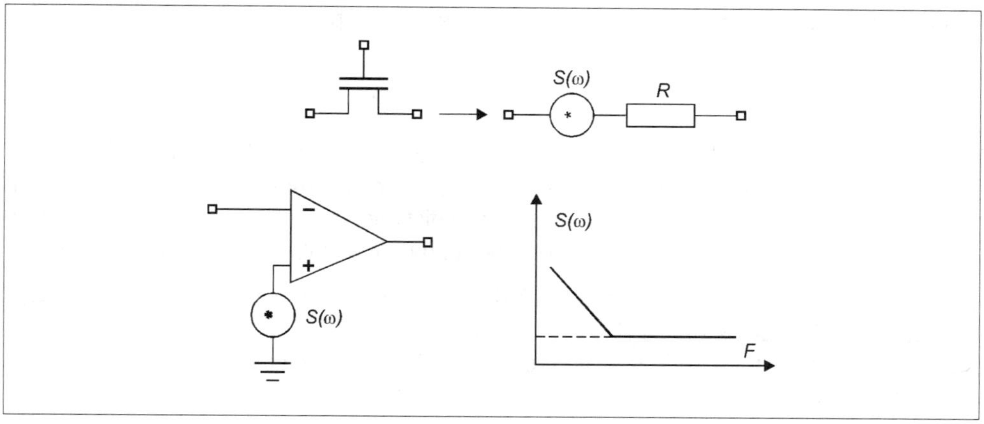

Figure 7.17

La contribution au bruit d'un commutateur est modélisable par la connexion série d'une résistance non bruyante de valeur R correspondant à la résistance ohmique de canal du transistor MOS et d'une tension de bruit de densité spectrale uniforme (bruit blanc) de valeur $S(\omega) = 2kTR$ pour $-\infty < \omega < +\infty$ (dsp bilatérale). Le paramètre $k = 1{,}38.10^{-23}$ est la constante de Boltzmann et T est la température absolue. La densité spectrale de bruit équivalente ramenée à l'entrée de l'amplificateur opérationnel dépend de la fréquence. En basse fréquence, la composante en $1/F$ domine généralement la composante de bruit thermique modélisable par un générateur $S(\omega) = 2kTR_{eq}$.

Hypothèses de calcul

❶ La bande du bruit thermique échantillonné est très supérieure à la fréquence d'échantillonnage F_e. Cette hypothèse est pratiquement vérifiée dès que les constantes de temps du circuit sont petites devant $T_e = 1/F_e$. Cette condition est nécessaire à l'établissement intégral des charges dans un circuit à capacités commutées. Ainsi, deux échantillons successifs sont pratiquement décorrélés.

❷ Le bruit en $1/F$ de l'amplificateur est négligeable devant le bruit résultant de l'échantillonnage du bruit thermique provenant des commutateurs et de l'amplificateur opérationnel.

❸ L'amplificateur est modélisé par un système à un pôle avec

$$A(\omega) = \frac{A_0}{1 + j\dfrac{\omega}{\omega_c}}, \quad \omega_T = A_0\omega_c = \frac{g_m}{C_c}$$

C_c est la capacité de compensation et g_m est la transconductance des transistors de la paire différentielle d'entrée. On considérera que la tension de bruit ramenée à l'entrée est uniquement due au bruit thermique des transistors de la paire différentielle. La densité spectrale de puissance de cette source est alors donnée par

$$S(\omega) = 2kT(2\frac{2}{3}\frac{1}{g_m}) = \frac{8}{3}kT\frac{1}{g_m}$$

❹ Dans l'état ouvert, un commutateur présente une résistance suffisamment élevée pour que, associé avec un condensateur, ils forment un filtre passe-bas avec une fréquence de coupure tellement basse que les fluctuations statistiques sont assimilables à une tension continue n'ayant pas à être prise en considération pour le calcul du spectre de sortie.

Sous ces conditions, deux types de bruit décorrélés sont présents en sortie du montage de la figure 7.16 sur la phase P :

- un bruit direct large bande issu du bruit thermique des commutateurs et de l'amplificateur opérationnel. Son calcul peut être effectué par des techniques d'analyse classiques temps continu.
- une suite aléatoire d'échantillons résultant de la discrétisation du bruit large bande sur les capacités commutées. Ces tensions de bruit sont instantanément stockées sur les capacités à l'ouverture des commutateurs, puis sont transférées en sortie comme un signal temps discret. D'après la première hypothèse, cette suite est le résultat de l'échantillonnage d'un bruit blanc filtré ayant une bande de bruit très supérieure à F_e. On peut montrer que la densité spectrale correspondante est pratiquement constante dans la bande $[-F_e/2, F_e/2]$ et que la puissance totale de ce bruit est celle du bruit large bande. En effet, si S_0 est la dsp d'un signal à l'entrée d'un filtre passe-bas du premier ordre de fréquence de coupure f_c, on obtient en sortie du filtre une dsp

$$S_x(f) = \frac{S_0}{1 + \left(\dfrac{f}{f_c}\right)^2}$$

Après échantillonnage à une cadence F_e, cette dsp est donnée par

$$S_y(f) = S_0 \sum_{n=-\infty}^{+\infty} \frac{1}{1+\left(\frac{f-nF_e}{f_c}\right)^2}$$

À partir de l'identité de Poisson,

$$\sum_{n=-\infty}^{+\infty} X(f-nF_e) = T_e \sum_{n=-\infty}^{+\infty} x(nT_e)\exp(-\mathrm{j}\omega nT_e)$$

la sommation précédente s'écrit

$$S_y(f) = S_0\pi\frac{f_c}{F_e}\frac{\mathrm{sh}(2\pi\frac{f_c}{F_e})}{\mathrm{ch}\left(2\pi\frac{f_c}{F_e}\right)-\cos\left(2\pi\frac{f}{F_e}\right)}$$

Si $P_n = S_0\pi f_c$ représente la puissance totale de bruit en sortie du passe-bas, $S_y(f)$ tend très rapidement vers P_n/F_e dès que f_c est très supérieure à F_e. Ainsi, pour calculer la dsp du signal en sortie de l'intégrateur amorti lié à l'échantillonnage d'une source de bruit large bande, on calcule dans un premier temps la puissance totale de ce bruit P_n. Puis, si la fonction de transfert en Z de cette source vers la sortie est $T(z)$, la dsp en sortie est alors donnée par

$$S(f) = \frac{P_n}{F_e}T\left[\exp\left(+\mathrm{j}\frac{2\pi f}{F_e}\right)\right]T\left[\exp\left(-\mathrm{j}\frac{2\pi f}{F_e}\right)\right]$$

Contribution du bruit échantillonné en phase I

Pour les tensions échantillonnées sur C_1 et C_2 sur la phase I, on peut considérer le schéma équivalent de la figure 7.18, r étant la résistance d'un commutateur.

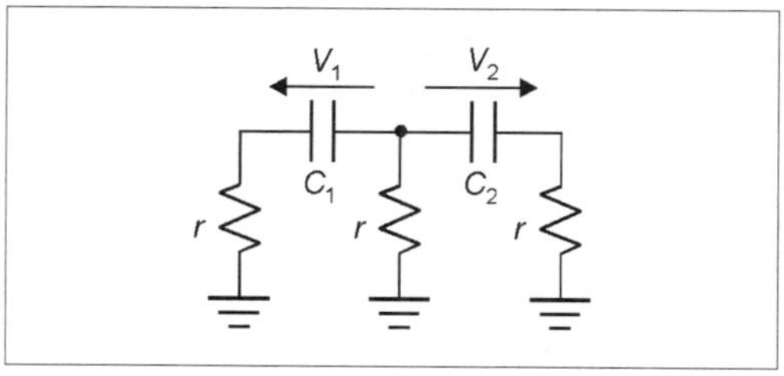

Figure 7.18

L'ensemble des trois résistances constitue la source du bruit thermique large bande échantillonnée sur les capacités C_1 et C_2. La puissance associée aux tensions de bruit V_1 et V_2 est donnée par

$$\sigma_{V_i}^2 = 2kT\int_{-\infty}^{+\infty} R_e[Z_i(f)]\mathrm{d}f = \frac{kT}{C_i} \quad \text{pour } i = 1,2,$$

où Z_i représente l'impédance du réseau aux nœuds de connexion de la capacité C_i. Cette puissance de bruit est indépendante de R_{on}. D'autre part, on peut montrer que la puissance d'intercorrélation des tensions V_1 et V_2 est nulle. On peut donc les traiter comme si elles étaient indépendantes. La contribution de ces sources à la sortie du circuit est donc donnée en fin de phase paire par

$$V_s^p(z) = \frac{C_1 Z^{-\frac{1}{2}}}{C_2 + C(1 - Z^{-1})} V_1^l(z) + \frac{C_2 Z^{-\frac{1}{2}}}{C_2 + C(1 - Z^{-1})} V_2^l(z)$$

La densité spectrale correspondante en sortie est donc :

$$S_1(f) = \frac{\dfrac{kT}{C_2 F_e}\left(1 + \dfrac{C_1}{C_2}\right)}{1 + 2\dfrac{C}{C_2}\left(1 + \dfrac{C}{C_2}\right)\left(1 - \cos\left[2\pi \dfrac{f}{F_e}\right]\right)}$$

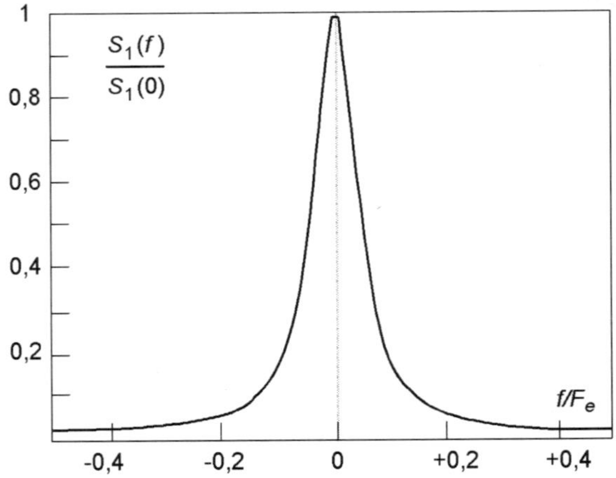

Figure 7.19 $S_1(f)/S_1(0)$ pour $C_1 = C_2 = 2$ pF, $C = 6$ pF, $F_e = 50$ kHz et $T = 290$ °K. $S_1(0) = 8.10^{-14}$ V^2/Hz.

Contribution du bruit large bande en phase P

Le réseau RC regroupe les capacités C_1 et C_2 ainsi que les résistances des commutateurs en phase *P*. Le courant de bruit de ce réseau est matérialisé par le générateur i_n. La tension de bruit e_n est la tension équivalente de bruit de l'amplificateur opérationnel.

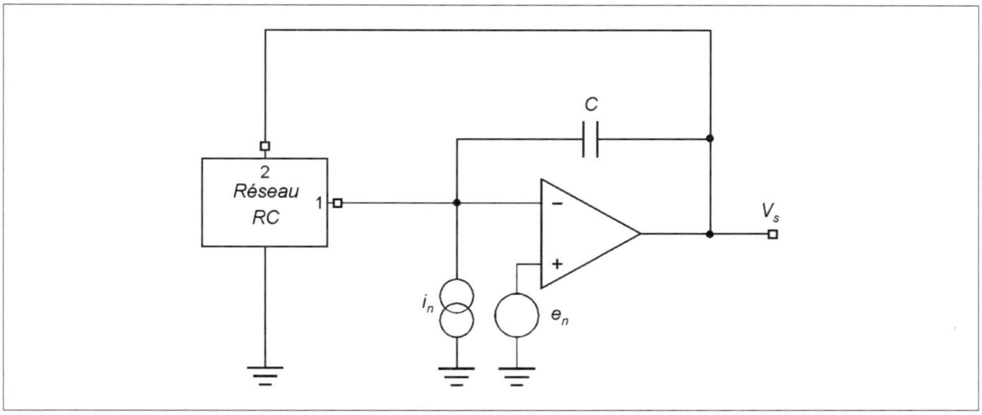

Figure 7.20 Schéma équivalent de l'intégrateur amorti pour le bruit direct.

Bruit thermique du réseau RC

Le calcul de la dsp du courant de bruit nécessite l'évaluation de l'admittance Y_{11} du réseau RC à l'accès 1. La dsp du courant de bruit est alors donnée par

$$S_i(f) = 2kTR_e\{Y_{11}(f)\}$$

La fonction de transfert entre ce générateur de courant de bruit et la sortie peut être approximée par celle d'un intégrateur

$$V_s \approx -\frac{i_n}{(C+C_2)p}$$

soit pour la dsp de la tension de bruit en sortie

$$S_2(f) = \frac{2kTR_e\{Y_{11}(f)\}}{(C+C_2)^2 4\pi^2 f^2} \approx 4kTr\frac{C_1^2+C_2^2+C_1C_2}{(C+C_2)^2}\frac{1}{1+\left(\frac{f}{f_c}\right)^2}$$

avec

$$f_c = \frac{1}{4\pi r\sqrt{C_1^2+C_2^2+\frac{C_1C_2}{2}}}$$

La puissance correspondante est donnée par

$$P_n = \frac{kT}{C_{eq}} \text{ avec } C_{eq} = \frac{(C+C_2)^2\sqrt{C_1^2+C_2^2+\frac{C_1C_2}{2}}}{C_1^2+C_2^2+C_1C_2}$$

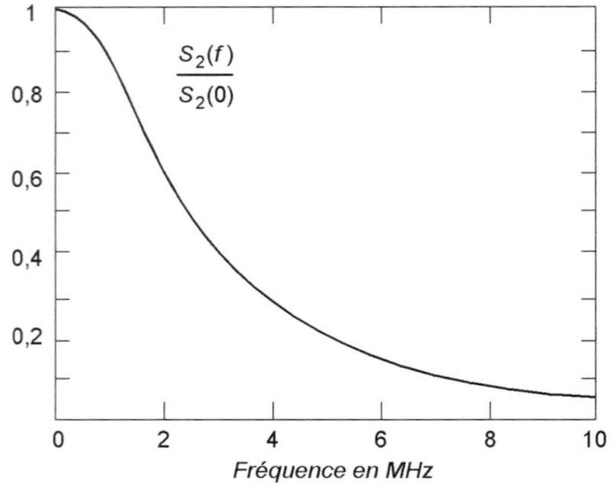

Figure 7.21 $S_2(f)/S_2(0)$ pour $C_1 = C_2 = 2$ pF, $C = 6$ pF, $r = 10$ kΩ, $F_e = 50$ kHz et $T = 290$ °K. $S_2(0) = 3.10^{-17}$ V²/Hz.

Bruit thermique de l'amplificateur

La fonction de transfert de cette source de bruit est donnée par

$$T(f) = \frac{G}{1 + j\frac{f}{f_c}} \quad \text{avec} \quad G = 1 + \frac{C_1}{C + C_2} \quad \text{et} \quad f_c = G^{-1} f_T$$

La densité spectrale correspondante est

$$S_3(f) = \frac{\frac{8}{3} kT \frac{1}{g_m} G^2}{1 + \left(\frac{f}{f_c}\right)^2}$$ et la puissance totale de bruit est $$P_n = \frac{4}{3} \frac{kT}{C_c} \left(1 + \frac{C_1}{C + C_2}\right)$$

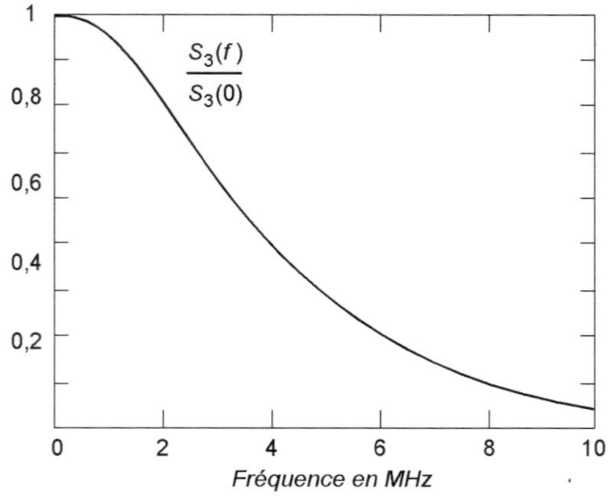

Figure 7.22 $S_3(f)/S_3(0)$ pour $C_1 = C_2 = 2$ pF, $C = 6$ pF, $C_c = 17$ pF, $F_T = 5$ MHz et $T = 290$ °K. $S_3(0) = 2{,}34.10^{-17}$ V²/Hz.

Analyses informatiques des performances des circuits à capacités commutées

CHAPITRE 8

Avant intégration, il faut vérifier que le filtre à capacités commutées conçu respecte parfaitement les spécifications de filtrage imposées par le cahier des charges. Pour ce faire, on peut utiliser un simulateur électrique dédié aux circuits à capacités commutées ou un simulateur électrique standard.

Ce chapitre est principalement consacré à la technique des *équivalents analogiques temps continu.* Cette technique permet l'adaptation d'un simulateur standard à l'analyse harmonique et l'analyse statistique d'un filtre à capacités commutées.

8.1 Analyses par simulateurs dédiés

De nombreux simulateurs électriques dédiés à l'analyse des circuits à capacités commutées ont été développés [45]. L'un des plus diffusés est certainement *SWITCAP* [46]. Une de ses principales fonctionnalités est la prise en compte des éléments résistifs, rendant ainsi possible la simulation de commutateurs et d'amplificateurs opérationnels non idéaux. Pour cela, les résistances sont simplement modélisées par des circuits à capacités commutés équivalents, contrôlés par une horloge de fréquence beaucoup plus élevée que la fréquence d'échantillonnage propre au circuit à analyser.

8.2 Analyses par simulateurs électriques standards

L'analyse en fréquence d'un circuit à capacités commutées à partir d'un simulateur électrique standard de type *SPICE* ou *ELDO* ne peut être directement réalisée qu'à partir de la transformée de Fourier de sa réponse impulsionnelle. Pour ce faire, le simulateur doit être associé à un environnement offrant la possibilité d'effectuer cette transformation (par exemple *ELGA* sur ELDO [47]). Si ce type de simulation permet de prendre en compte les éléments non idéaux des circuits à capacités commutées, toute analyse statistique est difficilement réalisable en raison des temps de calcul extrêmement longs. La technique des équivalents analogiques temps continu, implantable sur tous les simulateurs standards permet de pallier cet inconvénient majeur.

8.3 Analyse harmonique par les EATC

8.31 L'équivalent analogique temps continu (EATC)

Principe de la méthode

Pour effectuer l'analyse d'un réseau à capacités commutées à partir d'un simulateur électrique standard, il faut établir une correspondance entre un « élément » décrit par une équation de constitution, fonction de la variable temps discret en Z et un équivalent analogique temps continu décrit par une équation de constitution fonction de la variable P. Si on cherche cet EATC sous la forme d'une admittance telle que

$$I(p) = Y(p)V(p)$$

on doit appliquer une transformation $Z = f(p)$ sur une équation du type

$$I(z) = Y(z)V(z)$$

Pour obtenir cette équation, pour chaque phase considérée il faut convertir une variation de charge en courant. Ainsi, pour un circuit à capacités commutées deux phases (on peut facilement généraliser à un nombre quelconque de phases) aux instants nT_e :

$$\Delta q(nT_e) = q(nT_e) - q\left[\left(n - \frac{1}{2}\right)T_e\right] \rightarrow \Delta q^P(z) = (1 - Z^{\frac{-1}{2}})q(z)$$

De même, aux instants $[(n - 1/2)\ T_e]$:

$$\Delta q\left[\left(n - \frac{1}{2}\right)T_e\right] = q\left[\left(n - \frac{1}{2}\right)T_e\right] - q[(n-1)T_e] \rightarrow \Delta q^I(z) = (1 - Z^{-\frac{1}{2}})q(z)$$

Sachant que $I(p) = pq(p)$, soit dans le plan Z : $I(z) = g(z)\ q(z)$, on en déduit que

$$I^{P,I}(z) = \frac{g(z)}{1 - Z^{\frac{-1}{2}}} \Delta q^{P,I}(z)$$

avec

$$g(z) = f^{-1}(p)$$

La transformation $P \leftrightarrow Z$ devant transformer l'axe imaginaire du plan P en cercle unité dans le plan Z, on peut choisir la transformation algébrique bilinéaire telle que

$$p = g(z) = 4F_e \frac{1 - Z^{\frac{-1}{2}}}{1 + Z^{\frac{-1}{2}}} \quad \text{et} \quad Z^{\frac{-1}{2}} = f(p) = \frac{4F_e - p}{4F_e + p}$$

Pour un déplacement sur l'axe des fréquences temps discret allant de l'origine à $2F_e/2$, on effectue un balayage complet de l'axe des fréquences temps continu avec

$$F = \frac{2F_e}{\pi}\,\mathrm{tg}\left(\frac{\pi F_d}{2F_e}\right)$$

L'anamorphose correspondante peut éventuellement être corrigée au niveau des résultats de simulation avec

$$F_d = \frac{2F_e}{\pi}\,\mathrm{arctg}\left(\frac{\pi F}{2F_e}\right)$$

Application de la méthode

Exemple 1 : Circuit passe-bas/passe-haut

On se propose de déterminer l'équivalent analogique temps continu du circuit présenté au chapitre 1.

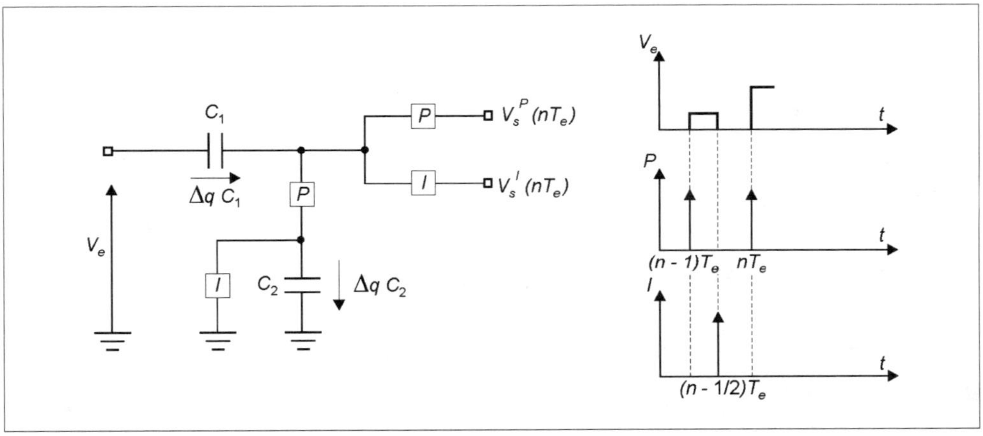

Figure 8.1 Circuit passif passe-bas/passe-haut à capacités commutées.

On avait obtenu les équations aux charges

❶ $$\Delta qC_1^P(z) = C_1\left[V_e^P(z) - V_s^P(z) + Z^{\frac{-1}{2}}V_s^I(z)\right]$$

❷ $$\Delta qC_1^I(z) = C_1\left[-V_s^I(z) - Z^{\frac{-1}{2}}V_e^P(z) + Z^{\frac{-1}{2}}V_s^P(z)\right]$$

et

❸ $$\Delta qC_2^P(z) = C_2 V_s^P(nT_e)$$

Avec

$$I^{P,I}(z) = 4F_e \frac{\Delta q^{P,I}(z)}{1 + Z^{\frac{-1}{2}}}$$

on écrit les trois équations aux admittances dans le plan Z

❶ $$IC_1^P(z) = \frac{4F_eC_1}{1 + Z^{\frac{-1}{2}}} V_e^P(z) - \frac{4F_eC_1}{1 + Z^{\frac{-1}{2}}} V_e^P(z) + \frac{4F_eC_1 Z^{\frac{-1}{2}}}{1 + Z^{\frac{-1}{2}}} V_s^I(z)$$

❷ $$IC_1^I(z) = -\frac{4F_eC_1}{1 + Z^{\frac{-1}{2}}} V_s^I(z) - \frac{4F_eC_1 Z^{\frac{-1}{2}}}{1 + Z^{\frac{-1}{2}}} V_e^P(z) + \frac{4F_eC_1 Z^{\frac{-1}{2}}}{1 + Z^{\frac{-1}{2}}} V_s^P(z)$$

et

❸ $$IC_2^P(z) = \frac{4F_eC_2}{1 + Z^{\frac{-1}{2}}} V_s^P(z)$$

Et avec $Z^{-1/2} = \dfrac{4F_e - p}{4F_e + p}$

on écrit les trois équations aux admittances dans le plan P

❶ $$IC_1^P(p) = \left(2F_eC_1 + \frac{C_1}{2}p\right)V_e^P(p) - \left(2F_eC_1 + \frac{C_1}{2}p\right)V_s^P(p) + \left(2F_eC_1 - \frac{C_1}{2}p\right)V_s^I(p)$$

❷ $$IC_1^I(p) = -\left(2F_eC_1 + \frac{C_1}{2}p\right)V_s^I(p) - \left(2F_eC_1 - \frac{C_1}{2}p\right)V_e^P(p) + \left(2F_eC_1 - \frac{C_1}{2}p\right)V_s^P(p)$$

❸ $$IC_2^P(p) = \left(2F_eC_2 - \frac{C_2}{2}p\right)V_s^P(p)$$

On déduit de ces trois dernières équations le schéma équivalent analogique temps continu de la figure 8.2.

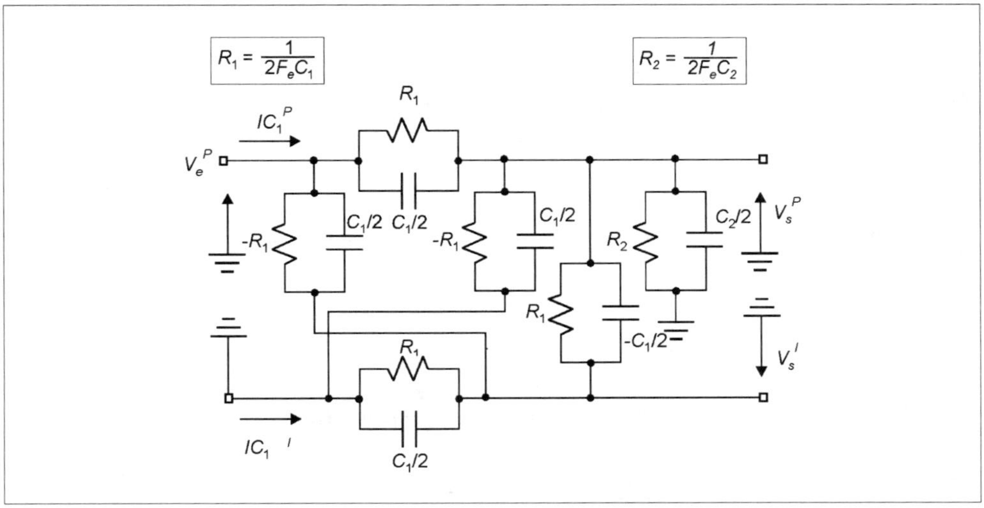

Figure 8.2 EATC du circuit passe-bas/passe-haut à capacités commutées.

Exemple 2 : Circuit de Knob

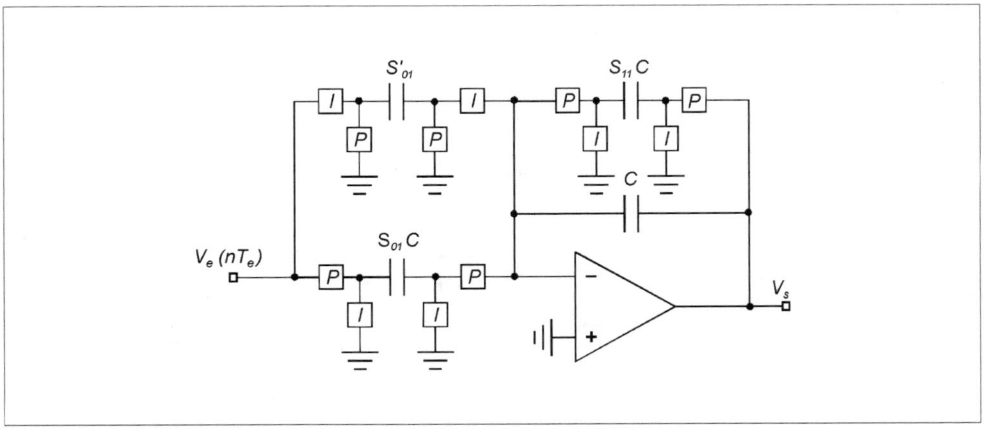

Figure 8.3 Circuit de Knob.

• Équations aux charges :

❶ $$S_{01}CV_e^P(z) + S_{11}CV_s^P(z) + C\left[V_s^P(z) - Z^{\frac{-1}{2}}V_s^I(z)\right] = 0$$

❷ $$S'_{01}CZ^{\frac{-1}{2}}V_e^P(z) + C\left[V_s^I(z) - Z^{\frac{-1}{2}}V_s^P(z)\right] = 0$$

• Équations aux admittances en Z :

$$❶\quad \frac{4F_eS_{01}C}{1+Z^{\frac{-1}{2}}}V_e^P(z)+\frac{4F_eS_{11}C}{1+Z^{\frac{-1}{2}}}V_s^P(z)+\frac{4F_eC}{1+Z^{\frac{-1}{2}}}V_s^P(z)+\frac{4F_eCZ^{\frac{-1}{2}}}{1+Z^{\frac{-1}{2}}}V_s^I(z)=0$$

$$❷\quad \frac{4F_eS'_{01}CZ^{\frac{-1}{2}}}{1+Z^{\frac{-1}{2}}}V_e^P(z)+\frac{4F_eC}{1+Z^{\frac{-1}{2}}}V_s^I(z)-\frac{4F_eCZ^{\frac{-1}{2}}}{1+Z^{\frac{-1}{2}}}V_s^P(z)=0$$

• Équations aux admittances en P :

$$❶\quad \left(2F_eS_{01}C+\frac{S_{01}C}{2}p\right)V_e^P(p)+\left(2F_eS_{11}C+\frac{S_{11}C}{2}p\right)V_s^P(p)+\left(2F_eC+\frac{C}{2}p\right)V_s^P(p)-\left(2F_eC-\frac{C}{2}p\right)V_s^I(p)=0$$

$$❷\quad \left(2F_eS'_{01}C-\frac{S'_{01}C}{2}p\right)V_e^P(p)+\left(2F_eC+\frac{C}{2}p\right)V_s^I(p)-\left(2F_eC-\frac{C}{2}p\right)V_s^P(p)=0$$

• Schéma équivalent analogique temps continu :

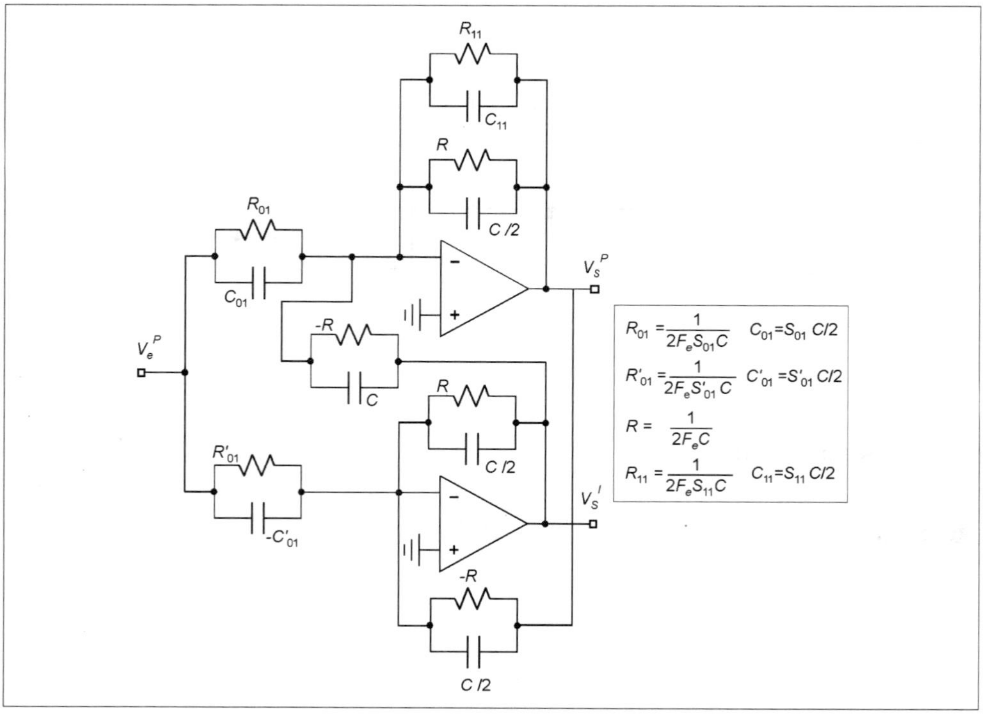

Figure 8.4 EATC du circuit de Knob.

8.32 Implantation du modèle sur simulateur

À titre d'exemple, nous avons simulé sur SPICE le circuit de Knob avec les valeurs normalisées $S_{01}C = S'_{01}C = 2{,}658$, $S_{11}C = 5{,}317$ et $C = 1$ correspondant à une fonction de transfert passe-bas de fréquence de coupure $F_c = 1$ kHz avec $F_e = 5$ kHz. L'axe des fréquences a été corrigé selon

$$F_d = \frac{2F_e}{\pi}\operatorname{arctg}\left(\frac{\pi F}{2F_e}\right)$$

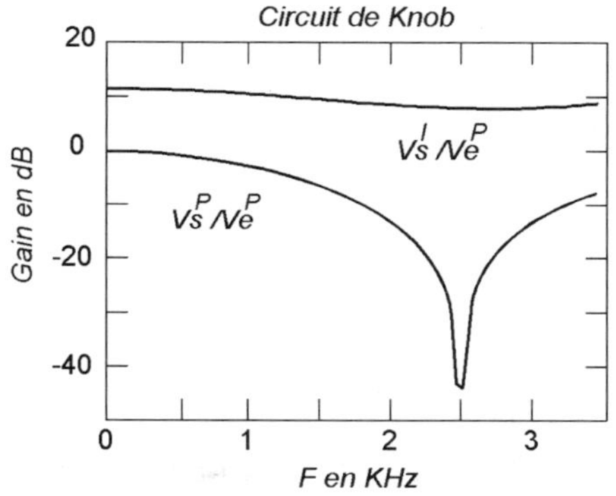

Figure 8.5 Réponses en fréquence du circuit de Knob.

8.33 Hypothèse simplificatrice

Dans le cas particulier, où les signaux aux différents nœuds actifs d'un réseau à capacités commutées sont échantillonnés sur une phase et bloqués pendant toute la période d'échantillonnage T_e, il n'y a plus de couplage entre les topologies P et I et on arrive à une simplification notable des EATC. Ainsi, considérons l'opérateur élémentaire utilisé pour la synthèse des biquads à capacités commutées.

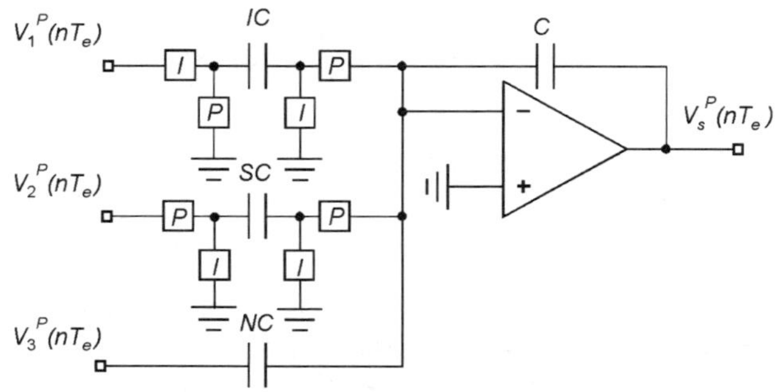

Figure 8.6 Opérateur élémentaire des circuits à capacités commutées.

Il est régi par l'équation aux charges :

$$-ICZ^{-1}V_1^P(z)+SCV_2^P(z)+NC\left(1-Z^{-1}\right)V_3^P(z)+C\left(1-Z^{-1}\right)V_s^P(z)=0$$

Avec

$$I^P(z)=2F_e\frac{\Delta q^P(z)}{1+Z^{-1}}$$

on écrit l'équation aux admittances dans le plan Z

$$-\frac{2F_eICZ^{-1}}{1+Z^{-1}}V_1^P(z)+\frac{2F_eSC}{1+Z^{-1}}V_2^P(z)+\frac{2F_eNC(1-Z^{-1})}{1+Z^{-1}}V_3^P(z)+$$

$$\frac{2F_eC(1-Z^{-1})}{1+Z^{-1}}V_s^P(z)=0$$

Avec

$$Z^{-1}=\frac{2F_e-p}{2F_e+p}$$

on écrit l'équation aux admittances dans le plan P

$$\left(-F_eIC+\frac{IC}{2}p\right)V_1+\left(F_eSC+\frac{SC}{2}p\right)V_2+C_3pV_3+CpV_s=0$$

On en déduit le schéma équivalent analogique temps continu :

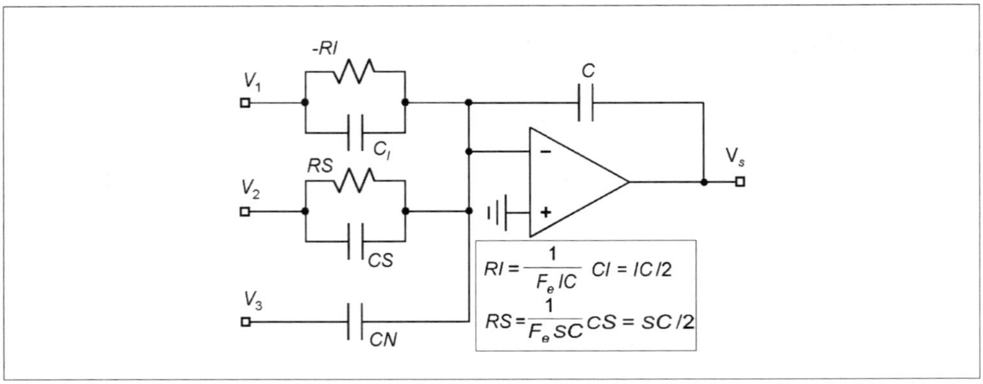

Figure 8.7 EATC de l'opérateur élémentaire.

Exemple : réjecteur passe-bas du deuxième ordre

À titre d'exemple, nous avons simulé un réjecteur passe-bas réalisé à partir du biquad G avec sortie sur le second amplificateur opérationnel. La valeur normalisée des différents condensateurs est indiquée sur la figure 8.8. La fréquence d'échantillonnage est de 10 kHz et l'axe des fréquences a été corrigé selon $F_d = (F_e/\pi)$ arctg $(\pi F/F_e)$.

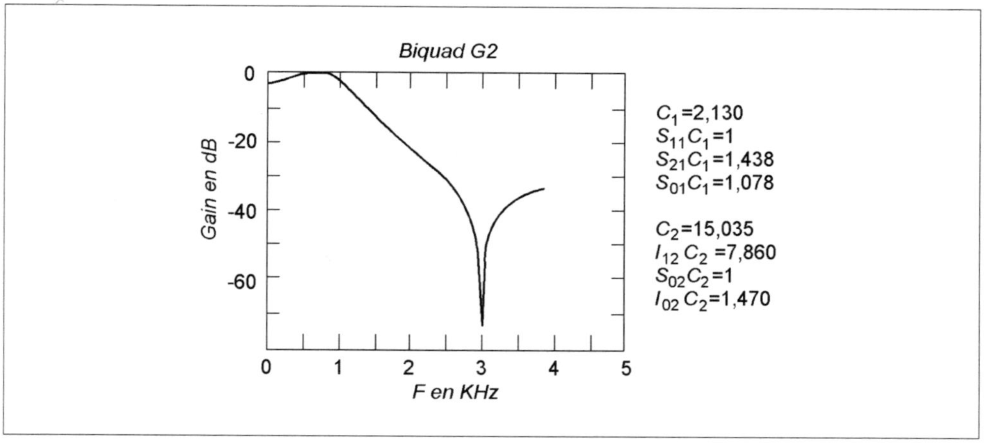

Figure 8.8 Réponse en fréquence du réjecteur passe-bas à capacités commutées.

Études de cas

CHAPITRE 9

9.1 Synthèse d'un filtre de voie téléphonique

9.11 Préliminaires

En téléphonie, la transmission de plusieurs conversations sur un même support est réalisée par *multiplexage temporel*. Le signal à transmettre étant entièrement défini par ses valeurs instantanées prises à intervalles réguliers (théorème de Shannon), il est possible d'intercaler entre deux échantillons d'une voie les échantillons de n autres voies afin de constituer une trame de $n + 1$ voies multiplexées dans le temps. Dans un système à *modulation par impulsion et codage* (système MIC), chaque échantillon est quantifié puis codé sur huit bits avant d'être multiplexé. Pour une bonne intelligibilité de la parole, la transmission d'une bande de fréquence 300 Hz – 3 400 Hz étant suffisante, le signal analogique est échantillonné à une cadence de 8 kHz. Le gabarit simplifié de la figure 9.1 répond aux spécifications de filtrage anti-repliement préconisées pour le système MIC français à 32 voies.

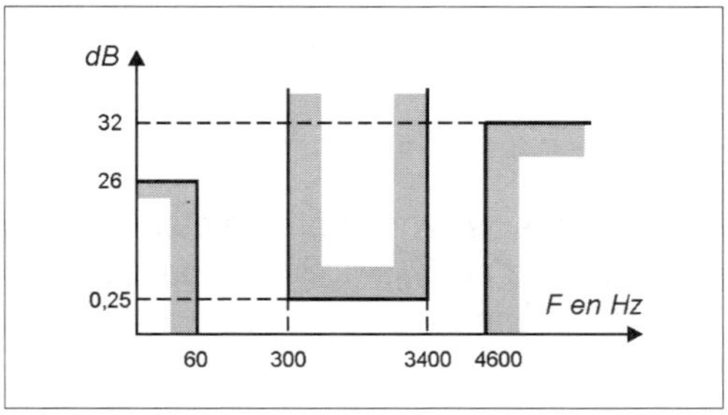

Figure 9.1

En capacités commutées, le gabarit peut être réalisé à partir de la mise en cascade d'un filtre passe-bas cadencé à 256 kHz suivi d'un passe-haut cadencé à 8 kHz. Le changement de cadence, légitime puisque le passe-bas assure un affaiblissement suffisant à la demi fréquence d'échantillonnage 4 kHz, permet de limiter l'aire capacitive nécessaire à l'intégration du passe-haut et de fournir au convertisseur analogique numérique un signal directement quantifiable.

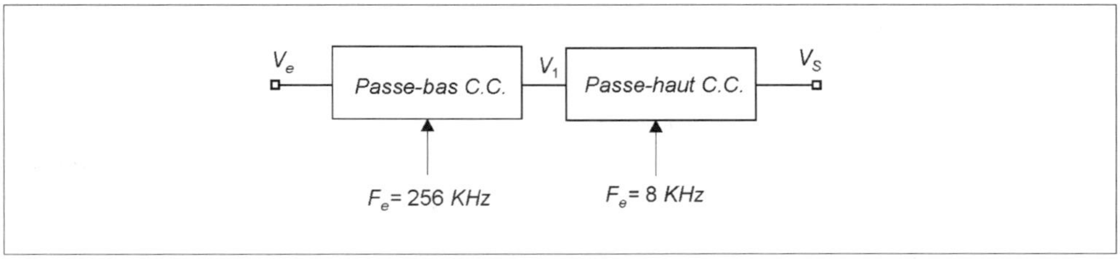

Figure 9.2

La nature temps discret des filtres à capacités commutées implique l'utilisation d'un filtre anti-repliement temps continu assurant un affaiblissement suffisant à 128 kHz. Sa fréquence de coupure doit être choisie suffisamment éloignée de 3 400 Hz pour s'affranchir d'éventuelles fortes imprécisions sur les résistances et les condensateurs. Les spécifications de ce filtre étant peu sévères, il est intégrable avec le filtre à capacités commutées [48]. Il peut également être situé à l'extérieur du circuit intégré. Typiquement, on utilise une structure de Sallen et Key du deuxième ordre (figure 9.3) qui a pour fonction de transfert

$$T(p) = \frac{V_s}{V_e} = \frac{\dfrac{1}{R_1R_2C_1C_2}}{p^2 + \dfrac{R_1+R_2}{R_1R_2C_1}p + \dfrac{1}{R_1R_2C_1C_2}} = \frac{\omega_0^2}{p^2 + \dfrac{\omega_0}{Q_0}p + \omega_0^2}$$

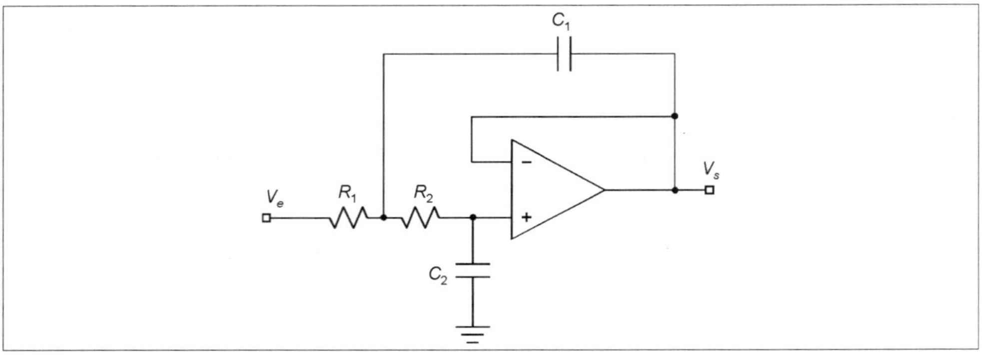

Figure 9.3

En posant $R_1 = R_2 = R$, les équations de synthèse s'expriment simplement par $RC_1 = 2Q_0/\omega_0$ et $C_1/C_2 = 4Q_0^2$. Si on se donne $F_0 = 12$ kHz et $Q_0 = \sqrt{2}/2$ (approximation de Butterworth avec 3 dB d'affaiblissement à F_0), l'atténuation est de 0,027 dB à 3 400 Hz et de 41 dB à 128 kHz.

9.12 Synthèse du passe-bas

Afin d'obtenir un rendement de fabrication important (proche des 100 %), on est tenu de durcir le gabarit initial pour tenir compte des imprécisions sur les composants. Le gabarit effectivement à réaliser est représenté sur la figure 9.4.

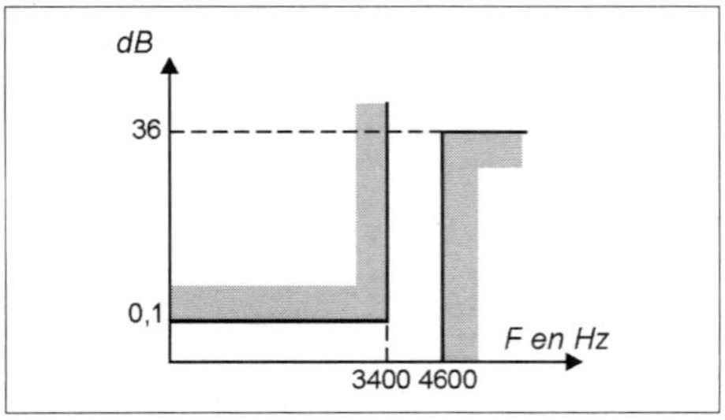

Figure 9.4

Détermination de la fonction de transfert

Prédistorsion de l'axe des fréquences (cf. chapitre 3)

La fréquence d'échantillonnage étant très grande devant la limite de bande passante, le passage temps continu → temps discret est assuré par la LDI. Pour corriger l'anamorphose, une prédistorsion de l'axe des fréquences est réalisée en substituant à la fréquence temps discret F_p la fréquence temps continu

$$F_p' = \frac{F_e}{\pi}\sin\frac{\pi F_p}{F_e} = 3399 \text{ Hz}$$

et à la fréquence temps discret F_a la fréquence $F_a' = 4\,597$ Hz.

Détermination du gabarit passe-bas prototype (cf. chapitre 2)

Avec $a_{min} = 36$ dB et $a_{max} = 0{,}1$ dB, les valeurs F_p' et F_a' permettent la détermination complète des spécifications du gabarit passe-bas prototype à partir de :
$\Omega_s = 4\,597/3\,399 = 1{,}352$.

Détermination de la fonction de transfert temps continu (cf. chapitre 2)

Afin de minimiser le nombre d'éléments actifs, on choisit une fonction d'approximation de Cauer conduisant à une fonction de transfert d'ordre minimum. Avec les paramètres d'entrée $a_{max} = 0{,}1$, $a_{min} = 36$ et $\Omega_s = 1{,}352$, le programme de calcul donné en annexe du chapitre 2 nous conduit à une approximation d'ordre 5 pour un affaiblissement minimum effectivement réalisé de 37 dB. La fonction de transfert correspondante est

$$T_n(p) = \left[\frac{K}{p + 0{,}692695}\right]\left[\frac{p^2 + 1{,}955746}{p^2 + 0{,}812150p + 0{,}823240}\right]$$
$$\left[\frac{p^2 + 4{,}172500}{p^2 + 0{,}198825p + 1{,}135801}\right]$$

Pour obtenir un gain unitaire à la fréquence nulle, on fixe le paramètre K = 0,08.

Détermination de la fonction de transfert temps discret (cf. chapitre 3)

Pour la détermination des pôles des formes en Z, on peut appliquer directement les formules du paragraphe 3.14 sans dénormalisation de $T_n(p)$. Pour ce faire, on substitue à F_e la valeur $F'_e = F_e/(2\pi F'_p)$. On arrive ainsi à la fonction de transfert en Z du filtre passe-bas

$$T(z) = \left[\frac{0{,}00708}{-Z^{-1} + 1{,}0594604}\right]\left[\frac{Z^{-2} - 1{,}986375Z^{-1} + 1}{Z^{-2} - 2{,}064225Z^{-1} + 1{,}0701505}\right]$$
$$\left[\frac{Z^{-2} - 1{,}970925Z^{-1} + 1}{Z^{-2} - 2{,}008783Z^{-1} + 1{,}016754}\right]$$

Synthèse cascade

Optimisation de la fonction de transfert (cf. chapitre 5)

L'association pôles et zéros est réalisée selon les critères heuristiques du chapitre 5. Pour la fixation des constantes de gain des cellules, les maximums sont relevés en sortie de chaque section de la cascade ainsi constituée. Avec $V_e = 1$ V, on obtient les valeurs $V_{1max} = 0{,}1192$ V, $V_{2max} = 0{,}2717$ V et $V_{smax} = 1$ V.

La fonction de transfert à synthétiser est donc

$$T(z) = \left[\frac{0{,}0594}{-Z^{-1} + 1{,}0594604}\right]\left[0{,}438\frac{Z^{-2} - 1{,}986375Z^{-1} + 1}{Z^{-2} - 2{,}008783Z^{-1} + 1{,}016754}\right]$$
$$\left[0{,}2716\frac{Z^{-2} - 1{,}970925Z^{-1} + 1}{Z^{-2} - 2{,}064225Z^{-1} + 1{,}0701505}\right]$$

Choix et calcul des cellules (cf. chapitre 4)

Cellule du premier ordre

La cellule du premier ordre choisie est celle de la figure 4.1. La capacité commutée $I_{01}C$ réalise directement l'échantillonnage du signal d'entrée temps continu. À partir de la table 4.2, on détermine par identification

$$\frac{S_{11}C}{C} = \frac{I_{01}C}{C} = 0{,}0594$$

En posant $S_{11}C = I_{01}C = C_{unit}$, on obtient $C = 16{,}818\ C_{unit}$.

Première cellule du second ordre

Le coefficient de qualité étant assez élevé, on choisit une structure du type *E*. La sortie est réalisée sur le second AOP (cellule de type E2). À partir du formulaire donné au paragraphe 4.6, on détermine le premier jeu de valeurs : $S_{21}I_{12} = 7{,}84.10^{-3}$, $N_{21}I_{12} = 0{,}1861$, $S_{01} = 0{,}0663$ et $N_{02} = 0{,}430$. En posant $S_{21} = I_{12}$, par simulation avec 1 V à l'entrée de la cascade, on constate que la sortie intermédiaire est calée sur 0,95 V. Après calage de cette sortie sur 1 V et normalisation des différentes capacités par rapport à la valeur arbitraire C_{unit}, on obtient le jeu de valeurs définitives (paragraphe 4.47) :

- $C_1 = 14{,}369\ C_{unit}$,
- $S_{01}C_1 = C_{unit}$,
- $S_{21}C_1 = 1{,}333\ C_{unit}$,
- $N_{21}C_1 = 2{,}802\ C_{unit}$,
- $C_2 = 11{,}833\ C_{unit}$,
- $N_{02}C_2 = 5{,}108\ C_{unit}$,
- $I_{12}C_2 = C_{unit}$.

Deuxième cellule du second ordre

Les structures F ou G à minimum de composants sont équivalentes. Nous choisissons la structure F_2 (sortie sur le deuxième élément actif). Avec $S_{21} = I_{12}$, la sortie intermédiaire présente un maximum de 1,66 V. Avec calage des deux sorties sur 1 V, on détermine les valeurs :

- $C_1 = 21{,}644\ C_{unit}$,
- $S_{21}C_1 = C_{unit}$,
- $S_{01}C_1 = 1{,}333\ C_{unit}$,
- $C_2 = 14{,}255\ C_{unit}$,
- $I_{12}C_2 = 1{,}828\ C_{unit}$,
- $S_{22}C_2 = C_{unit}$,
- $N_{02}C_2 = 3{,}873\ C_{unit}$.

Analyse des performances

La capacité unitaire étant fixée à 0,2 pF, on synthétise la cascade de la figure 9.5. L'analyse en fréquence et l'analyse statistique ont été réalisées à partir d'un simulateur électrique standard par la méthode des équivalents analogiques temps continu (*cf.* chapitre 8). La tolérance sur les rapports capacitifs a été fixée à ± 0,2 % avec une distribution uniforme. La prise en compte du gain fini des amplificateurs opérationnels a été effectuée sur SWITCAP par un modèle à un pôle.

Cellule 1	Biquad 2	Biquad 3
$C_{11} = 16{,}818$	$C_{21} = 14{,}369$	$C_{41} = 21{,}644$
$C_{12} = 1$	$C_{22} = 1{,}333$	$C_{42} = 1$
$C_{13} = 1$	$C_{23} = 2{,}802$	$C_{43} = 1{,}333$
	$C_{24} = 1$	$C_{51} = 14{,}255$
	$C_{31} = 11{,}833$	$C_{52} = 1$
	$C_{32} = 1$	$C_{53} = 1{,}828$
	$C_{33} = 5{,}108$	$C_{54} = 3{,}873$
Aire capacitive = 101,2 C_{unit} de 0,2 pF		

Tableau 9.1 Valeurs des condensateurs de la cascade LDI.

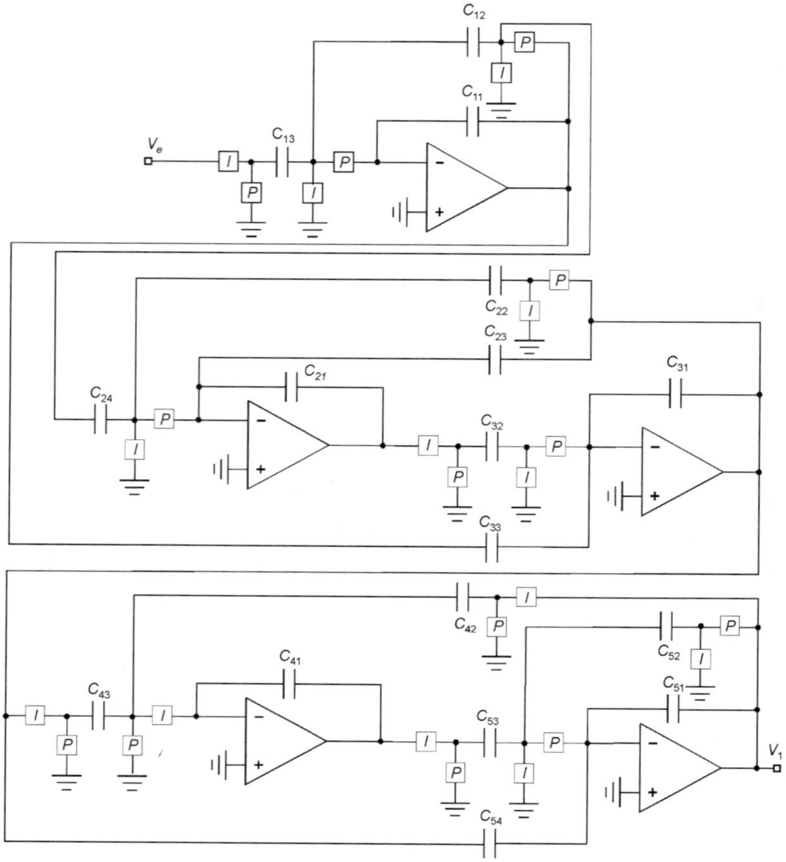

Figure 9.5 Cascade passe-bas d'ordre cinq.

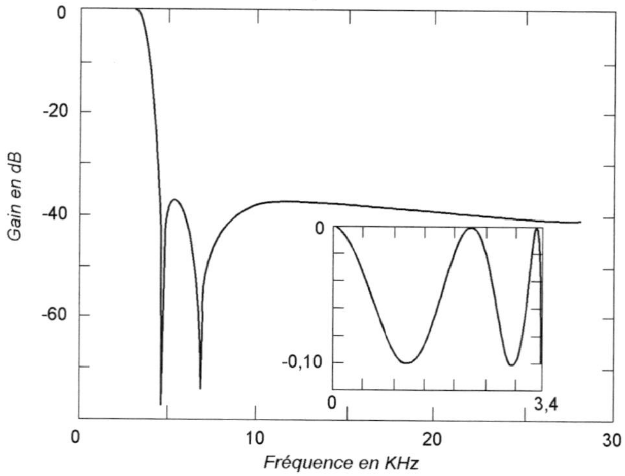

Figure 9.6 Réponse nominale globale et en bande passante.

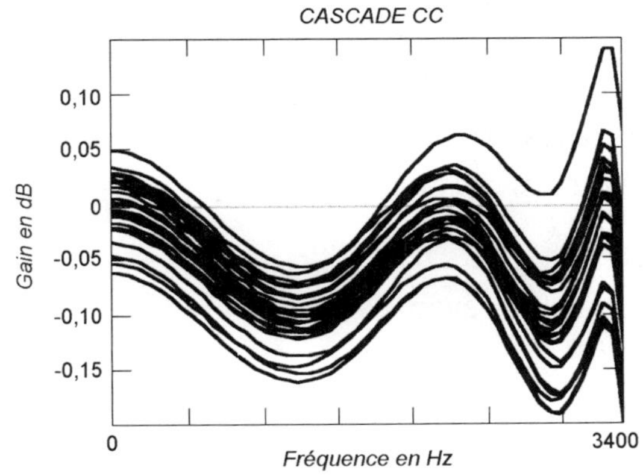

Figure 9.7 Analyse statistique pour une distribution uniforme à ± 0,2 % avec 27 tirages aléatoires.

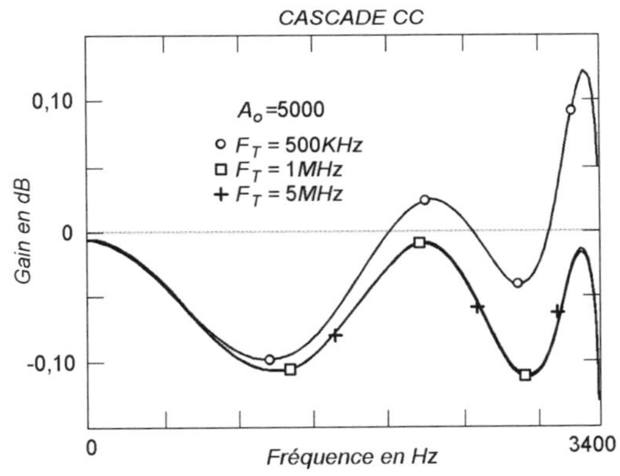

Figure 9.8 Influence du gain en boucle ouverte des AOP.

Synthèse leapfrog

Détermination de l'échelle passive RLC

Le programme de calcul donné en annexe du chapitre 6 nous conduit à l'échelle passive de référence de la figure 9.9.

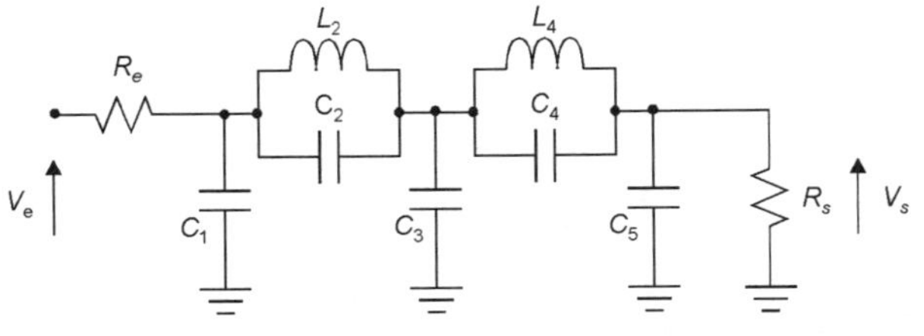

$R_e = R_s = 1$, $C_1 = 0{,}989895$, $L_2 = 1{,}16331$, $C_2 = 0{,}206021$
$C_3 = 1{,}53723$, $L_4 = 0{,}809882$, $C_4 = 0{,}631345$ *et* $C_5 = 0{,}714554$.

Figure 9.9 Échelle passive de Cauer d'ordre 5.

L'analyse en fréquence de l'échelle avec $V_e = 1$ V nous donne les maximums :

$V_{C1max} = 0{,}924$, $I_{L2max} = 1{,}305$, $V_{C3max} = 0{,}874$, $I_{L4max} = 1{,}272$ et V_{smax} 0,5.

Détermination du graphe à réaliser

À partir du système d'équations décrivant l'échelle

$$X_1 = V_{C_1} = \frac{\frac{V_e}{R_e} - X_2 + X_3 C_2 p}{\frac{1}{R_e} + C_1' p} \quad \text{avec} \quad C_1' = C_1 + C_2$$

$$X_2 = I_{L_2} = \frac{X_1 - X_2}{L_2 p}$$

$$X_3 = V_{C_3} = \frac{X_2 - X_4 + C_2 p X_1 + C_4 p X_5}{C_3' p} \quad \text{avec} \quad C_3' = C_2 + C_3 + C_4$$

$$X_4 = I_{L_4} = \frac{X_3 - X_5}{L_4 p}$$

$$X_5 = V_{C_5} = \frac{X_4 + C_4 p X_3}{\frac{1}{R_s} + C_5' p} \quad \text{avec} \quad C_5' = C_4 + C_5$$

et en appliquant la transformation LDI sur la variable p, on arrive au graphe optimisé de la figure 9.10.

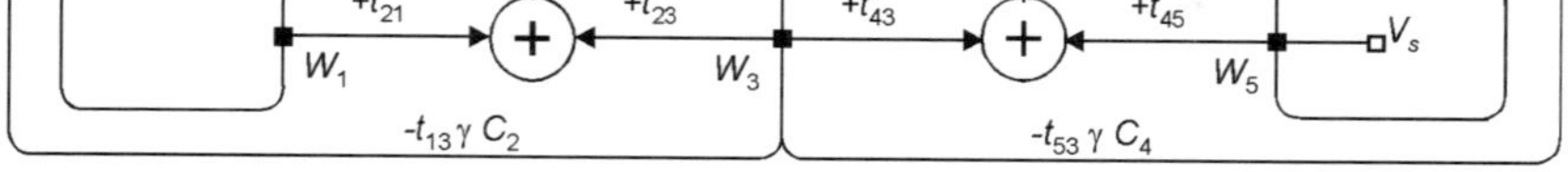

Figure 9.10 Graphe à réaliser.

Synthèse de l'échelle active à capacités commutées

L'échelle active à capacités commutées de la figure 9.11 est une transcription directe du graphe de fluence précédent. Le calcul des composants effectué selon la procédure indiquée au paragraphe 6.3.3 conduit aux valeurs du tableau 9.2.

Intégrateur 1	Intégrateur 2	Intégrateur 3	Intégrateur 4	Intégrateur 5
$C_1 = 13{,}831$ $C_{10} = 1{,}082$ $C_{11} = 1$ $C_{12} = 1{,}412$ $C_{13} = 2{,}335$	$C_2 = 20{,}814$ $C_{21} = 1{,}057$ $C_{23} = 1$	$C_3 = 19{,}552$ $C_{31} = 1{,}793$ $C_{32} = 1{,}025$ $C_{34} = 1$ $C_{35} = 2{,}973$	$C_4 = 24{,}691$ $C_{43} = 1{,}747$ $C_{45} = 1$	$C_5 = 15{,}638$ $C_{53} = 13{,}224$ $C_{54} = 2{,}544$ $C_{55} = 1$
Aire capacitive = 128,7 C_{unit} de 0,2 pF				

Tableau 9.2 Valeurs des condensateurs du leapfrog LDI.

Analyse des performances

La capacité unitaire C_{unit} étant fixée à 0,2 pF, on effectue les mêmes analyses en performance que pour la cascade. Sur ce cas d'espèce (le gabarit à réaliser n'est pas très sévère), les deux techniques de synthèse sont pratiquement équivalentes.

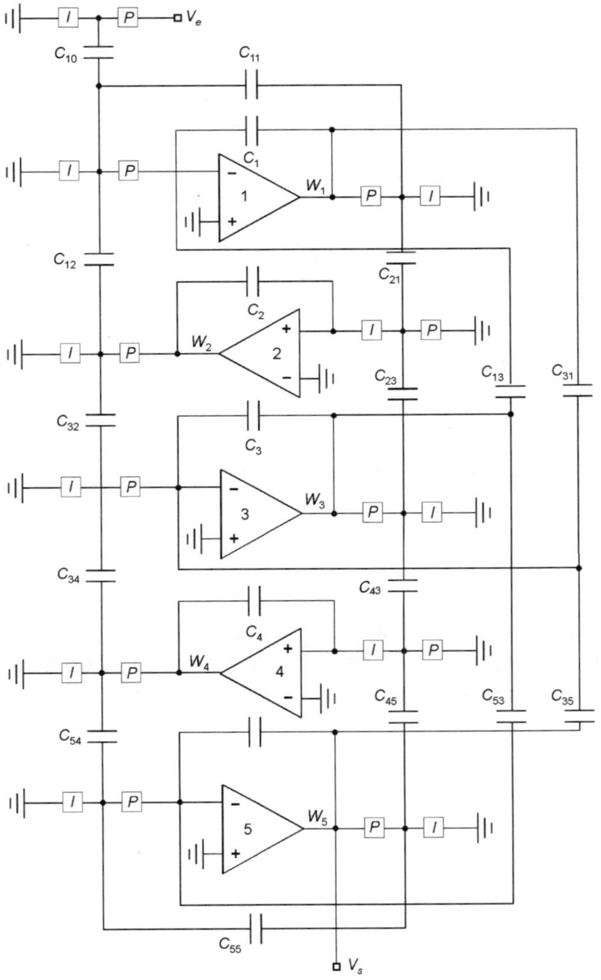

Figure 9.11 Leapfrog passe-bas d'ordre cinq.

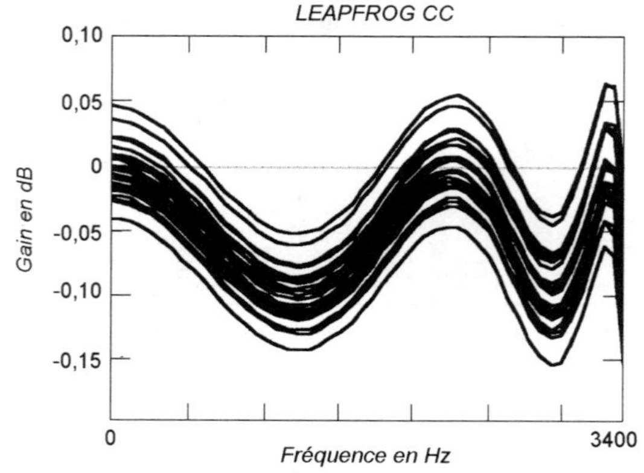

Figure 9.12 Analyse statistique pour une distribution uniforme à ± 0,2 % avec 27 tirages aléatoires.

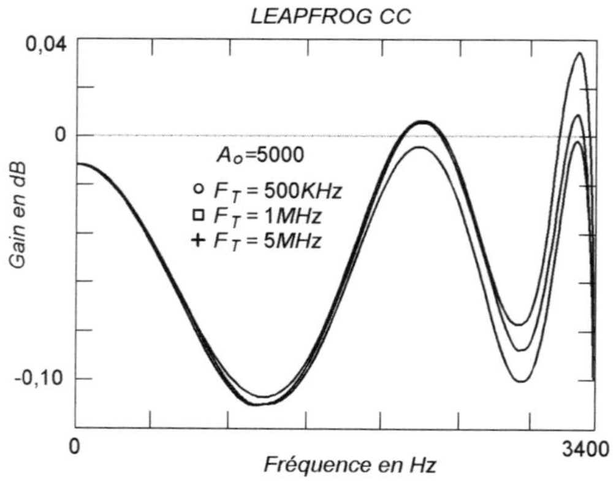

Figure 9.13 Influence du gain en boucle ouverte des AOP.

9.13 Synthèse du passe-haut

Pour la réalisation de la partie passe-haut du filtre de voie téléphonique, nous choisissons une approximation de Tchébycheff inversée d'ordre 3 avec une atténuation de 30 dB à 60 Hz. La transformation $P \to Z$ étant une transformation algébrique bilinéaire, avec

$$\Omega_s = \frac{\text{tg}\left[\frac{\pi 300}{8000}\right]}{\text{tg}\left[\frac{\pi 60}{8000}\right]} = 5,02233$$

à partir des formules du paragraphe 2.5.2, on détermine un *amax* effectivement réalisé de 0,0179 dB.

Détermination de la fonction de transfert

Le calcul des pôles et du zéro nous donne la fonction de transfert passe-bas normalisée qui par transformation passe-bas → passe-haut conduit à la fonction de transfert passe-haut dénormalisée

$$T(p)=\left[\frac{p}{p+703{,}7604}\right]\left[\frac{p^2+1{,}06631.10^5}{p^2+703{,}7604p+6{,}019097.10^5}\right]$$

En appliquant directement la transformation

$$p\rightarrow 2F_e\frac{1-Z^{-1}}{1+Z^{-1}}\quad \text{sur}\quad T(p)$$

on arrive finalement à la fonction de transfert temps discret à synthétiser

$$T(z)=\left[1{,}046\frac{-Z^{-1}+1}{-Z^{-1}+1{,}092017}\right]\left[1{,}044\frac{Z^{-2}-1{,}998334Z^{-1}+1}{Z^{-2}-2{,}081978Z^{-1}+1{,}091791}\right]$$

Les constantes de gain sont fixées pour avoir des maximums identiques en sortie des deux sections.

Cascade passe-haut

La section du deuxième ordre choisie est une cellule de type G_2 à aire capacitive minimum. Le commutateur placé en série avec la capacité d'entrée de la section du premier ordre réalise l'échantillonnage de la sortie du filtre passe-bas (figure 9.14). La capacité unitaire est fixée à 0,2 pF. La figure correspond à une simulation SWITCAP avec un AOP caractérisé par un gain statique de 5 000 et une fréquence de transition de 1 MHz. L'imprécision sur les rapports capacitifs n'a pratiquement pas d'influence sur les performances du filtre de voie téléphonique (écart type < 0,0025 dB pour une tolérance sur les rapports capacitifs de ± 0,2 %).

Cellule 1	Biquad 2
C_{11} = 10,867	C_{21} = 10,894
C_{12} = 1	C_{22} = 1
C_{13} = 11,367	C_{23} = 1,449
	C_{24} = 1,446
	C_{31} = 13,550
	C_{32} = 1
	C_{33} = 1,189
	C_{34} = 12,955
Aire capacitive = 66,7 C_{unit} de 0,2 pF	

Tableau 9.3 Valeurs des condensateurs de la cascade passe-haut TAB.

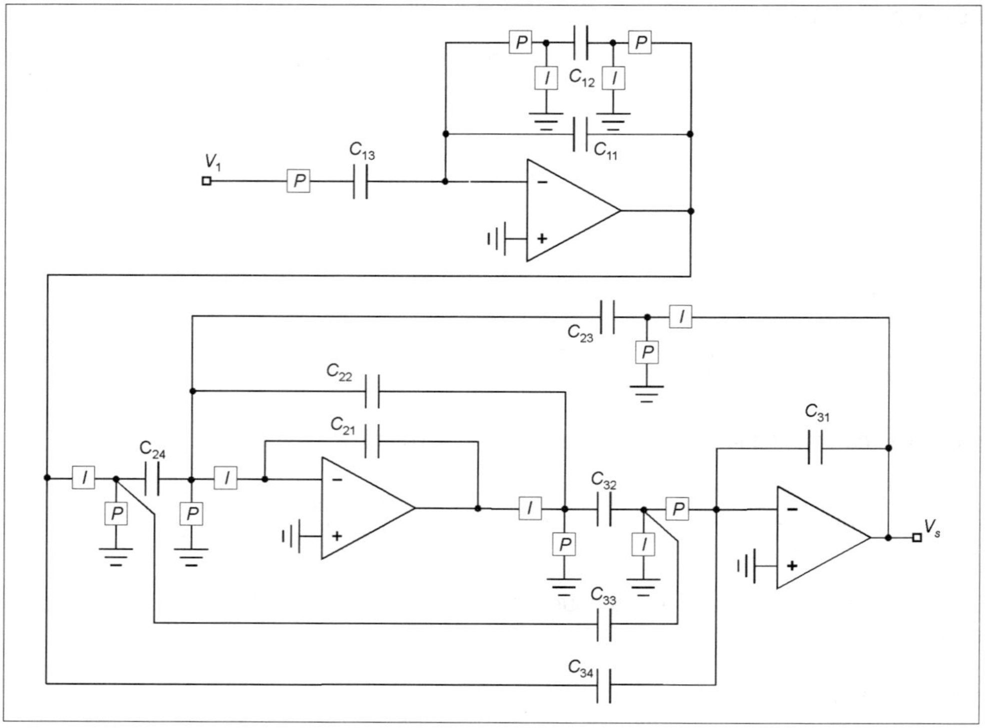

Figure 9.14 Cascade passe-haut d'ordre trois.

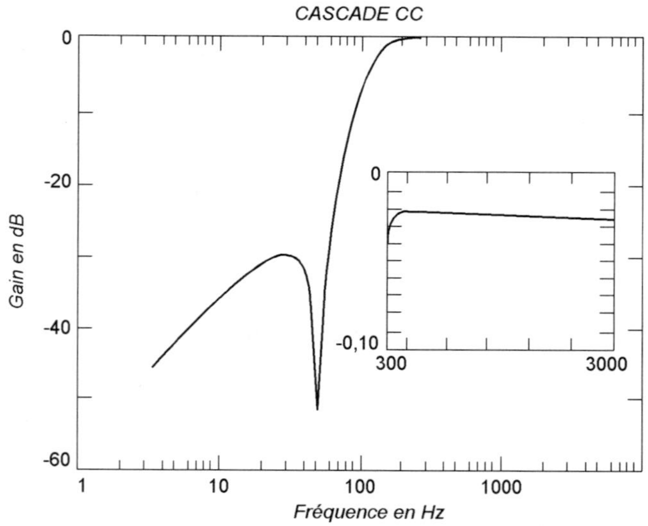

Figure 9.15 Réponse globale et en bande passante.

9.2 Synthèse d'un passe-bande

9.21 Gabarit à réaliser

On se propose de réaliser le gabarit de la figure 9.16.

$F_e = 50$ kHz
amax = 0,3 dB, *amin* ≥ 44 dB, $F_{p1} = 4\,500$ Hz, $F_{p2} = 5\,500$ Hz.

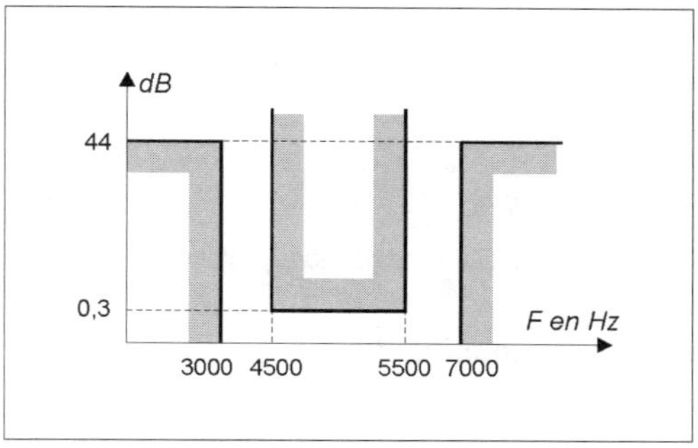

Figure 9.16 Gabarit passe-bande à réaliser.

9.22 Détermination des fonctions de transfert

Prédistorsion de l'axe des fréquences (cf. chapitre 3)

À partir des relations

$$F_p^{'} = \frac{F_e}{\pi}\sin\frac{\pi F_p}{F_e}$$

et

$$F_p^{'} = \frac{F_e}{\pi}\text{tg}\frac{\pi Fp}{F_e}$$

on obtient les valeurs modifiées :

	TAB	LDI
F'_{p1}	4 623,878 Hz	4 440,281 Hz
F'_{p2}	5 729,930 Hz	5 391,181 Hz
F'_{a1}	3 036,042 Hz	2 982,266 Hz
F'_{a2}	7 489,263 Hz	6 776,487 Hz

Tableau 9.4

Les contraintes de symétrie géométrique imposées pour le passe-bande conduit à modifier F'_{a1} pour respecter

$$F_{a_1}^{''} = \frac{F_{p_1}^{'}F_{p_2}^{'}}{F_{a_2}^{'}} = 3537{,}664\,\text{Hz}$$ pour la TAB et 3 532,561 Hz pour la LDI.

Détermination du gabarit passe-bas prototype (cf. chapitre 2)

Les valeurs précédentes permettent la détermination des spécifications du gabarit passe-bas prototype.

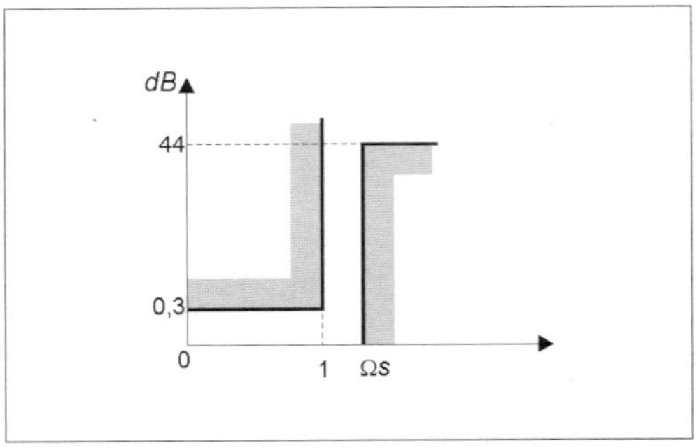

Figure 9.17 Gabarit passe-bas prototype.

Détermination des fonctions de transfert temps continu (cf. chapitre 2)

On choisit une fonction d'approximation de Cauer. Le programme de calcul donné en annexe du chapitre 2 nous conduit dans les deux cas à une approximation d'ordre 3 avec $amin_{TAB} = 45{,}27$ dB et $amin_{LDI} = 44{,}02$ dB. En appliquant la transformation passe-bas → passe-bande sur les pôles (paragraphe 2.63), on arrive aux fonctions de transfert

$$T_{n_{TAB}}(p) = \left[\frac{p}{p^2 + 0{,}161685p + 1}\right]\left[\frac{p^2 + 2{,}352952}{p^2 + 0{,}083289p + 1{,}259940}\right]$$
$$\left[\frac{p^2 + 0{,}4249923}{p^2 + 0{,}066105p + 0{,}793678}\right]$$

$$T_{n_{LDI}}(p) = \left[\frac{p}{p^2 + 0{,}146702p + 1}\right]\left[\frac{p^2 + 2{,}104490}{p^2 + 0{,}074235p + 1{,}232617}\right]$$
$$\left[\frac{p^2 + 0{,}4751694}{p^2 + 0{,}060225p + 0{,}811273}\right]$$

Détermination des fonctions de transfert temps discret (cf. chapitre 3)

En appliquant la transformation TAB directement sur la variable p, on obtient

$$T_{TAB}(z) = \left[0{,}497\frac{Z^{-2} - 1}{Z^{-2} - 1{,}701793Z^{-1} + 1{,}099382}\right]$$
$$\left[0{,}158\frac{Z^{-2} - 1{,}209987Z^{-1} + 1}{Z^{-2} - 1{,}571645Z^{-1} + 1{,}048760}\right]$$
$$\left[0{,}533\frac{Z^{-2} - 1{,}829755Z^{-1} + 1}{Z^{-2} - 1{,}727488Z^{-1} + 1{,}040275}\right]$$

Par transformation LDI sur les pôles et les zéros de $T_{nLDI,}$ on détermine

$$T_{LDI}(z) = \left[0,09\frac{-Z^{-1}+1}{Z^{-2}-1,703022Z^{-1}+1,099380}\right]$$
$$\left[0,158\frac{Z^{-2}-1,204461Z^{-1}+1}{Z^{-2}-1,572346Z^{-1}+1,049749}\right]$$
$$\left[0,551\frac{Z^{-2}-1,820374Z^{-1}+1}{Z^{-2}-1,726637Z^{-1}+1,039284}\right]$$

L'association pôles et zéros et l'ordonnancement des deux fonctions de transfert ont été réalisés selon les critères heuristiques du chapitre 5. Les constantes de gain des cellules sont telles que les maximums en sortie des sections sont identiques.

9.23 Détermination de l'échelle passive prototype

Les composants de l'échelle RLC prototype du troisième ordre sont calculés à partir du programme donné au paragraphe 6.7.

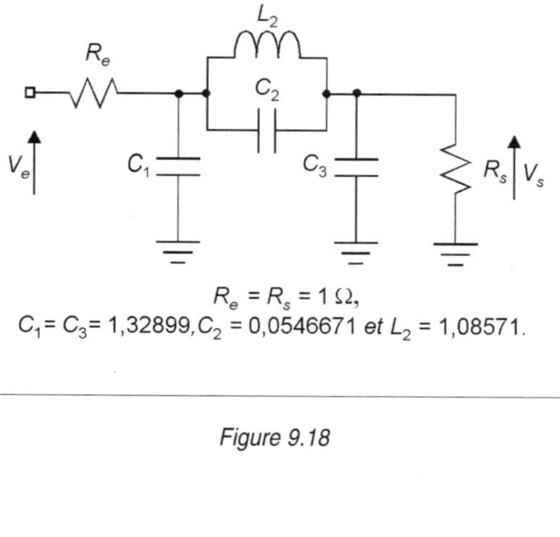

$R_e = R_s = 1\ \Omega$,
$C_1 = C_3 = 1,32899, C_2 = 0,0546671$ *et* $L_2 = 1,08571$.

Figure 9.18

9.24 Synthèse des structures cascades

Synthèse de la cascade LDI

Détermination des cellules

La synthèse du passe-bande LDI est réalisée selon la procédure utilisée pour la synthèse du passe-bas précédent. Trois cellules de type G_1 sont utilisées et la capacité unitaire est fixée à 0,2 pF.

Biquad 1	Biquad 2	Biquad 3
$C_{11} = 10{,}574$	$C_{31} = 20{,}101$	$C_{51} = 25{,}456$
$C_{12} = 1{,}051$	$C_{32} = 1$	$C_{52} = 1$
$C_{13} = 6{,}835$	$C_{33} = 13{,}704$	$C_{53} = 13{,}624$
$C_{14} = 1$	$C_{34} = 3{,}185$	$C_{54} = 14{,}002$
$C_{21} = 1{,}631$	$C_{41} = 5{,}408$	$C_{61} = 5{,}417$
$C_{22} = 1$	$C_{42} = 3{,}787$	$C_{62} = 3{,}164$
	$C_{43} = 1$	$C_{63} = 1$
Aire capacitive = 133,9 C_{unit} de 0,2 pF		

Tableau 9.5 Valeurs des condensateurs de la cascade LDI.

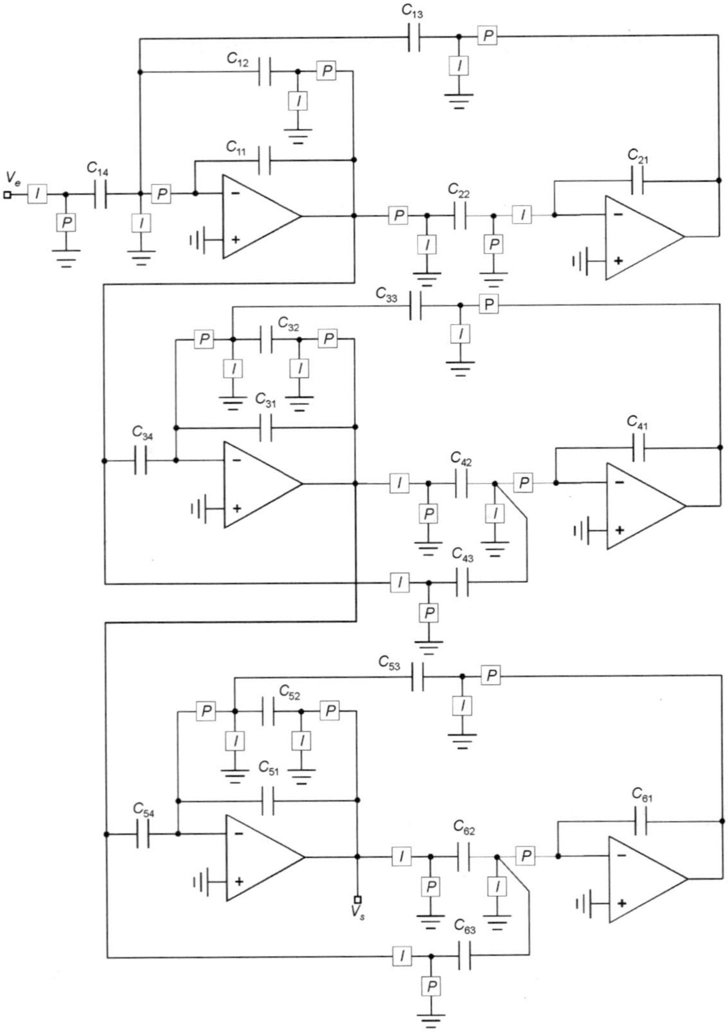

Figure 9.19 Cascade LDI passe-bande.

Analyse des performances

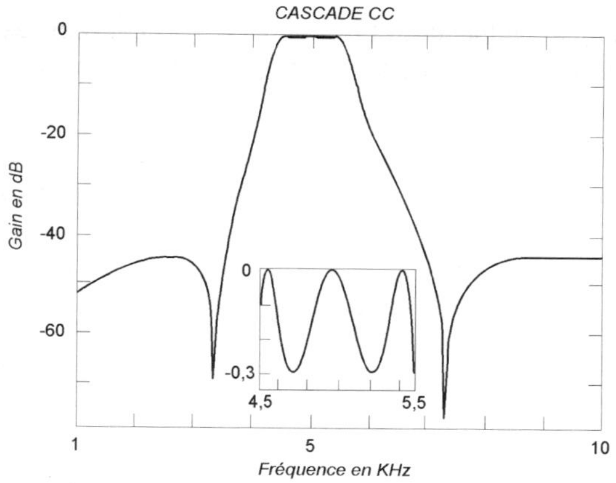

Figure 9.20 Réponse nominale globale et en bande passante.

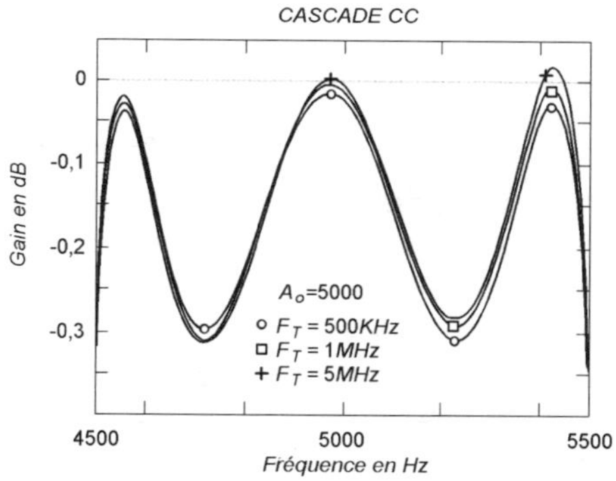

Figure 9.21 Influence du gain en boucle ouverte des AOP.

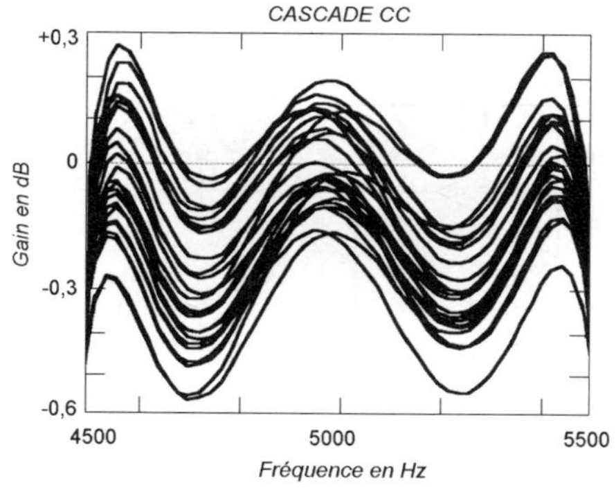

Figure 9.22 Analyse statistique pour une distribution uniforme à ± 0,2 % avec 27 tirages aléatoires.

Synthèse de la cascade TAB

Détermination des cellules

Comme précédemment, la synthèse du passe-bande TAB est réalisée à partir de trois cellules de type G_1. Les valeurs calculées sont données dans le tableau 9.6 et la structure correspondante est représentée sur la figure 9.23.

Biquad 1	Biquad 2	Biquad 3
$C_{11} = 20{,}124$	$C_{31} = 20{,}508$	$C_{51} = 24{,}829$
$C_{12} = 2$	$C_{32} = 1$	$C_{52} = 1$
$C_{13} = 13{,}778$	$C_{33} = 13{,}973$	$C_{53} = 13{,}330$
$C_{14} = 1$	$C_{34} = 3{,}247$	$C_{54} = 13{,}225$
$C_{21} = 6{,}889$	$C_{41} = 5{,}447$	$C_{61} = 5{,}920$
$C_{22} = 4{,}001$	$C_{42} = 3{,}814$	$C_{62} = 3{,}449$
$C_{23} = 4{,}001$	$C_{43} = 1$	$C_{63} = 1$
Aire capacitive = 160,5 C_{unit} de 0,2 pF		

Tableau 9.6 Valeurs des condensateurs de la cascade LDI.

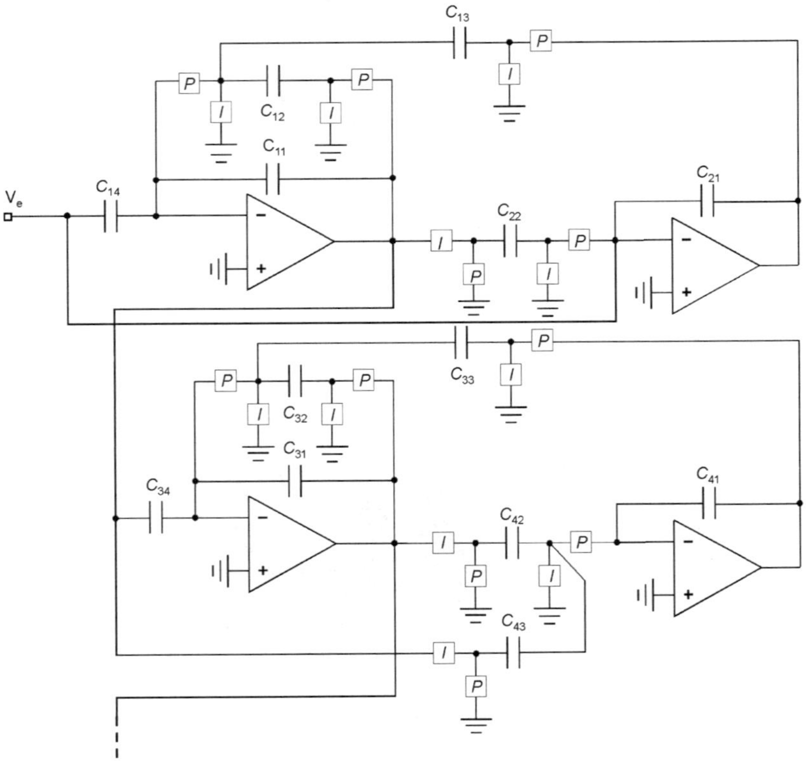

Figure 9.23 Cascade TAB passe-bande.

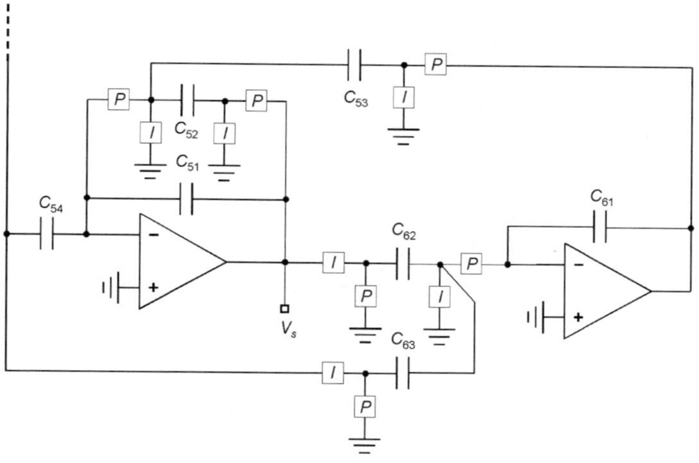

Figure 9.23 Cascade TAB passe-bande (suite).

Analyse des performances

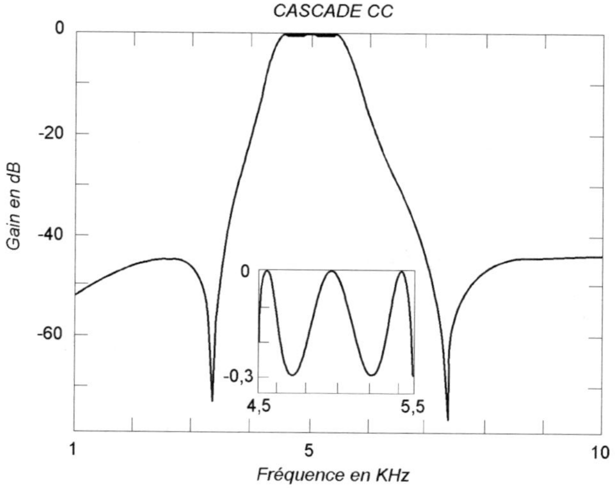

Figure 9.24 Réponse nominale globale et en bande passante.

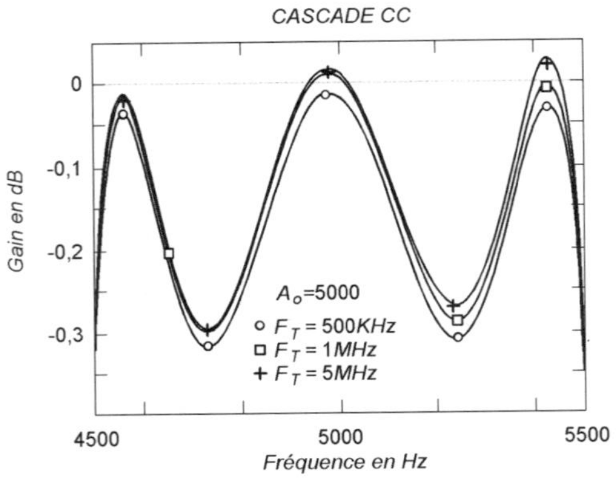

Figure 9.25 Influence du gain en boucle ouverte des AOP.

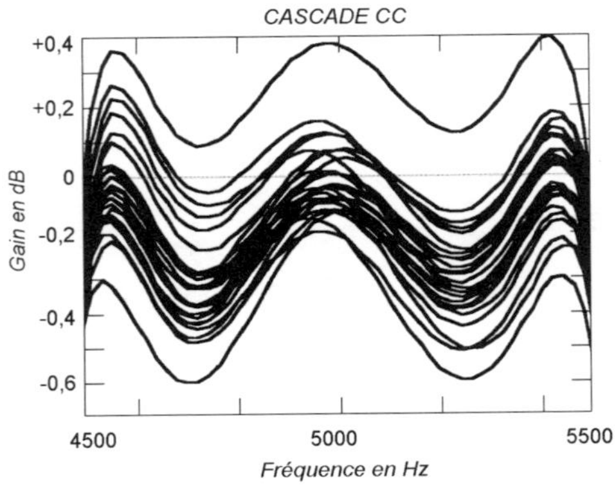

Figure 9.26 Analyse statistique pour une distribution uniforme à ± 0,2 % avec 27 tirages aléatoires.

9.25 Synthèse de l'échelle active

La synthèse de l'échelle active passe-bande est réalisée par simulation nodale. Le cas considéré est celui pris en exemple au paragraphe 6.5. Le graphe à réaliser est donné sur la figure 9.27 avec

$$d_1 = p^2 + \frac{B'}{R_e C_1'} p + \omega_0'^2 \qquad d_2 = p^2 + \omega_0'^2 \qquad d_3 = p^2 + \frac{B'}{R_s C_3'} p + \omega_0'^2$$

$$n_{01} = \frac{k_1}{k_0} \frac{B'}{R_e C_1'} p \qquad n_{21} = \frac{k_1}{k_2} \frac{B'}{C_1'} p \qquad n_{31} = \frac{k_1}{k_3} \frac{C_2}{C_1'} (p^2 + \omega_0'^2)$$

$$n_{12} = \frac{k_2}{k_1} \frac{B'}{L_2} p \qquad n_{32} = \frac{k_2}{k_3} \frac{B'}{L_2} p \qquad n_{23} = \frac{k_3}{k_2} \frac{B'}{C_3'} p$$

$$n_{13} = \frac{k_3}{k_1} \frac{C_2}{C_3'} (p^2 + \omega_0'^2) \qquad \text{et } C_1' = C_1 + C_2 \text{ et } C_3' = C_2 + C_3$$

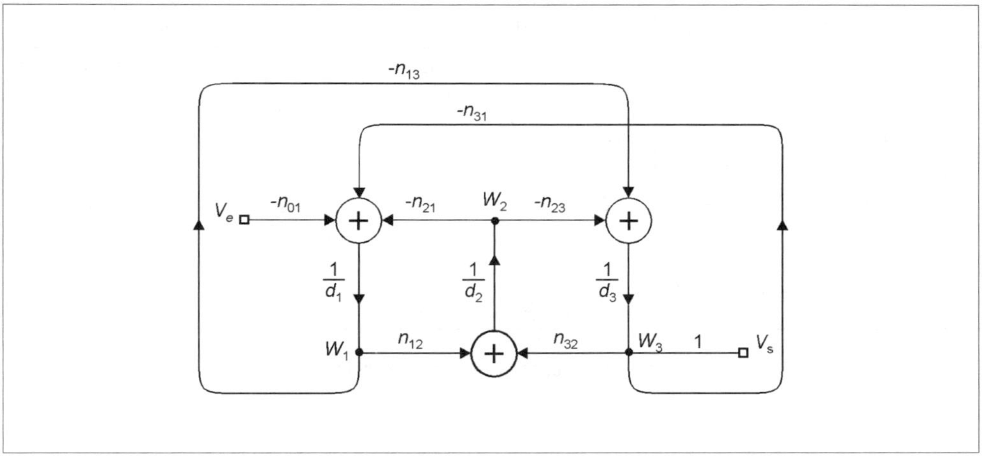

Figure 9.27

Détermination de la structure

Si on applique directement la transformation algébrique bilinéaire sur la variable p des transmittances du graphe de fluence, on arrive au jeu d'équations

$$W_1 = \frac{-n'_{01}(1-Z^{-2})V_e - n'_{21}(1-Z^{-2})W_2 - n'_{31}(Z^{-2} - 1{,}621239Z^{-1} + 1)W_3}{Z^{-2} - 1{,}698458Z^{-1} + 1{,}095272}$$

$$W_2 = \frac{n'_{12}(1-Z^{-2})W_1 + n'_{32}(1-Z^{-2})W_3}{Z^{-2} - 1{,}621239Z^{-1} + 1}$$

$$W_3 = \frac{-n'_{23}(1-Z^{-2})W_2 - n'_{13}(Z^{-2} - 1{,}621239Z^{-1} + 1)W_1}{Z^{-2} - 1{,}698458Z^{-1} + 1{,}095272}$$

avec

$$n'_{01} = \frac{k_1}{k_0}0{,}047634 \qquad n'_{21} = \frac{k_1}{k_2}0{,}047634 \qquad n'_{31} = \frac{k_1}{k_3}0{,}041391$$

$$n'_{12} = \frac{k_2}{k_1}0{,}057945 \qquad n'_{32} = \frac{k_2}{k_3}0{,}057945$$

et

$$n'_{13} = \frac{k_3}{k_1}0{,}041391 \qquad n'_{23} = \frac{k_3}{k_2}0{,}047634$$

En prenant deux structures de type F pour les extrémités de l'échelle active, on détermine les condensateurs du tableau 9.7. Les maximums d'amplitude de tension en sortie des amplificateurs opérationnels sont calés sur l'entrée.

Biquad 1		Biquad 2		Biquad 3	
Intégrateur 1	Intégrateur 2	Intégrateur 1	Intégrateur 2	Intégrateur 1	Intégrateur 2
$C_1 = 60{,}302$	$C_2 = 37{,}046$	$C_3 = 29{,}476$	$C_4 = 10{,}015$	$C_5 = 30{,}517$	$C_6 = 18{,}901$
$C_{21} = 35{,}436$	$C_{12} = 22{,}840$	$C_{43} = 20{,}031$	$C_{34} = 5{,}582$	$C_{65} = 18{,}079$	$C_{56} = 11{,}558$
$C_{22} = 8{,}507$	$C_{02} = 2{,}301$	$C_{121} = 1{,}4$	$C_{122} = 1{,}4$	$C_{66} = 4{,}340$	$C_{232} = 1{,}404$
$C_{01} = 6{,}076$	$C_{212} = 1{,}956$	$C_{321} = 1$	$C_{322} = 1$	$C_{231} = 3{,}706$	$C_{132} = 1$
$C_{211} = 5{,}189$	$C_{312} = 1$			$C_{131} = 1$	
$C_{311} = 1$					
Aire capacitive = 342 C_{unit} de 0,2 pF					

Table 9.7 Valeurs des condensateurs de l'échelle active TAB.

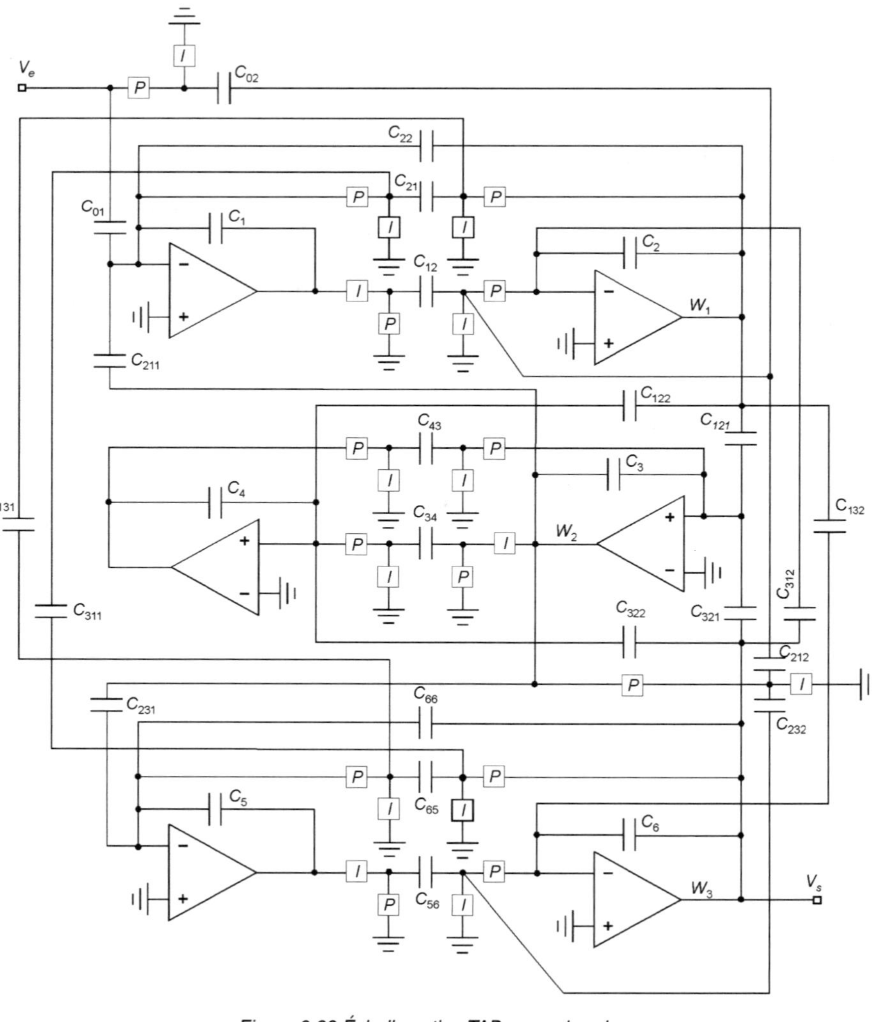

Figure 9.28 Échelle active TAB passe-bande.

Analyse des performances

Comme le montre la figure 9.29, du fait des nombreux couplages capacitifs non commutés introduit par la transformation algébrique bilinéaire, l'échelle active est plus sensible au gain en boucle ouverte des amplificateurs opérationnels que la structure cascade. Par contre, du point de vue sensibilité passive, les coefficients de qualité des sections passe-bas et passe-haut des structures cascades étant relativement élevés, elle est plus performante.

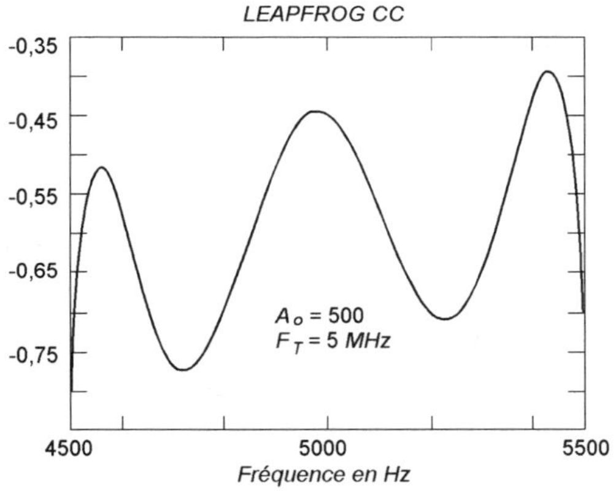

Figure 9.29 Influence du gain en boucle ouverte des AOP.

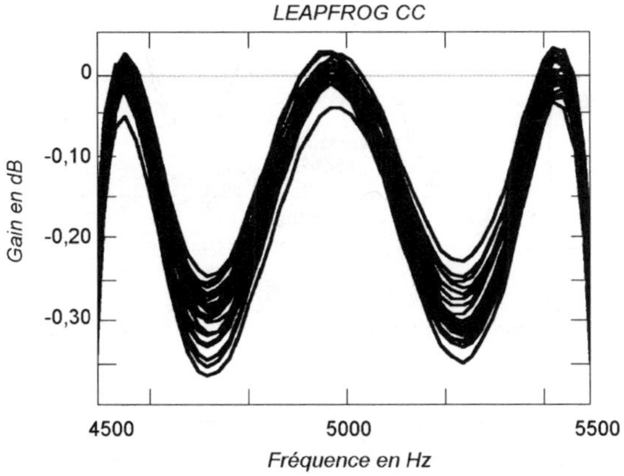

Figure 9.30 Analyse statistique pour une distribution uniforme à ± 0,2 % avec 27 tirages aléatoires.

9.3 Intégration d'un passe-bande

Le passe-bande LDI a été réalisé. L'intégration a été effectuée au CNET (Centre National d'Étude des Télécommunications) de Grenoble en technologie CMOS.1T. Pour obtenir le maximum de précision, les valeurs de capacités de la cascade LDI (figure 9.19) ont été discrétisées (tableau 9.8). La figure 9.31 montre l'influence de la discrétisation sur la réponse en bande passante.

Biquad 1	Biquad 2	Biquad 3
$C_{11} = 170$	$C_{31} = 100$	$C_{51} = 127$
$C_{12} = 17$	$C_{32} = 5$	$C_{52} = 5$
$C_{13} = 109$	$C_{33} = 69$	$C_{53} = 69$
$C_{14} = 16$	$C_{34} = 16$	$C_{54} = 70$
$C_{21} = 21$	$C_{41} = 65$	$C_{61} = 33$
$C_{22} = 13$	$C_{42} = 45$	$C_{62} = 19$
	$C_{43} = 12$	$C_{63} = 6$
Aire capacitive = 987 C_{unit} de 0,2 pF		

Tableau 9.8 Valeurs discrétisées des condensateurs de la cascade LDI.

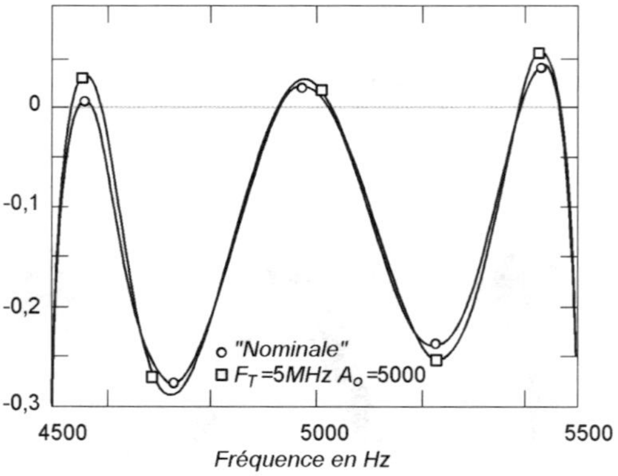

Figure 9.31 Réponse en bande passante de la cascade « discrétisée ».

La figure 9.32 correspond à la superposition des courbes de réponse en bande passante des 15 filtres mesurés. La valeur moyenne et l'écart type sont donnés sur la figure 9.33. Si, globalement, les résultats sont conformes aux différentes analyses théoriques, on constate une erreur systématique pouvant être attribuée à la section passe-haut réjectrice. Compte tenu de cette erreur, la précision sur les rapports capacitifs est probablement inférieure au 0,2 % pris comme base lors de l'analyse statistique figurant en 9.2.2.

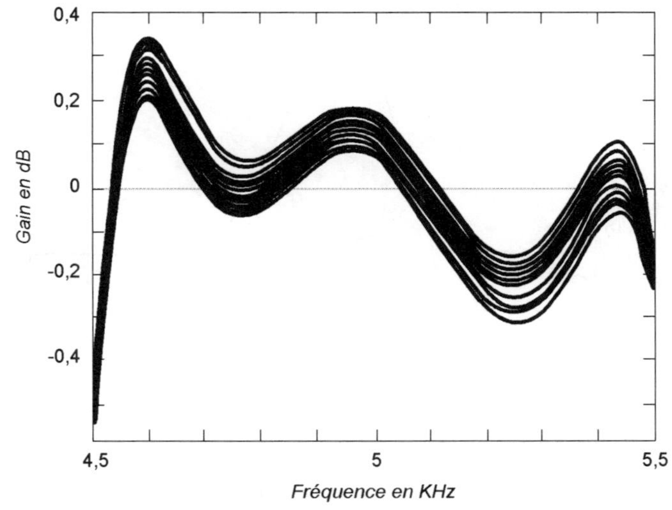

Figure 9.32 Réponses mesurées en bande passante avec correction du sinus cardinal.

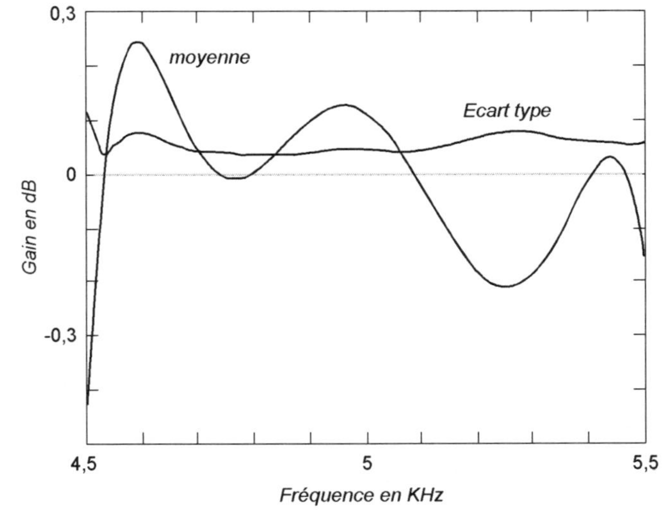

Figure 9.33 Moyenne et écart type avec correction du sinus cardinal.

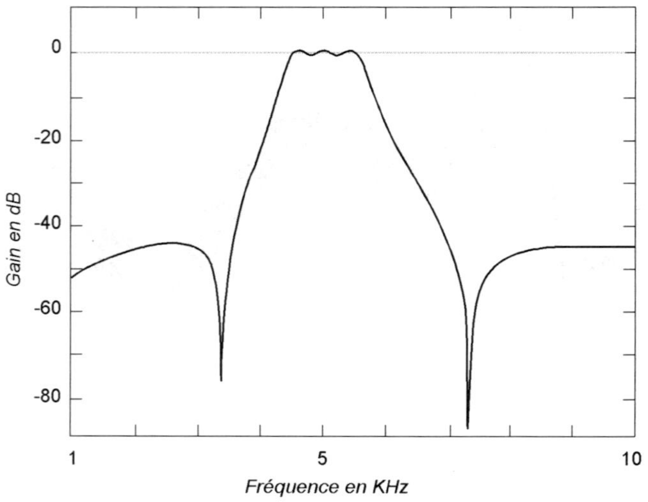

Figure 9.34 Réponse globale mesurée avec correction du sinus cardinal.

Deuxième partie – Conversion

Chapitre 10
Conversion analogique numérique

Conversion analogique/numérique

CHAPITRE 10

10.1 Introduction

Le développement actuel des systèmes microélectroniques est dû en bonne partie aux capacités de la technologie CMOS d'intégrer sur un seul circuit une importante puissance de manipulation de données numériques.
Les avantages sont importants aussi bien au niveau du traitement des données, que de leur transmission ou de leur stockage. Cependant, cette information numérique s'obtient très souvent, à un moment ou à un autre, à partir du traitement analogique d'une mesure. Cette étape de conversion d'un codage analogique à un codage numérique et vice-versa peut être séparée du traitement des résultats, mais les avantages de pouvoir réunir ensemble électronique analogique, numérique ainsi que les interfaces de passage sont tels que l'on privilégie, aussi souvent que possible, l'intégration monolithique à toute autre solution.
Du fait même de leur rôle de passage entre l'analogique et le numérique, les convertisseurs se trouvent employés à différents niveaux dans les applications. Il est cependant possible d'établir un schéma assez typique de chaîne de traitement de l'information, que la technologie permet de réaliser, et que l'on retrouve donc assez souvent du fait qu'il utilise toutes les potentialités du CMOS dans le domaine du traitement mixte des signaux.
Ce système complet d'analyse, de traitement de mesure et d'asservissement est ainsi constitué avec un préfiltrage à capacités commutées, une conversion puis un traitement du signal en numérique et, enfin, un retour au signal analogique, sans bien sûr oublier le quasi obligatoire filtre anti-repliement en entrée, indispensable dès que le calcul se fait en temps échantillonné (figure 10.1).

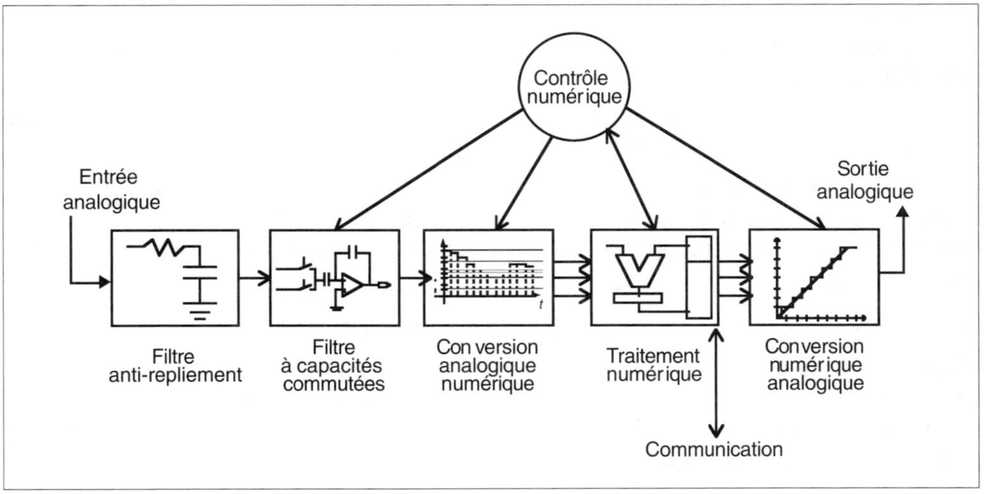

Figure 10.1 Chaîne de traitement de mesures.

De plus, pour peu que l'on ait réalisé les différentes fonctions avec quelques paramètres adaptables, profitant en particulier de la souplesse de modification de la fonction des circuits à capacités commutées en fonctionnement et de l'intégration numérique, le circuit constitué ne sera pas cantonné à un seul type d'application ou de signal mais pourra jouer le rôle de pseudo microcontrôleur analogique dédié.

Dans ce contexte, la conversion ne doit pas devenir le goulot d'étranglement du système. Et pourtant, du fait des caractéristiques de vitesse et de précision demandées, le développement du convertisseur peut rapidement devenir un point critique où des choix importants doivent être faits. Les nécessités technologiques peuvent, par exemple, imposer la révision des objectifs de précision, le coût, la réduction de surface et l'application, la diminution de la consommation. C'est pourquoi une structure convient plus ou moins à un type d'application et a toujours une ou plusieurs variantes dans le but d'augmenter la précision ou la rapidité de la conversion, voire les deux simultanément, au prix d'une complexité plus importante.

Parmi les architectures de convertisseurs en technologie CMOS, certaines sont directement dérivées de modèles couramment utilisées en bipolaire (convertisseurs à rampe, flash), avec parfois une adaptation particulière (réseau de résistances transformé en réseau de capacités), d'autres ont été développées grâce aux possibilités des capacités commutées (algorithmique et ses variantes) ; enfin, la dernière catégorie existait déjà en bipolaire, mais uniquement en modèle expérimental, et n'a pu se développer réellement qu'avec la haute intégration du CMOS (Sigma-Delta).

Avant de présenter les architectures, il est nécessaire de commencer par présenter l'opération de conversion et ses propriétés.

10.11 Codification

La conversion analogique/numérique est l'étape qui permet de passer d'un signal analogique, continu dans le temps et dans l'espace (tension), à un signal numérique, quantifié non seulement dans l'espace (quantification), mais aussi dans le temps, car mesuré à certains instants les plus précis possible (échantillonnage). La technique même des capacités commutées, qui est de nature analogique, mais à temps échantillonné, se prête ainsi particulièrement bien à la conversion.

Le changement de nature du signal modifie ses propriétés, ce dont il faut tenir compte dans les analyses des convertisseurs. L'obligation d'échantillonner impose bien sûr de placer un filtre antirepliement en entrée des systèmes de conversion. Les contraintes sur ce filtre à temps continu sont plus ou moins relâchées selon le signal d'entrée et la méthode de conversion (*cf.* en particulier les convertisseurs à suréchantillonnage paragraphe 10.14).

Deux grandes étapes sont nécessaires lors de la conversion.

• Échantillonnage-blocage
Le signal est mémorisé à un instant le plus précis possible et cette valeur est maintenue constante. Ce maintien est nécessaire pour éviter toute variation de l'entrée pendant le temps de la conversion qui peut être plus ou moins important selon le convertisseur.

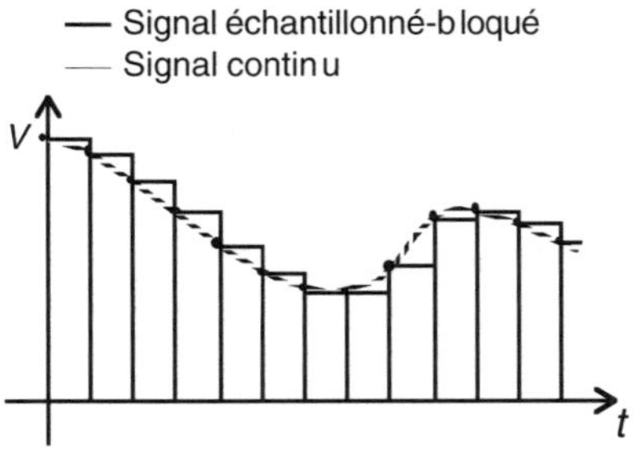

Figure 10.2 Échantillonnage – blocage.

• Quantification
L'espace des mesures est divisé en intervalles numérotés. La valeur numérique de sortie s'obtient en prenant le numéro de l'intervalle dans lequel est compris la tension à convertir. C'est donc une valeur approchée de la valeur réelle.

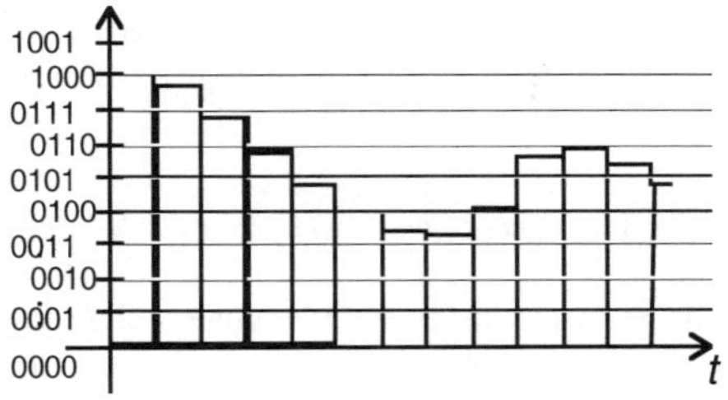

Figure 10.3 Quantification.

La quantification la plus fréquente est une quantification linéaire (figure 10.4) où tous les intervalles ont la même largeur et ont des numéros consécutifs. C'est la seule qui sera étudiée ici bien que d'autres lois existent, en particulier la loi logarithmique (codage des petites valeurs avec plus de précision que les grandes) peut être assez souvent rencontrée (en particulier dans la téléphonie).

La loi elle-même peut utiliser différentes écritures pour coder les mêmes valeurs. Les codages les plus fréquents pour la loi linéaire sont :

• Binaire,
• BCD,
• Gray.

Ce ne sont que des écritures différentes de la même loi et des mêmes nombres, le passage de l'une à l'autre se fait aisément par de simples opérations numériques une fois que la quantification a été effectuée.

C'est bien sûr cette étape de quantification qui donne le temps et la précision de la conversion, mais elle introduit aussi un certain nombre d'erreurs dans le résultat final. L'étude du codage binaire permet de définir un certain nombre de paramètres qualifiant ces erreurs.

10.12 Codage binaire

Fonction de transfert

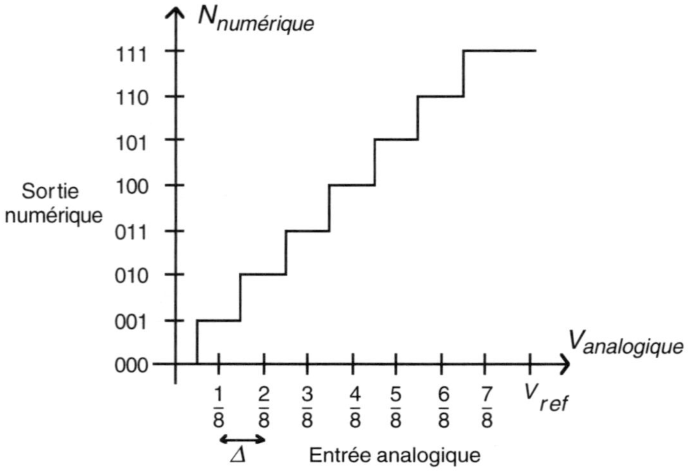

Figure 10.4 Fonction de transfert idéal (CAN 3 bits).

La gamme de tension d'entrée est divisée en intervalles et à chaque valeur analogique à convertir est associée une valeur numérique de sortie qui correspond à la borne la plus proche de l'intervalle dans lequel se trouve la tension analogique. Pour cela, la comparaison est effectuée en fait avec la valeur médiane des intervalles. Le mot de sortie vaut la borne inférieure de l'intervalle si la tension d'entrée est inférieure à la valeur médiane, et la borne supérieure dans le cas contraire.

Soit un mot binaire :

$$B = b_{N-1}b_{N-2}\ldots b_1b_0$$

Les bits b_i sont indicés dans un ordre décroissant de la gauche vers la droite, aussi b_{n-1} est-il appelé le bit le plus significatif (MSB : *Most Significant Bit*), et b_0 le bit le moins significatif (LSB : *Less Significant Bit*).

Les b_i ne pouvant prendre que la valeur 0 ou 1, la tension *analogique* correspondant à la valeur *numérique* est :

$$V_{codée} = \frac{V_{ref}}{2}\left(b_{N-1} + \frac{b_{N-2}}{2} + \ldots + \frac{b_1}{2^{N-2}} + \frac{b_0}{2^{N-1}}\right) \quad (10.1)$$

La conversion analogique/numérique se fait en considérant l'appartenance de la tension à un intervalle ; il y a donc naturellement une différence entre la valeur de tension codée et la valeur réelle d'entrée qui ne coïncide pas avec les bornes de cet intervalle. C'est l'erreur de conversion. Elle est aussi notée *tension de résidu* dans la formule de quantification.

Plus une conversion est précise, plus la valeur de ce résidu est faible.

$$V_{analogique} = V_{codé} + V_{résidu}$$

Prenons par exemple un codage sur quatre bits et une tension de référence $V_{ref} = 5$ V. Une valeur numérique 1010 correspond à une tension analogique de 3,125 V.

La fonction de transfert en marche d'escalier (figure 10.4) est définie pour la gamme de tension d'entrée qui va de 0 à V_{ref}. Toute tension supérieure à V_{ref} ou inférieure à 0 est en dépassement de capacité et la sortie ne varie plus suivant l'entrée. Les caractéristiques qui vont être décrites par la suite ne seront donc plus valables si l'entrée sort de la gamme de tension du convertisseur.

Résolution

Pour le convertisseur analogique/numérique, c'est la plus petite variation de l'entrée qui fait changer la sortie numérique et pour le convertisseur numérique/analogique, c'est la plus petite variation de la sortie induite par un changement du code numérique d'entrée.

Elle peut s'exprimer en pourcentage de la pleine échelle ou en nombre de bits.

Pas de quantification

Un convertisseur ayant une tension maximale d'entrée V_{max} et une résolution de N bits a un pas de quantification de :

$$\Delta = \frac{V_{max}}{2^N} \quad (10.2)$$

2^N correspond au nombre d'intervalles découpant la gamme d'entrée. Ainsi, un CAN 8 bits ayant une pleine échelle (c'est-à-dire une tension maximale égale à la tension de référence) de 10 V a un pas de quantification de 39 mV ; le même convertisseur avec une pleine échelle de 5 V a un pas de 19 mV.

Erreur de quantification

La quantification introduit un bruit résultant de la différence entre la valeur analogique et la valeur numérique codée. Ce bruit varie en dents de scie (figure 10.5) et vaut au maximum

$$\pm\frac{1}{2}LSB = \pm\frac{V_{max}}{2^{N+1}}$$

dans la gamme d'entrée du convertisseur. Hors de cette gamme, l'erreur n'est plus bornée.

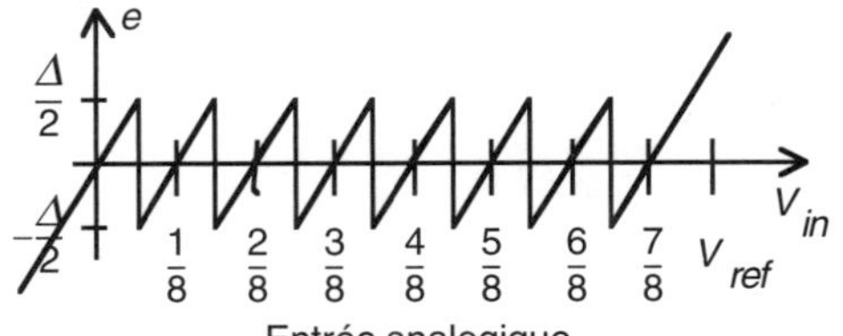

Figure 10.5 Erreur de quantification.

Le tableau 10.1 donne la résolution et l'erreur de quantification pour des conversions avec des nombres croissants de bits.

C'est cette erreur de quantification, qui parasite le signal utile, il est donc nécessaire d'étudier sa répartition dans le domaine fréquentiel en utilisant ses propriétés statistiques.

Nombre de bits	Résolution (%)	Erreur de quantification (%)
6	1,56	0,78
8	0,4	0,2
10	0,1	0,05
12	0,025	0,012
14	0,006	0,003
16	0,0015	0,0007

Tableau 10.1 Résolution.

10.13 Bruit de quantification

On admet que si le signal d'entrée est de répartition continue, que son amplitude n'excède pas le format du quantificateur et que son écart type est supérieur à quelques pas de quantification, alors l'erreur de quantification est non corrélée avec le signal d'entrée.

Dans ces conditions, l'erreur de quantification est assimilable à un bruit blanc échantillonné de moyenne nulle ayant une égale probabilité de se trouver dans l'intervalle $[-\Delta/2,\ \Delta/2]$, Δ étant le pas de quantification.

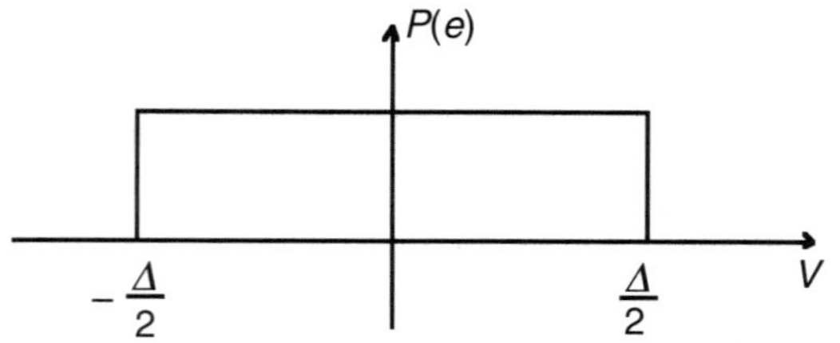

Figure 10.6 Répartition du bruit de quantification.

Sa variance est donnée par :

$$\sigma^2 = \frac{1}{\Delta}\int_{\frac{\Delta}{2}}^{+\frac{\Delta}{2}} e^2 de = \frac{\Delta^2}{12} \qquad (10.3)$$

Elle représente la puissance du bruit de quantification échantillonné à une fréquence f_e. Or, quand un signal est échantillonné à une fréquence f_e, toute la puissance de bruit se trouve dans la bande :

$$-\frac{f_e}{2} \leq f \leq \frac{f_e}{2}$$

Il en résulte une densité spectrale de puissance :

$$d_{sp_e} = \frac{\Delta^2}{12 f_e} \qquad (10.4)$$

La figure 10.7 donne l'allure du spectre d'un signal échantillonné et du bruit introduit par la quantification.

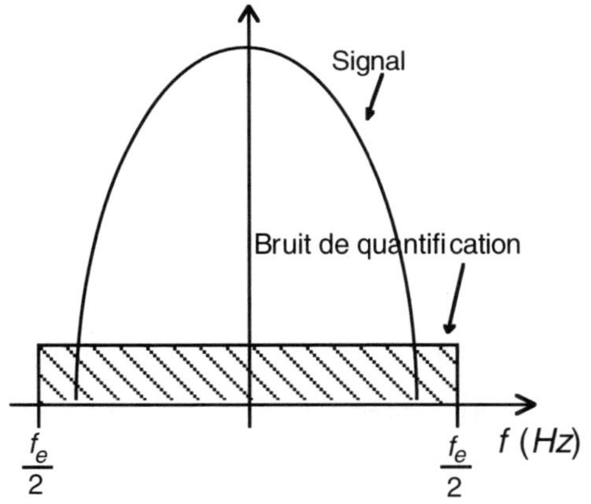

Figure 10.7 Spectre du signal.

Rapport Signal sur Bruit (SNR) dans la bande passante

C'est une valeur qui permet d'exprimer le rapport entre la puissance du signal et la puissance du bruit dans la bande passante, donc dans la bande où le bruit ne peut pas être supprimé par filtrage.

Dans un convertisseur parfait, il n'est fonction que du nombre de bits du résultat et peut être évalué par le calcul suivant, qui n'est cependant valable que pour les signaux et les convertisseurs répondant au théorème de Shannon. Le cas des convertisseurs à suréchantillonnage sera traité dans la section des convertisseurs Sigma-Delta (*cf.* paragraphe « La conversion Sigma-Delta »).

$$SNR = \frac{\sigma_x^2}{\sigma_q^2} = 12\left(\frac{\sigma_x}{\Delta}\right)^2$$

où σ_x^2 est la variance du signal d'entrée et σ_q^2 celle du bruit de quantification.

Il est donc possible d'écrire :

$$SNR_{dB} = 10\log_{10} SNR$$
$$= 20\log_{10}\left(\frac{\sigma_x}{\Delta}\right) + 10,8 \text{ dB}$$
$$= 6,02N + 20\log_{10}\left(\frac{\sigma_x}{V_{max}}\right) + 10,8 \text{ dB}$$

Si le signal d'entrée est une sinusoïde d'amplitude crête à crête V_{max}, alors :

$$\sigma_x^2 = \frac{V_{max}^2}{8}$$

Il en découle que :

$$SNR_{dB} = 6,02N + 1,76 \text{dB} \qquad (10.5)$$

L'erreur de quantification est inhérente à la conversion analogique/numérique. Ce n'est cependant pas la seule source d'erreurs entre l'entrée et la sortie. Chaque architecture de convertisseur, ayant ses limitations, introduit des distorsions supplémentaires. Le but d'une conception soignée sera de minimiser ces erreurs pour se rapprocher au maximum du rapport signal sur bruit théorique.

10.14 Caractéristiques des convertisseurs

Distorsion harmonique totale : THD

Des harmoniques peuvent être créées lors de la conversion d'une sinusoïde, à des fréquences multiples de la fréquence fondamentale.

La caractérisation de ce défaut se fait en ne tenant compte que des cinq premières harmoniques, les suivantes étant en général de moindre importance.

$$THD_{dB} = 20\log\left(\frac{\sqrt{V_2^2 + V_3^2 + V_4^2 + V_5^2 + V_6^2}}{V_1}\right) \qquad (10.6)$$

où V_1 est l'amplitude du fondamental et $V_2,\ldots,V_6$ sont les amplitudes des harmoniques.

Distorsion par intermodulation : IMD

Si deux sinusoïdes de fréquences différentes F_1 et F_2 sont appliquées à l'entrée d'un système non linéaire, il y a création de distorsions en sortie. Celles-ci sont à des fréquences $f_{dist} = iF_1 \pm kF_2$, avec i et k entiers.

$$IMD_{dB} = 20\log\left(\frac{\sqrt{\sum_{Harmoniques} V_{harmoniques}^2}}{\sqrt{V_1^2 + V_2^2}}\right)$$

V_1 et V_2 sont les amplitudes des deux sinusoïdes constituant le signal d'entrée.

Erreur d'offset

C'est un décalage de la courbe de transfert par rapport à la courbe idéale. On en trouve principalement la cause dans les offsets des amplificateurs et des comparateurs.

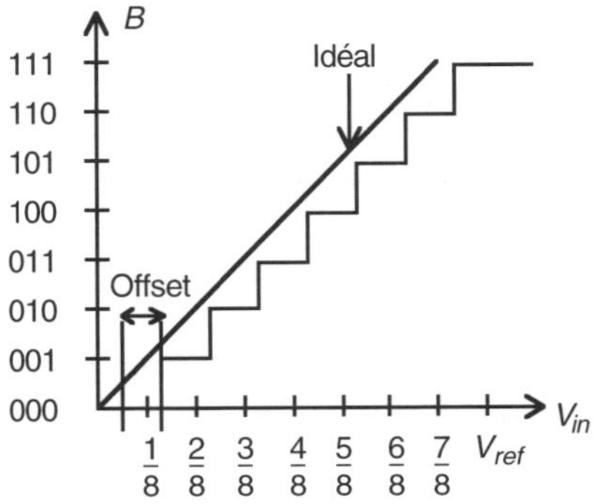

Figure 10.8 Erreur d'offset.

Erreur de gain

La pente de la fonction de transfert du convertisseur est différente de la pente idéale. On obtient ainsi une sortie numérique pleine échelle pour une valeur de tension d'entrée ne correspondant pas à la gamme d'entrée idéale. Cette erreur peut être due à des erreurs sur la référence de tension, sur les valeurs des capacités (ou des résistances) ou sur les gains des amplificateurs.

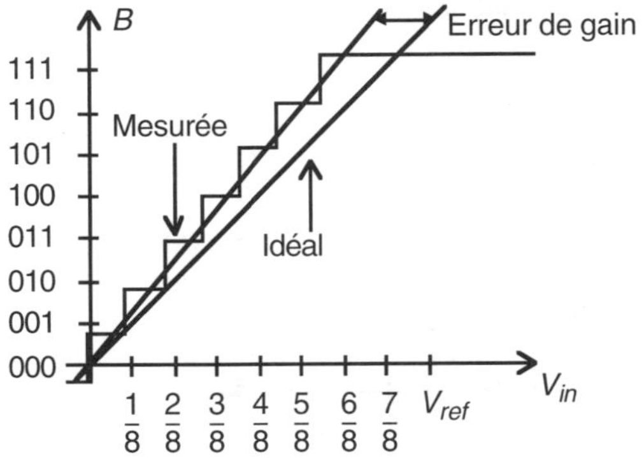

Figure 10.9 Erreur de gain.

Erreur d'hystérésis

Les tensions de transition entre les niveaux de sortie peuvent être différentes selon le sens dans lequel la fonction de transfert est parcourue lors des conversions successives.

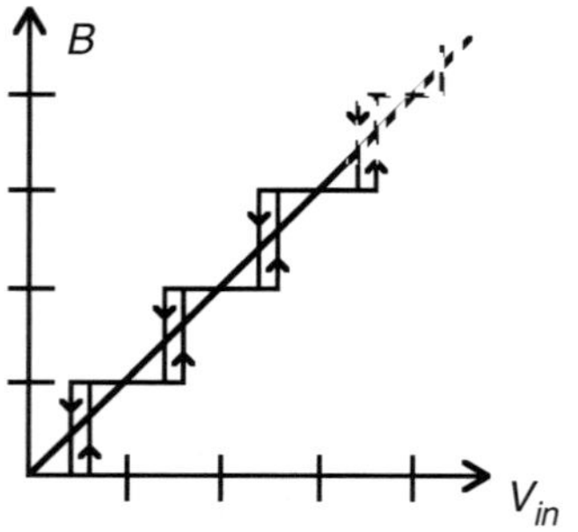

Figure 10.10 Erreur d'hystérésis.

L'origine peut se trouver dans l'hystérésis des comparateurs ou dans une décharge incomplète des capacités (effet de mémoire).

Monotonie

Un convertisseur est monotone si toute variation de l'entrée provoque une variation de même signe de la sortie.

Non-linéarité différentielle (NLD)

C'est la mesure de la déviation de la largeur d'un pas de la fonction de transfert par rapport à la largeur idéale d'un LSB. Elle s'exprime en LSB.
Par exemple, sur la figure 10.11 le code de sortie 001 aura une non-linéarité différentielle de

$$\frac{L_1 - LSB}{LSB} = \frac{1}{10} LSB$$

C'est une mesure qui peut être faite pour chaque code.

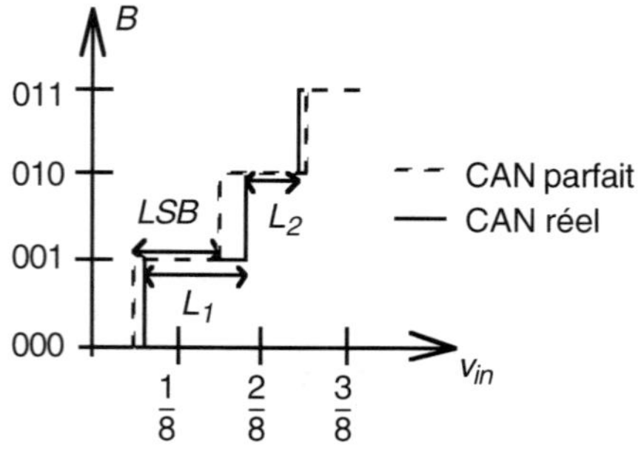

Figure 10.11 Non-linéarité différentielle.

Si la non-linéarité différentielle d'un CAN est supérieure à un LSB, il lui manque un code, ce qui signifie qu'il n'atteint pas la précision indiquée. Un CAN 8 bits, avec une NLD de 1 bit sera plutôt un 7 bits. Un CNA avec une NLD supérieure à un bit est non monotone.

Non-linéarité intégrale

C'est le plus grand écart entre la fonction de transfert et la droite de conversion idéale.

Nombre effectif de bits (ENOB)

C'est une mesure de la précision effective d'un convertisseur.

À partir de la mesure d'un rapport signal sur bruit réel, on détermine le nombre effectif de bits du convertisseur et non plus une valeur théorique :

$$ENOB = \frac{SNR_{R\,el} - 1{,}76 \text{ dB}}{6{,}02} \tag{10.7}$$

Cette valeur peut varier avec la fréquence de conversion qui est imposée. Elle peut être par exemple de 8 bits à 10 kHz et chuter à 6 bits à 1 MHz, si les lignes internes du circuit n'ont plus le temps de se charger correctement.

Temps d'établissement

C'est le temps nécessaire au convertisseur pour répondre à une variation pleine échelle du signal d'entrée.

C'est un paramètre important si plusieurs canaux externes sont multiplexés sur le même signal d'entrée.

Dans le cas de la conversion numérique/analogique, c'est le temps mesuré pour que la sortie atteigne sa valeur finale avec une précision de (± 1/2) *LSB*.

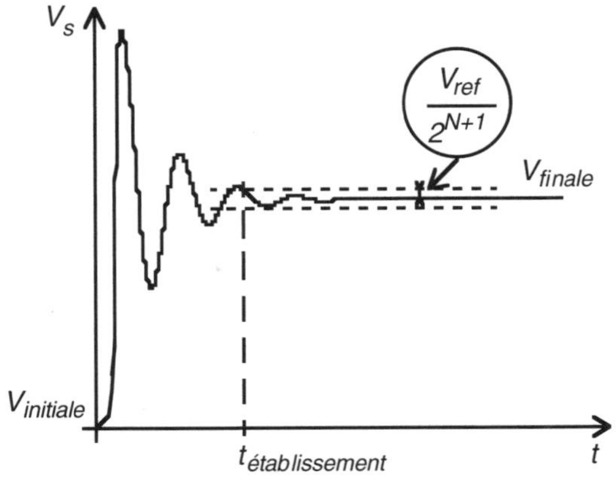

Figure 10.12 Temps d'établissement.

Impulsion parasite

Pour les convertisseurs N/A, les transitions du code d'entrée peuvent faire apparaître des impulsions parasites en sortie (*glitches*). Ce phénomène arrive en général pour des transitions où une majorité de bits changent de valeur, par exemple de 011… 1 à 100… 0. Elles sont caractérisées par leur *énergie,* c'est-à-dire leur aire.

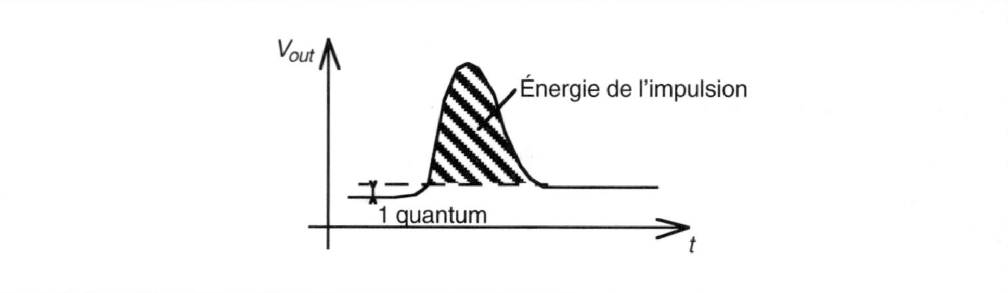

Figure 10.13 Transitoire parasite.

Dans le cas de la reconstruction d'une sinusoïde, ce phénomène se produit à son maximum deux fois par cycle. Si f_0 est la fréquence du signal et f_e la fréquence d'échantillonnage, alors le signal de sortie contient au moins une harmonique qui, du fait qu'elle est située dans la bande passante, ne peut pas être filtrée (figure 10.14).

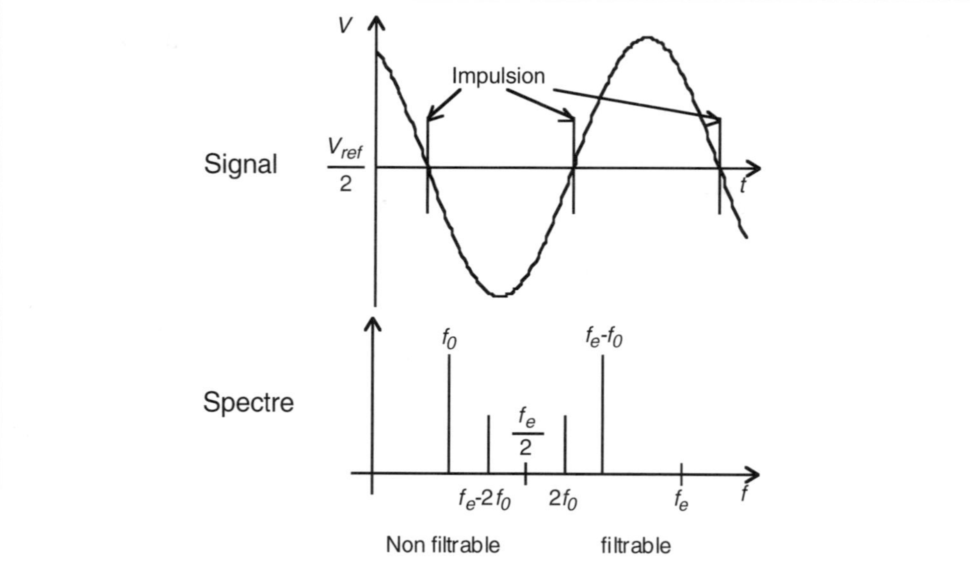

Figure 10.14 Bruit non filtrable.

Une solution possible est de placer un échantillonneur-bloqueur en sortie du CNA de façon à ne délivrer le signal que quand il est établi, après le transitoire comprenant l'impulsion.

Temps d'ouverture

Quand le signal de commande demande une conversion, il s'écoule un certain temps entre le changement de la commande et sa prise en compte effective. Ce temps de délai à l'ouverture (*aperture time*) peut être causé par le temps de traitement de la commande et par le temps de prise en compte par l'échantillonneur-bloqueur d'entrée du convertisseur. En conséquence, si le signal d'entrée varie, la valeur prise en compte lors de la conversion n'est pas exactement celle demandée à l'instant de la commande. Il en résulte une erreur de conversion (figure 10.15). Ce temps de délai est considéré comme négatif si le signal à convertir est retardé par rapport à la commande, et positif si c'est la commande qui prend du retard du fait des délais internes.

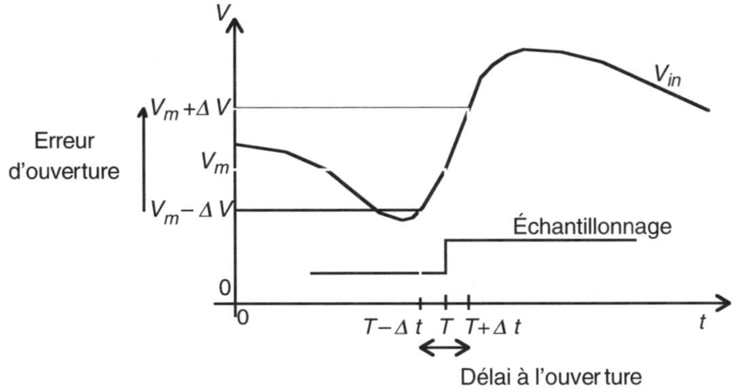

Figure 10.15 Temps d'ouverture.

L'erreur sur la sortie dépend du temps d'ouverture et de la vitesse du signal.

$$\Delta V = \Delta t \frac{\mathrm{d}V_{in}}{\mathrm{d}t}$$

L'élément crucial à optimiser pour minimiser cette erreur est l'échantillonneur-bloqueur d'entrée du convertisseur.

Si tous les convertisseurs sont censés fournir le même résultat pour une même entrée, la procédure pour y arriver peut prendre des voies très différentes en terme d'architecture. Ces différences ont des conséquences sur ce qui sera les critères de choix les plus importants : la précision (en nombre de bits effectifs), le temps de conversion pour un résultat à la précision demandée, et le compromis qu'il est nécessaire de faire entre ces deux paramètres pour obtenir une surface et une consommation adaptée à l'application et au prix requis.

Les différentes architectures de convertisseurs qui sont présentées ont été classées par ordre croissant de vitesse de conversion. Cela n'empêche pas que d'un type à l'autre, les performances grâce à différentes astuces, puissent parfois se rapprocher.

Les architectures utilisant les capacités commutées sont les mieux adaptés à la technologie MOS pour parvenir à une précision élevée, d'autres solutions sont cependant proposées (à temps continus), car elles permettent d'obtenir les rapidités plus importantes requises par certaines applications.

Après les techniques classiques de conversion, les convertisseurs à suréchantillonnage sont présentés, avec en particulier les modulateurs Sigma-Delta et leurs avantages de simplicité analogique, de précision de conversion et leurs désavantages de théorie complexe et de la nécessité d'un filtre de sortie.

Enfin, quelques méthodes de test fonctionnels des convertisseurs sont développées.

10.2 Convertisseur A/N à rampe

Les premières architectures seront celles des *convertisseurs à rampe*. Elles sont parmi les plus anciennes et souvent utilisées pour faire des mesures précises sur des signaux variant très lentement. Il est possible d'obtenir alors des précisions de 20 bits.

La première version de cette architecture est le convertisseur simple rampe (figure 10.16). La tension à convertir est comparée à une rampe de tension de pente connue. Quand les deux sont égales, un comparateur stoppe un compteur qui avait démarré au début de la conversion. Connaissant le temps (compteur) et la pente, on peut en déduire la valeur de la tension d'entrée.

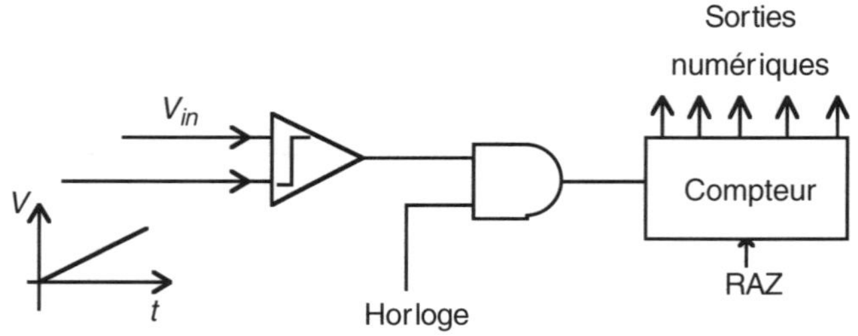

Figure 10.16 CAN à rampe.

La rampe de tension de comparaison est produite en intégrant une tension de référence (figure 10.17). À chaque cycle, la tension de sortie augmente de $(C_1/C_2)\ V_{ref}$. Par rapport à une structure intégratrice à temps continu, la précision ne dépend pas de la précision de l'horloge mais du comparateur, de l'amplificateur et, surtout, de la précision des valeurs des capacités implantées.

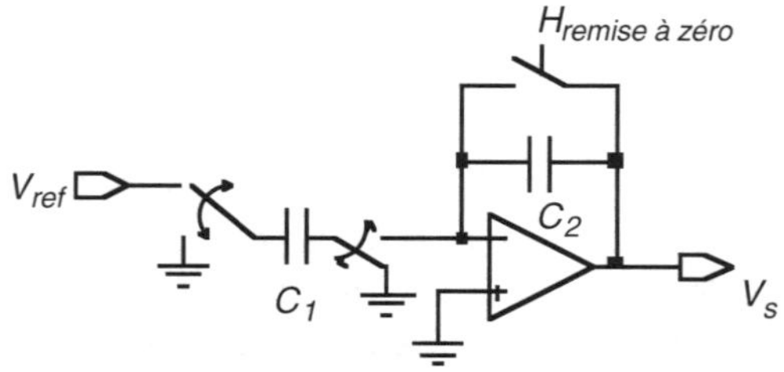

Figure 10.17 Générateur de rampe.

Il est possible d'augmenter la précision en se débarrassant des termes de capacités. Il faut pour cela utiliser une conversion dite double rampe.
Durant la première partie de la conversion, V_{in} est intégrée pendant un temps T_0 constant, indépendant de l'entrée. À la fin de cette période la sortie vaut

$$V_s = N\frac{C_1}{C_2}V_{in}$$

où N est le nombre de cycles correspondant à ce temps d'intégration. La seconde partie va consister à faire diminuer cette sortie avec une pente constante et connue jusqu'au retour à zéro. Or, avec un intégrateur à capacités commutées il est également possible de faire varier la sortie de façon que

$$V_{s(n+1)} = V_{out(n)} - \frac{C_1}{C_2} V_{ref}$$

à chaque cycle (figure 10.18).

Connaissant le nombre P de cycles qui a été nécessaire pour ce résultat nul et le nombre N d'intégration initiale qui est fixé, il est possible de connaître la valeur de la tension d'entrée indépendamment de la valeur des composants.

$$N \frac{C_1}{C_2} V_{in} = P \frac{C_1}{C_2} V_{ref} \quad \Rightarrow \quad V_{in} = \frac{P}{N} V_{ref}$$

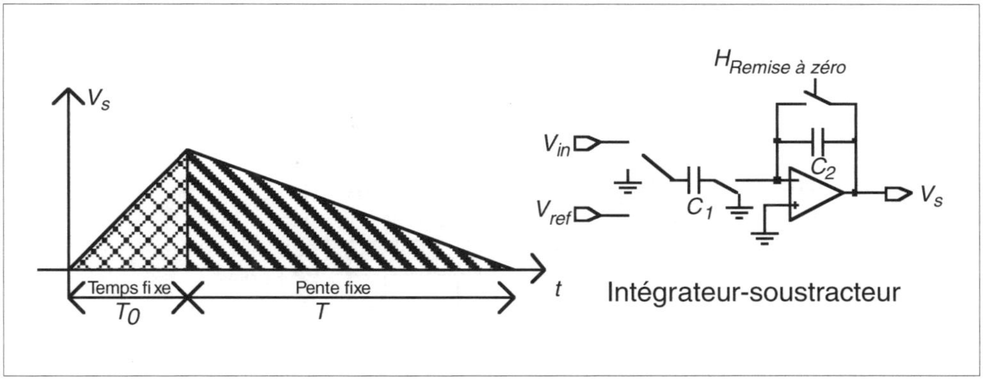

Figure 10.18 Double rampe.

Un des avantages d'un intégrateur à capacités commutées sur un intégrateur à temps continu est qu'il est possible de changer sa fonction simplement en modifiant les moments de commutation des interrupteurs, donc en transformant les signaux numériques d'horloges, et ceci sans surcoût analogique et sans avoir besoin d'une source de tension de signe opposée pour faire la soustraction.

Les termes provenant des capacités éliminés, il ne reste plus que les paramètres dépendant de la tension de référence, du comparateur et de l'amplificateur. En particulier, l'offset de celui-ci est intégré pendant toute la durée de conversion, ce qui peut diminuer la résolution. Il est toujours envisageable d'utiliser des intégrateurs plus sophistiqués corrigeant ces défauts. Il existe cependant toujours un risque de tension de défauts résiduels. La résolution peut cependant être encore améliorée en faisant une première conversion avec la tension d'entrée, puis en convertissant l'erreur grâce à une conversion avec une tension d'entrée nulle. La correction de la valeur finale se fait ensuite par calcul numérique (quadruple rampe).

10.3 Convertisseur à approximations successives

10.31 Principe

Cette méthode de conversion est basée sur la génération de valeurs numériques qui sont comparées à la tension analogique à convertir de façon à encadrer (dichotomie) de plus en plus finement le résultat final.

Pour effectuer la comparaison, il est nécessaire d'utiliser un convertisseur numérique/analogique dont les caractéristiques ne doivent pas introduire de non-linéarités, qui se retrouveraient dans la fonction de transfert globale.

Soit $B = b_{N-1}b_{N-2}\ldots\ b_1b_0$, la sortie numérique ; de valeur indéterminée initialement, la conversion commence en prépositionnant le MSB à 1 et les autres bits à 0. La valeur numérique 100… 00 est ensuite convertie en analogique, puis cette tension V_{ana} est comparée à la tension analogique d'entrée échantillonnée bloquée. Si la tension d'entrée est inférieure au résultat, on repositionne le MSB à 0 sinon on le garde à 1. Il faut ensuite traiter, successivement, le bit de poids inférieur et les autres bits de façon analogue (prépositionnement à 1, puis évaluation). La conversion est finie quand le LSB a été traité.

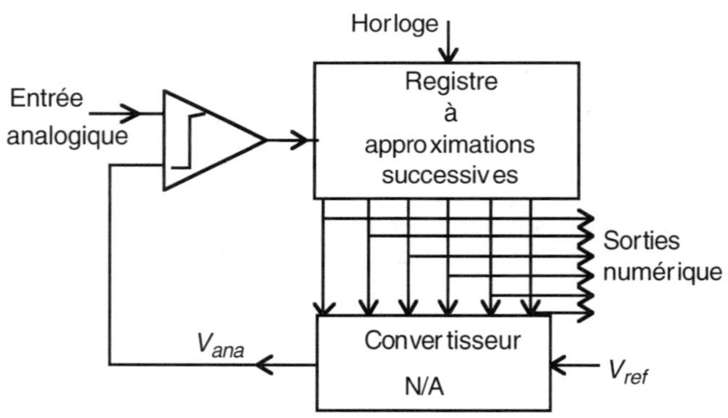

Figure 10.19 CAN à approximation successive.

Prenons l'exemple d'un convertisseur 4 bits dont la gamme de tension d'entrée est [0 – 1 V]. La résolution est donc de 0,0625 V. Le tableau 10.2 décrit les différents cycles de la conversion de V_{in} = 0,7 V.

T	Registre	Conversion analogique	> V_{in} ?	Décision
1	1000	0,5	Non	Bit conservé
2	1100	0,750	Oui	Bit remis à 0
3	1010	0,625	Non	Bit conservé
4	1011	0,6875	Non	Bit remis à 0

Tableau 10.2 CAN à approximation successive.

Il y a calcul d'un bit supplémentaire à chaque cycle, pour arriver au résultat final : 1011.

Ce convertisseur est sensible à l'offset du comparateur et à la linéarité du CNA.

L'implémentation en CMOS fait appel à un réseau de capacités et à la redistribution des charges sur ce réseau.

10.32 Convertisseur à redistribution de charges

L'idée va être d'utiliser un réseau de capacités de poids décroissants. La redistribution des charges sur ce réseau en fonction de la valeur à convertir effectue la conversion numérique/analogique et la comparaison entre tension d'entrée et valeur numérique.

La figure 10.20 représente un tel convertisseur ayant 5 bits de précision [52].

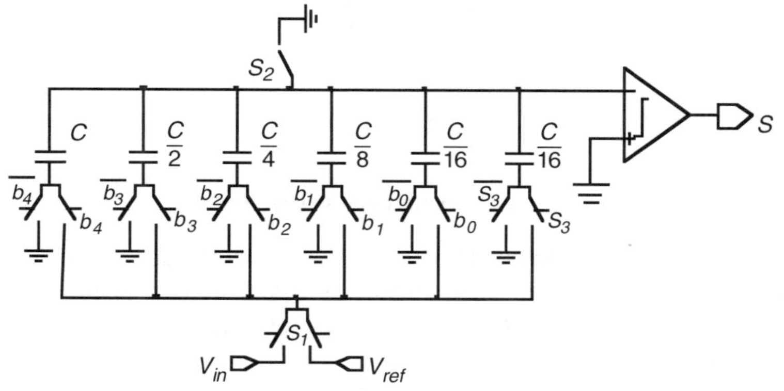

Figure 10.20 CAN à redistribution de charges.

Première étape : mesure de V_{in}

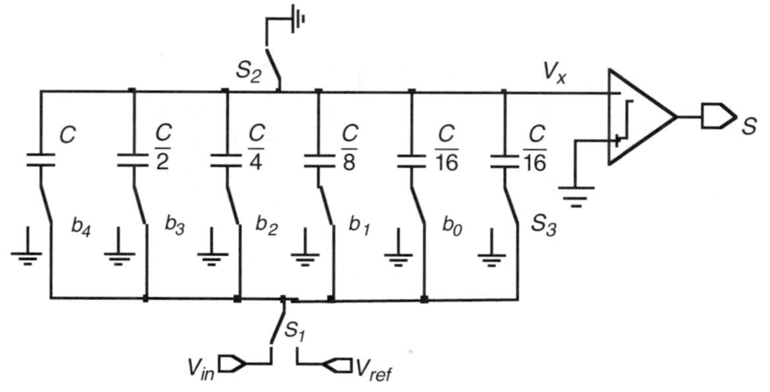

Figure 10.21 Mesure de l'entrée.

Le commutateur S_1 est fermé sur la tension à convertir, tandis que S_2 maintient la tension d'entrée du comparateur nulle $V_x = 0$. Ainsi, toutes les capacités sont chargées entre la masse et V_{in} ($b_0 = b_1 = \ldots = S_3 = 1$).

La charge totale stockée dans l'ensemble des capacités est : $Q = 2CV_{in}$

Deuxième étape : création d'un système isolé (figure 10.22)

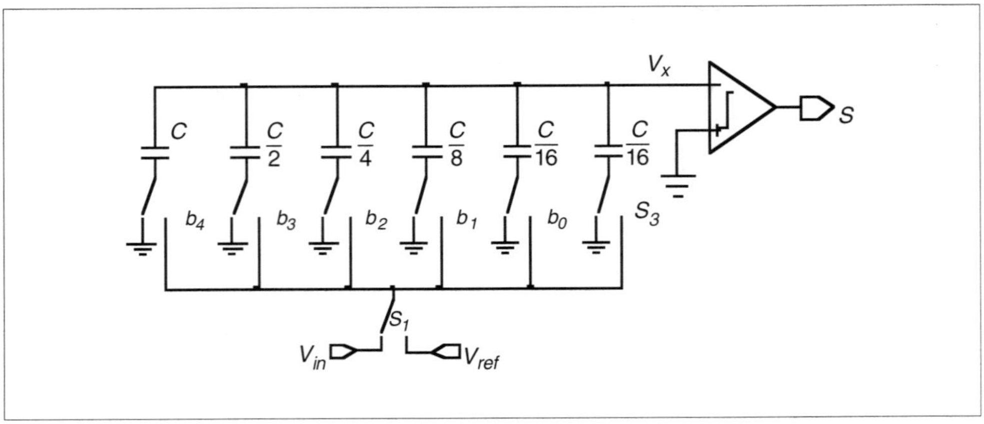

Figure 10.22 Création du système isolé

L'interrupteur S_2 s'ouvre. L'ensemble des armatures supérieures des capacités et du nœud d'entrée de l'amplificateur va former un système isolé ; il y aura donc conservation de la charge. Toutes les armatures inférieures des capacités sont basculées sur la masse ($b_0 = b_1 = \ldots = b_4 = 0$).

La charge est donc conservée ; elle peut cependant se réécrire sous la forme $Q' = 2CV_x$, ce qui permet d'obtenir que $V_x = -V_{in}$.

À la fin de cette étape, le commutateur S_1 bascule sur la tension de référence V_{ref}.

Troisième étape : évaluation successive des bits

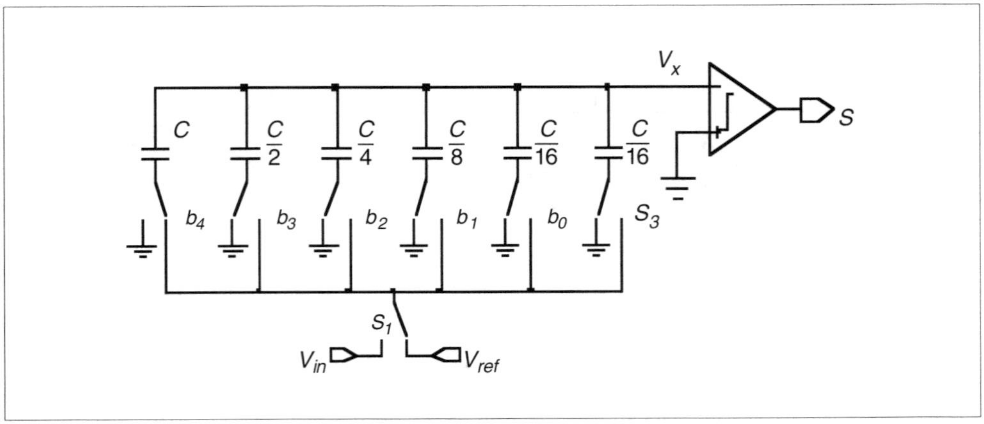

Figure 10.23 Évaluation du premier bit

Le MSB est positionné à 1 (figure 10.23) tandis que les autres bits restent à 0.

La capacité C est chargée à V_{ref} ($b_4 = 1$) ; la charge du système vaut donc :

$$Q'' = C(V_{ref} - V_x) - CV_x \quad \Rightarrow \quad V_x = -V_{in} + \frac{V_{ref}}{2}$$

En fonction du signe de V_x, le comparateur va basculer et il va y avoir évaluation de b_4 final. **Si** $V_x > 0$ **alors** $b_4 = 0$, **sinon** $b_4 = 1$, et cela du fait que

$$V_{codé} = \frac{V_{ref}}{2}(b_4 + \ldots)$$

Par la suite, cette valeur est conservée en tant que valeur mesurée du bit.

Étape suivante

C est chargée par $b_4 V_{ref}$ et b_3 va être évalué de la même façon en le prépositionnant à 1 et en maintenant les bits de plus faible poids à 0.

Le système reste isolé ; il y a donc toujours conservation de la charge :

$$Q''' = C(b_4 V_{ref} - V_x) - \frac{C}{2}(V_{ref} - V_x) - \frac{C}{2}V_x \Rightarrow V_x = -V_{in} + b_4 \frac{V_{ref}}{2} + \frac{V_{ref}}{4}$$

Là encore, si le résultat est négatif b_3 va être conservé à 1 et s'il est positif, il sera repassé à 0. L'évaluation des bits suivants se fait de même jusqu'au dernier, b_0. À ce moment là, le résidu de conversion vaudra :

$$V_x = -V_{in} + \frac{V_{ref}}{2}\left(b_{N-1} + b_{N-2}\frac{V_{ref}}{2} + \ldots + b_0 \frac{V_{ref}}{2^{N-1}}\right) \qquad (10.8)$$

Afin d'annuler l'offset du comparateur de sortie, celui-ci peut être remplacé par une structure plus complexe mémorisant cet offset lors de la première étape.

10.4 Convertisseur algorithmique

C'est la méthode de conversion qui est la plus utilisée en CMOS car, dans sa version de base, elle est particulièrement économique et, dans ses versions améliorées, la majorité des défauts grevant la précision peuvent être corrigés.

10.41 Convertisseur à recirculation

Le principe est de partir de l'écriture de la tension telle qu'elle est codée et d'appliquer une suite d'opérations répétitives (algorithme) pour effectuer la conversion. C'est ce principe qui est utilisé pour effectuer une conversion (conversion en base 2) manuellement [60].

Il y aura, pour la version la plus simple, une conversion bit par bit, en comparant la tension d'entrée avec la référence de tension. Selon le signe du résultat, le résidu est calculé en soustrayant ou non la tension de référence. Puis, ce résidu considéré comme la nouvelle tension à convertir est amené dans un convertisseur 1 bit pour calculer le bit suivant (figure 10.24).

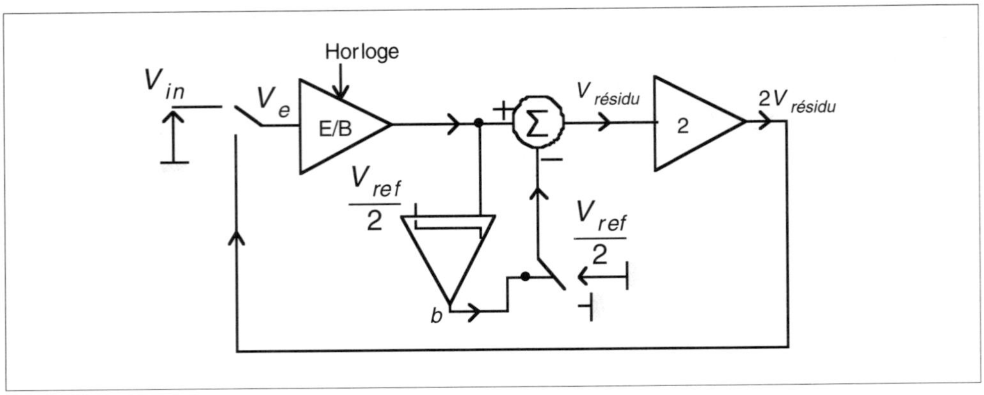

Figure 10.24 Conversion algorithmique : principe.

Étape 1 : acquisition de V_{in} : $V_e = V_{in}$

La tension d'entrée est mémorisée dans un échantillonneur-bloqueur.

Étape 2 : évaluation du bit

Si $V_{in} > V_{ref}/2$ **alors** $b = 1$, **sinon** $b = 0$

Étape 3 : calcul du résidu

Il y a soustraction de la référence si $b = 1$.

$$2V_{résidu} = 2V_{in} - bV_{ref} = \frac{V_{ref}}{2}\left(b_{N-2} + \frac{b_{N-3}}{2} + \ldots + \frac{b_0}{2^{N-2}}\right) \qquad (10.9)$$

Étape 4 : $V_e = 2V_{résidu}$

Lorsque le résidu est multiplié par 2, l'équation finale a exactement la même forme que le codage de départ. La conversion du bit suivant est donc possible avec une structure identique. C'est ce qui est fait en rebouclant la sortie du convertisseur sur l'entrée. Il y a retour à la première étape, mais cette fois $V_e = 2V_{résidu}$, et ceci jusqu'à la conversion du LSB. Les bits sortiront du convertisseur en série par ordre décroissant de poids, b_{N-1}, puis b_{N-2}...

Remarque

Il est possible d'utiliser le principe de la conversion algorithmique pour effectuer la conversion de plusieurs bits (*P* bits sur figure 10.25) à chaque passage dans la boucle. Dans un tel cas, le comparateur est remplacé par un CAN plus complexe (de type flash, par exemple) et il est nécessaire d'utiliser un CNA pour calculer le résidu. Il faudra également remplacer la multiplication par 2 du résidu par une multiplication par 2^P. Comme toujours dans une conversion analogique/numérique où un CNA est utilisé il est nécessaire que celui-ci soit étudié soigneusement pour éviter les non-linéarités.

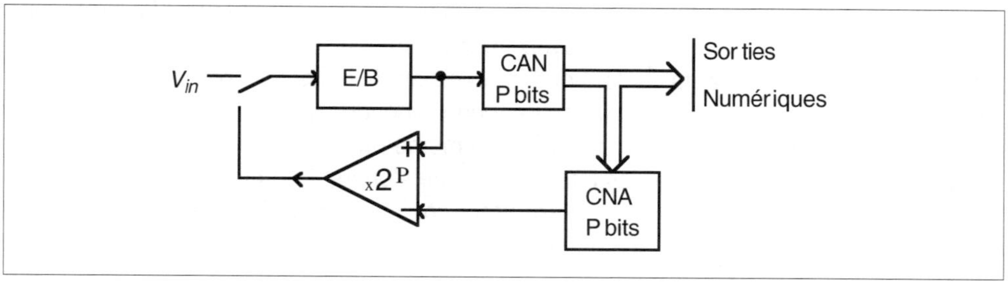

Figure 10.25 Algorithme sur plusieurs bits

Dans un tel montage, il est possible de corriger un certain nombre d'imperfections des éléments analogiques (qui sont détaillés plus loin dans ce chapitre) en ne conservant pas les *P* bits à chaque passe. Les bits qui ne sont pas pris directement en compte pour le résultat sont alors utilisés pour effectuer une correction des valeurs de conversion par calcul numérique [73].

10.42 Montage de base

Le montage suivant regroupe les blocs de base d'un tel convertisseur et en illustre le principe de fonctionnement.

L'algorithme de conversion impose de lui-même les éléments architecturaux qui sont nécessaires à sa réalisation : un échantillonneur-bloqueur, un comparateur, un soustracteur de tension et un amplificateur de gain 2. Or, tous ces éléments peuvent être réalisés en capacités commutées. De plus, il est possible de réunir soustracteur et amplificateur de gain en un seul bloc.

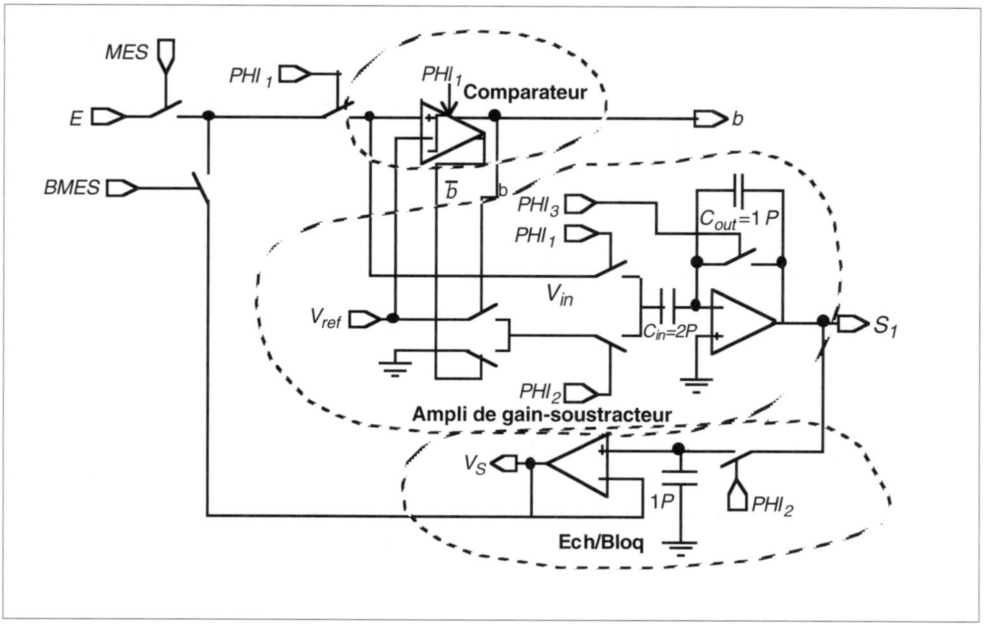

Figure 10.26 Montage de base.

La figure 10.26 montre le montage de base théorique. Pourquoi *théorique* ? Parce qu'il ne tient pas compte des imperfections liées aux interrupteurs, aux amplificateurs et aux capacités, donc de tous les défauts qui font que la précision de la conversion ne sera pas celle espérée par une simple étude fonctionnelle. Il permet cependant d'illustrer le principe de fonctionnement. Les horloges Phi_1 et Phi_3 ont la même phase, elles sont cependant légèrement décalées pour éviter que les interrupteurs ne s'ouvrent au même moment (et ceci afin d'éviter l'injection de charge de l'interrupteur commandé par Phi_1). Phi_2 est l'horloge complémentaire de Phi_1.

Le premier cycle de conversion est effectué en mesurant l'entrée (*Mes* = 1, *BMes* = 0) ; les cycles suivants utilisent la sortie (V_S) de l'échantillonneur-bloqueur (*Mes* = 0, *BMes* = 1) qui fournit le résidu de la conversion précédente.

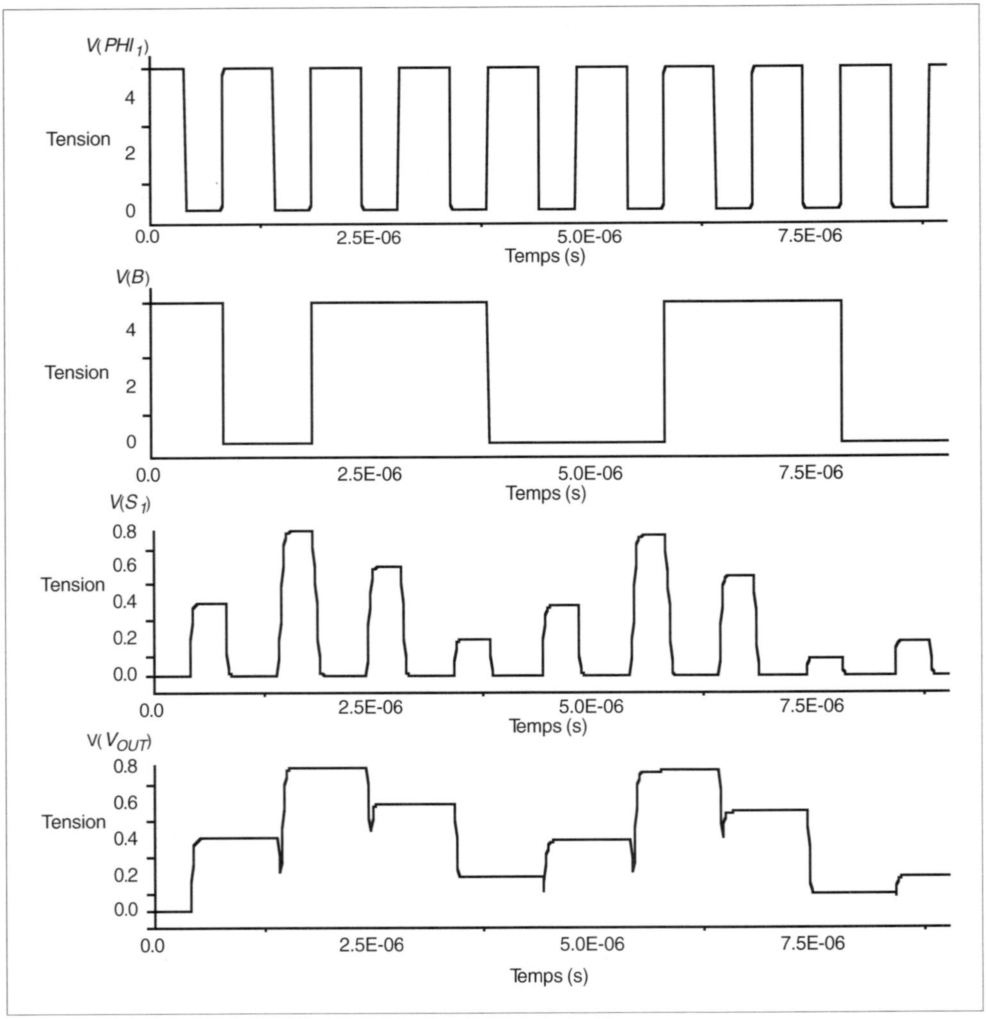

Figure 10.27 CAN algorithmique : simulation.

Un montage de gain à capacités commutées, considéré comme parfait, fournit en sortie un résultat $S_1 = C_{in}/C_{out}$ $(V_{in} - bV_{ref})$ sur la phase active de Phi_2 ($Phi_1 = 0$, $Phi_3 = 0$, $Phi_2 = 1$). Cette sortie, qui est le résidu de la conversion, est mémorisée dans l'échantillonneur-bloqueur quand Phi_2 repasse à 0. La sortie de celui-ci est rebouclée sur l'entrée du comparateur et du montage de gain qui, à ce moment là, est en autozéro, et donc mesure cette valeur sur C_{in} ($Phi_1 = 1$, $Phi_3 = 1$, $Phi_2 = 0$). Quand Phi_1 passe à 0, la charge est stockée (dans C_{in}) et le comparateur verrouille son choix, sélectionnant 0 ou V_{ref} à soustraire dans la phase d'amplification du montage de gain. Un nouveau cycle recommence.

Il est important que les horloges complémentaires telles Phi_2 avec Phi_1 et Phi_3 ne soient jamais recouvrantes pour que les systèmes capacitifs soient correctement isolés entre les différentes phases.

Avec des éléments non parfaits, ce montage contient un certain nombre de défauts qui diminuent la résolution et la rapidité du convertisseur : injection d'horloge, non appairage des capacités, gain limité de l'amplificateur, temps d'établissement de l'amplificateur et du comparateur, offset de l'amplificateur [72].

Les problèmes essentiels viennent du soustracteur multiplieur de gain 2. De nombreux défauts inhérents à son architecture peuvent être compensés en prenant des structures plus complexes.

Cependant, l'utilisation de tout ou partie de ces solutions ne se justifie qu'en fonction des caractéristiques de la technologie et de la résolution recherchée.

Injection de charges

Si Phi_1 et Phi_3 sont semblables, alors les injections de charges créent une erreur sur la valeur de la multiplication qui dépend de la tension d'entrée. C'est la raison pour laquelle il faut utiliser deux horloges, Phi_3 commutant à 0 en avance de phase sur Phi_1, de telle façon que le système isolé soit créé avant le changement sur l'entrée. Dans ces conditions, les interrupteurs d'entrée ne modifient plus la charge du système avec leurs injections. Il ne reste plus que la charge injectée par l'interrupteur de rebouclage qui crée un offset au niveau de la sortie s'il n'est pas bien compensé (en utilisant par exemple un interrupteur CMOS).

Offset de l'amplificateur

La tension d'offset est stockée dans la capacité de rebouclage pendant la phase d'auto zéro :

$$\begin{cases} Q_{in} = C_{in}(V_1 - V_{off}) \\ Q_{out} = C_{out}(-V_{off}) \end{cases}$$

Puis, elle est soustraite au système pendant la phase d'amplification.

$$\begin{cases} Q'_{in} = C_{in}(V_2 - V_{off}) \\ Q'_{out} = C_{out}(V_s - V_{off}) \end{cases} \Rightarrow \quad V_s = \frac{C_{in}}{C_{out}}(V_1 - V_2)$$

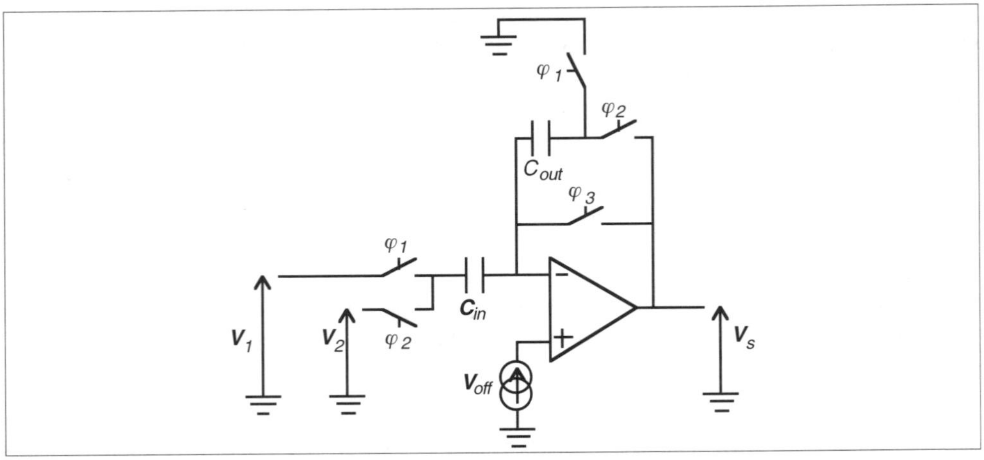

Figure 10.28 Mémorisation de l'offset.

Dépendance en tension des capacités

Le fait que les valeurs des capacités varient en fonction des tensions à leurs bornes, $C = C_0(1 + aV)$, introduit dans la fonction de transfert des non-linéarités du deuxième ordre :

$$S = f\left[V_{in}, V_{in}^2\right]$$

Une structure entièrement symétrique en entrées et en sorties permet d'annuler cette dépendance en travaillant en différence de tension. Il faut alors considérer des tensions V_i^+ et V_i^- telles que $V_i^+ = -V_i^-$.

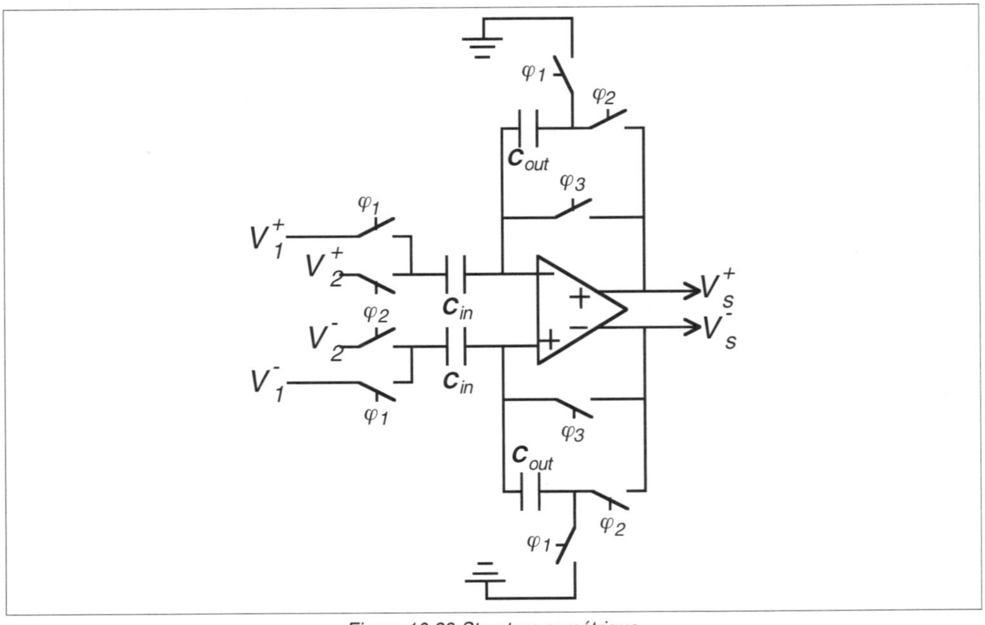

Figure 10.29 Structure symétrique.

Non appairage des capacités

Lors de la réalisation du circuit, des dispersions vont se produire sur les valeurs des capacités, faussant ainsi le rapport de multiplication du montage.

Deux solutions sont alors possibles :

- soit utiliser un montage de gain indépendant des valeurs des capacités [95], en sachant que dans ce cas plusieurs cycles d'horloges sont nécessaires pour obtenir le résultat d'amplification,
- soit corriger le problème en faisant appel à un calibrage du convertisseur. Un réseau capacitif permet d'ajuster les valeurs jusqu'à obtenir le rapport souhaité.

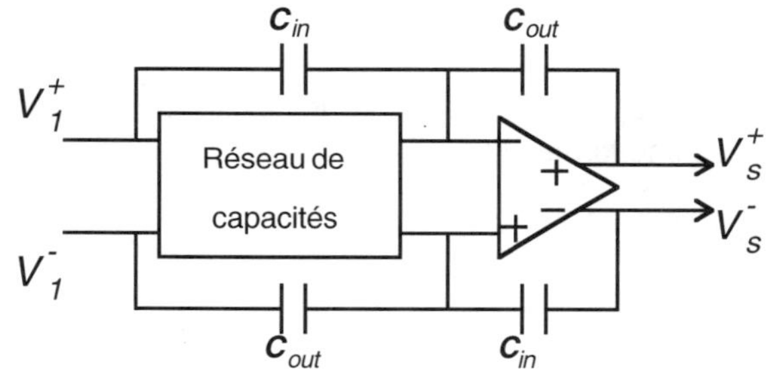

Figure 10.30 Calibrage.

Le procédé de calibrage consiste à convertir V_{ref}.

- Si le gain est bien réglé, il doit y avoir une sortie numérique pleine échelle.
- S'il est trop faible, il y aura des 0 dans la valeur finale ; il faudra donc augmenter la valeur de la capacité d'entrée.
- Si, par contre, il est trop grand, il y aura un dépassement de capacité du convertisseur et il faudra diminuer C_{in}.

Gain fini de l'amplificateur

Un amplificateur a un gain statique fini A_0 tel que $V_s = -A_0\varepsilon$, ε étant la tension différentielle d'entrée de l'amplificateur mesurée entre les nœuds – et +. En tenant compte de ce gain fini, l'étude du montage de la figure 10.31 donnera une tension de sortie :

$$V_s = (V_1 - V_2)\frac{C_{in}}{C_{out}}\left[\frac{1}{1+\dfrac{C_{out}+C_{in}+C_e}{C_{out}A_0}}\right] \qquad (10.10)$$

Si $C_e = 0$ et $C_{in} = 2C_{out} = 2C$, la structure est un classique multiplieur de gain 2. Dans le cas du convertisseur, les entrées sont :

$$V_1 = V_{in} \quad \text{et} \quad V_2 = b\frac{V_{ref}}{2}$$

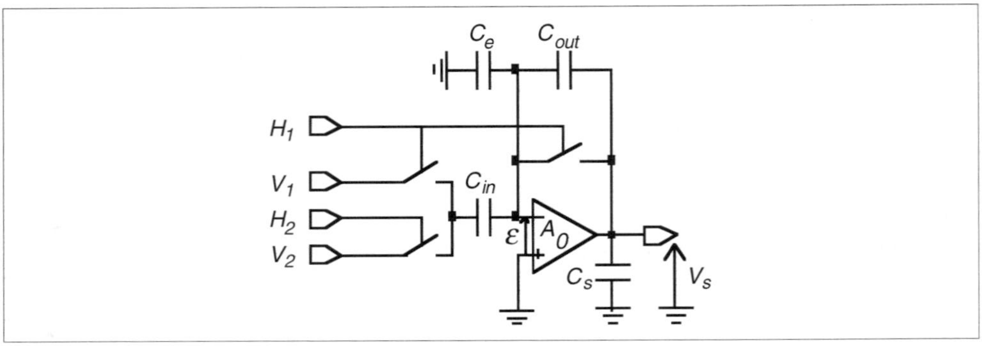

Figure 10.31 Gain modifié

Le gain A_0 étant grand, il est possible d'effectuer un développement limité au premier ordre pour obtenir l'erreur sous une forme plus utilisable :

$$V_{S_1} \approx 2\left(V_{in} - b_{N-1}\frac{V_{ref}}{2}\right)\left(1-\frac{3}{A_0}\right)$$

$$= \frac{V_{ref}}{2}\left(b_{N-1}+\frac{b_{N-3}}{2}+\ldots+\frac{b_0}{2^{N-2}}\right)\left(1-\frac{3}{A_0}\right)+V_{résidu}$$

L'erreur de gain de l'amplificateur à capacités commutées introduite par le gain fini de l'amplificateur opérationnel induit une inexactitude qui se répercute en s'amplifiant sur les calculs de résidus suivants. Ainsi, pour le calcul du deuxième bit, si l'on ne corrige pas ce défaut, on a en sortie du deuxième cycle une soustraction

$$V_{S_1} - b_{N-2}\frac{V_{ref}}{2}$$

qui fournit comme résultat, après multiplication :

$$\frac{V_{ref}}{2}\left(b_{N-3}+\ldots+\frac{b_0}{2^{N-3}}\right)\left(1-\frac{3}{A_0}\right)^2 - 2\left(b_{N-2}\frac{V_{ref}}{2}\frac{3}{A_0}\right)\left(1-\frac{3}{A_0}\right)+V_{résidu}$$

Si le gain de l'amplificateur n'est pas suffisant pour obtenir la précision de conversion requise, il faut : soit prendre un autre type de montage pour minimiser le problème — mais dans ce cas la conversion à besoin de plus de cycles pour compenser le gain fini —, soit ne pas corriger, et alors dégrader la référence du même rapport pour que tous les éléments varient dans le même sens [78] [67].

Comment ?

Si l'on prend le montage de la figure 10.31 et que l'on fixe

$$C_{in} = C_{out} = C_e = C$$

$$V_1 = \frac{V_{ref}}{2} \quad \text{et} \quad V_2 = 0$$

on obtient alors un amplificateur de gain unité dont la sortie vaut

$$V_s = V_{ref}\left[1 - \frac{3}{A_0}\right]$$

la référence est alors dégradée du même facteur que la tension à convertir. C'est le rôle principal de la capacité C_e : permettre qu'entre l'amplificateur de gain 2 et celui de gain 1 la dégradation soit la même, en faisant en sorte que les capacités totales vues par les nœuds d'entrées des amplificateurs soient identiques.

À la conversion du bit suivant, la comparaison n'est plus effectuée avec $V_{ref}/2$, ce qui introduirait une erreur, mais avec

$$V_{ref}\left[1 - \frac{3}{A_0}\right]$$

C'est également cette tension qui est soustraite si besoin.

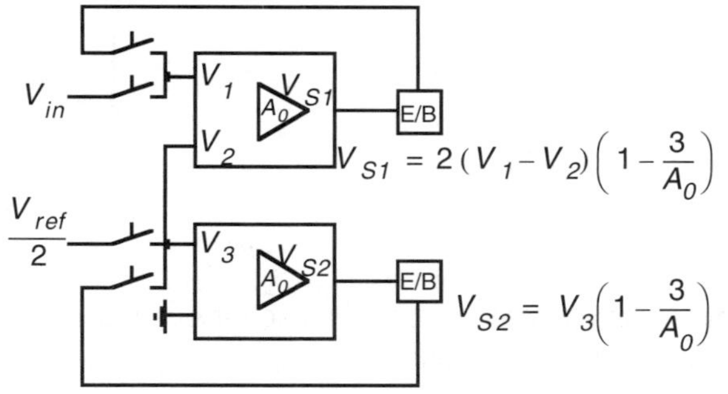

Figure 10.32 Correction de la référence.

On a alors en sortie lors du deuxième cycle :

$$\frac{V_{ref}}{2}\left(b_{N-3} + \ldots + \frac{b_0}{2^{N-3}}\right)\left(1 - \frac{3}{A_0}\right)^2 + V_{résidu}$$

Le terme supplémentaire dû au gain fini de l'amplificateur a disparu.

Le fait de reboucler la sortie sur l'entrée a l'avantage de donner une structure très simple dont de nombreux défauts peuvent être corrigés, mais a l'inconvénient de prendre N cycles d'horloge pour la conversion de chaque valeur. La conversion d'une nouvelle valeur analogique ne peut commencer que lorsque la conversion précédente est terminée. Le délai peut donc être important. Ce problème peut en partie être corrigé en utilisant une structure très répandue dans le domaine des circuits numériques : le *pipe-line*.

10.5 Convertisseur algorithmique pipe-line

Après avoir étudié les problèmes liés à la précision, il est intéressant de voir comment améliorer la rapidité de conversion [78].

En ce qui concerne le convertisseur algorithmique classique, la durée d'un cycle sera imposée principalement par l'amplificateur opérationnel du montage de gain. Il faut, à chaque commutation d'horloge, lui laisser le temps de charger les capacités. Pour un amplificateur donné, il est cependant possible de diminuer le temps entre deux conversions en utilisant une architecture dite *pipe-line*.

Avec cette architecture, qui conserve la même méthode algorithmique, la durée totale de conversion d'une valeur ne va pas diminuer, mais le débit va être augmenter jusqu'à atteindre un résultat par cycle d'horloge.

Ce résultat s'obtient naturellement en prenant la structure rebouclée de la figure 10.24 et en dépliant la boucle que l'on redirige vers un autre étage identique au premier pour traiter le résidu de la conversion (figure 10.33).

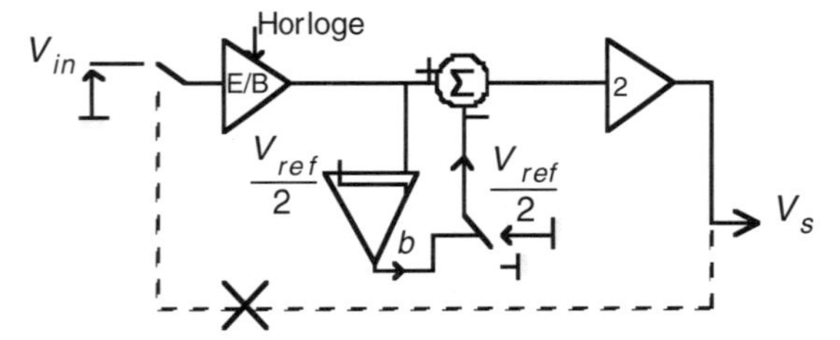

Figure 10.33 Principe du pipe-line.

Lorsque le deuxième étage effectue son calcul sur le résidu du premier étage, celui-ci peut commencer à calculer une nouvelle valeur.

Une fois la conversion commencée, il faut attendre le premier résultat *N* cycles, le temps que la valeur traverse tous les étages, mais la seconde conversion arrive immédiatement après (une fois le pipe-line amorcé).

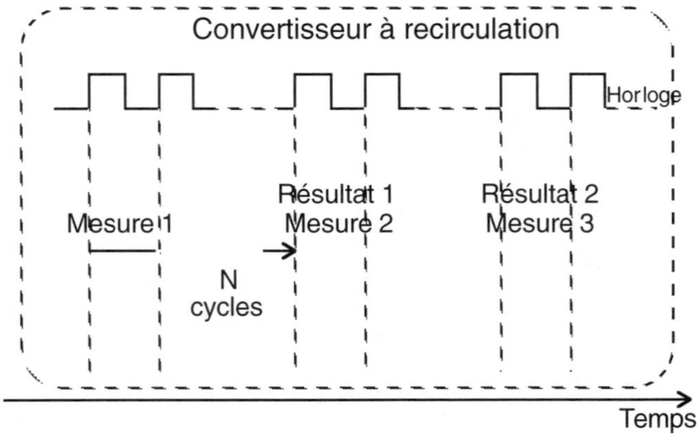

Figure 10.34 Débit du pipe-line.

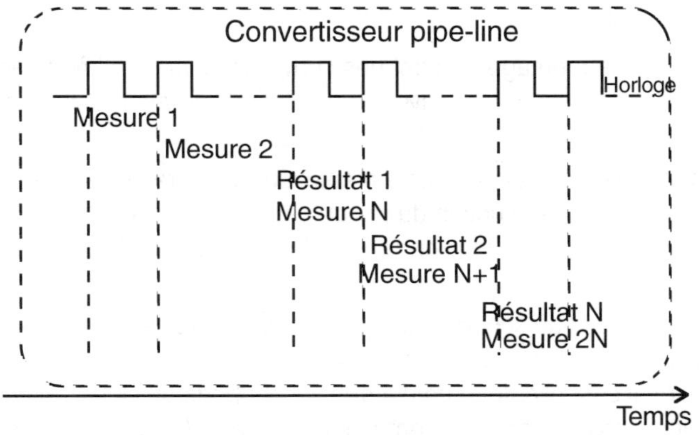

Figure 10.34 (suite) Débit du pipe-line.

En fonction de la structure de conversion de chaque étage, des échantillonneurs-bloqueurs peuvent être nécessaires pour maintenir le résidu fixe entre chaque étage (figure 10.35).

Remarque

Le pipe-line ne se limite pas à un bit/étage ; comme pour les convertisseurs à recirculation, chaque niveau peut convertir plusieurs bits. De telles structures ont été réalisées avec des conversion de un à quatre bit par étage [94].

Alors que dans les convertisseurs à recirculation les bits sortent en série d'un seul comparateur, dans ce montage chaque étage calcule un (ou plusieurs) bit(s), et ceci à des instants successifs pour un même résultat. À un instant donné, il n'est donc pas possible de prendre directement les sorties des étages pour constituer un mot de résultat. Il est nécessaire de remettre tous les bits en phase. C'est ce qui est fait avec des registres à décalage de tailles décroissantes pour chaque résultat partiel. Les retards apportés par ces registres correspondent très exactement aux retards des étages de conversion suivants.

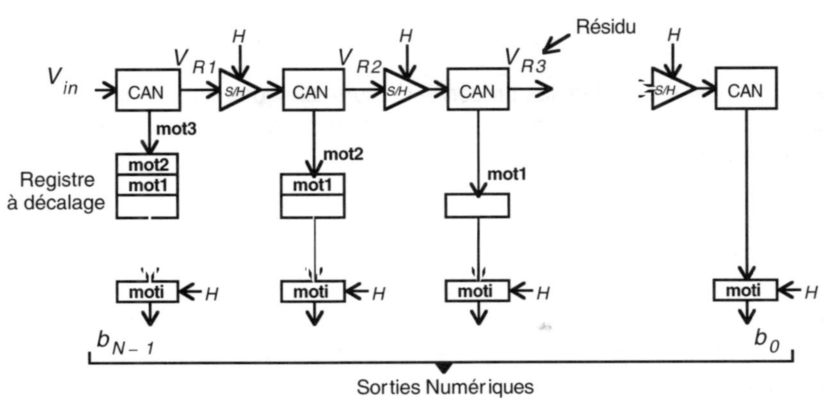

Figure 10.35 CAN algorithmique pipe-line.

Le coût supplémentaire n'est pas très important, car ce sont maintenant des signaux numériques qui sont manipulés.

Il est facile de voir sur le montage utilisant des convertisseurs un bit à capacités commutées que les échantillonneurs-bloqueurs peuvent être éliminés en alternant les horloges de commandes d'un étage à l'autre.

À un instant donné, un étage sur deux est en autozéro (mesure de l'entrée), alors que le précédent est en amplification (évaluation du résidu pendant laquelle la référence est utilisée et non l'entrée) et fournit donc une tension (en fin de cycle) utilisable pour le calcul de l'étage suivant.

La figure 10.36 correspond au schéma de base d'un tel montage. Le montage réel, plus complexe, doit comprendre certaines des techniques de correction des erreurs vues précédemment. En particulier, il est obligatoire de différencier l'horloge de l'interrupteur de rebouclage, pour éviter les injections de charge des entrées (*cf.* page 211), ce qui, en tout, fait quatre horloges (H_1, H_2, et leurs variantes).

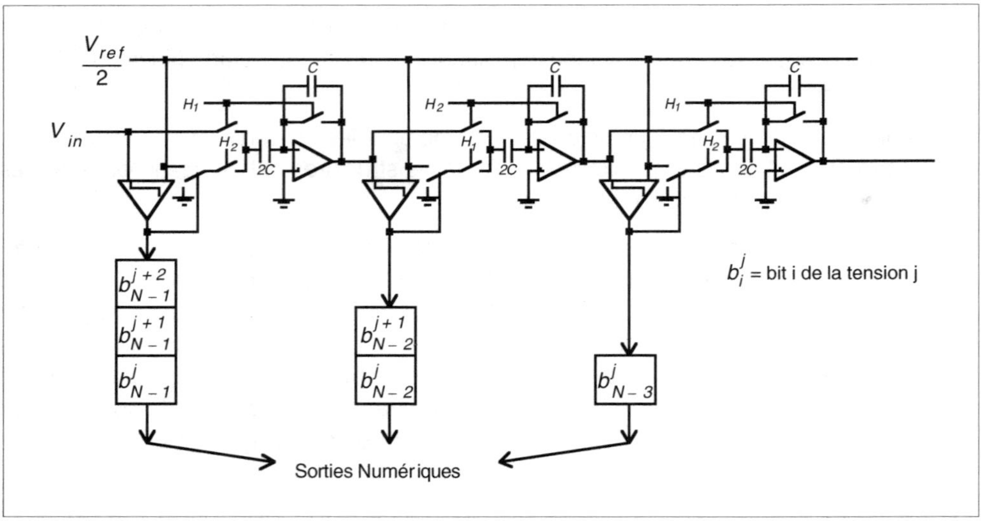

Figure 10.36 pipe-line : un bit/étage

Avec les architectures pipe-line, les procédés de correction des erreurs, en particulier l'autocalibration, sont plus complexes, car c'est maintenant chaque étage qui doit être ajusté à la précision requise [90].

10.6 Convertisseur flash

C'est la structure de convertisseur la plus rapide. Dans la majorité des cas il n'y aura pas besoin d'échantillonneur-bloqueur. C'est aussi, pour une résolution donnée, la plus grosse et celle qui a la consommation la plus importante. Il n'y a pas ici utilisation de capacités pour faire la conversion, mais d'un réseau de résistances (figure 10.37), la précision de ce fait sera limitée en l'état actuel à 8 bits en CMOS [61] [65] [69].

Un réseau de résistances génère toutes les tensions de seuil, de la fonction de transfert, ce qui permet d'effectuer une comparaison en parallèle avec la tension analogique d'entrée. Tous les comparateurs ayant des tensions de référence inférieures à la tension d'entrée auront une sortie à 1, les autres auront une sortie à 0. Le résultat intermédiaire du fait de cette colonne de 1 et 0 est ainsi appelé *code thermomètre*. La logique de décodage permet ensuite de passer de ce code à une forme binaire. La rapidité est très grande (temps de basculement des comparateurs), mais l'implantation pose de nombreux problèmes, en particulier du fait du grand nombre de comparateurs, $2^N - 1$ pour un mot de N bits.

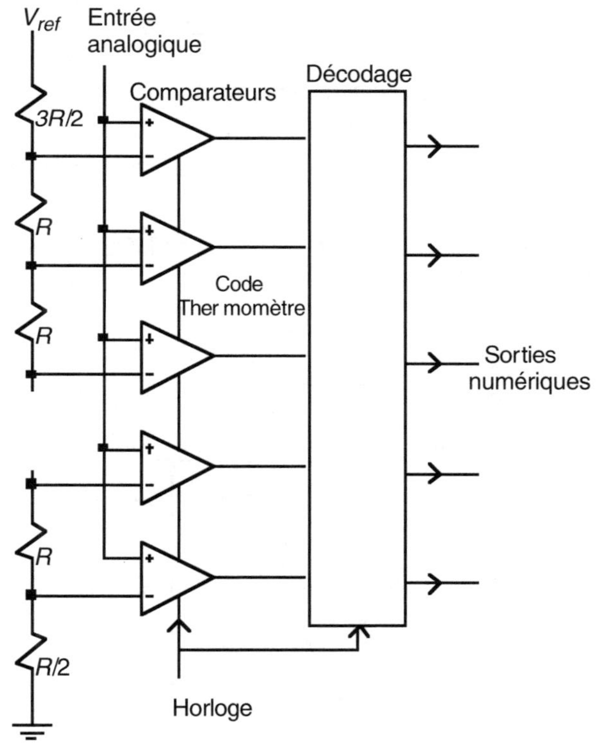

Figure 10.37 CAN flash.

Pour 8 bits il y a déjà 255 comparateurs, prenant de la place et consommant beaucoup. De plus, ceux-ci étant en parallèle sur le signal analogique, la charge d'entrée est importante. Pour toute augmentation de la précision d'un bit, le nombre de comparateurs est multiplié par deux, ce qui amène, quelle que soit la technologie — CMOS ou Bipolaire —, à des surfaces rapidement trop grandes. On a donc cherché à garder l'avantage du CAN flash – la rapidité – tout en diminuant ce nombre de comparateurs ; c'est le *semi-flash* (*subranging*) décrit ci-après.

Cette capacité importante en entrée a aussi pour conséquence que la précision varie avec la fréquence de conversion. À très haute fréquence, le signal n'a plus le temps de charger convenablement la ligne et la précision de conversion diminue.

10.7 Semi-flash

L'unité de conversion est divisée en deux sous unités flash (figure 10.38), travaillant en séries. La première unité va calculer les bits de fort poids du résultat. Ces bits sont ensuite reconvertis en analogique et soustraits à la tension à convertir ; on obtient alors le résidu de la première étape. C'est cette valeur qui est alors convertie dans le second étage flash pour sortir les bits de faible poids. Par rapport au flash, il est nécessaire d'avoir un échantillonneur-bloqueur et un CNA, mais le nombre de comparateurs est diminué et la rapidité reste très grande, comparée aux autres convertisseurs [62] [84] [93].

Le principe de base est donc, en fait, le même que celui de la conversion algorithmique, mais appliqué sur un grand nombre de bits.

Si l'on prend l'exemple d'un convertisseur 12 bits réalisé en MOS par cette technique, on ne compte plus que $2^5 - 1 + 2^8 - 1 = 286$ comparateurs, au lieu de 4095.

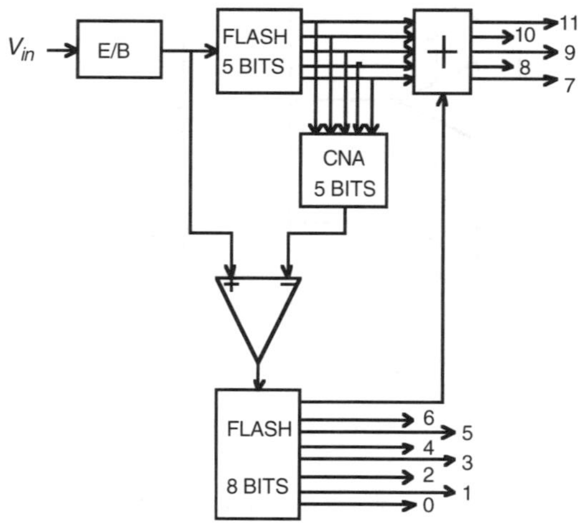

Figure 10.38 Semi-flash 12 bits

Sur le montage de la figure 10.38 la conversion des bits de poids faible est effectuée sur 7 bits au lieu des 6 nécessaires, le bit 7 servant en fait à corriger éventuellement les bits de poids fort évalués initialement.

10.8 Convertisseur algorithmique en mode courant

La vitesse de conversion dans les montages algorithmiques vus précédemment est limitée par le temps d'établissement de l'amplificateur (que ce soit un AOP ou un OTA) du montage de gain-soustracteur lors du transfert de charges [95].

L'idée est d'améliorer cette rapidité en se débarrassant de l'amplificateur. Le calcul ne va plus se faire avec des capacités commutées mais par amplification et soustraction directe de courants par l'intermédiaire de miroirs amplificateurs [76] [83] [91].

Les transistors des miroirs de courant du montage ont tous la même géométrie afin de minimiser les dispersions des composants. La multiplication par 2 se fait donc en mettant deux transistors en parallèles.

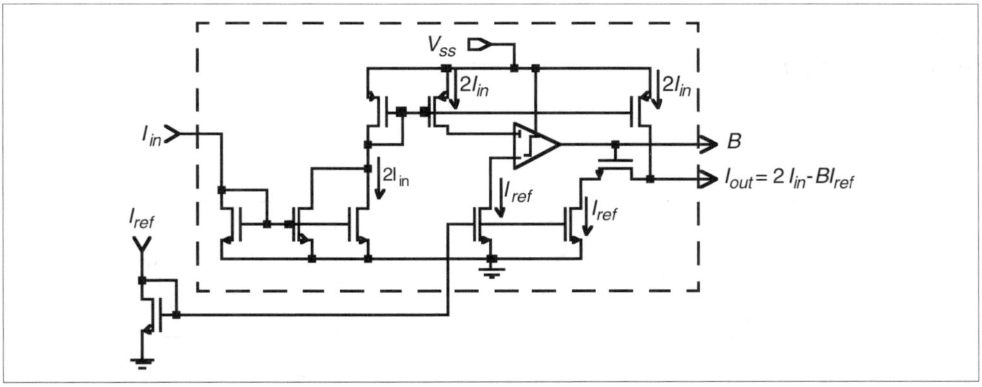

Figure 10.39 CAN algorithmique en mode courant

- Les miroirs de courant permettent non seulement de gagner en rapidité mais, en supprimant les capacités, grosses consommatrices de surface, ils permettent de faire des circuits beaucoup plus petits.
- En contrepartie de ces deux avantages, la précision du convertisseur est limitée par la précision des miroirs de courant.

Trois types possibles de miroirs ont été étudiés dans ces convertisseurs, les miroirs simples, les miroirs cascodes et les miroirs actifs.

10.81 Miroir de courant simple

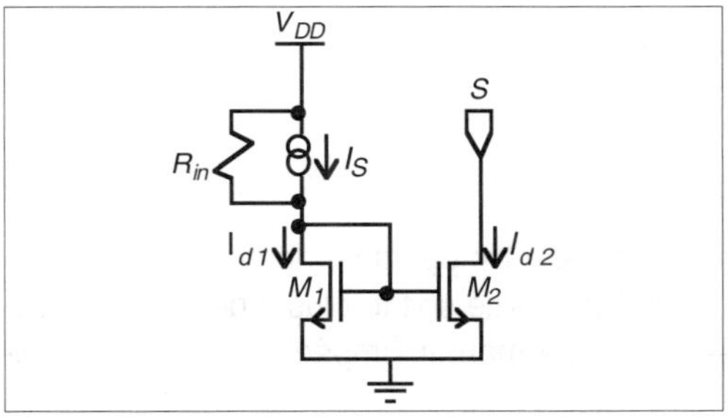

Figure 10.40 Miroir simple.

Le fonctionnement du miroir est basé sur le fait que les transistors M_1 et M_2 fonctionnant en mode saturé, les courants de drain sont donnés par

$$I_d = \mu_N C_{Ox} \frac{W}{2L}\left(V_{gs} - V_t\right)^2 \left(1 + \lambda V_{ds}\right)$$

La précision du miroir, du fait du coefficient de modulation de longueur de canal et des tensions de drain différentes en entrée et sortie, ne sera que de

$$\frac{1 + \lambda V_{ds_2}}{1 + \lambda V_{ds_1}}$$

à géométrie égale.

L'étude du montage équivalent en fonctionnement petit signal permet de calculer l'impédance de sortie du montage (pour cela, la tension d'entrée est annulée afin de calculer $r_{out} = V_{out}/i_{out}$).

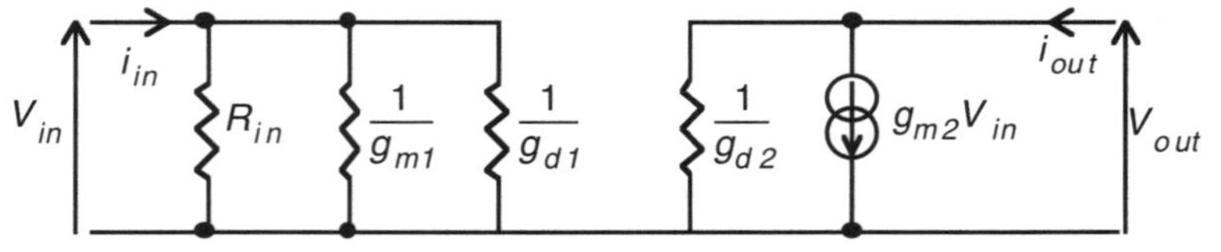

Figure 10.41 Schéma petit signal du miroir de courant.

Lorsque

$$V_{in} = 0 \quad \text{alors} \quad V_{out} = \frac{i_{out}}{g_{d_2}}$$

l'impédance de sortie du miroir est donc

$$r_{out} = \frac{1}{g_{d_2}} = \frac{1 + \lambda V_{d_2}^0}{\lambda i_{d_2}^0}$$

où :

$$V_{d_2}^0 \quad \text{et} \quad i_{d_2}^0$$

sont les valeurs au point de polarisation du montage.

Cela correspond, comme il était possible de s'y attendre, à l'impédance de sortie du transistor M_2. Pour améliorer le miroir, il faut que le courant de sortie soit le plus indépendant possible de la tension de sortie ; il est donc nécessaire d'augmenter l'impédance r_{out} en modifiant le montage.

10.82 Miroir de courant cascode

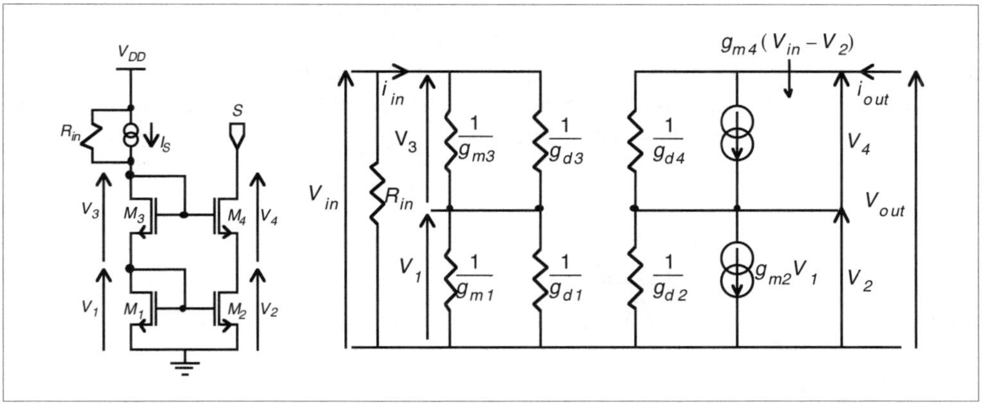

Figure 10.42 Miroir cascode

La mesure de l'impédance de sortie se fait avec la même méthode que précédemment en posant $V_{in} = 0$. Le montage se simplifie alors de telle façon que :

$$V_{out} = V_2 + \frac{1}{g_{d_4}}\left(i_{out} + g_{m_4}V_2\right)$$

$$= i_{out}\left(\frac{1}{g_{d_2}} + \frac{1}{g_{d_4}} + \frac{g_{m_4}}{g_{d_2}g_{d_4}}\right)$$

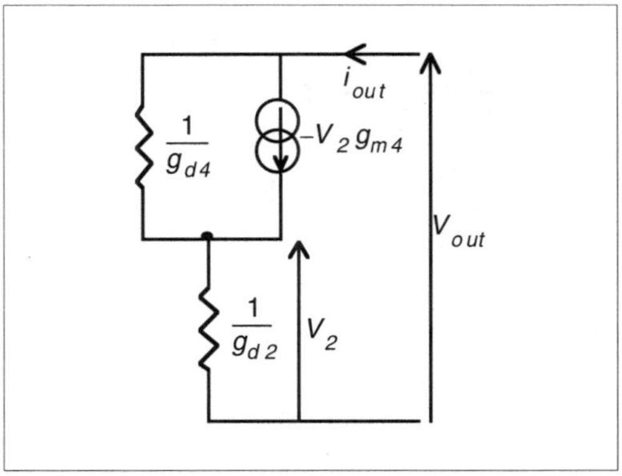

Figure 10.43 Miroir cascode : r_{out}

L'impédance de sortie devient :

$$r_{out} \approx \frac{g_{m_4}}{g_{d_2}g_{d_4}} \tag{10.11}$$

Par rapport au miroir de courant simple, il y a un gain de g_{m4}/g_{d4} qui correspond au gain en tension du transistor de sortie M_4. La précision est améliorée mais, par contre, la dynamique du montage est diminuée puisque les transistors M_3 et M_4 doivent rester saturés.

10.83 Miroir de courant actif

Pour améliorer la précision du miroir de courant, une première solution consiste à augmenter l'impédance de sortie comme c'est le cas dans le miroir cascode. Une autre possibilité est de faire en sorte que la tension de sortie reste fixe, indépendante du courant. C'est ce qui est réalisé dans le miroir actif où l'étage de sortie n'est pas modifié, mais où l'étage d'entrée du miroir suivant est changé pour avoir une impédance très faible (figure 10.44).

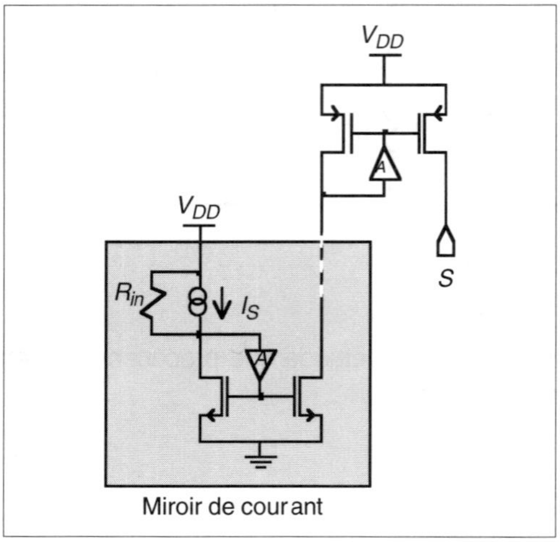

Figure 10.44 Miroir actif.

Il faut donc étudier l'impédance d'entrée et non pas l'impédance de sortie du montage (figure 10.45).

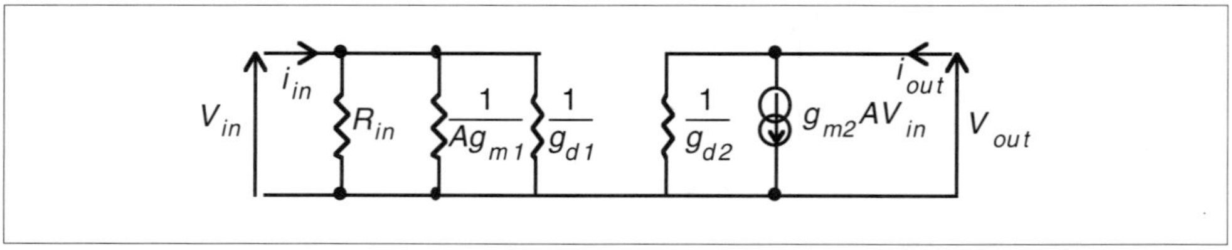

Figure 10.45 Montage équivalent du miroir actif

$$V_{in} = \left(R_{in} \,//\, \frac{1}{Ag_{m_1}} \,//\, \frac{1}{g_{d_1}} \right) i_{in}$$

or, dans ce montage, R_{in} représente l'impédance de sortie du miroir précédent. Le fait de chaîner deux miroirs de courant actif diminue l'impédance totale de sortie vue par le premier étage. Une variation du courant n'entraîne plus de variation de la tension $V_{in} = V_{ds}$. Bien évidemment, la surface est augmentée, du fait de l'amplificateur supplémentaire nécessaire par miroir de courant, et la consommation est elle aussi plus importante.

Le choix entre les trois solutions de miroir de courant sera fait en fonction des caractéristiques de chaque application.

10.9 Convertisseur numérique/analogique à base de résistances

Il y a, pour la conversion numérique/analogique, les mêmes catégories que pour les convertisseurs analogiques/numériques, c'est-à-dire des architectures série — lentes mais de surfaces réduites — des convertisseurs à structure parallèle — rapides et de surface importante —, et des série parallèle réalisant un compromis rapidité/surface.

Mais avant de voir les architectures à base de capacités commutées, il est nécessaire de passer en revue quelques convertisseurs à base de réseau de résistances. Ces structures, si elles sont moins bien adaptées à la technologie CMOS du point de vue de la précision que celles à base de capacités, sont cependant utilisées pour certaines applications (par exemple, vidéo) du fait de leur plus grande rapidité (et simplicité) due à l'absence de transfert de charges.

Le principe de base de la majorité des CAN à réseau de résistances est de générer des courants de valeurs correspondantes aux poids des bits à convertir puis, après sommation de ces courants selon les valeurs du mot binaire, de faire une conversion courant/tension pour obtenir la valeur analogique de sortie.

10.91 CNA à réseau de résistances pondérées

Les convertisseurs N/A les plus simples sont basés sur l'utilisation d'un réseau de résistances de poids variables (figure 10.46).

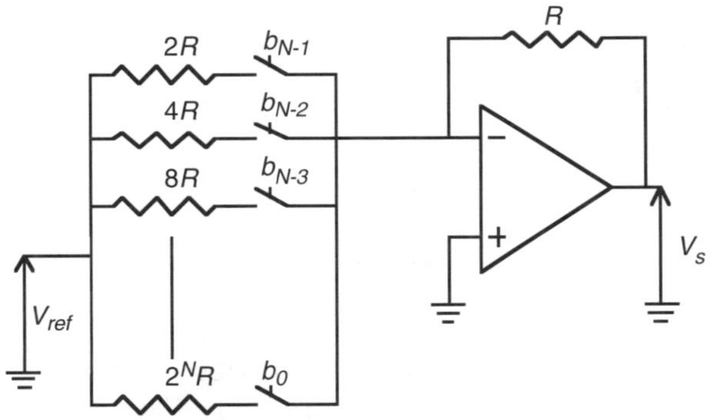

Figure 10.46 CNA parallèle à réseau de résistances.

Ce réseau de résistances d'entrée réalise une conversion tension/courant de la tension de référence. Seuls les courants des branches dont les bits de commande sont à 1 sont ensuite sommés, le total étant reconverti en tension par la résistance de rebouclage.

La sortie vaut donc :

$$V_s = -R\left[V_{ref}\left(\frac{1}{2R}b_{N-1} + \frac{1}{4R}b_{N-2} + \ldots + \frac{1}{2^N R}b_0\right)\right]$$

$$= -\frac{V_{ref}}{2}\left(b_{N-1} + \frac{b_{N-2}}{2} + \ldots + \frac{b_0}{2^{N-1}}\right)$$

Très populaire en technologie bipolaire, ce montage a cependant l'inconvénient d'avoir une précision limitée en CMOS du fait de l'utilisation de résistances pour la conversion. Il est cependant utilisé pour sa grande rapidité de fonctionnement et sa simplicité.

L'adaptation de ce montage en capacités commutées passe par le remplacement du réseau de résistances par un réseau de capacités jouant le même rôle.

Des rapports de résistances importants sont nécessaires pour ce type de convertisseur, de R à $2^N R$ pour une conversion sur N bits. Or, plus les rapports augmentent, plus la précision entre éléments est difficile à obtenir.

10.92 CNA à réseau de résistances *R*-2*R*

Il est donc plus intéressant, du point de vue de la précision, de n'utiliser que des petits rapports, avec un réseau d'entrée R-$2R$ comme montage. Cela s'obtient facilement en effectuant les modifications suivantes.

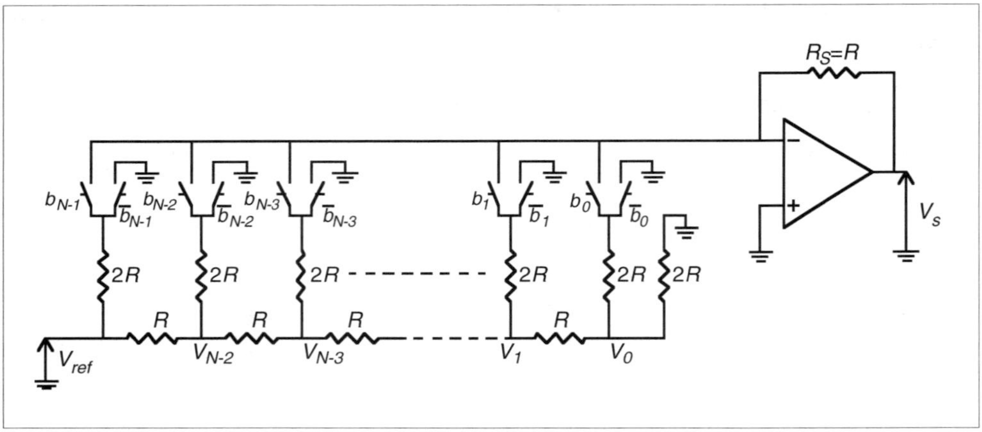

Figure 10.47 Convertisseur à réseau de résistances R-2R.

Ce montage utilise un principe de résistances commutées de telle sorte que quelles que soient les valeurs des bits, le courant circulant dans les résistances soit toujours le même. Si le bit est à 1, le courant est dirigé sur la branche d'entrée de l'amplificateur (masse virtuelle), sinon il va sur la masse.

Le réseau est fait de telle sorte qu'entre chaque nœud et la masse, il y ait une impédance équivalente à R (figure 10.48). Les courants valent donc :

$$i_{i_1} = i_{i_2} = \frac{i_i}{2}$$

et les tensions :

$$V_{i-1} = \frac{V_i}{2}$$

à la précision des valeurs des résistances, et cela indépendamment des bits.

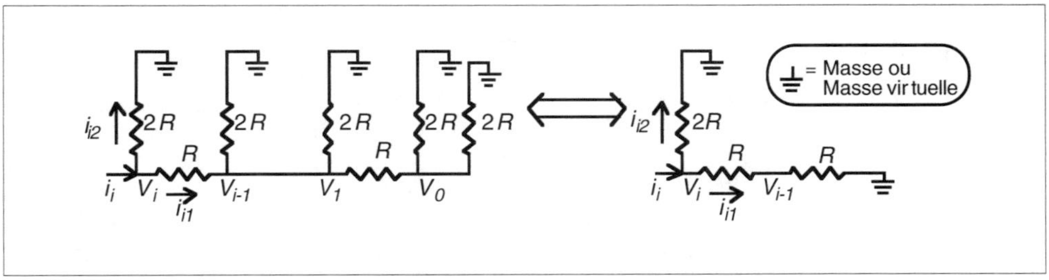

Figure 10.48 Résistance équivalente.

D'où il est facile de voir que, partant de V_{ref}, les tensions $V_i = V_{ref} / 2^{N-i-1}$ des nœuds du réseau créent des courants i_{i2} de poids décroissants. La sommation, ou non, selon les valeurs des bits qui commandent les interrupteurs (mot à convertir), de ces courants permet de construire la valeur analogique (sous forme de courant) qui est ensuite convertie en tension par l'amplificateur de sortie comme dans le montage précédent.

$$V_s = -R_s\left(\frac{V_{ref}}{2R} b_{N-1} + \frac{V_{ref}}{4R} b_{N-2} + \ldots + \frac{V_{ref}}{2^N R} b_0\right)$$

Cette structure a cependant les inconvénients, d'une part, de fournir une tension de sortie inverse de la valeur convertie et, d'autre part, de créer des impulsions parasites par injection de charge lors de la commutation des interrupteurs.

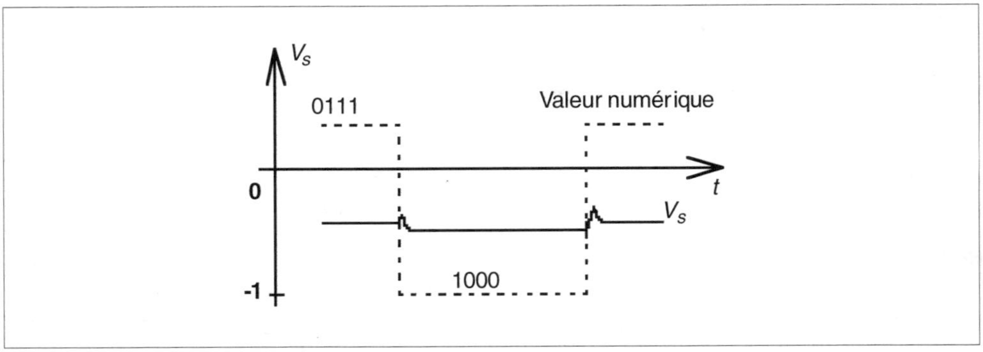

Figure 10.49.

La figure 10.49 montre le résultat en sortie d'un convertisseur 4 bits lors du passage du code 0111 à 1000, soit un changement d'un quantum ; les pics transitoires ne sont pas négligeables (et non acceptables en particulier pour des convertisseurs audio) et sont d'autant plus importants pour un convertisseur ayant une plus grande résolution que tous les interrupteurs injectent directement leurs charges sur la sortie lors de la commutation des valeurs.

Il est possible de diminuer ces injections par une modification de la structure du réseau *R*-2*R* (figure 10.50) en intercalant les résistances entre les interrupteurs et la sortie.

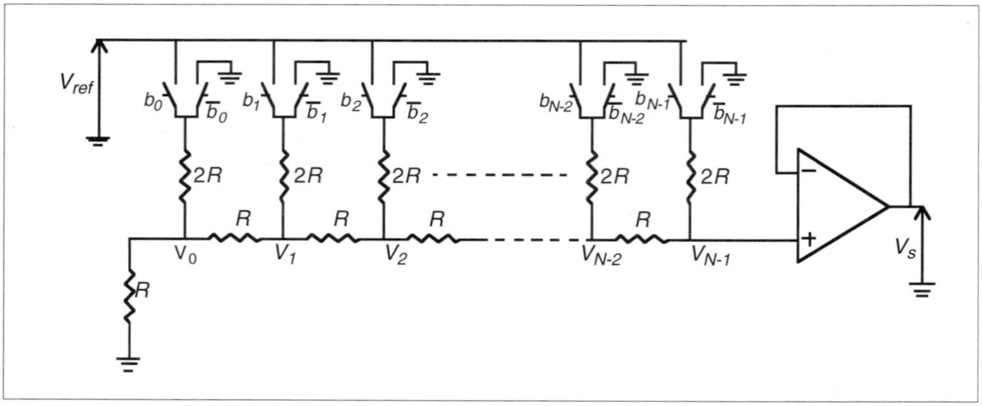

Figure 10.50 Réseau R-2R modifié.

Les injections de charges des interrupteurs des LSB sont absorbées par les résistances, au prix, bien sûr, d'une moins grande rapidité lors des commutations des interrupteurs (figure 10.51) ; par contre, la sortie n'est plus inverseuse.

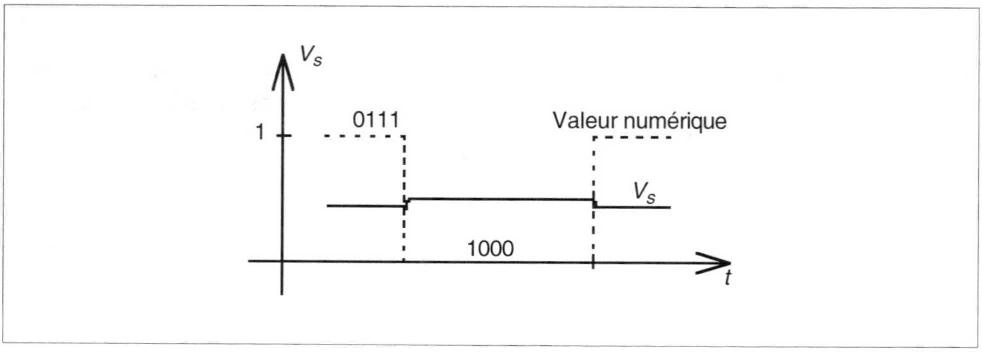

Figure 10.51 Simulation du R-2R modifié.

Remarque

Dans ces schémas de principe, le calcul de la sortie a été fait en ne tenant compte que des valeurs des résistances. Or les interrupteurs eux-mêmes, quand ils sont passants, ont des résistances non nulles qui introduisent des erreurs dans le résultat. Il peut donc être nécessaire de rajouter, en série avec les résistances R, des interrupteurs, toujours passants et de même résistance, dont la seule fonction sera d'égaliser les valeurs du réseau R-$2R$ afin d'obtenir une sortie plus précise.

10.93 CNA à échelle de résistances

La dernière architecture de CNA à base de réseau de résistances utilise un principe identique à celui du CAN flash vu page 219 : une échelle de résistances.

Ce réseau de résistances sert à générer toutes les valeurs possibles de tension de sortie. La tension correspondant à la valeur de conversion est envoyée sur la sortie par l'intermédiaire d'un multiplexeur commandé par la valeur numérique.

Ce montage, pour une précision de N bits, utilise 2^{N-1} résistances, qu'il est nécessaire d'implanter avec le plus de régularité possible afin de minimiser les dispersions. Il faut d'autre part faire attention aux valeurs des capacités parasites et à la résistance des interrupteurs de façon que, lors des commutations, les charges et décharges des nœuds intermédiaires entre le réseau et la sortie permettent de garder une rapidité suffisante.

Ces problèmes de précision et de rapidité sont à la base de l'exercice « Étude d'un CNA 8 bits à pondération de tension », section 12.6.

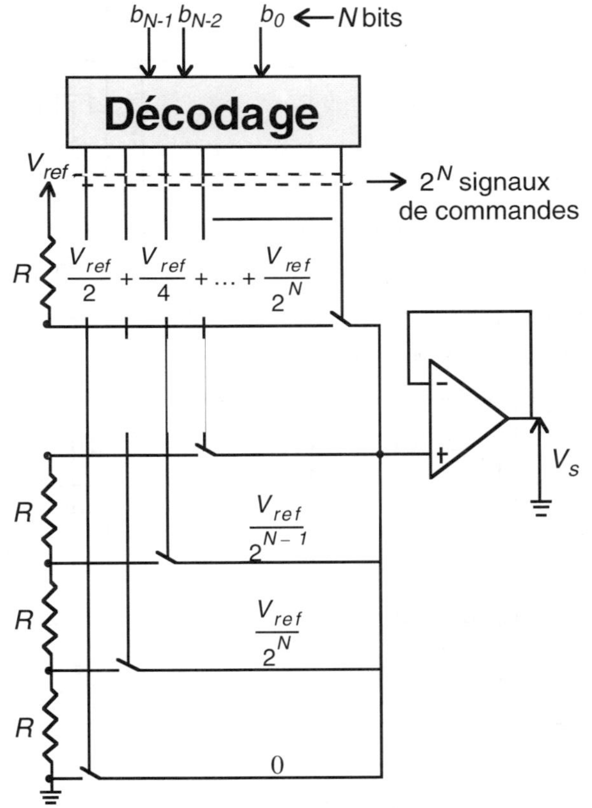

Figure 10.52 Schéma de principe du CNA à échelle de résistances.

Le dessin de masque (figure 10.54) correspond à une implantation de ce type de convertisseur pour une précision de 7 bits.

D'un point de vue pratique le réseau de résistances est formé par une bande de polysilicium qui a été repliée en accordéon et organisée sous forme de lignes-colonnes pour optimiser, d'une part, la surface occupée, d'autre part, le nombre d'interrupteurs que doit traverser une tension pour arriver en sortie.

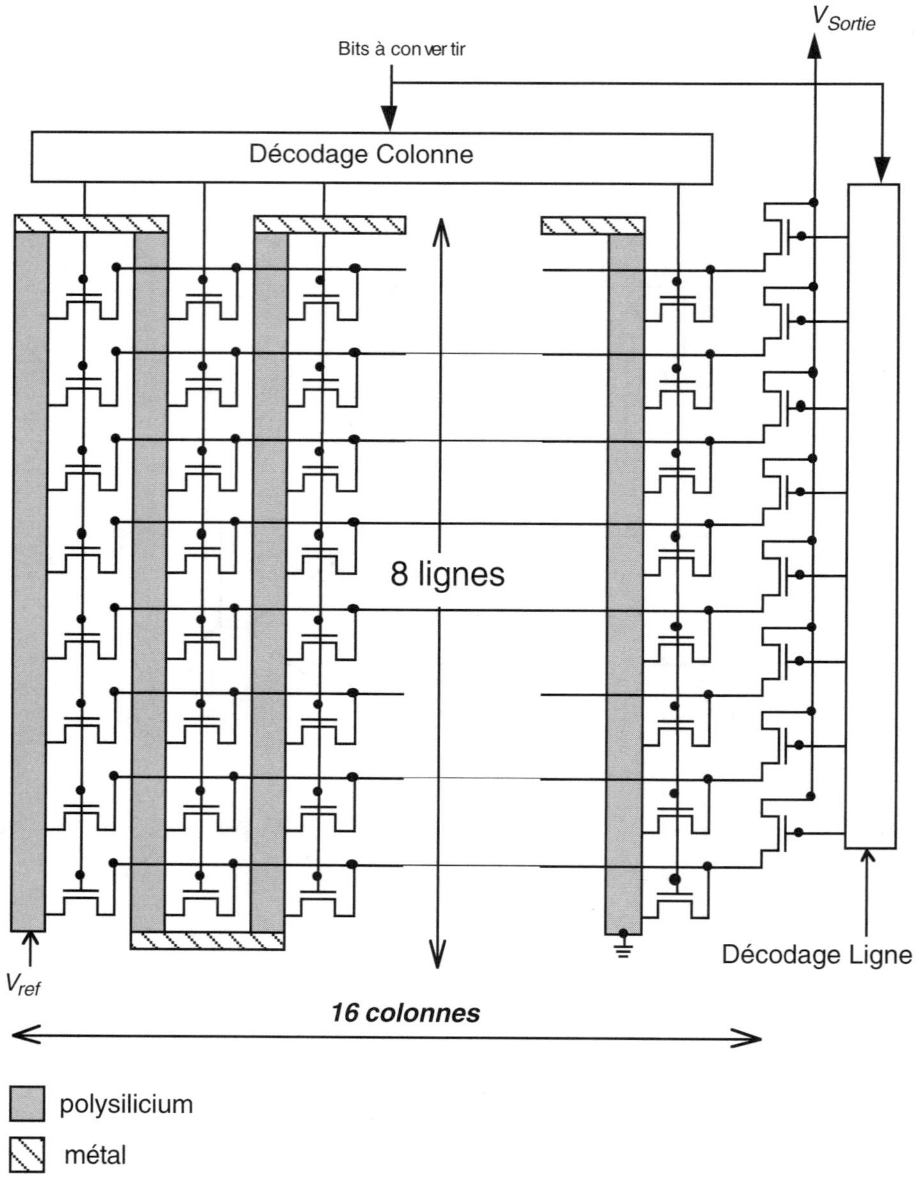

Figure 10.53 Implantation du dessin de masques.

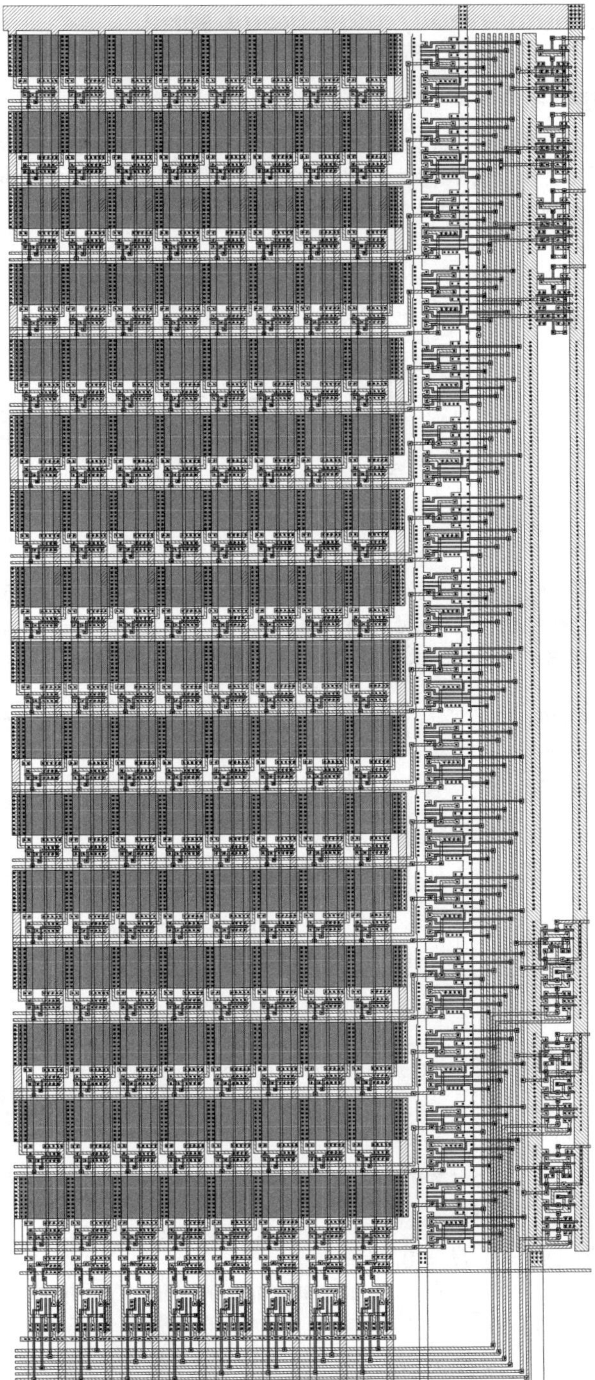

Figure 10.54 Dessins de masques d'un convertisseur N/A à échelle de tension.

10.10 Convertisseur numérique/analogique série

10.101 Montage de base

La conversion série est basée sur la redistribution de charges entre deux capacités C_1 et C_2 de même valeur. C'est un convertisseur de type algorithmique car c'est la même opération qui est itérée successivement pour chaque bit [53].

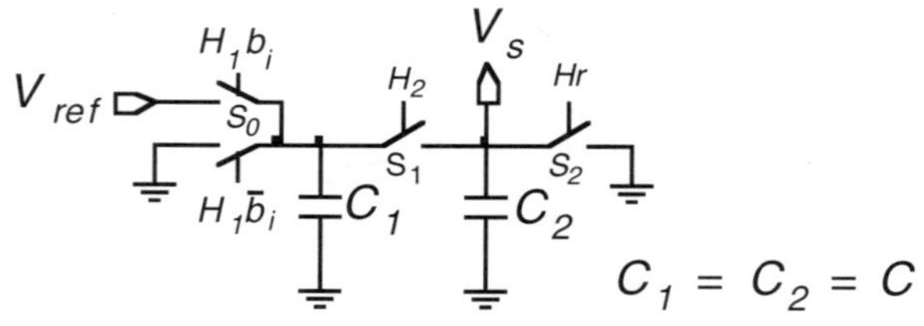

Figure 10.55 CNA série.

Les interrupteurs S_1 et S_2 sont commandés par des horloges de contrôle et le commutateur S_0 par le signal b et son complémenté logique. C'est sur ce signal que vont arriver en série les bits du mot à convertir, LSB en premier, MSB en dernier.

Cycle de fonctionnement

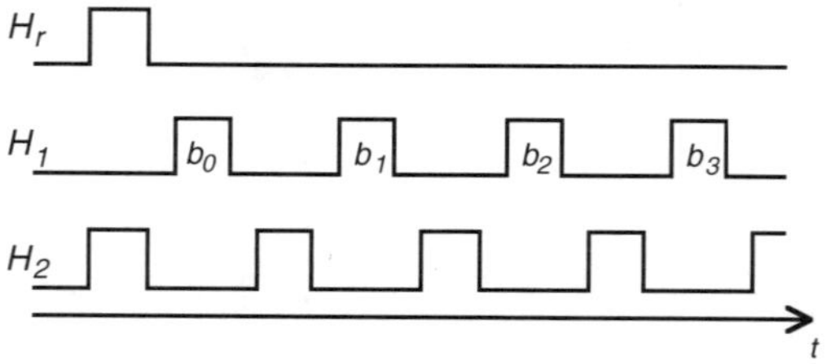

Figure 10.56 Horloges du convertisseur série.

- État initial : $H_r = 1$, $H_1 = 0$, $H_2 = 1$.
  Les interrupteurs S_1 et S_2 sont fermés, tandis que S_0 est ouvert, la charge stockée dans le système C_1, C_2 est donc nulle.
- Étape intermédiaire : $H_r = 0$, $H_1 = 0$, $H_2 = 0$.
  Les capacités C_2 et C_1 sont isolées avec une charge nulle. À partir de cette étape, l'interrupteur S_2 reste ouvert pendant tout le reste de la conversion.
- Charge de S_1 : $H_1 = 1$, $H_2 = 0$.
  Il y a précharge de C_1 à V_{ref} ou à la masse en fonction de la valeur du LSB b_0 qui va commander S_0. Cette précharge effectuée, le commutateur S_0 se rouvre, isolant le système C_1, C_2.

Le bilan des charges est :

$$\begin{cases} Q_1 = C_1 b_0 V_{ref} \\ Q_2 = 0 \end{cases}$$

- Fermeture temporaire de S_1 : $H_1 = 0$, $H_2 = 1$.
  La conservation de la charge avec l'étape précédente et l'égalité des tensions aux bornes des capacités permettent de trouver la tension de sortie

  $$V_s = b_0 \frac{V_{ref}}{2}$$

  qui correspond à la conversion d'un bit du signal. La conversion des bits suivants se fera en effectuant le même cycle, mais sans décharge initiale de C_2. Une fois V_s établie, S_1 se rouvre.
- Chargement de C_1 : $H_1 = 1$, $H_2 = 0$.
  Les interrupteurs S_1 et S_2 étant ouverts, la charge est conservée sur la capacité C_2.
  Le deuxième bit de la valeur à convertir commande le commutateur S_0.

  $$\begin{cases} Q_1 = C_1 b_1 V_{ref} \\ Q_2 = C_2 b_0 \dfrac{V_{ref}}{2} \end{cases}$$

- Ouverture de S_0 afin d'isoler C_1 : $H_1 = 0$, $H_2 = 0$.
- Fermeture de S_1 : $H_1 = 0$, $H_2 = 1$

  $$V_s = \left(\frac{b_1}{2} + \frac{b_0}{4} \right) V_{ref}$$

- Réouverture de S_1 : $H_1 = 0$, $H_2 = 0$.

Le cycle se répète avec les bits suivants, le résultat de la conversion se prenant aux bornes de la capacité C_2.

Comme tout convertisseur série, cette structure a les avantages de la simplicité, de l'économie de moyens et l'inconvénient d'être lente, chaque bit supplémentaire entraînant un nouveau cycle.

Il est possible de chaîner plusieurs de ces structures à peine modifiées pour créer un convertisseur pipe-line. La précision est cependant limitée par les capacités parasites qui vont fausser le rapport de la division capacitive du montage [79].

10.102 Convertisseur série indépendant des capacités parasites

Ce montage est indépendant des capacités parasites. Il compense également l'offset de l'amplificateur opérationnel [66].

Le principe est toujours d'effectuer une division par 2 en utilisant deux capacités de valeurs identiques ($C_1 = C_2 = C$) qui se répartissent la précharge effectuée sur l'une d'entre elles.

L'emploi d'un amplificateur opérationnel permet de créer une masse virtuelle, les capacités parasites sont ainsi toujours au même potentiel et n'interviennent plus dans les répartitions lors des transferts de charges (figure 10.57).

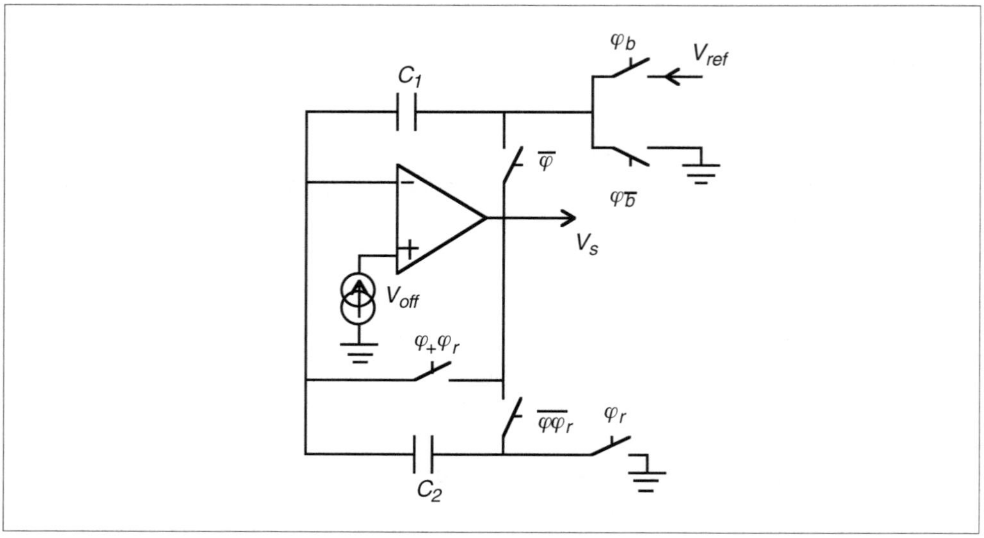

Figure 10.57

En compensant soigneusement les injections de charges des interrupteurs, une précision supérieure à 10 bits peut être obtenue.

- Étape 1 : mémorisation de l'offset : $\varphi = 0$, $\varphi_r = 1$.
  L'amplificateur est en autozéro. La capacité C_2 mémorise une charge

  $$Q_2^{(1)} = C_2 V_{off}$$

  La capacité C_1 est déchargée. Elle ne stocke pas de charge dans cette étape.

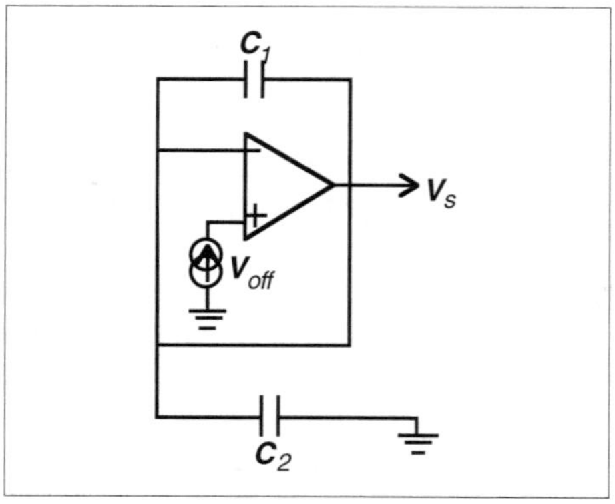

- Étape 2 : précharge de C_1 : $\varphi = 1$, $\varphi_r = 0$.
  L'amplificateur est toujours en autozéro mais la capacité C_2 est laissée flottante et conserve donc sa charge.
  Selon la valeur du bit à convertir C_1 est chargée à V_{ref} ou à 0.

  $$Q_1^{(2)} = C_1(V_{off} - b_0 V_{ref})$$

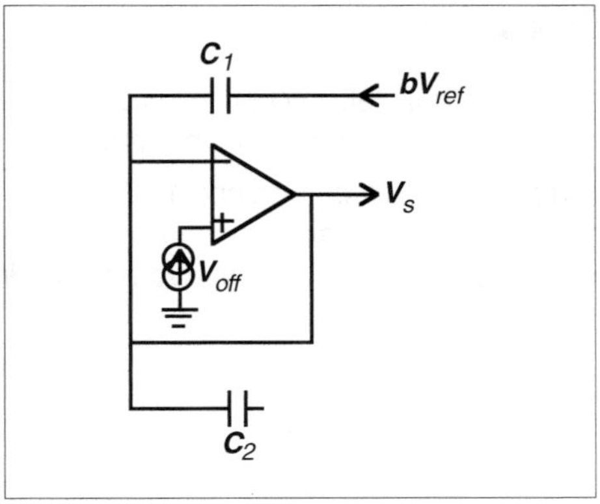

- Étape 3 : évaluation du résultat : $\varphi = 0$, $\varphi_r = 0$.
  Le montage passe en phase d'amplification ; il est rebouclé par l'intermédiaire des deux capacités mises en parallèle qui constituent maintenant un système isolé.

$$\begin{cases} Q_1^{(3)} = C_1(V_{off} - V_s^{(3)}) \\ Q_2^{(3)} = C_2(V_{off} - V_s^{(3)}) \end{cases}$$

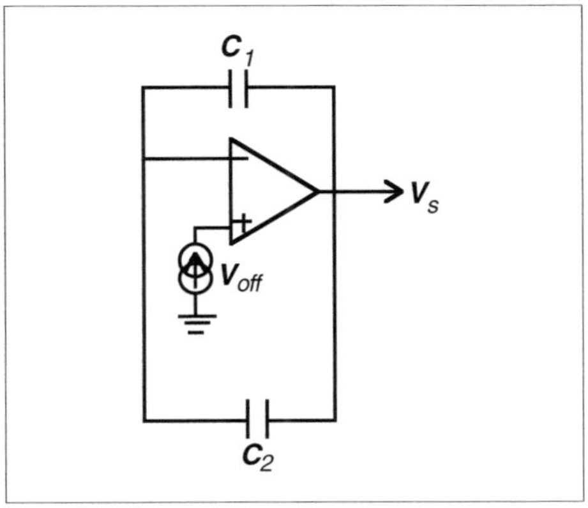

Il est possible d'écrire la conservation de la charge :

$$Q_1^{(3)} + Q_2^{(3)} = Q_1^{(2)} + Q_2^{(1)}$$

Avec pour résultat :

$$V_s^{(3)} = b_0 \frac{V_{ref}}{2}$$

La conversion des bits suivants, partant des poids faibles pour aller vers les poids forts, se fait en reprenant à l'étape 2, la capacité C_2 stockant les résultats intermédiaires et l'ensemble C_1 plus C_2, effectuant la division capacitive :

$$Q_2 = C_2\left[V_{off} - \frac{V_{ref}}{2}\left(\ldots + \frac{b_1}{2^{i-1}} + \frac{b_0}{2^i}\right)\right]$$

10.11 Convertisseur parallèle à réseau de capacités

Dans ce type de montage, le gain obtenu en effectuant en parallèle la conversion de tous les bits du mot numérique, se paie par une surface occupée beaucoup plus importante.

Le principe (reprenant en fait celui du réseau de résistances, *cf.* paragraphe 10.9.1, *CNA à réseau de résistances pondérées*) est d'utiliser un montage de gain à entrées multiples à capacités commutées. Les charges stockées sur le réseau capacitif d'entrée vont dépendre de la valeur numérique à convertir.

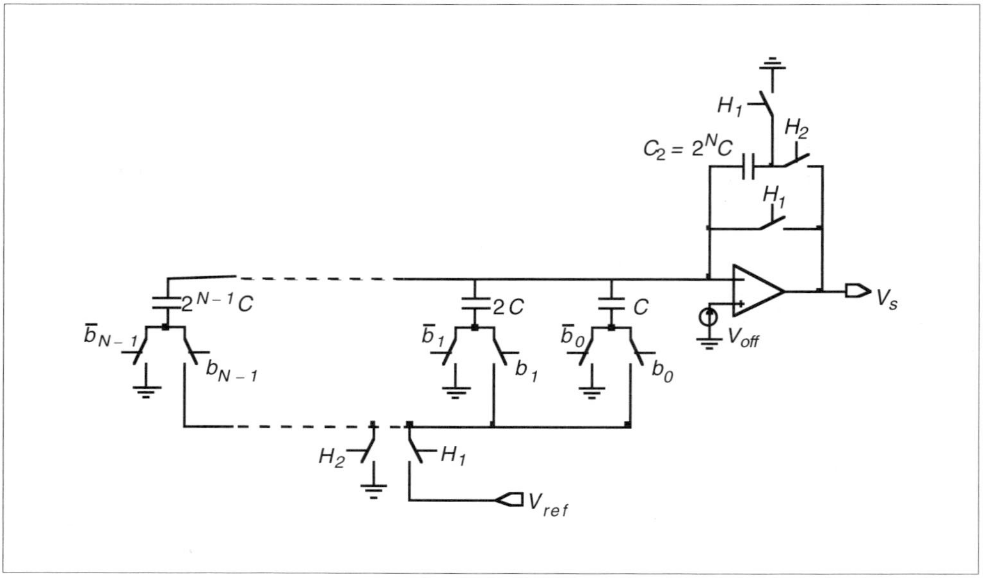

Figure 10.58 CNA parallèle

10.111 Fonctionnement

• Autozéro : $H_1 = 1$ et $H_2 = 0$.

En fonction des valeurs des bits à convertir, les capacités du réseau vont être reliées à la masse ou à V_{ref}, tandis que C_2 mémorise l'offset. La charge stockée sera

$$Q_1 = V_{ref}(2^{N-1}Cb_{N-1} + \ldots + 2Cb_1 + Cb_0) - V_{off}(2^{N-1}C + \ldots + 2C + C)$$

et

$$Q_2 = -V_{off}2^N C$$

• Amplification : $H_1 = 0$ et $H_2 = 1$.

Le système est maintenant isolé, l'amplificateur est rebouclé par C_2 et toutes les capacités d'entrées sont connectées à la masse.

Les charges deviennent alors

$$Q_1^{'} = -V_{off}(2^{N-1}C + \ldots + 2C + C)$$

et

$$Q_2^{'} = (V_s - V_{off})2^N C$$

La conservation de la charge de l'ensemble permet d'obtenir la conversion du nombre de N bits.

$$V_s = \frac{V_{ref}}{2}\left(b_{N-1} + \frac{b_{N-2}}{2} + \ldots + \frac{b_1}{2^{N-2}} + \frac{b_0}{2^{N-1}}\right)$$

L'inconvénient majeur de ce montage est la capacité totale importante de $2^{N+1}C$ qu'il utilise, ce qui est un facteur limitatif important du nombre de bits qu'il sera possible de convertir.

Le montage de la figure 10.20 utilisé dans le convertisseur A/N à approximations successives permet de se passer de capacité de rebouclage. En prenant $V_{in} = 0$ et en appliquant, après la phase initiale, tous les bits sur les interrupteurs de commandes, l'équation (10.8) montre que V_x fournit le résultat de la conversion. Il suffit donc de remplacer le comparateur de sortie par un montage suiveur pour obtenir un convertisseur numérique/analogique.

La variante suivante, au prix d'une rapidité très légèrement inférieure, permet de diminuer la capacité totale (figure 10.59).

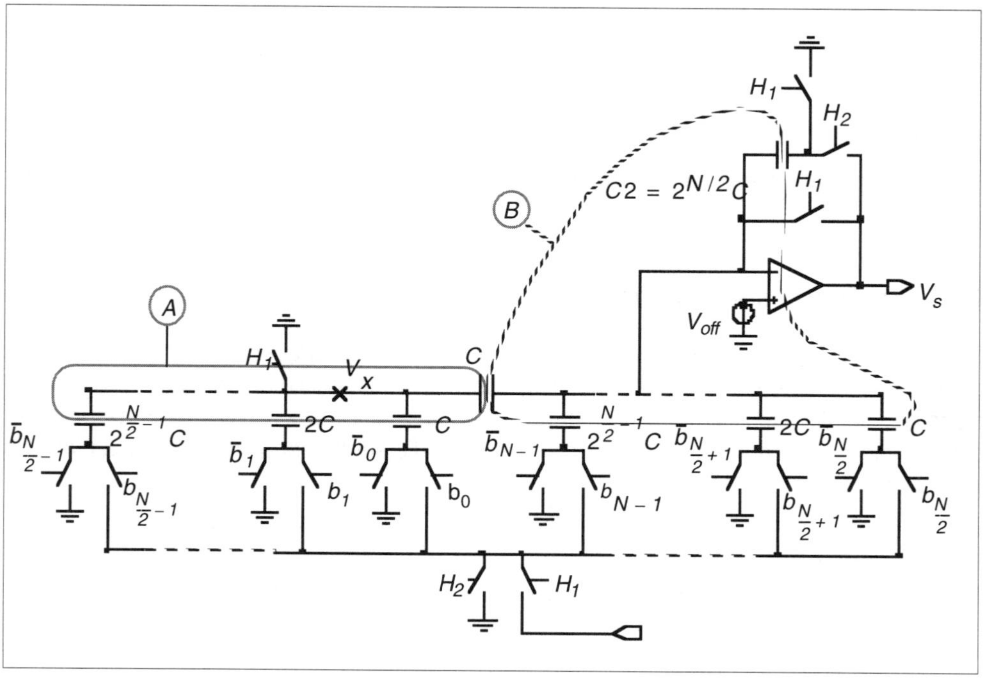

Figure 10.59 CNA à capacité totale réduite.

Le réseau d'entrée est maintenant divisé en deux parties semblables couplées par une capacité C, chaque réseau comprenant des valeurs de capacités variant de C à $2^{(N/2-1)}C$. Autre réduction, la capacité de rebouclage de l'amplificateur n'est plus que de $2^{N/2}C$. Par rapport au montage précédent, la charge totale a donc nettement diminuée, passant de $(2^{N+1}-1)C$ à $(3 \times 2^{N/2}-2)\ C$.

Le fonctionnement est le même que celui du montage précédent : autozéro de l'amplificateur et charge des capacités 2^iC du réseau d'entrée par b_iV_{ref}, puis rebouclage de l'amplificateur par la capacité $2^{N/C}C$ et basculement de l'entrée sur la masse.

À ce moment, il faut traiter deux systèmes distincts, A et B notés sur la figure 10.59. La conservation des charges entre l'état initial et l'état final du système capacitif A permet de calculer

$$V_x = -V_{ref}\left[\frac{b_{\frac{N}{2}-1}}{2} + \frac{b_{\frac{N}{2}-2}}{4} + \ldots + \frac{b_0}{2^{\frac{N}{2}}}\right]$$

Il est alors possible d'utiliser la conservation de la charge du système B, dans lequel on retrouve la tension V_x,

$$Q_{B_{final}} = 2^{\frac{N}{2}}CV_s + V_xC$$

pour calculer la tension de sortie

$$V_s = \frac{1}{2^{\frac{N}{2}}}\left[-V_x + V_{ref}\left(2^{\frac{N}{2}-1}b_{N-1} + 2^{\frac{N}{2}-2}b_{N-2} + \ldots + b_{\frac{N}{2}}\right)\right]$$

qui est le résultat souhaité (équation (10.1)).

10.12 Convertisseur série/parallèle

Il y a toujours utilisation d'un réseau capacitif pour convertir un certain nombre de bits en parallèle, mais cette fois le résultat de cette conversion est stocké sur la capacité de rebouclage de l'amplificateur. D'autre part, la division nécessaire par 2^NC n'est plus assurée par cette capacité (C_2), mais par un rebouclage de la sortie sur le réseau d'entrée, à la place de V_{ref} lors de la phase d'amplification.

Il faut convertir un mot de P bits alors que le réseau ne fait que N bits ($N < P$).

- Étape initiale : $H_1 = 1$, $H_2 = 0$, $H_3 = 1$.
  Les N bits de poids faible sont envoyés sur le réseau capacitif qui stocke une charge de

  $$Q_1 = (2^{N-1}b_{N-1} + \ldots + b_0)CV_{ref}$$

  tandis que l'amplificateur est en autozéro et la capacité de rebouclage déchargée à la masse $Q_2 = 0$.

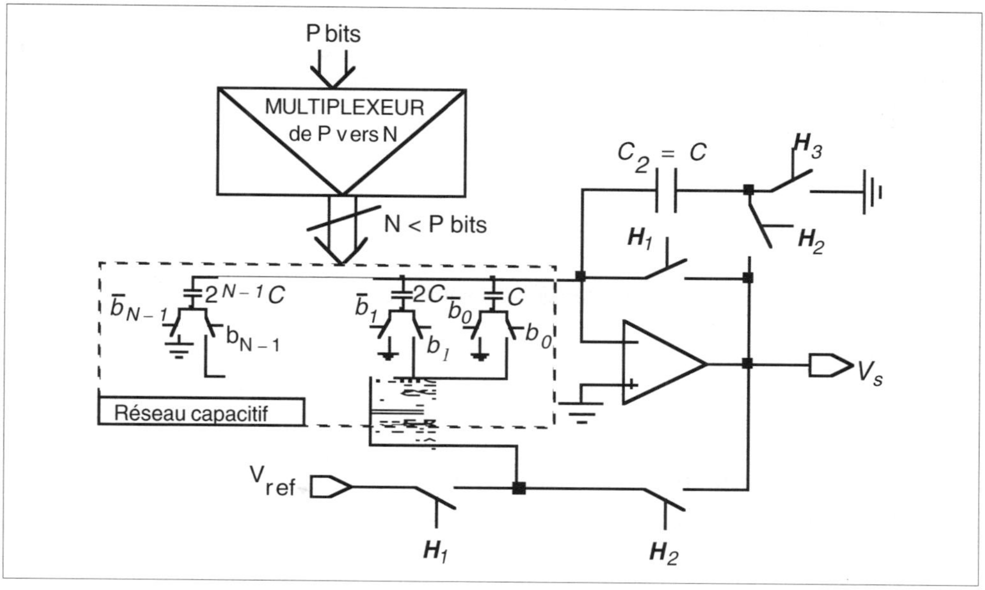

Figure 10.60 CNA série/parallèle.

- Première étape : $H_1 = 0$, $H_2 = 1$, $H_3 = 0$.
  Le montage est mis en phase d'amplification, la conservation de la charge peut s'appliquer sur le nœud d'entrée de l'amplificateur mais avec, cette fois, toutes les armatures inférieures des capacités reliées à la sortie de l'amplificateur (indépendamment des valeurs des b_i) par l'intermédiaire de l'interrupteur commandé par H_2, si bien que

$$Q_1' = (2^{N-1} + \ldots + 1)CV_{S_1} = (2^N - 1)CV_{S_1}$$

et

$$Q_2' = CV_{S_1}$$

À la fin de cette étape, le résultat

$$V_{S_1} = \left[b_{N-1} + \ldots + \frac{b_0}{2^{N-1}} \right] \frac{V_{ref}}{2}$$

est stocké dans la capacité C_2, H_2 passant à 0 avant que H_1 ne repasse à 1 et H_3 restant à 0.

- Deuxième étape : $H_1 = 1$, $H_2 = 0$, $H_3 = 0$.
  Les N bits suivants sont envoyés sur le réseau de capacités. Les charges stockées sont donc

$$Q_1 = (2^{N-1} b_{2N-1} + \ldots + b_N)CV_{ref}$$

et

$$Q_2 = CV_{S_1}$$

• Troisième étape : $H_1 = 0$, $H_2 = 1$, $H_3 = 0$.
La configuration est la même que pour la première étape, les charges du système seront donc

$$Q_1' = (2^N - 1)CV_{S_2} = (2^N - 1)CV_{S_2}$$

et

$$Q_2' = CV_{S_2}$$

V_{S_2} étant la nouvelle valeur de la tension de sortie.

Le résultat sera

$$V_{S_2} = \left[b_{2N-1} + \ldots + \frac{b_N}{2^{N-1}}\right]\frac{V_{ref}}{2} + \frac{V_{S_1}}{2^N}$$

qui correspond à la conversion d'un mot de $2N$ bits.
Le traitement de N bits suivants se fait en reprenant le cycle à la deuxième étape.

10.13 Convertisseur mode courant

Dès qu'il est nécessaire d'augmenter la vitesse de conversion, on se trouve confronté au même problème que pour les convertisseurs analogiques/numériques : le temps d'établissement de l'amplificateur, qu'il soit de type amplificateur de tension ou de courant. Une solution est, là aussi, de travailler exclusivement avec des sources de courant, sommées en plus ou moins grand nombre pour effectuer la conversion (figure 10.61). Le temps de conversion ne dépend plus que du temps de commutation des sources.

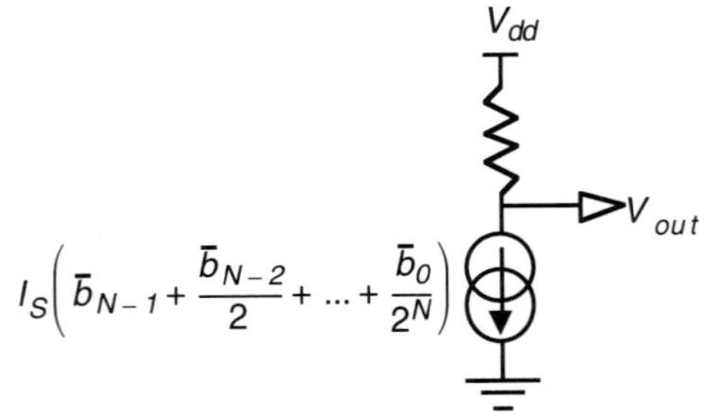

Figure 10.61 Principe du CNA à sommation de courant.

Pour les sources, deux solutions sont possibles :

• soit des sources pondérées de taille croissante avec les bits, avec l'inconvénient d'une faible précision due aux dispersions entre les sources de tailles différentes,

• soit des sources de tailles identiques (du poids d'un LSB) qui sont sommées pour atteindre la valeur requise (par exemple 8 sources pour b_3) avec, cette fois, l'avantage d'une précision beaucoup mieux maîtrisée mais l'inconvénient d'un grand nombre de sources (2^{N-1}) à implanter et de nombreux signaux de commandes et de courant à router.

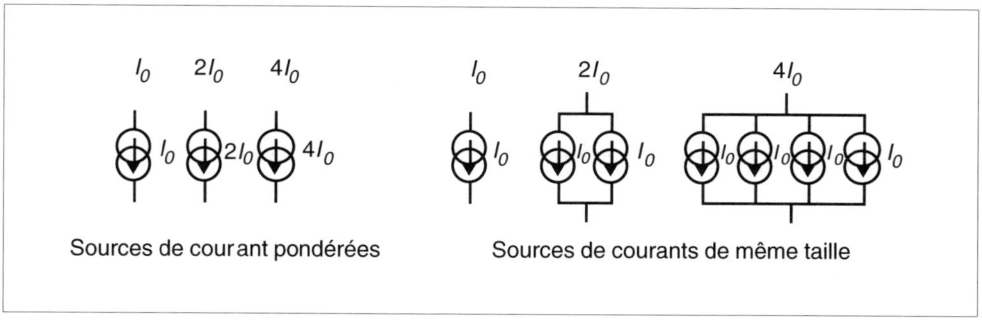

Figure 10.62

La solution retenue en [70] [89] pour un convertisseur de 8 bits utilise 63 sources de courant identiques pour la conversion des 6 bits de poids le plus fort et 2 sources de courant pondérées pour les deux bits de poids faible (figure 10.63).

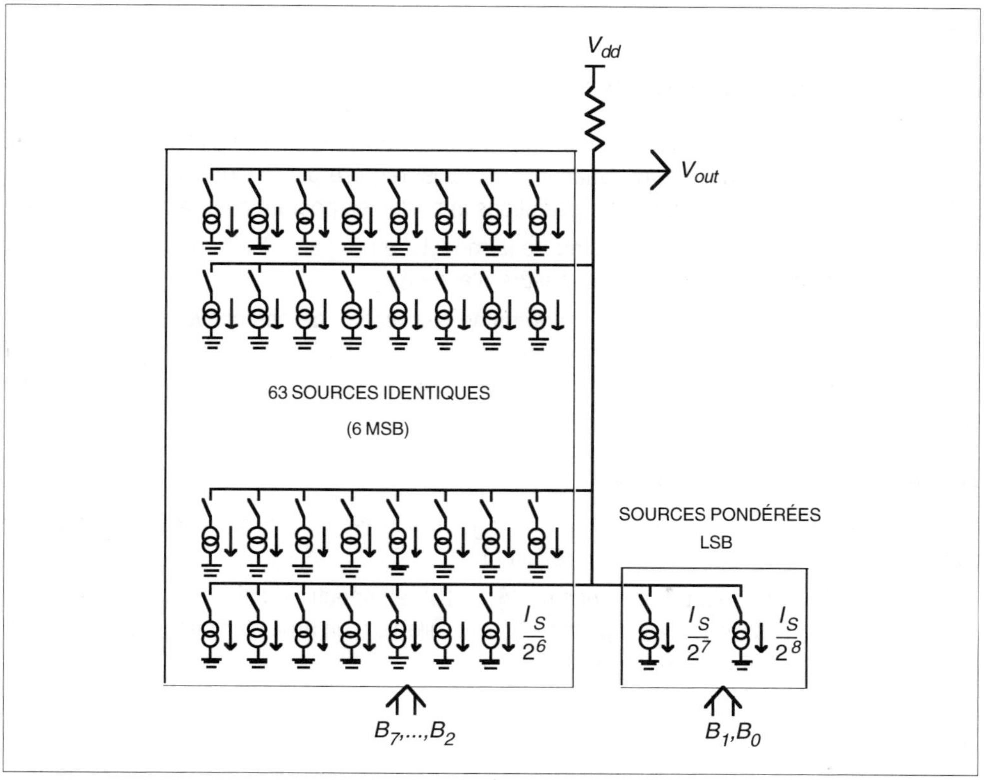

Figure 10.63 CNA à sources de courant.

La source de courant élémentaire sera ajoutée à la contribution globale en fonction des signaux commandant des interrupteurs (figure 10.64).

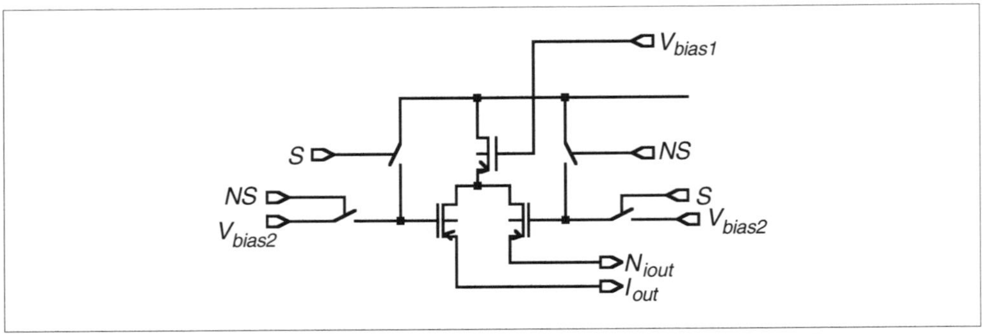

Figure 10.64 Source de courant

Malgré toute l'attention qu'il peut y être apporté, des dispersions sont inévitables sur les sources de courant lors de l'implantation physique. L'influence sur la précision du convertisseur peut être fortement diminuée en faisant une étude topographique des variations sur le *wafer*. Un certain nombre de ces dispersions ne variant pas aléatoirement, un certain ordre de commutation des sources permet de les faire s'annuler les unes avec les autres.

10.14 La conversion Sigma-Delta

Les convertisseurs Sigma-Delta sont des convertisseurs où la fréquence d'échantillonnage est bien supérieure à la fréquence de Shannon – Nyquist requise par le signal d'entrée. Ce suréchantillonnage permet d'obtenir des résolutions importantes pour un coût relativement faible.

Il est nécessaire pour la compréhension de la modulation Sigma – Delta de commencer par étudier l'intérêt de cette fréquence de mesure élevée [92].

Une remarque importante au niveau du domaine d'utilisation de ces convertisseurs concerne le fait que ce ne sont pas des convertisseurs d'instrumentation. Ils ne sont pas faits pour convertir des valeurs isolées mais pour travailler sur des signaux où ils vont convertir une suite de valeurs successives.

10.141 Le suréchantillonnage

Pour comprendre l'intérêt du suréchantillonnage, il est nécessaire de revenir à l'étape de quantification et aux propriétés qui en résultent.

Ainsi qu'il a été vu au début de ce chapitre (§ 10.13), au spectre du signal utile se rajoute le spectre du bruit de quantification (figure 10.7), assimilable à un bruit blanc échantillonné, dont la densité spectrale de puissance est de

$$d_{spe} = \frac{\Delta^2}{12f_e}$$

où Δ est le pas de quantification du convertisseur.

Le niveau du bruit de quantification est proportionnel au carré de Δ et inversement proportionnel à la fréquence d'échantillonnage. Or, quand un signal est mesuré, les informations intéressantes se trouvent dans ce que l'on appelle la bande utile ; il en découle l'important résultat que, pour améliorer la précision, il est possible de diminuer la puissance du bruit de quantification, soit en augmentant le nombre de bits pour diminuer le pas de quantification, soit en prenant une fréquence d'échantillonnage supérieure afin de répartir le bruit sur une plus grande bande de fréquence ; c'est le principe du suréchantillonnage.

Il est bien sûr nécessaire, après une conversion suréchantillonnée, d'utiliser un filtre *numérique* passe-bas afin de ne conserver que la bande utile et d'éliminer le bruit de quantification extérieur à cette bande afin d'améliorer la résolution. Ce filtre sert également à retrouver une période entre échantillons proche de celle de Shannon.

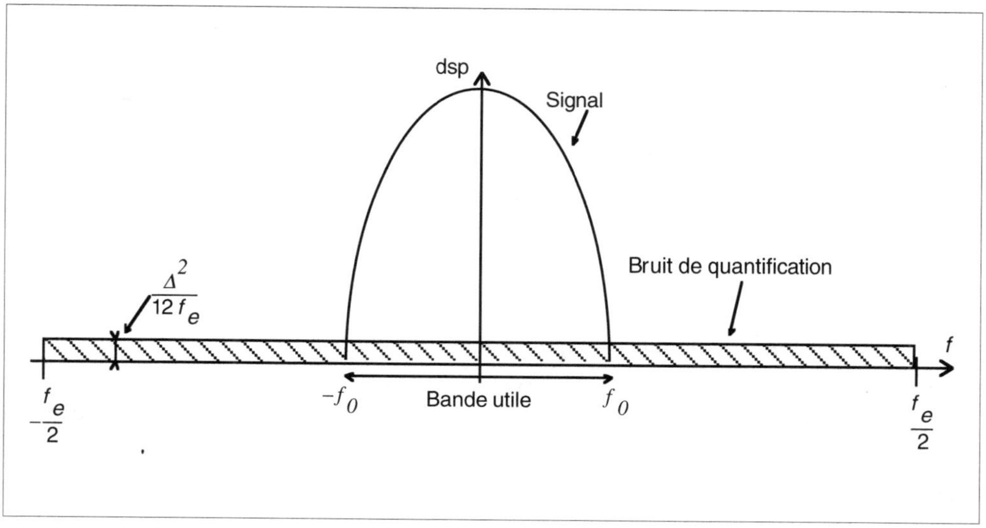

Figure 10.65 Densité spectrale de puissance avec suréchantillonnage.

Il est intéressant de noter que ce principe est indépendant de la méthode de conversion et qu'il est possible de suréchantillonner sans faire de la modulation Sigma-Delta. N'importe quel convertisseur fonctionnant en suréchantillonnage et muni d'un filtre de sortie est susceptible d'améliorer sa résolution.

Il reste à voir dans quelle mesure ce gain est important.

Un autre avantage de cette technique concerne le filtre antirepliement d'entrée. Avec les convertisseurs classiques, il est nécessaire d'avoir des filtres analogiques avec des coupures très rapides, donc des filtres à temps continu, complexes à concevoir. Dans un convertisseur à suréchantillonnage, la fréquence de mesure est très élevée par rapport à la limite imposée par le théorème de Shannon ; il est donc possible d'utiliser un filtre analogique avec une pente moins brutale, qui sera beaucoup plus facile à implanter (figure 10.66).

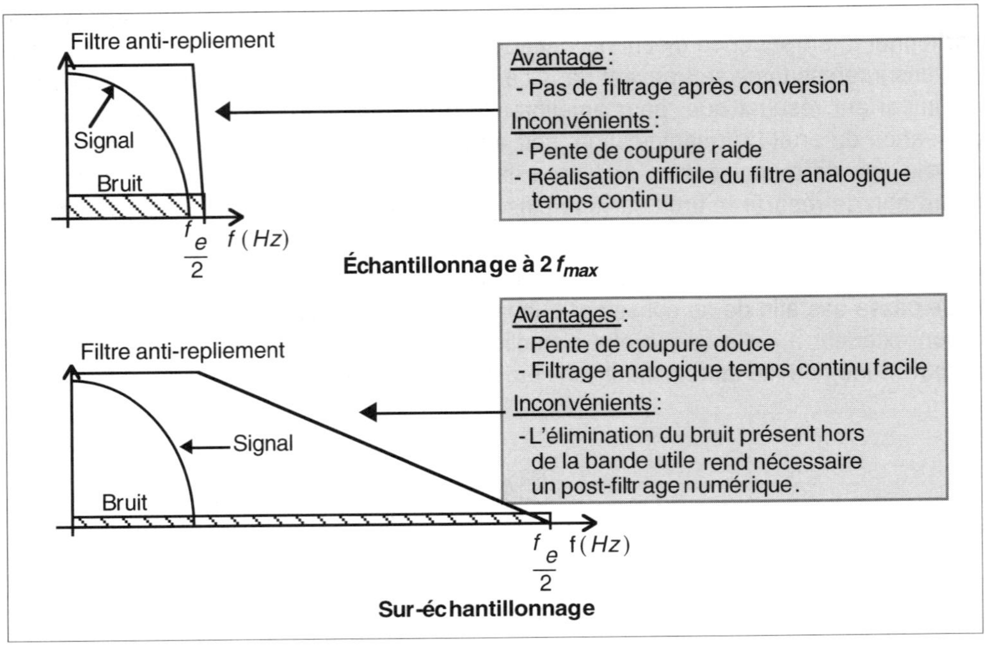

Figure 10.66 Filtre antirepliement.

Quel est dans ce cas le gain pour le rapport signal sur bruit ?

Si les signaux échantillonnés à f_e sont compris dans la bande $-f_0 \leq f \leq f_0 < f_e/2$, alors la fréquence de Shannon-Nyquist est $2f_0$. Le taux de suréchantillonnage est dans ce cas défini comme le rapport de la fréquence d'échantillonnage sur la fréquence de Nyquist.

On a donc :

$$M = \frac{f_e}{2f_0}$$

La puissance du bruit qui apparaît dans la bande passante est :

$$P_{BP} = \int_{-f_0}^{f_0} \frac{\Delta^2}{12f_e} \mathrm{d}f = \frac{\Delta^2}{12M}$$

Le rapport signal sur bruit pour une conversion utilisant un quantificateur sur N bits et un taux de suréchantillonnage M devient :

$$SNR_{dB} = 10\log\left(12\frac{\sigma_x}{\Delta^2}M\right) = 6{,}02N + 1{,}76\,\mathrm{dB} + 10\log M \qquad (10.12)$$

À chaque fois que la fréquence d'échantillonnage est doublée, le rapport signal sur bruit augmente de 3 dB (à comparer avec l'équation (10.5)), ce qui correspond à une précision supplémentaire d'un demi bit seulement.

10.142 Modulation Sigma-Delta d'ordre 1

L'augmentation de la fréquence d'échantillonnage est rapidement limitée par la technologie, de sorte que pour augmenter la précision on ne peut pas se contenter de suréchantillonner. Il faut séparer le signal utile du bruit de quantification et repousser celui-ci vers les hautes fréquences. C'est le rôle de la modulation Sigma-Delta que de mettre en forme le bruit de quantification. Un filtrage passe-bas de sortie permet ensuite d'éliminer la majorité de ce bruit, qui se trouve maintenant hors de la bande utile du signal, et d'atteindre de très bonnes résolutions avec un faible coût analogique.

Pour cela, le modulateur est constitué d'une boucle d'asservissement comprenant un sommateur-soustracteur analogique, un intégrateur analogique, un quantificateur échantillonné (CAN) et un convertisseur numérique/analogique dans le rebouclage (figure 10.67). Le modulateur intègre et convertit à chaque cycle de l'horloge la différence entre l'entrée et la dernière valeur convertie, c'est-à-dire l'erreur de conversion. L'horloge de mesure f_e suréchantillonne le signal d'entrée.

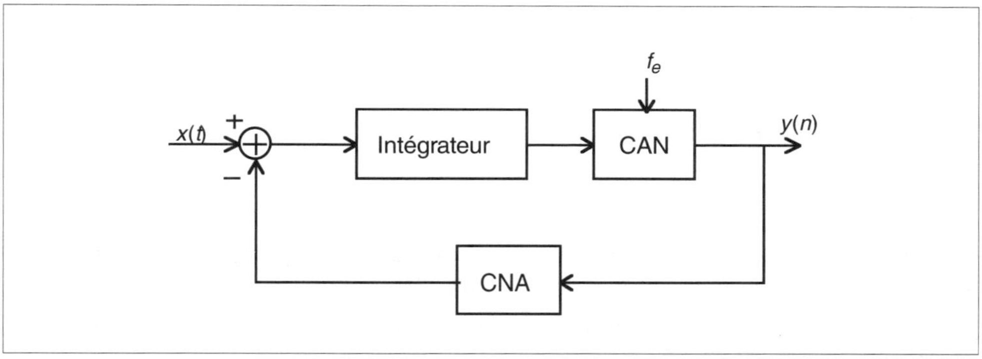

Figure 10.67 Principe du Sigma-Delta.

Une simple étude du comportement temporel du modulateur permet de voir que l'asservissement est tel que la valeur moyenne de la sortie numérique $y(n)$ suit la valeur moyenne de la tension analogique d'entrée $x(t)$ [51] [55].

$$\frac{1}{NT_e}\int_0^{NT_e} x(t)dt \cong \frac{1}{N}\sum_{i=0}^{N} y(i) \qquad (10.13)$$

Ce n'est cependant pas suffisant comme information. Afin d'étudier les propriétés du modulateur et du signal de sortie, il faut utiliser un modèle échantillonné équivalent (figure 10.68). Le convertisseur analogique/numérique est représenté par une source additive de bruit blanc, e_i, correspondant au bruit de quantification apporté par cette opération. Il ne faut pas oublier que ce n'est pas le bruit de quantification final présent dans le signal numérique de sortie. Celui-ci dépend du quantificateur mais aussi de la structure du modulateur, ce que l'étude permet d'évaluer.

À un instant d'échantillonnage donné, l'entrée du modulateur, la sortie de l'intégrateur, le bruit de quantification et la sortie du modulateur seront désignés respectivement par x_i, a_i, e_i et y_i.

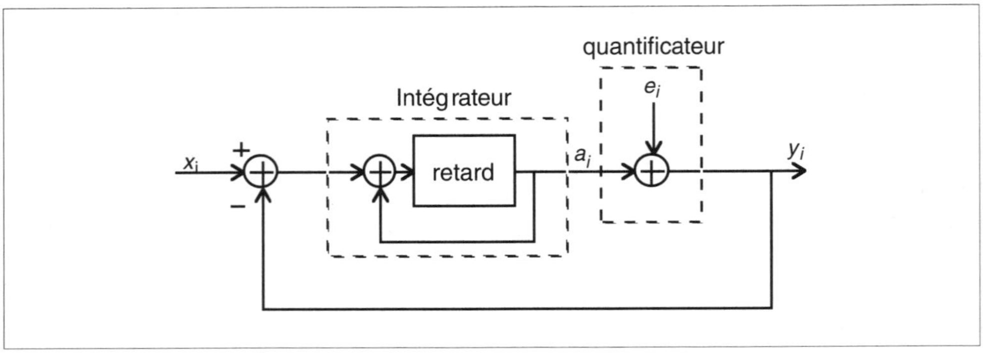

Figure 10.68 Modèle échantillonné du modulateur d'ordre 1.

$$a_i = x_{i-1} - y_{i-1} + a_{i-1} \quad \text{et} \quad y_{i-1} = a_{i-1} + e_{i-1} \quad \Rightarrow a_i = x_{i-1} - e_{i-1}$$

Le signal de sortie est :

$$y_i = x_{i-1} + e_i - e_{i-1}$$

D'où la fonction de transfert en z

$$y(z) = z^{-1}X(z) + (1 - z^{-1})E(z) \tag{10.14}$$

Il est possible de la séparer en deux termes : une fonction de transfert pour le signal *FTS* $(z) = z^{-1}$ et une fonction de transfert pour le bruit *FTB* $(z) = (1 - z^{-1})$.

Le bruit de quantification est différencié alors que le signal d'entrée n'est pas modifié, il est simplement retardé.

Quels sont les avantages de cette différenciation ?

La représentation de la densité spectrale du bruit de quantification (figure 10.69)

$$FTB(f) = \left|1 - e^{-\frac{j2\pi f}{f_e}}\right| \sqrt{\frac{\Delta^2}{12 f_e}}$$

montre que celui-ci n'est plus équiréparti ; il est repoussé vers les hautes fréquences.

La densité spectrale de puissance devient :

$$dsp_{br}(f) = \left|1 - e^{-\frac{j2\pi f}{f_e}}\right|^2 \frac{\Delta^2}{12 f_e}$$

Or,

$$\left|1 - e^{-jx}\right| = 2\sin\left[\frac{x}{2}\right] \quad \text{d'où} \quad dsp_{br}(f) = \frac{\Delta^2}{12 f_e} 4\sin^2\left[\frac{\pi f}{f_e}\right]$$

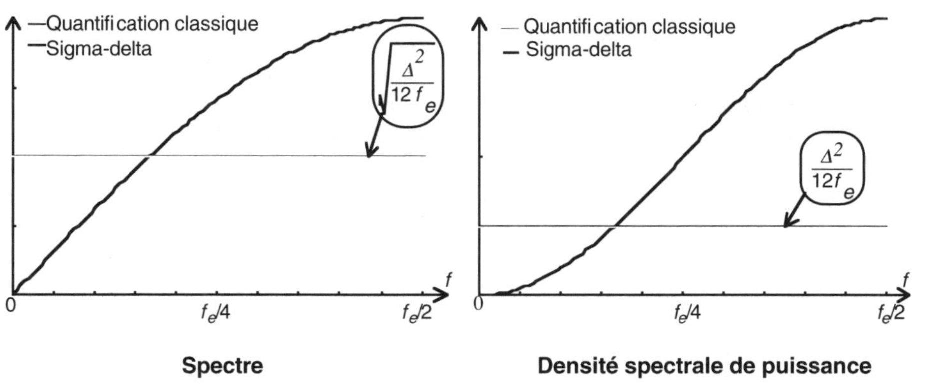

Figure 10.69 Caractéristiques spectrales de bruit du modulateur d'ordre 1.

Dans les basses fréquences, la puissance est diminuée par rapport à un simple suréchantillonnage.

10.143 Modulateur d'ordre 2

Le principe est le même que pour le modulateur d'ordre 1, avec l'idée de continuer à diminuer le bruit introduit par le quantificateur dans la bande utile en l'augmentant d'autant plus dans les hautes fréquences.

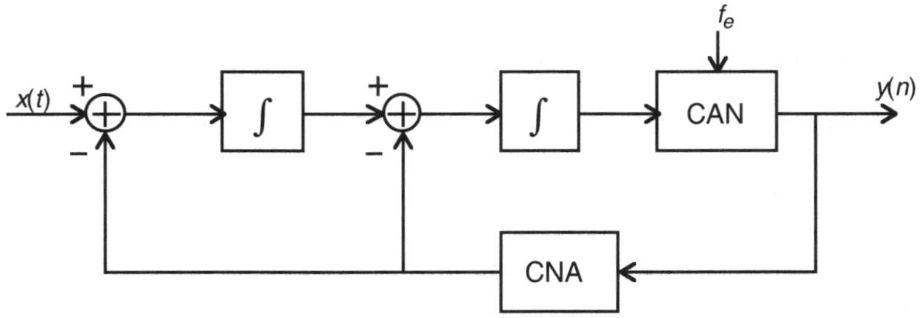

Figure 10.70 Modulateur d'ordre 2

Du fait que le modulateur est un système échantillonné, on va directement utiliser la transformée en z pour étudier le comportement fréquentiel de la structure (figure 10.71). Les variables a_1 et a_2 représentent les sorties des intégrateurs.

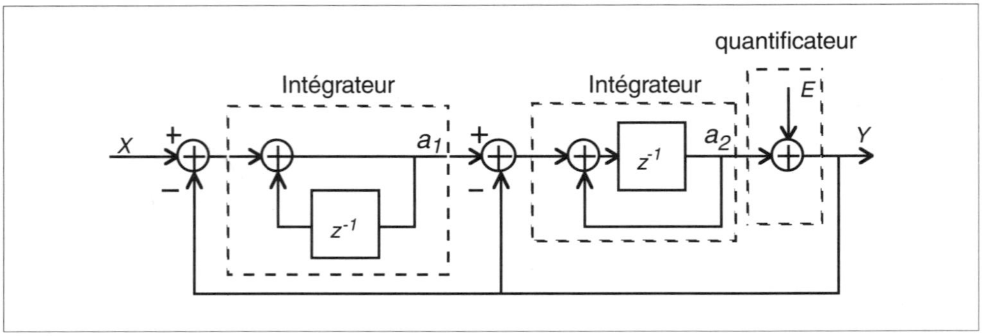

Figure 10.71 Modèle en z du modulateur d'ordre 2

Le premier intégrateur a une fonction de transfert simple

$$H_1(z) = \frac{1}{1 - z^{-1}}$$

et le deuxième avec retard

$$H_2(z) = \frac{z^{-1}}{1 - z^{-1}}$$

Pour faciliter les calculs, les fonctions de transfert du bruit et du signal sont déterminées séparément.

Fonction de transfert du signal

$$y(z) = a_2(z) = \frac{z^{-1}}{1 - z^{-1}}\left[a_1(z) - Y(z)\right] \quad \text{et} \quad a_1(z) = \frac{X(z) - Y(z)}{1 - z^{-1}}$$

En remplaçant a_1 dans l'équation de $Y(z)$, on obtient : $FTS(z) = z^{-1}$

Fonction de transfert du bruit

$$Y(z) = E(z) + a_2(z)$$

Or,

$$a_2(z) = \frac{z^{-1}}{1 - z^{-1}}\left[a_1(z) - Y(z)\right] \quad \text{et} \quad a_1(z) = \frac{1}{1 - z^{-1}}\left[-Y(z)\right]$$

Au final : $FTB(z) = (1 - z^{-1})^2$

La fonction de transfert complète est donc :

$$Y(z) = z^{-1}X(z) + \left(1 - z^{-1}\right)^2 E(z) \tag{10.15}$$

Comme pour le modulateur d'ordre 1, le signal de sortie est simplement retardé.

La densité spectrale de puissance devient :

$$dsp_{br}(f) = \frac{\Delta^2}{12f_e}\left|1 - e^{-\frac{j2\pi f}{f_e}}\right|^4 = \frac{\Delta^2}{12f_e}\left[2\sin\left[\frac{\pi f}{f_e}\right]\right]^4$$

10.144 Modulateur d'ordre *n*

Par extension, à partir des modulateurs d'ordre 1 et 2, il est possible d'écrire la fonction de transfert de modulateurs d'ordre n :

$$Y(z) = z^{-1}X(z) + \left(1 - z^{-1}\right)^n E(z) \tag{10.16}$$

Densité spectrale de puissance :

$$dsp_{br}(f) = \frac{\Delta^2}{12f_e}\left[2\sin\left[\frac{\pi f}{f_e}\right]\right]^{2n}$$

La figure 10.72 montre que plus le degré du modulateur est important, plus, pour un taux de suréchantillonnage donné, le bruit est diminué dans la bande utile et augmenté dans les hautes fréquences. Il est cependant difficile de concevoir des modulateurs d'ordre supérieur à 2 en continuant de rajouter des intégrateurs sur le même type d'architecture. En effet, la boucle principale comprend alors trois intégrateurs (ou plus) et un délai, ce qui engendre des problèmes de stabilité. Le modulateur peut se mettre à osciller indépendamment de toute valeur d'entrée. Des techniques permettent de le stabiliser, mais alors le rapport signal sur bruit effectif est bien moins bon que celui prédit par la théorie. Il est donc nécessaire de chercher d'autres structures telles que les modulateurs MASH et interpolatifs pour obtenir ces degrés élevés.

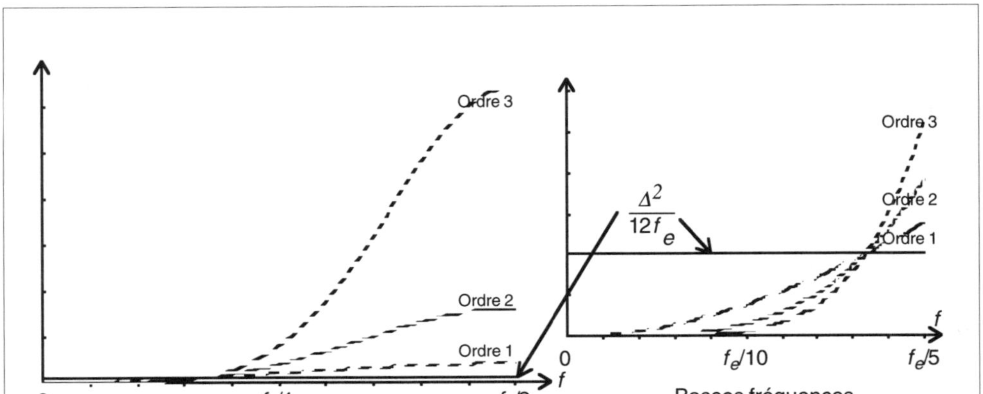

Figure 10.72 Densité spectrale de puissance.

Modulateurs MASH (Multi Stage Noise Shaping)

Plusieurs modulateurs du premier ordre sont utilisés en cascade, chaque nouvel étage convertissant en fait le bruit de quantification de l'étage précédent, obtenu en soustrayant la sortie de l'intégrateur de la sortie du quantificateur [74].

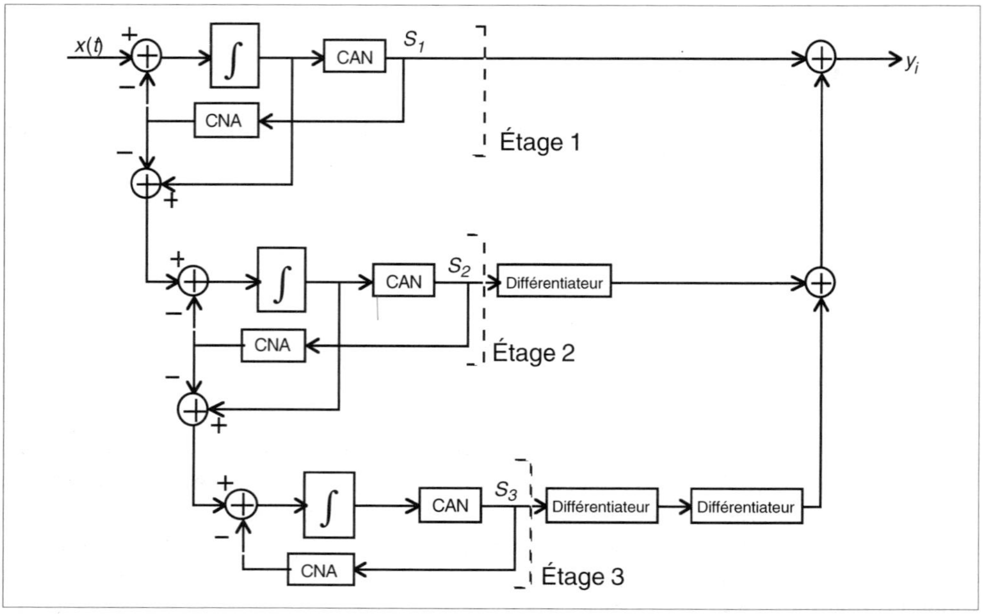

Figure 10.73 Modulateur MASH de degré 3

En théorie, ces structures ne sont pas limitées mais en pratique, en raison des dispersions entre composants, le degré du modulateur réalisable ne pourra pas être très élevé (il existe des réalisations de degré 3 et 4).

Du fait que chaque modulateur du premier ordre est stable, l'ensemble est stable.

Comme pour le modulateur d'ordre 2, il y a deux sortes d'intégrateurs, avec retard pour le premier étage,

$$H_1(z) = \frac{z^{-1}}{1 - z^{-1}}$$

sans retard pour les autres

$$H_2(z) = \frac{1}{1 - z^{-1}}$$

En appelant S_1, S_2, S_3, les sorties de chaque modulateur et ε_1, ε_2, ε_3 les bruits de quantification introduits par les quantificateurs un, deux et trois, alors :

$$S_1 = Xz^{-1} + (1 - z^{-1})\varepsilon_1 \ ; \ S_2 = -\varepsilon_1 + (1 - z^{-1})\varepsilon_2 \ ; \ S_3 = -\varepsilon_2 + (1 - z^{-1})\varepsilon_3$$

Le différenciateur est placé après le quantificateur ; c'est donc un système numérique. Il est constitué d'un registre (bascules créant un retard) et d'un soustracteur, afin d'effectuer l'opération suivante :

$$S = (1 - z^{-1})E$$

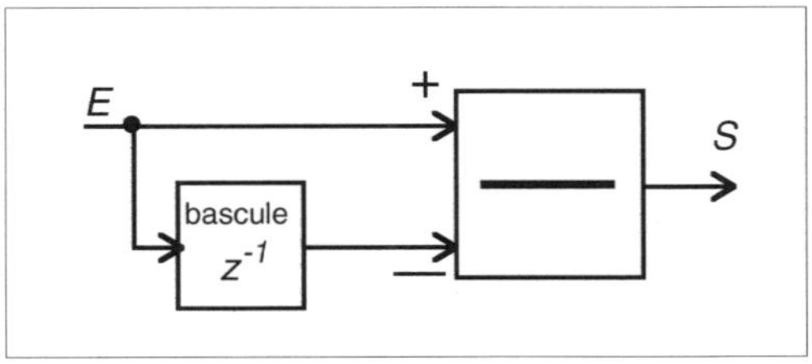

Figure 10.74 Différenciateur

La sortie finale du modulateur sera donc :

$$Y = S_1 + (1 - z^{-1})S_2 + (1 - z^{-1})^2 S_3$$

$$Y = Xz^{-1} + (1 - z^{-1})^3 \varepsilon_3$$

Il est également possible d'utiliser des modulateurs d'ordre 2 dans une telle structure. Un modulateur d'ordre 3 a été réalisé en utilisant un ordre 2 comme premier étage et un ordre 1 comme deuxième étage.

Modulateur interpolatif

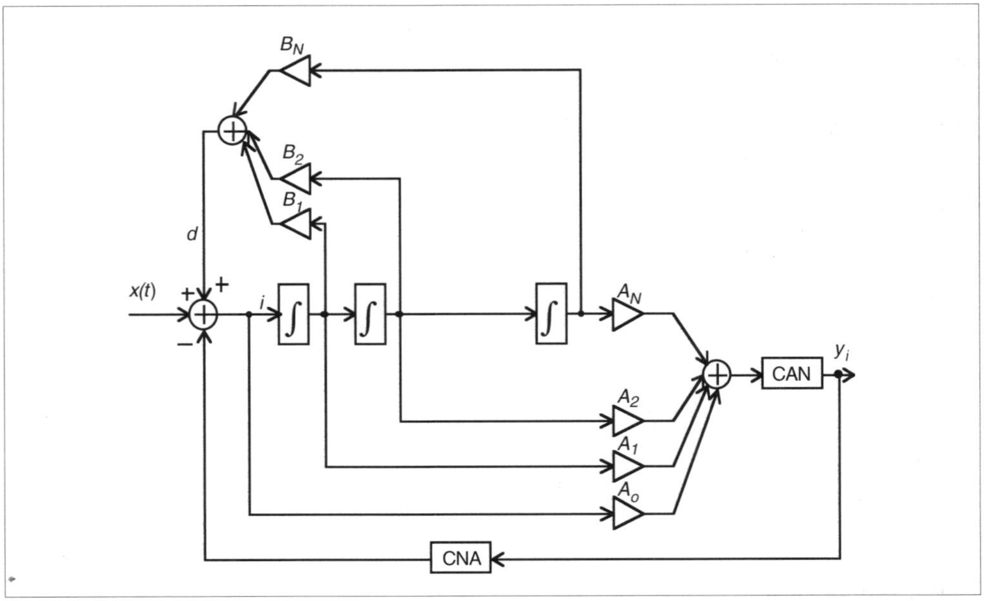

Figure 10.75 Modulateur interpolatif

Un deuxième type de modulateur permet de dépasser les limitations des modulateurs d'ordre supérieur à 2 [82].

Par rapport au modulateur plus classique, la sortie de chaque intégrateur est multipliée par des coefficients *A* et *B* pour être additionnée en sortie et en entrée du modulateur (figure 10.75).

Les intégrateurs sont sans retard, par contre le CAN correspond à une source additive de bruit et à un retard z^{-1}. La fonction de transfert comporte un terme relatif au signal et un terme relatif au bruit de quantification.

Fonction de transfert du signal

$$y(z) = \left\{ \sum_{i=0}^{N} A_i \left(1 - z^{-1}\right)^{-i} \left[d(z) + x(z) - zy(z)\right] \right\} z^{-1}$$

Or,

$$d(z) = \frac{\sum_{i=1}^{N} \left[B_i (1 - z^{-1})^{-i} \left[x(z) - y(z)\right]\right]}{1 - \sum_{i=1}^{N} B_i (1 - z^{-1})^{-i}}$$

On obtient donc :

$$FTS(z) = \frac{\sum_{i=0}^{N} A_i (1 - z^{-1})^{-i}}{\left[1 - \sum_{i=1}^{N} B_i (1 - z^{-1})^{-i}\right] z + \sum_{i=0}^{N} A_i (1 - z^{-1})^{-i}}$$

Fonction de transfert du bruit

$$y(z) = z^{-1} \left[e(z) + \sum_{i=0}^{N} \left[(1 - z^{-1})^{-i} A_i \{d(z) - y(z)\}\right] \right]$$

Avec

$$d(z) = -y(z) \frac{\sum_{i=1}^{N} B_i (1 - z^{-1})^{-i}}{1 - \sum_{i=1}^{N} B_i (1 - z^{-1})^{-i}}$$

$$FTB(z) = \frac{1 - \sum_{i=1}^{N} B_i (1 - z^{-1})^{-i}}{z\left[1 - \sum_{i=1}^{N} B_i (1 - z^{-1})^{-i}\right] + \sum_{i=0}^{N} A_i (1 - z^{-1})^{-i}}$$

$$y(z) = STF(z)x(z) + BTF(z)$$

Les coefficients B_i permettent de mettre en forme la fonction de transfert du bruit, tandis que les coefficients A_i assurent la stabilité du modulateur.

Le rapport signal sur bruit pour un degré donné est plus faible que la valeur théorique (équation (10.18)). Cependant cette architecture, moins sensible aux dispersions des valeurs des composants que le modulateur MASH, autorise le dépassement des limitations des modulateurs du deuxième ordre [87].

10.145 Rapport signal sur bruit

En supposant que le bruit rejeté vers les hautes fréquences soit supprimé par un filtre passe-bas idéal de fréquence de coupure f_0, bande utile du signal d'entrée, le rapport signal sur bruit pour un modulateur de degré n s'écrit :

$$P_{br} = \int_{-f_0}^{f_0} \frac{\Delta^2}{12 f_e}\left[2\sin\frac{\pi f}{f_e}\right]^{2n} df \qquad (10.17)$$

En posant $P_q = \Delta^2/12$, puissance de bruit apporté par le quantificateur, le calcul de l'intégrale, développé dans l'annexe 1, permet d'obtenir :

$$P_{br} = P_q \frac{2}{\pi}\left[\frac{(-1)^n}{n}\sin\left[2n\frac{\pi f_0}{f_e}\right] + \frac{\pi f_0}{f_e}\frac{(2n)!}{(n!)^2} + \sum_{i=1}^{n-1}\frac{(-1)^{i+n} C_{2n}^{i}\sin\left[2(n-i)\frac{\pi f_0}{f_e}\right]}{n-i}\right]$$

Cette formule est assez peu utilisable pratiquement ; aussi, afin de calculer le rapport signal sur bruit est-il préférable de reprendre la formule (10.17). En utilisant le fait que $f_e >> f_0$ (suréchantillonnage) le sinus est remplacé par son développement en série limité au premier ordre : $\sin x \approx x$.

$$P_{br} = \int_{-f_0}^{f_0} \frac{\Delta^2}{12 f_e}\left(2\frac{\pi f}{f_e}\right)^{2n} df$$

En utilisant la même notation que précédemment, le résultat devient :

$$P_{br} \approx \left[2^{2n} P_q \frac{\pi^{2n}}{2n+1}\left[\frac{f}{f_e}\right]^{2n+1}\right]_{-f_0}^{f_0} = P_q \frac{\pi^{2n}}{2n+1}\left[\frac{2f_0}{f_e}\right]^{2n+1}$$

Dans ces conditions, le rapport signal sur bruit est :

$$SNR_{dB} \approx 10\log\left[\frac{\sigma_x}{P_q \frac{\pi^{2n}}{2n+1}\left[\frac{2f_0}{f_e}\right]^{2n+1}}\right]$$

Le rapport signal sur bruit est obtenu, comme pour la conversion classique, en considérant le cas d'un signal d'entrée sinusoïdal d'amplitude V_{ref}. En prenant une quantification faite sur k bits, on obtient le résultat suivant :

$$SNR_{dB} \approx 10\log\left(\frac{\frac{V_{max}^2}{8}}{\frac{V_{max}^2}{2^{2k}}\frac{1}{12}\frac{\pi^{2n}}{2n+1}\left(\frac{2f_0}{f_e}\right)^{2n+1}}\right)$$

Au final :

$$SNR_{dB} \approx 10\log\left[3\frac{2n+1}{\pi^{2n}}2^{2k-1}M^{2n+1}\right] \tag{10.18}$$

M : taux de suréchantillonnage,
k : nombre de bits du quantificateur,
n : degré du modulateur.

La figure 10.76 trace en coordonnées semi-logarithmiques le rapport signal sur bruit pour différents degrés de modulateur en fonction du suréchantillonnage. Il ne faut pas oublier que la précision des tracés est mauvaise pour les faibles valeurs de M, car cette partie est en contradiction avec l'hypothèse prise au départ ($f_e >> f_0$) pour le développement en série limitée. Deux indications sont fournies : le rapport signal sur bruit et le nombre de bits équivalents.

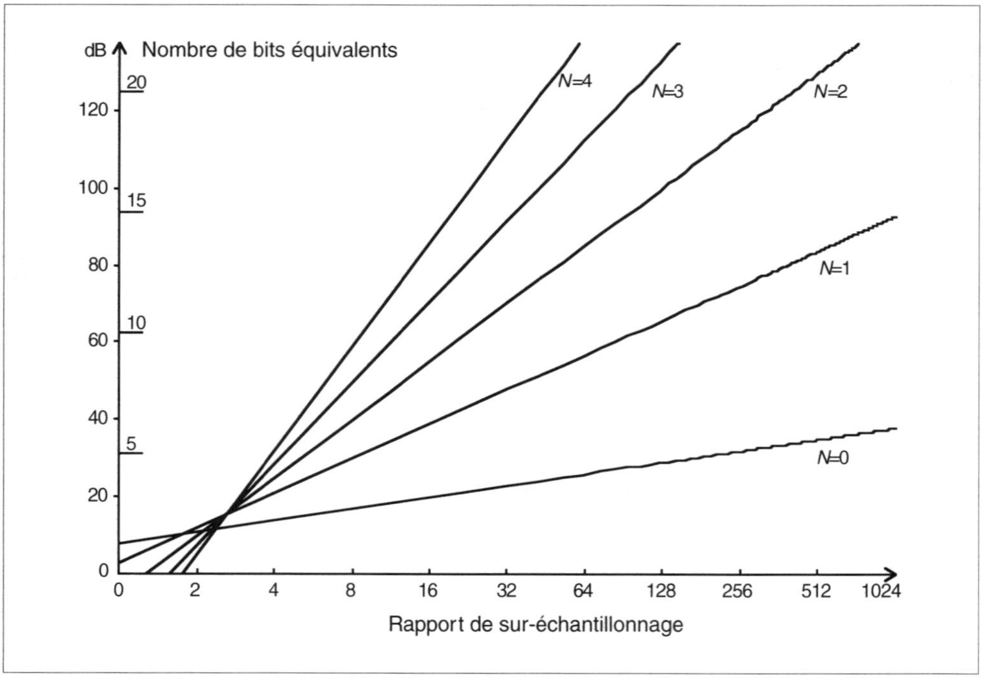

Figure 10.76 Résolution des modulateurs Sigma-Delta.

Degré du modulateur	Gain (dB)	Gain (bits)
1	9	1,5
2	15	2,5
3	21	3,5

Tableau 10.3 Gains obtenus par doublage de la fréquence d'échantillonnage.

Les tracés ont été faits pour un quantificateur 1 bit, car c'est le modèle le plus utilisé. Il est traité dans la section suivante.

Pour un simple suréchantillonnage, le gain était de 3 dB lorsque la fréquence d'échantillonnage doublait, apportant ainsi un gain de 1/2 bit, ce qui est assez faible. Ici, avec la mise en forme du bruit faite par le modulateur, les gains sont bien plus importants (tableau 10.3).

10.146 Modulateur un bit

La structure de base du modulateur est toujours la même, mais simplifiée au maximum puisque elle n'utilise qu'un quantificateur 1 bit, c'est-à-dire un simple comparateur. Un convertisseur numérique/analogique n'est pas nécessaire.

Le signal de sortie est en conséquence un signal série codé sur un seul bit, dont la fréquence est celle de l'horloge d'échantillonnage. Ce codage est particulièrement bien adapté pour être directement transmis en sortie du modulateur sans coût matériel important.

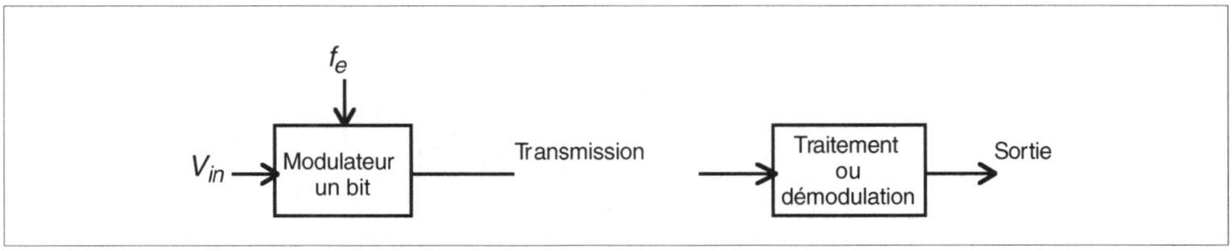

Ce signal, codé sur 1 bit, correspond à un codage de la tension analogique ; il est cependant difficilement utilisable tel quel pour effectuer un traitement numérique. Il est nécessaire de le faire passer dans un filtre décimateur(*) (figure 10.77) de manière à retrouver un codage binaire normal (équation (10.1)).

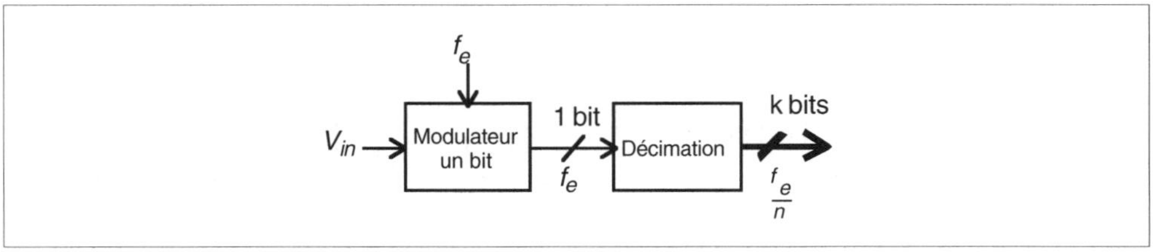

Figure 10.77 Modulateur + filtre

* *La décimation est l'opération qui consiste à sous-échantillonner le résultat de sortie de modulateur afin de retrouver un résultat à la fréquence de Nyquist en codage binaire normal sur* N *bits (cf. paragraphe 10.14.8,* Filtre de décimation*).*

Fonctionnement du modulateur

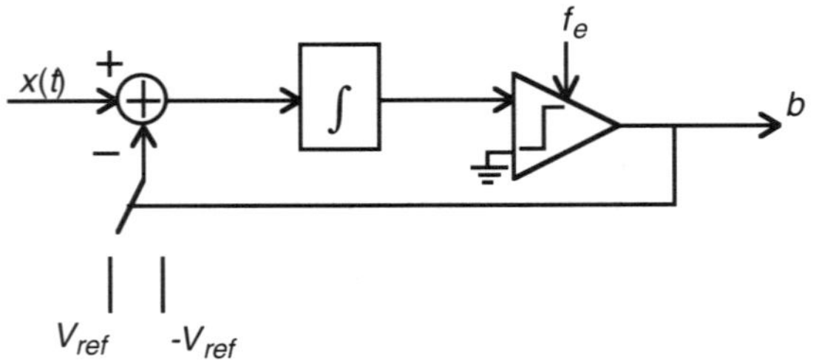

Figure 10.78 Modulateur un bit.

Si la sortie de l'intégrateur est positive, alors le bit de sortie est 1 et une soustraction de V_{ref} est imposée au signal d'entrée. Si elle est négative, alors $b = 0$ et V_{ref} est ajoutée à l'entrée.

L'utilisation d'un comparateur comme quantificateur évite tout problème de linéarité dans le CNA de rebouclage, celui-ci consistant simplement à soustraire ou additionner une tension de référence. Un autre avantage de cette structure est sa simplicité et sa robustesse aux dispersions des composants analogiques qui la constituent.

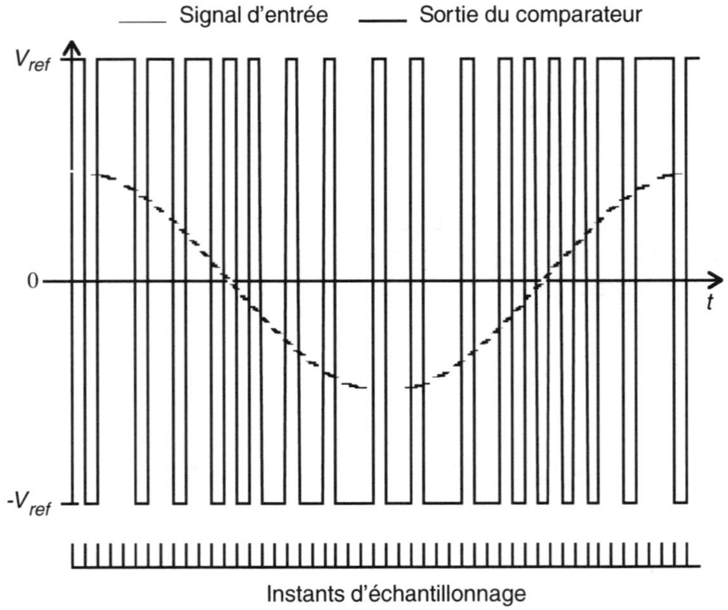

Figure 10.79 Sortie d'un modulateur un bit.

La figure 10.79 donne la sortie d'un tel modulateur soumis à une sinusoïde en entrée. Le suréchantillonnage est volontairement peu important pour permettre de bien voir la modulation de fréquence du bit de sortie qui change souvent de valeur quand le signal varie, et dont la fréquence diminue en même temps que la pente du signal d'entrée.

Les modulateurs 1 bit d'ordre supérieur sont également réalisés en conservant les architectures de base, et en remplaçant le CAN par un simple comparateur.

10.147 Implémentation CMOS

Le principe des modulateurs Sigma-Delta est indépendant de toute technologie, mais il n'a trouvé son plein essor qu'avec son intégration en CMOS. D'une part, car seule cette technologie à fort degré d'intégration permettait d'intégrer le filtre numérique avec le modulateur. D'autre part, parce que la technologie des capacités commutées, intrinsèquement à temps échantillonné, se prête particulièrement bien à la structure du modulateur.

L'élément principal dans ces modulateurs est l'intégrateur ; c'est sur lui que portent les principaux efforts de conception afin de diminuer les erreurs parasites qu'il peut introduire du fait de ses limitations.

Un point important, dans les modulateurs de degré supérieur à 1, est que l'intégrateur ne doit pas dépasser sa tension de saturation. Or, il est tout à fait possible que sa valeur de sortie dépasse de plusieurs fois la valeur de la tension de référence, saturant ainsi les amplificateurs. Il est donc nécessaire de rajouter des coefficients d'intégration, en réglant les valeurs des différentes capacités des montages, dont le but est de limiter les tensions internes du modulateur.

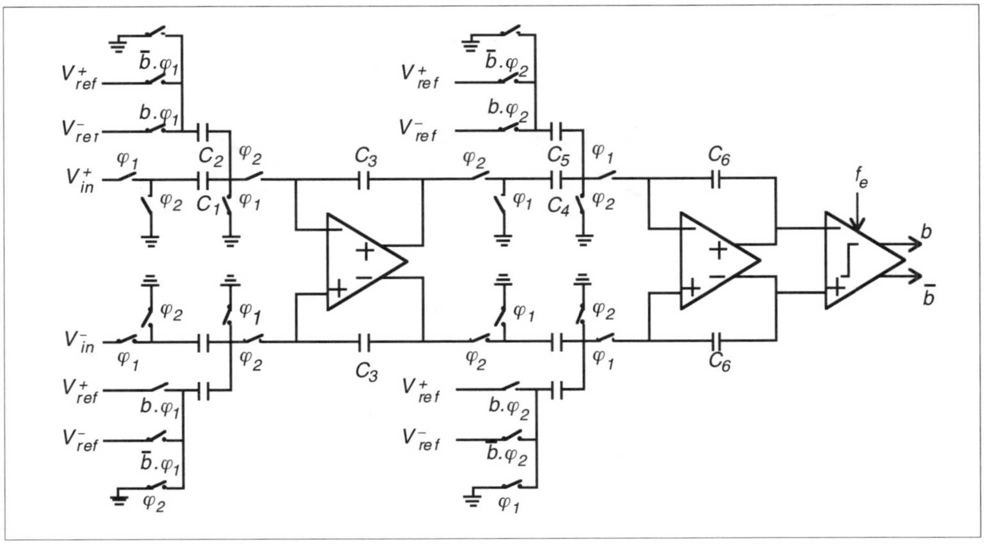

Figure 10.80 Modulateur à capacités commutées d'ordre 2.

La figure 10.80 donne le schéma typique d'un modulateur d'ordre 2. Il est facile d'y reconnaître la succession des deux intégrateurs à capacités commutées. L'avantage d'utiliser une structure entièrement symétrique est d'éliminer les variations des tensions d'alimentation et d'annuler les injections de charge des interrupteurs. En effet, seule la différence des tensions en entrée et en sortie est prise en compte. La dépendance en tension des capacités au premier ordre est ainsi également éliminée.

Fonctionnement du modulateur

L'étude, dans un but de simplicité, est simplement effectuée sur un demi montage correspondant aux signaux positifs. D'autre part, tous les éléments sont considérés comme parfaits.

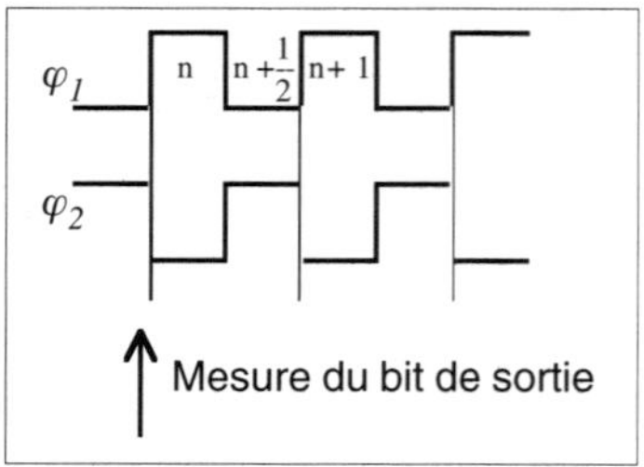

• Première étape (instant n) : $\varphi_1 = 1$, $\varphi_2 = 0$
Les capacités du premier intégrateur mesurent les entrées ; le montage correspondant à la soustraction de la tension $\pm V_{ref}$, ce qui correspond à l'addition de $V^{\pm}_{ref}$, en fonction de la valeur du bit b, est symbolisé par la capacité C_2 et la tension V_x. Le deuxième intégrateur est en phase de transfert des charges mesurées lors d'une étape précédente.

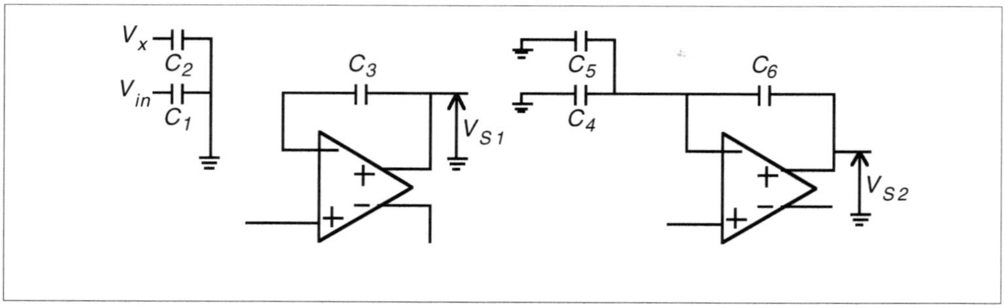

Figure 10.81 Première phase.

Bilan des charges :

$$\begin{cases} Q_1 = C_1 V_{in}(n) \\ Q_2 = C_2 V_x(n) \\ Q_3 = C_3 V_{S_1}(n) \end{cases} \qquad \begin{cases} Q_4 = 0 \\ Q_5 = 0 \\ Q_6 = C_6 V_{S_2}(n) \end{cases}$$

• Deuxième étape (instant $n + 1/2$) : $\varphi_1 = 0$, $\varphi_2 = 1$
C'est maintenant le premier intégrateur qui est en mode de transfert de charges. Sa tension de sortie finale est mesurée dans une capacité d'entrée du deuxième intégrateur. La tension V_x a la même signification que précédemment.

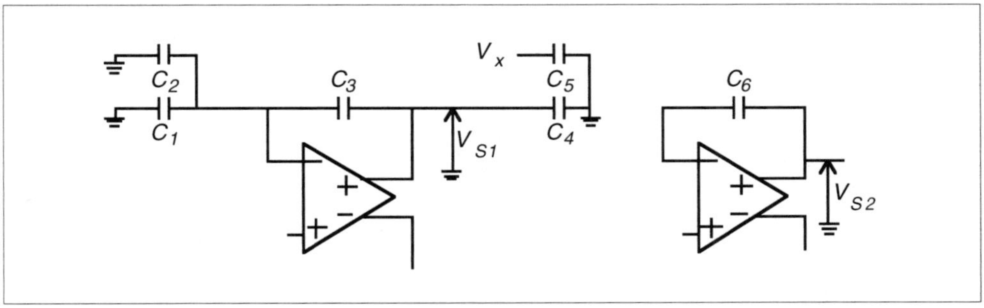

Figure 10.82 Deuxième étape.

Nouvelles charges :

$$\begin{cases} Q_1' = 0 \\ Q_2' = 0 \\ Q_3' = C_3 V_{S_1}\left(n + \frac{1}{2}\right) \end{cases} \qquad \begin{cases} Q_4' = C_4 V_{S_1}\left(n + \frac{1}{2}\right) \\ Q_5' = C_5 V_x\left(n + \frac{1}{2}\right) \\ Q_6' = C_6 V_{S_2}\left(n + \frac{1}{2}\right) \end{cases}$$

Le bit de sortie du comparateur b étant stable pendant ces phases, il est possible d'écrire :

$$V_x\left(n + \frac{1}{2}\right) = V_x(n)$$

Il y a, d'une part, conservation de la charge sur les capacités C_1, C_2, C_3 qui forment un système isolé avec le nœud d'entrée de l'amplificateur et, d'autre part, sur C_6 qui reste isolée.

$$\begin{cases} V_{S_1}\left(n + \frac{1}{2}\right) = \frac{C_1}{C_3} V_{in}(n) + \frac{C_2}{C_3} V_x(n) + V_{S_1}(n) \\ V_{S_2}\left(n + \frac{1}{2}\right) = V_{S_2}(n) \end{cases} \qquad (10.19)$$

• Troisième étape (instant $n + 1$) : $\varphi_1 = 1$, $\varphi_2 = 0$
C'est à la fin de l'étape précédente, quand φ_2 repasse à 0, que le comparateur de sortie se verrouille et que le bit b prend sa nouvelle valeur.

Les interrupteurs retournent à leurs positions initiales (figure 10.81) et pendant que l'entrée mesure une nouvelle valeur, la sortie s'établit.
Le bilan des charges devient :

$$\begin{cases} Q_1'' = C_1 V_{in}(n+1) \\ Q_2'' = C_2 V_x(n+1) \\ Q_3'' = C_3 V_{S_1}(n+1) \end{cases} \qquad \begin{cases} Q_4'' = 0 \\ Q_5'' = 0 \\ Q_6'' = C_6 V_{S_2}(n+1) \end{cases}$$

L'écriture de la conservation des charges sur C_3 et le système C_4, C_5, C_6 permet d'obtenir :

$$\begin{cases} V_{S_1}(n+1) = V_{S_1}(n+\frac{1}{2}) \\ V_{S_2}(n+1) = V_{S_2}(n+\frac{1}{2}) + \frac{C_4}{C_6}V_{S_1}(n+\frac{1}{2}) + \frac{C_5}{C_6}V_x(n) \end{cases} \qquad (10.20)$$

Il est donc possible de récrire les équations (10.19) et (10.20) sous la forme suivante :

$$\begin{cases} V_{S_1}(n+1) = \frac{C_1}{C_3}V_{in}(n) + \frac{C_2}{C_3}V_x(n) + V_{S_1}(n) \\ V_{S_2}(n+1) = V_{S_2}(n) + \frac{C_4}{C_6}V_{S_1}(n+1)\frac{C_5}{C_6}V_x(n) \end{cases}$$

En prenant $C_1 = C_2 = \ldots = C_6 = C$ et en effectuant la transformée en Z du système précédent, on arrive au résultat suivant :

$$\begin{cases} zV_{S_1}(z) = V_{in}(z) + V_x(z) + V_{S_1}(z) \Rightarrow V_{S_1}(z) = \frac{z^{-1}}{1-z^{-1}}\left[V_{in}(z) + V_x(z)\right] \\ zV_{S_2}(z) = V_{S_2}(z) + zV_{S_1}(z) + V_x(z) \Rightarrow V_{S_2}(z) = \frac{V_{S_1}(z)}{1-z^{-1}} + \frac{z^{-1}V_x(z)}{1-z^{-1}} \end{cases}$$

Que représentent V_x et b ?

b est le bit de résultat. Si l'on considère que la valeur logique 1 est codée V_{ref}^{+} et la valeur logique 0, V_{ref}^{-}, c'est la valeur de la tension de sortie plus l'erreur de quantification (q). À la normalisation de la tension de référence près, c'est donc :

$$b = V_{S_2} + q$$

Dans ces conditions, V_x, qui vaut V_{ref}^{-} si $b = 1$ (soustraction de la référence) et V_{ref}^{+} si $b = 0$ (addition de la référence), représente la soustraction de $V_{S_2} + q$ à la tension d'entrée.

Le remplacement de ce terme dans l'équation permet d'obtenir :

$$V_{S_2}(q) = \frac{z^{-1}}{(1-z^{-1})^2}\left[V_{in}(z) - V_{S_2}(z) - q(z)\right] - \frac{z^{-1}}{1-z^{-1}}\left[V_{S_2}(z) + q(z)\right]$$
$$\Rightarrow V_{S_2}(q) = z^{-1}V_{in}(z) + q\left(-2z^{-1} + z^{-2}\right)$$

Il est alors possible de substituer à V_{S_2} sa valeur quantifiée b, qui est le résultat qui nous intéresse :

$$b = z^{-1}V_{in}(z) + q(1-z^{-1})^2$$

C'est donc bien la fonction de transfert d'un modulateur Sigma-Delta du deuxième ordre.

Si, au cours de l'intégration, les sorties d'un des amplificateurs sont saturées alors la fonction de transfert n'est plus valide. Il faut donc en réalité fixer les rapports de capacités, non pas à 1, mais à des valeurs plus faibles de façon à ce que cela ne se produise pas, même dans le pire cas.

Quels sont les facteurs limitant la fréquence des signaux d'entrée ?

La fréquence de l'intégrateur est limitée par le temps d'établissement de l'amplificateur. Celui-ci devant de plus travailler en suréchantillonnant l'entrée, la fréquence des signaux convertis ne peut pas dépasser quelques kilohertz.

Il est possible d'augmenter cette fréquence en jouant sur deux paramètres.

Le premier est le taux de suréchantillonnage, qu'il est possible de diminuer. Dans ce cas, pour conserver la même résolution, il est nécessaire d'augmenter le degré du modulateur (donc de rendre la partie analogique plus complexe) afin de garder le même rapport signal sur bruit.

Le deuxième paramètre est la vitesse de l'intégrateur, où comme pour les convertisseurs de structures plus classiques, on peut utiliser des solutions intégratrices à base de sources de courant, plus rapides que les structures à capacités commutées [71] [88] [56].

10.148 Filtre de décimation

La sortie du modulateur analogique est un signal numérique codé sur un faible nombre de bits mais à fréquence élevée qui représente le signal d'entrée, la modulation du bruit de quantification et le bruit du circuit [54] [56] [63].

Le filtre numérique de sortie a trois fonctions.

- Atténuer les composantes hors de la bande du signal.
  C'est en particulier le bruit de quantification, mais aussi les composantes hors bande du signal d'entrée.
- Rééchantillonner le signal à la fréquence de Nyquist.
  Il ne faut pas ajouter de bruit dû à un repliement de spectre dans la bande.
- Fournir en sortie un signal codé sur le nombre de bits effectifs correspondant à la résolution du convertisseur à la fréquence de Nyquist.
  C'est ce signal qui peut être utilisé pour un traitement numérique ultérieur.

Remarque
Si le principe de la modulation Sigma-Delta a mis si longtemps à se répandre, c'est d'une part du fait d'une certaine complexité théorique et, d'autre part, du fait que la surface du filtre de sortie ne laissait que peu de place sur le circuit pour ajouter d'autres fonctions. Il a donc fallu attendre l'amélioration des technologies CMOS (surface et densité d'intégration) pour pouvoir intégrer les convertisseurs et les fonctions sur le même circuit (intégration *monolithique*).

Présentation de la décimation

Soit un signal d'entrée $x(n)$ échantillonné à la fréquence f_e et f_d la fréquence souhaitée après réduction par le facteur de suréchantillonnage M.
La nouvelle fréquence d'échantillonnage est

$$f_d = \frac{f_e}{M}$$

or, le spectre du signal $x(n)$ initial, $\left|X\left(e^{j\omega T_e}\right)\right|$

est non nul pour

$$-\frac{f_e}{2} \leq f \leq \frac{f_e}{2}$$

il est donc nécessaire, pour éviter le problème de repliement de spectre, de filtrer $x(n)$ par un filtre passe-bas qui doit approcher la caractéristique idéale :

$$H(e^{j\omega T_e}) = 1 \quad \text{pour} \quad |f| \leq \frac{f_e}{M} \quad \text{et 0 ailleurs.}$$

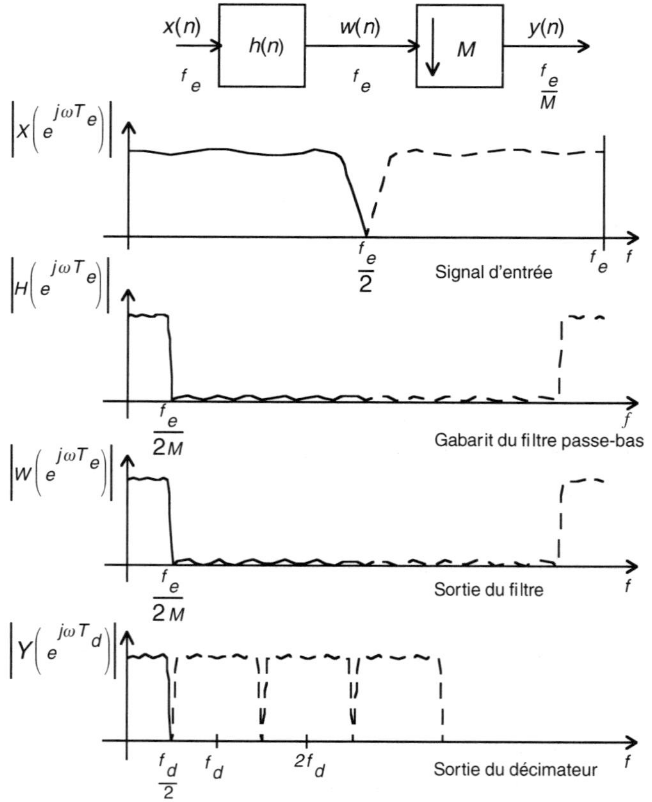

Figure 10.83 Représentation spectrale de la décimation par M.

La réduction de la séquence est obtenue en formant une série $y(m)$ correspondant à un échantillon de tous les M en sortie du filtre.

S'il fallait réaliser ce filtre passe-bas par un seul étage, le nombre de coefficients serait, dans tous les cas, prohibitifs. D'où la nécessité de réaliser ce filtrage en plusieurs étages [57].

Décimation à plusieurs étages

Ainsi qu'il a été vu précédemment avec les modulateurs Sigma-Delta, le bruit de quantification augmente vers les hautes fréquences. Par exemple, un modulateur d'ordre 2 présente une augmentation de bruit de 12 décibels par octave. Cette augmentation lente du bruit peut s'éliminer par des filtres numériques simples. Par contre, des filtres passe-bas sévères sont nécessaires pour rejeter les composantes hors bande du signal.

Le plus simple des décimateurs est le filtre moyenneur, que l'on trouve en général en début de filtrage.

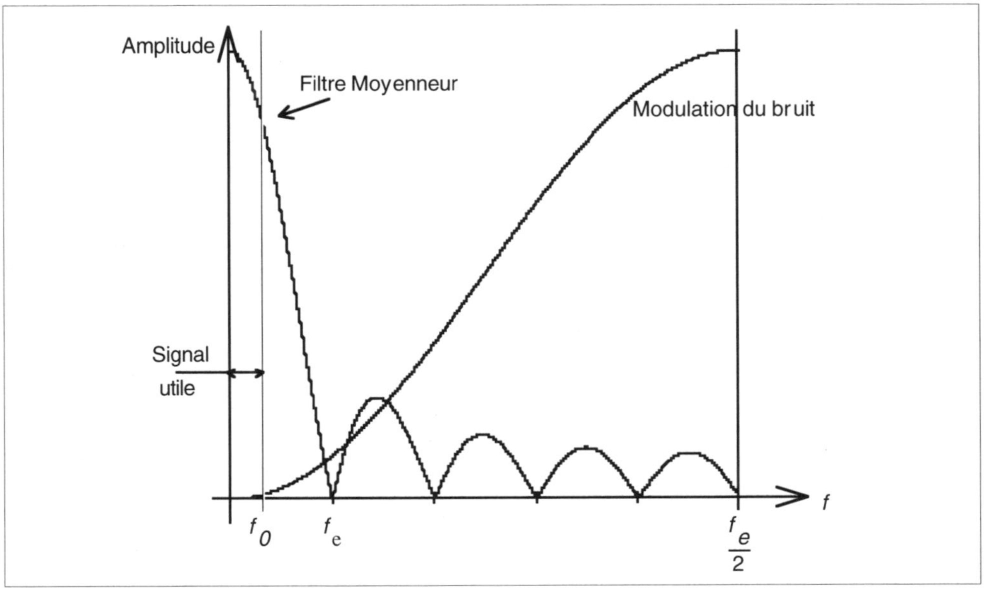

Figure 10.84 Décimation par un filtre moyenneur ramenant le débit de f_e à f'_e.

Si on considère x_i à l'entrée du filtre moyenneur, arrivant à la vitesse f_e et les échantillons y_k à la sortie à la vitesse f_d, alors :

$$y_k = \frac{1}{M} \sum_{i=M(k-1)}^{Mk-1} x_i$$

où M est le rapport de décimation.

La fonction de transfert en z s'écrit :

$$H(z)=\frac{Y(z)}{X(z)}=\frac{1}{M}\sum_{i=0}^{M-1} z^{-i}=\frac{1}{M}\frac{1-z^{-M}}{1-z^{-1}}$$

La réponse en fréquence pour $z=e^{j\omega T_e}$ est :

$$H(e^{j\omega T_e})=\frac{\mathrm{sinc}(\pi f M T_e)}{\mathrm{sinc}(\pi f T_e)} \quad \text{en notant } \mathrm{sinc}(x)=\frac{\sin(x)}{x}$$

Des performances meilleures peuvent être obtenues, selon le degré du modulateur, en utilisant un filtre qui est représenté par un produit des fonctions précédentes (mise en cascade de plusieurs cellules).

Il a été montré que l'optimum pour un Sigma – Delta d'ordre L est un filtre du type :

$$\left[\frac{\mathrm{sinc}(\pi f M T_e)}{\mathrm{sinc}(\pi f T_e)}\right]^{L+1} \tag{10.21}$$

Ce qui correspond à une fonction de transfert :

$$H(z)=\left[\frac{1}{M}\sum_{i=0}^{M-1} z^{-i}\right]^{L+1}=\left[\frac{1}{M}\frac{1-z^{-M}}{1-z^{-1}}\right]^{L+1}$$

Ordre	Fenêtre temporelle	Réponse fréquentielle
$\frac{\mathrm{sinc}(\pi f M T_e)}{\mathrm{sinc}(\pi f T_e)}$	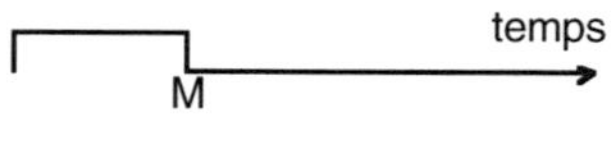	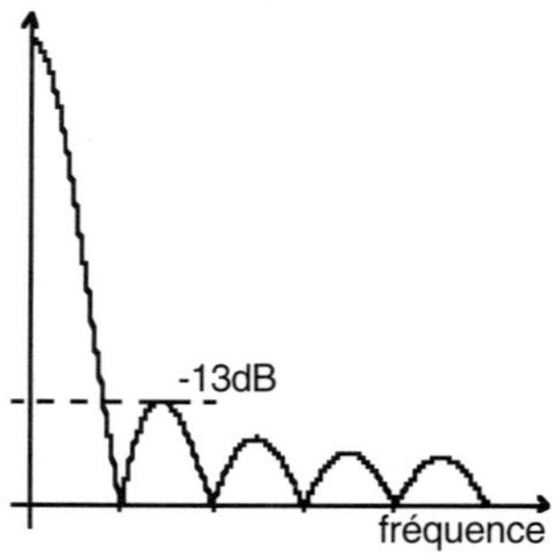
$\left[\frac{\mathrm{sinc}(\pi f M T_e)}{\mathrm{sinc}(\pi f T_e)}\right]^2$	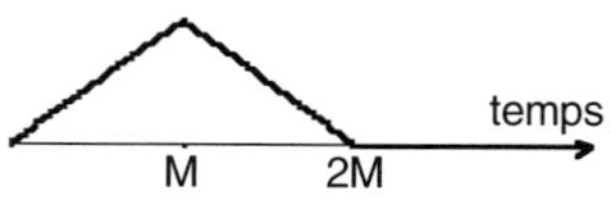	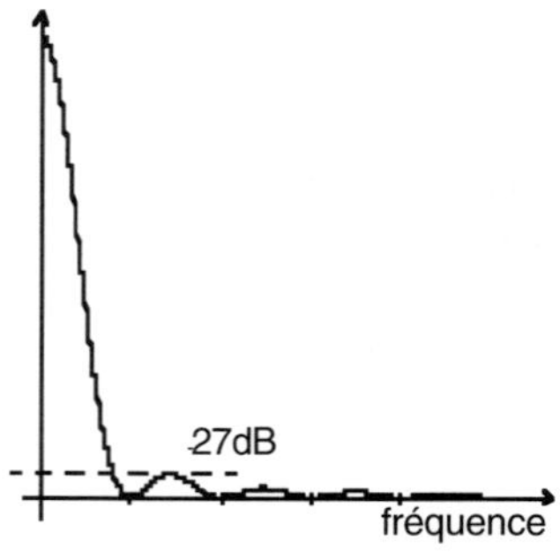

Ordre	Fenêtre temporelle	Réponse fréquentielle
$\left[\dfrac{\mathrm{sinc}(\pi f M T_e)}{\mathrm{sinc}(\pi f T_e)}\right]^3$	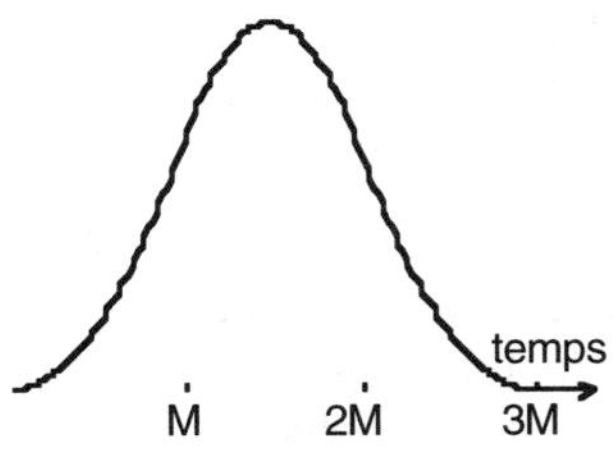	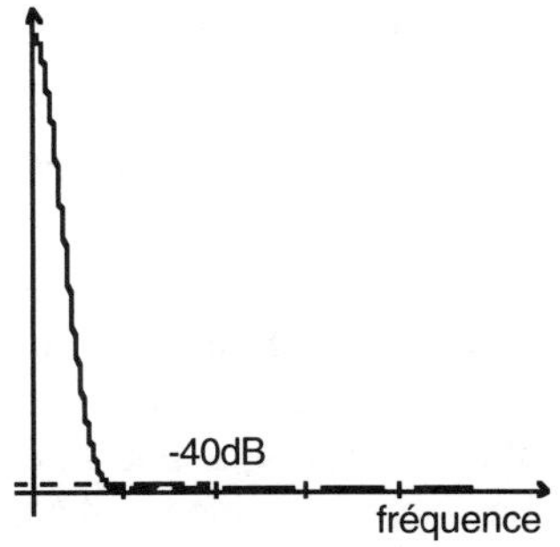

Tableau 10.4 Filtres d'ordre 1 à 3.

Filtrage passe-bas de sortie

Ce filtre est en général de type FIR (filtre à réponse impulsionnelle finie) à phase linéaire. Son gabarit est déduit des contraintes d'antirepliement. L'implantation du circuit peut être très simple et il peut fonctionner à vitesse relativement lente du fait de la première décimation par le ou les premiers filtres.

D'autres structures peuvent être également employées, telles que les filtres demi bande pour la décimation par 2.

Des exemples traités se trouvent dans certains articles.

10.149 CNA Sigma-Delta

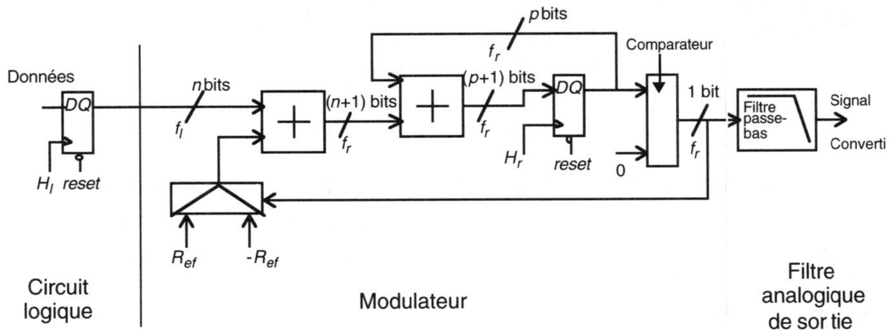

Figure 10.85 Modulateur Sigma-Delta numérique.

Le principe de modulation Sigma-Delta est aussi utilisé pour la conversion numérique/analogique. C'est ce genre de convertisseur qui est par exemple rencontré dans les lecteurs de disques compacts [64].

Dans ce cas, la structure de conversion reste la même, avec la différence que les éléments analogiques sont remplacés par des éléments numériques qui permettent de passer d'une valeur d'entrée codée sur *N* bits à basses fréquences à un signal suréchantillonné qui typiquement n'utilise plus qu'un bit pour sa représentation. Il y a donc une opération d'interpolation.

Le travail s'effectuant en numérique, l'intégrateur est, par exemple, constitué d'un additionneur et d'un registre.

Le modulateur numérique utilise deux horloges : une horloge lente H_l d'arrivée du signal d'entrée et une horloge rapide H_r sur laquelle est synchronisée le registre accumulateur de sortie de l'intégrateur et le comparateur de sortie. La sortie du comparateur correspond à un signal de nature « mixte », à la fois numérique — car constitué d'une série de 0 et de 1 — et analogique — car correspondant à une conversion grossière en tout ou rien du signal numérique de l'intégrateur. Sa forme est assez peu habituelle, c'est cependant bien le signal analogique représentant le signal numérique initial, mais mélangé à un autre signal analogique de fréquence élevé correspondant au bruit de conversion (figure 10.86).

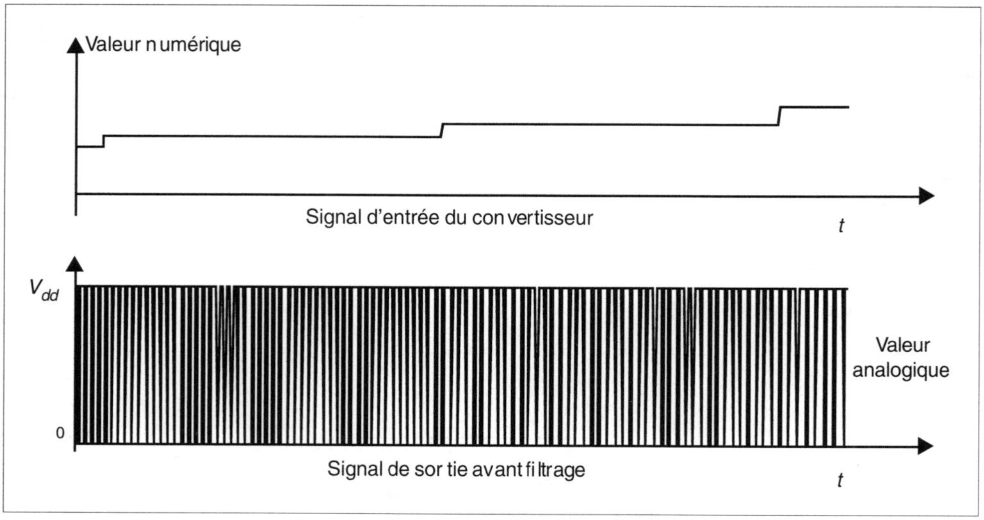

Figure 10.86 Signal de sortie du comparateur.

Avec une telle méthode, l'erreur de conversion est importante puisque la sortie du comparateur est en tout ou rien, mais elle est mise en forme de telle sorte que le bruit de conversion est repoussé vers les hautes fréquences. Pour obtenir un signal analogique précis, il faut alors faire passer ce signal dans un filtre analogique passe-bas qui va éliminer le bruit et restituer un signal continu.

La figure 10.86 est un agrandissement d'une partie d'un signal d'entrée avec le signal de sortie correspondant du modulateur (avant le filtre donc). Le signal est suréchantillonné et passe sans cesse de 0 à V_{dd}.

Pour ne conserver que le signal initial et sa continuité dans l'espace, et non pas une succession de tout ou rien, il faut utiliser un filtre analogique passe-bas qui élimine ce bruit. C'est ce qui est fait figure 10.87 où est tracé un signal numérique initial (marche d'escalier) codé sur 16 bits et le résultat de sortie du filtre analogique placé après le comparateur.

Comme pour le convertisseur analogique/numérique, les avantages sont basés, d'une part, sur la diminution des éléments analogiques et, d'autre part, sur le fait que le suréchantillonnage élevé permet de ne pas avoir une pente de coupure du filtre analogique passe-bas très raide, ce qui en simplifie d'autant la conception. Toutes les architectures présentées pour le CAN Sigma – Delta se retrouvent dans la conversion N – A, mais avec des éléments numériques et non plus analogiques [81].

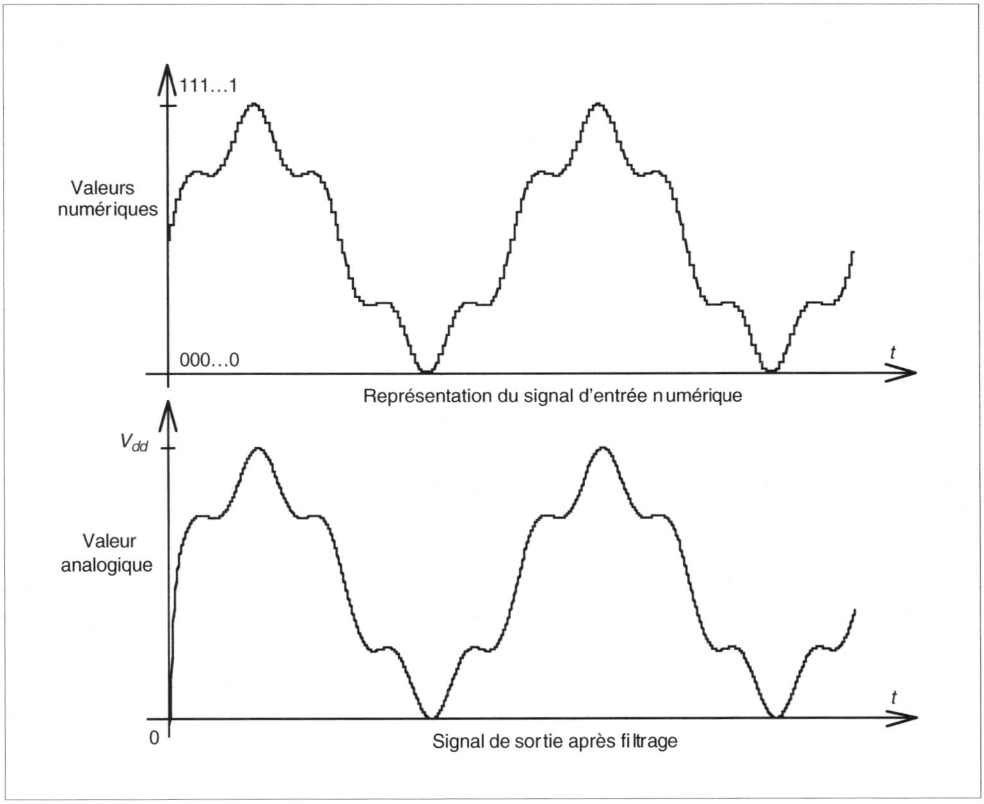

Figure 10.87 CNA Sigma-Delta 16 bits : entrée et sortie.

Ce sont des architectures, qui pour ces raisons de précisions et d'économies d'éléments analogiques sont particulièrements appréciées dans des circuits de type DSP.

10.15 Test des convertisseurs N/A

Le terme de test peut désigner plusieurs types d'opérations dont les finalités sont différentes. Ainsi, le concepteur lors de la mise au point du circuit vérifie son travail, le simule, fait éventuellement des maquettes puis étudie en détail le fonctionnement des premiers prototypes. Il fait du test, mais c'est du test de développement et il peut « prendre son temps » pour valider le résultat. Les méthodes citées ici, bien que pouvant être utilisées aussi pour ce but, sont plutôt conçues pour tester le circuit en production, c'est-à-dire certifier en fin de fabrication que le circuit fonctionne correctement, mais aussi déterminer ses caractéristiques statiques et dynamiques.

De multiples causes lors de la fabrication sont à l'origine d'introduction d'erreurs dans des circuits fonctionnellement corrects. Les raisons en sont technologiques et inévitables (pollutions par des poussières, erreur de lithographie, mauvais dépôt...). Il faut pouvoir détecter le plus tôt possible, après fabrication, les circuits corrects de ceux défectueux, qui sont alors éliminés. De même, des variations dans les processus de fabrication (épaisseur d'oxyde, profondeur d'implantation...) peuvent donner des circuits valides mais présentant des caractéristiques différentes du cas typique (résolution, fréquence de fonctionnement...). Il est là aussi nécessaire de pouvoir caractériser ces variations avec précision afin d'effectuer un tri des circuits.

L'objectif est ici de tester des circuits, les convertisseurs, qui sont présents dans des applications très diverses de mesures et de traitements de l'information avec des bandes utiles et des précisions allant de 500 Hz à 5 MHz et de 24 à 14 bits pour les plus performants. Le test, du fait qu'il demande des moyens techniques importants coûte cher, aussi la disponibilité de méthodes de test performantes intervient pour une large part dans le prix du circuit.

Le problème du test peut se traiter par deux approches différentes ayant le même objectif de validation du circuit et de ses performances.

La première est physique et consiste, dans un premier temps, à déterminer les causes possibles de défauts, à en extraire un modèle physique (par exemple, court-circuit entre des pistes adjacentes), puis un modèle électrique (transistor bloqué passant).

Cette modélisation effectuée, le test peut ensuite se faire en évaluant les valeurs particulières des signaux d'entrées susceptibles d'activer ces défauts, de façon à les mettre en évidence sur les mesures des sorties ; c'est un test dit structurel.

Cette approche, bien que la plus précise, pose un certain nombre de problèmes, dont le principal est la modélisation des défauts analogiques. Dans le cas des circuits numériques, la solution retenue consiste à prendre une modélisation des fautes par collage à 0 ou à 1 (cela correspond à des courts-circuits avec les alimentations) des signaux du circuit. Bien que dans le cas des circuits CMOS cela ne corresponde pas véritablement à une réalité physique, il s'est avéré que le test d'une majorité de fautes de ce type était suffisant, dans la plupart des cas, pour assurer le filtrage des circuits défectueux. Dans le cas des circuits analogiques, il n'existe pas de modèles de fautes aussi simples.

Aussi, et quand cela est possible, est-il plus pratique d'effectuer un test dit fonctionnel, basé sur une vérification cohérente de la fonction et non sur la détection de fautes particulières. Un transistor ne fonctionnant pas correctement dans le circuit se traduit, par exemple, par un code manquant ou par un temps de conversion plus long. Cette méthode présente l'avantage de développer le test sans connaissance particulière de la technologie sous-jacente (on utilise un niveau d'abstraction supérieur). Son inconvénient majeur est la nécessité d'avoir accès aux entrées-sorties de chaque bloc fonctionnel pour lui appliquer sa méthode particulière, ce qui est difficilement réalisable dans le cas de circuits complexes.

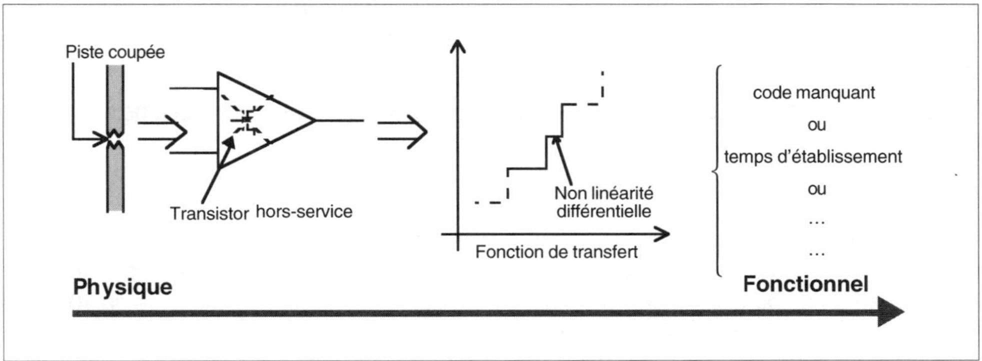

Figure 10.88 Des défauts physiques aux défauts fonctionnels

Pour les convertisseurs, différents types de test fonctionnels ont été développés. Dans la plupart des cas, plusieurs test sont successivement utilisés pour caractériser tous les paramètres.

Les test statiques donnent accès à toutes les caractéristiques de précision des convertisseurs alors que les tests dynamiques permettent de mettre, en plus, en évidence les paramètres qui évoluent lorsque la fréquence d'échantillonnage f_e augmente ou lorsque le signal parcourt toute la bande $[0, f_e/2]$. Ces paramètres sont, par exemple, indispensables dans le domaine de la conversion audio ou vidéo.

10.151 Tests statiques

Méthode directe

La méthode la plus directe consiste à générer séquentiellement les différents codes à l'entrée du convertisseur et à mesurer la tension ou le courant en sortie à l'aide d'un multimètre de précision. La comparaison entre le code d'entrée et celui de sortie validant les opérations.

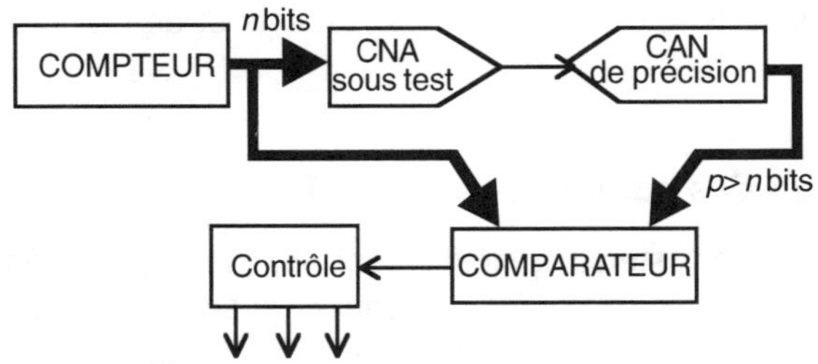

Figure 10.89 Méthode directe

L'inconvénient de cette méthode est la durée prohibitive du test pour un convertisseur 12 bits ou plus. Par exemple, un convertisseur 12 bits mesuré avec une précision de 0,1 LSB nécessite 2^{12} mesures avec une précision relative de 24 ppm (parties par million).

Si chaque mesure dure une seconde, la mesure complète nécessite plus d'une heure (un convertisseur 16 bits nécessiterait 18 heures avec le même temps pour chaque mesure).

Elle est cependant utilisable pour vérifier certaines régions où relativement peu de codes sont testés.

Méthode indirecte

Une méthode plus rapide consiste à comparer la sortie du convertisseur avec un convertisseur N/A de référence (3 bits supplémentaires ou plus). La différence amplifiée peut alors être mesurée avec une précision relative qui dans l'exemple précédent n'est plus que de 10 %. Le temps de mesure est donc beaucoup plus réduit. L'inconvénient de cette méthode est, bien sûr, l'utilisation d'un convertisseur N/A de référence avec des standards qui peuvent nécessiter 20 bits pour le test de convertisseurs de précision.

10.152 Test dynamique

Le test du temps d'établissement (*cf.* § 10.14) s'effectue par comparaison entre la valeur de sortie et la valeur statique préalablement mesurée. Cette caractéristique est en général établie pour le pire cas, c'est-à-dire pour la sortie à pleine échelle.

Pour certaines applications (cas des convertisseurs audio par exemple), des spécifications plus globales telles que la distorsion harmonique ou le rapport signal sur bruit sont obtenues par un test sinusoïdal. Une séquence numérique « sinusoïdale » est générée à l'entrée et une mesure de distorsion ou de rapport signal sur bruit est effectuée sur le signal de sortie. Cette méthode de test dynamique inclut plusieurs erreurs telles que les non-linéarités ou les parasites de transition.

10.16 Test des convertisseurs A/N

Le test des convertisseurs analogique/numérique pose plusieurs problèmes au niveau de la génération des valeurs de test, du stockage des résultats et de l'extraction des caractéristiques.

10.161 Test statique des convertisseurs A/N

La méthode de test qui consisterait à simplement appliquer à l'entrée du convertisseur autant de valeurs que de codes de sorties disponibles et séparées par un pas de quantification est tout à fait inefficace pour caractériser un convertisseur. En particulier, aucune information — sauf s'il existe des écarts très importants — n'est obtenue sur les non-linéarités. Les deux fonctions de transfert de la figure 10.90 seront évaluées comme étant identiques, alors que les convertisseurs correspondants, pour une même tension d'entrée, sont susceptibles de fournir un code de sortie différent.

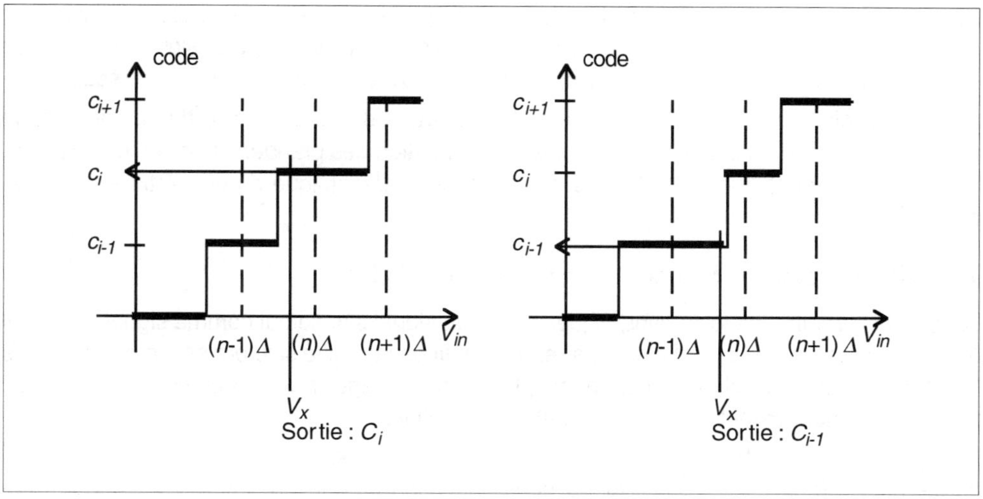

Figure 10.90

Afin de caractériser avec précision les convertisseurs, les seuils de transition de chaque code doivent être mesurés. Une méthode d'encadrement à l'aide d'un CNA et d'un multimètre de précision est pour cela utilisée.

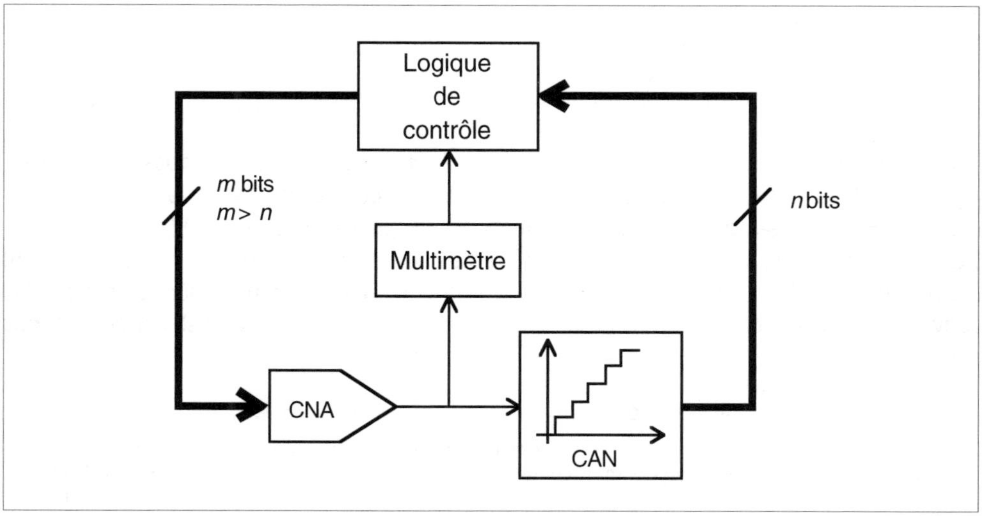

Figure 10.91 Test statique de CAN.

Le test s'effectue en commençant par générer, en sortie du CNA, la valeur théorique correspondant à un niveau. Si le code de sortie du CAN est inférieur au code C_k, la sortie du CNA est incrémentée d'un quantum du CAN ; dans le cas contraire, la sortie du CNA est décrémentée de la même valeur. Tant que le résultat du test est inchangé, la même opération est répétée. Lorsque le changement intervient, s'il est le résultat d'une incrémentation alors il faut décrémenter le CNA d'un demi quantum ; dans le cas contraire,il faut l'incrémenter. Ce procédé se répète avec des demi quantum, puis quarts de quantum... jusqu'à atteindre la précision du CNA qui fixe la précision de mesure des seuils de transition. Cette opération « d'encadrement » doit être répétée pour tous les seuils.

Les inconvénients de cette méthode sont, d'une part, la durée excessive du test de chaque circuit, ce qui la rend inutilisable pour le test de fabrication des grandes séries et, d'autre part, le manque de renseignements fournis sur la précision dynamique du convertisseur à différentes fréquences de conversion.

10.162 Test dynamique des convertisseurs A/N

La grande majorité des tests dynamiques utilise un signal sinusoïdal comme signal de test. Il est vrai que ce type de signal n'est pas représentatif de la réalité si le but est de convertir des signaux impulsionnels. Il existe cependant plusieurs avantages au choix de ce type de signal : il est parfaitement caractérisé et aisément reproductible.

Les quatre types de test qui sont envisagés utilisent une sinusoïde pleine échelle dont la pureté spectrale doit être compatible avec la résolution du convertisseur (distorsion harmonique d'environ 80 dB pour le test d'un convertisseur 12 bits).
Le résultat de l'échantillonnage à la fréquence f_e d'une telle source de fréquence f_0 dépend du lien existant entre f_0 et f_e. Deux cas sont possibles.

Échantillonnage synchrone d'un signal sinusoïdal

Soit le signal :

$$s(n) = A\sin\left[2\pi n\frac{f}{f_e} + F\right] \qquad n = 0,1,\ldots,N-1$$

Une réécriture est possible en fonction de L, le nombre de périodes observées, $f/f_e = L/N$. Dans le cas de l'échantillonnage synchrone, ce nombre est un entier. Sa valeur n'est cependant pas arbitraire comme le montre l'exemple de la figure 10.92.
Dans le premier cas, (a), seuls 8 valeurs différentes sont testées, alors que le second cas (b) fournit 512 échantillons différents. Le but du test étant d'analyser un maximum de niveaux du convertisseur, il faut choisir L et N premiers entre eux ce qui permet de tester N échantillons différents.

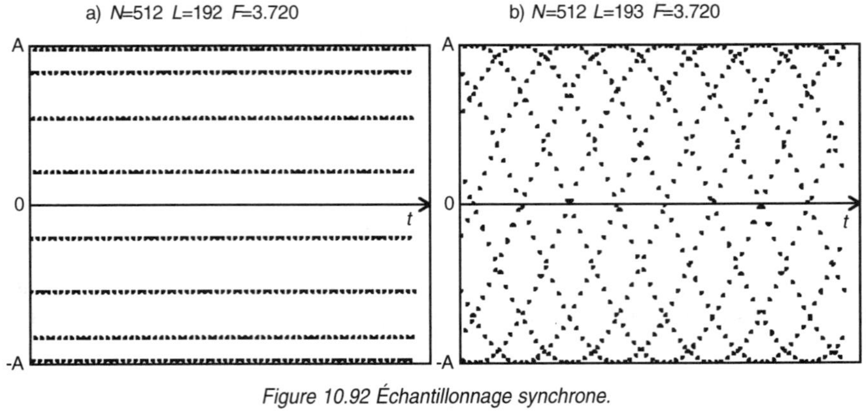

Figure 10.92 Échantillonnage synchrone.

Échantillonnage aléatoire d'un signal sinusoïdal

Afin de pouvoir analyser les résultats de l'échantillonnage, il est nécessaire de s'intéresser préalablement aux propriétés statistiques du signal de test.

Soit le signal aléatoire $X = A\sin(\omega t + \phi)$, où ϕ représente une phase aléatoire uniformément répartie sur $[-\pi, \pi]$. Quel est la probabilité pour qu'un échantillon $X_0 = X(t_0)$ de ce signal soit inférieur à une valeur donnée x ?

D'après la figure 10.93, il vient :

$$F(x) = P(X_0 < x) = \frac{\Delta}{\pi} = \frac{\text{Arc}\sin\left(\frac{x}{A}\right)}{\pi} + \frac{1}{2}$$

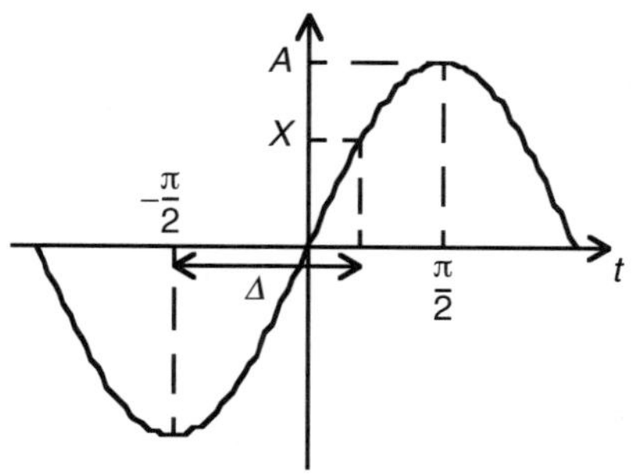

Figure 10.93

Et la densité de probabilité correspondante :

$$\rho(x) = \frac{\mathrm{d}}{\mathrm{d}x} F(x) = \frac{1}{\pi\sqrt{A^2 - x^2}}$$

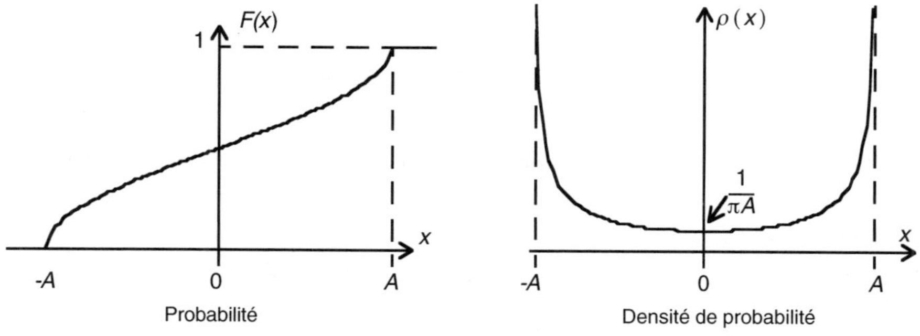

Figure 10.94 Propriétés statistiques de l'échantillonnage aléatoire.

Fréquence de battement, test d'enveloppe

Ce type de test permet d'effectuer une analyse qualitative du convertisseur pour mettre en évidence des défauts locaux. Le signal d'entrée est une sinusoïde de fréquence $f_e + \delta f$, où δf représente une légère variation de fréquence. Idéalement, du fait du rôle multiplicateur de l'échantillonnage, la visualisation des échantillons correspond à la discrétisation d'une sinusoïde de fréquence δf [58].

Les codes manquants apparaissent comme des discontinuités dans cette sinusoïde. L'utilisation d'une fréquence de battement suffisamment basse permet également d'employer un convertisseur N/A pour visualiser directement le signal sur un oscilloscope.

L'application d'une sinusoïde pleine échelle, avec au moins un échantillon pour chaque code, permet de visualiser tous les codes possibles. Dans un tel cas, pour un convertisseur *n* bits, le maximum autorisé pour la fréquence de battement est donné par :

$$\delta f = \frac{f_e}{\pi 2^{n+1}}$$

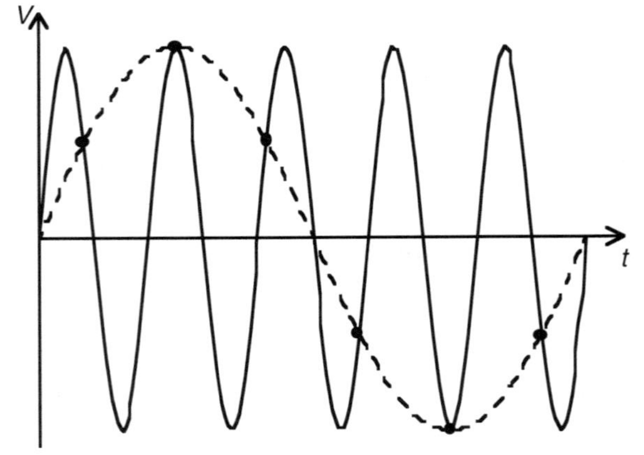

Figure 10.95 Fréquence de battement.

Bien que la fréquence d'entrée soit en général choisie voisine de la fréquence d'échantillonnage, il est possible d'utiliser une fréquence f telle que $f = f_e + k\delta f$. En augmentant k, on peut faire apparaître la bande passante analogique du convertisseur.

Le test d'enveloppe est une variante du test précédent qui utilise une fréquence d'entrée voisine de la demi fréquence d'échantillonnage.

Ce test met en évidence les problèmes liés au temps d'établissement en utilisant de fortes variations du signal d'entrée entre deux échantillons successifs.

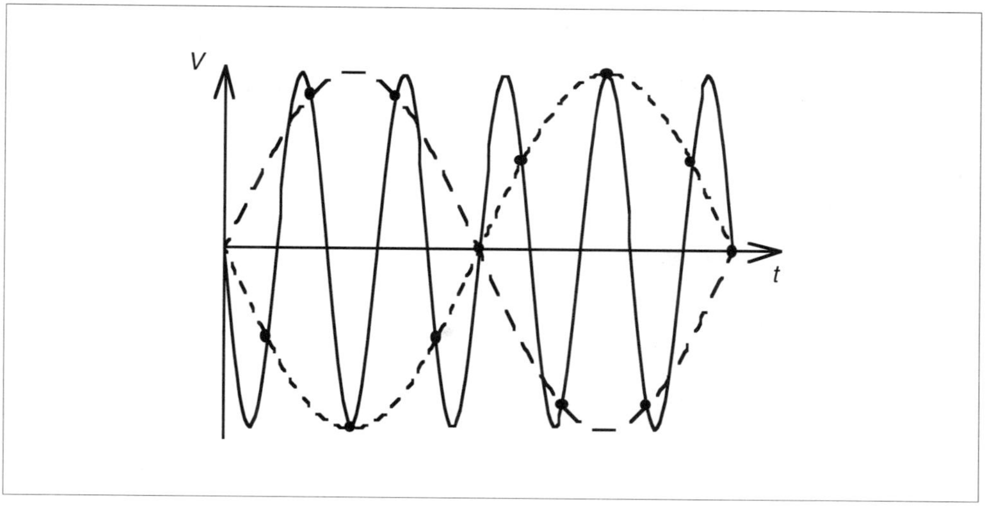

Figure 10.96 Test d'enveloppe.

Histogramme

Le test par histogramme fournit simultanément une caractérisation globale et locale. Il permet de mesurer la non-linéarité différentielle et de détecter la présence de codes manquants. Il permet également d'obtenir des informations telles que l'erreur de gain ou de décalage. C'est le test le plus performant pour mesurer la largeur d'un code, et ceci quelle que soit la fréquence de travail [59] [68].

Il est basé sur l'utilisation d'une source sinusoïdale indépendante afin de pouvoir utiliser le modèle de l'échantillonnage aléatoire.

Après acquisition de *N* échantillons, la fréquence d'occurrence de chaque code est évaluée.

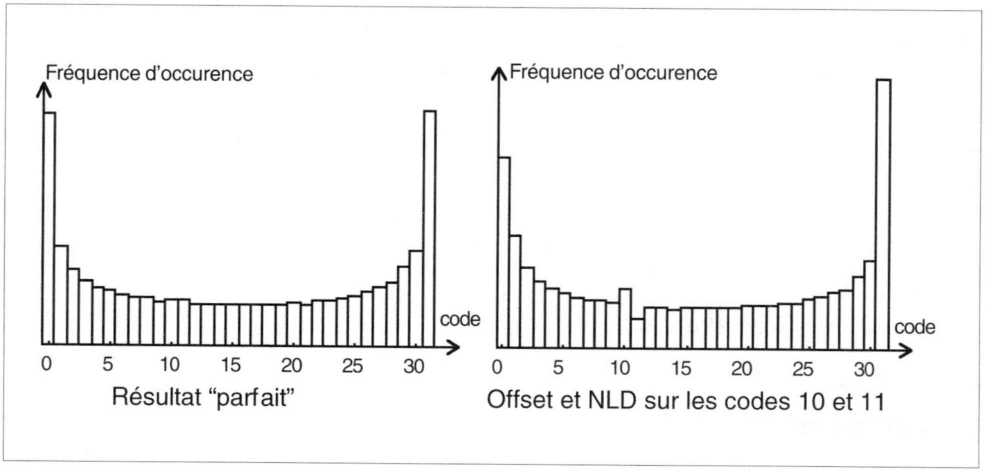

Figure 10.97 Test par histogramme.

Si $H(k)$ représente le nombre d'échantillons au niveau k, la probabilité d'occurrence du niveau k peut être estimée par $H(k)/N$. Si e_k correspond à la transition supérieure du niveau k, la probabilité d'avoir une tension d'entrée e inférieure à ce niveau est donnée d'après le modèle théorique par :

$$P(e < e_k) = F(e_k) = \frac{1}{\pi} \operatorname{Arc\,sin}\left(\frac{e_k}{A}\right) + \frac{1}{2}$$

Cette probabilité peut être estimée par :

$$P(e < e_k) \approx \frac{1}{N} \sum_{i=1}^{k} H(i) = \frac{CH(k)}{N}$$

d'où l'estimation $\hat{e}_k$ pour le niveau e_k :

$$\hat{e}_k = -A\cos\left[\pi \frac{CH(k)}{N}\right]$$

La connaissance de ces niveaux permet d'accéder aux différentes erreurs telles que la non-linéarité (différentielle ou intégrale), les erreurs de gain et d'offset… Le nombre d'échantillons dépend de la précision avec laquelle on veut déterminer ces différents niveaux. Il est possible de montrer que l'écart type maximum sur un niveau est donné par :

$$\sigma_{max} = \frac{\pi A}{2\sqrt{N}}$$

Recherche de la meilleure sinusoïde

S'il est possible de générer une sinusoïde avec une grande pureté spectrale, il n'est pas toujours facile, en particulier du fait des dérives des composants, décalages d'horloges, etc., de connaître avec précision les caractéristiques de phase, d'amplitude et d'offset [58].

À partir des résultats de conversion, il faut essayer de déterminer quel était le signal le plus probable en entrée. De cette information on extrait le nombre effectif de bits du convertisseur en considérant que toute différence entre cette sinusoïde et le signal mesuré est une erreur.

La méthode consiste à approcher, au sens des moindres carrés, le vecteur mesuré X_k par le convertisseur, avec le signal : $Y_k = m\cos(k\upsilon + p) + c$ représentant la sinusoïde d'entrée, ou de façon équivalente :

$$Y_k = a\cos(k\upsilon) + b\cos(k\upsilon) + c$$

avec $a = m\cos(p)$ et $b = m\cos(p)$

En supposant que

$$\upsilon = \frac{2\pi}{f_e}$$

soit connu avec précision, le minimum de l'erreur quadratique

$$E(a,b,c) = \sum_{k=1}^{N}\left[X_k - Y_k\right]^2$$

est obtenu pour :

$$\frac{\partial E}{\partial a} = 0 \quad \frac{\partial E}{\partial b} = 0 \quad \frac{\partial E}{\partial c} = 0$$

Ce qui conduit au système :

$$\begin{bmatrix} \sum_{k=1}^{N}\cos^2(kv) & \sum_{k=1}^{N}\sin(kv)\cos(kv) & \sum_{k=1}^{N}\cos(kv) \\ \sum_{k=1}^{N}\sin(kv)\cos(kv) & \sum_{k=1}^{N}\sin^2(kv) & \sum_{k=1}^{N}\sin(kv) \\ \sum_{k=1}^{N}\cos(kv) & \sum_{k=1}^{N}\sin(kv) & N \end{bmatrix} \begin{bmatrix} \hat{a} \\ \hat{b} \\ \hat{c} \end{bmatrix} = \begin{bmatrix} \sum_{k=1}^{N}\cos(kv) \\ \sum_{k=1}^{N}\sin(kv) \\ \sum_{k=1}^{N}X_k \end{bmatrix}$$

La résolution de ce système fournit les coefficients optimaux $(\hat{a},\hat{b},\hat{c})$ ainsi que le minimum de l'erreur quadratique :

$$E(\hat{a},\hat{b},\hat{c}) = \sum_{k=1}^{N}\left(X_k - \left[\hat{a}\cos(kv) + \hat{b}\sin(kv) + \hat{c}\right]\right)^2$$

L'erreur de quantification est alors estimée par

$$S = \frac{\sqrt{E_m}}{N}$$

sa comparaison avec la valeur théorique d'un convertisseur idéal

$$\sigma = \frac{\Delta}{\sqrt{12}}$$

permet de définir le nombre de bits effectifs L_1 d'un convertisseur de L bits :

$$L_1 = L - \log_2\left[\frac{S}{\sigma}\right]$$

Une méthode itérative utilisant le même procédé permet également de déterminer la fréquence de la sinusoïde d'entrée si celle-ci n'est pas connue avec précision lors de la mesure.

Analyse spectrale

L'analyse spectrale est effectuée à partir d'un test sinusoïdal. Elle consiste en une estimation des composantes spectrales afin d'évaluer les non-linéarités (*cf.* § 10.14) et le niveau de bruit en sortie du convertisseur. Les méthodes utilisées peuvent modifier les propriétés du signal mesuré, ce dont il faut tenir compte dans l'étude.

Le spectre est obtenu en réalisant une transformée de Fourier rapide (FFT) sur une suite d'échantillons mesurés. Cela revient, d'une part, à périodiser le spectre (théorème d'échantillonnage) et, d'autre part, à appliquer une fenêtre temporelle sur le signal.

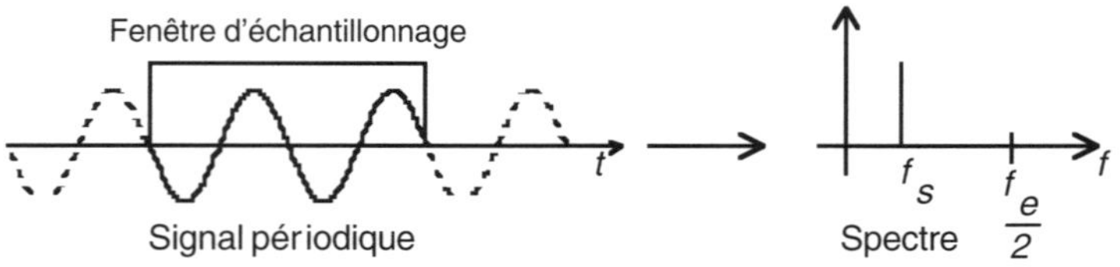

Si la fenêtre a une largeur multiple de la période du signal, tout va bien ; mais si ce n'est pas le cas, ou si le signal n'est pas périodique, alors il y a des discontinuités aux extrémités de la fenêtre qui ont pour effet de modifier le spectre calculé final. L'utilisation d'une fenêtre temporelle revient, dans le domaine fréquentiel à effectuer un produit de convolution entre le spectre du signal et la transformée de la fenêtre de mesure. Or, la transformée de la fenêtre rectangulaire présente des lobes secondaires qui dispersent l'énergie.

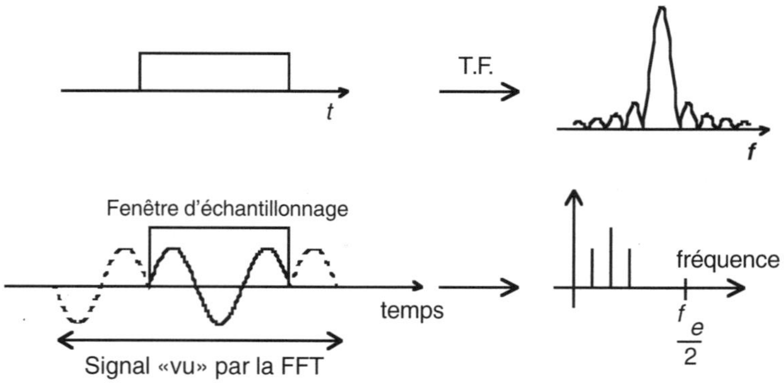

Figure 10.98 Fenêtre de mesure rectangulaire.

Pour minimiser cet effet qui crée des raies parasites, on prend non pas une fenêtre rectangulaire mais une fenêtre qui atténue les valeurs des extrémités pour les faire tendre vers 0 et créer ainsi une pseudo continuité du signal.

Un exemple d'une telle fenêtre est la fenêtre de Hanning :

$$w_k = \frac{1}{2}\left[1 - \cos\left[\frac{2\pi k}{N-1}\right]\right] \quad 0 \le k \le N-1$$

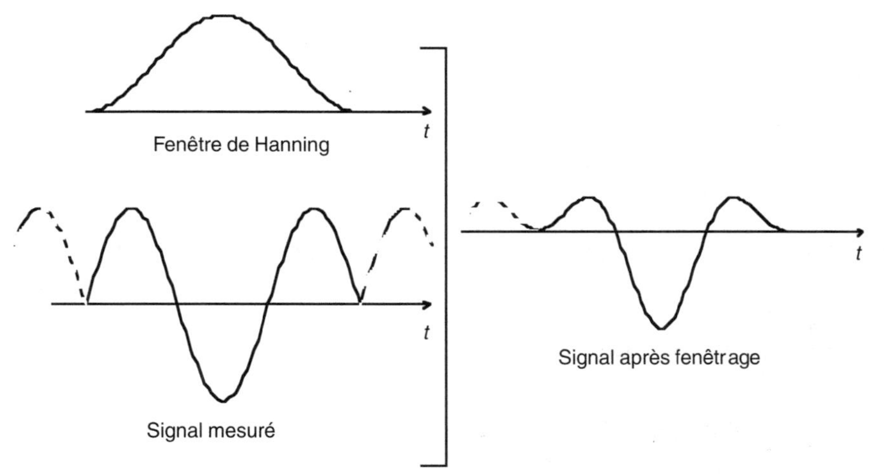

Figure 10.99 Fenêtre d'échantillonnage.

Les lobes secondaires sont atténués par rapport à la fenêtre rectangulaire, cependant la largeur du lobe principal, plus importante, diminue la résolution spectrale. Le choix de la fenêtre d'échantillonnage est donc guidé par un compromis entre précision et résolution.

Densité spectrale de puissance

Prenons comme estimateur de la fonction d'autocorrélation la fonction :

$$R_{xx}(k) = \frac{1}{N} \sum_{i=0}^{N-k-1} X(i)X(i+k) \tag{10.22}$$

La transformation de Fourier de cette dernière expression permet d'obtenir la densité spectrale de puissance. Lorsque k tend vers N, le nombre de points utilisés pour le calcul diminue comme l'illustre la figure suivante.

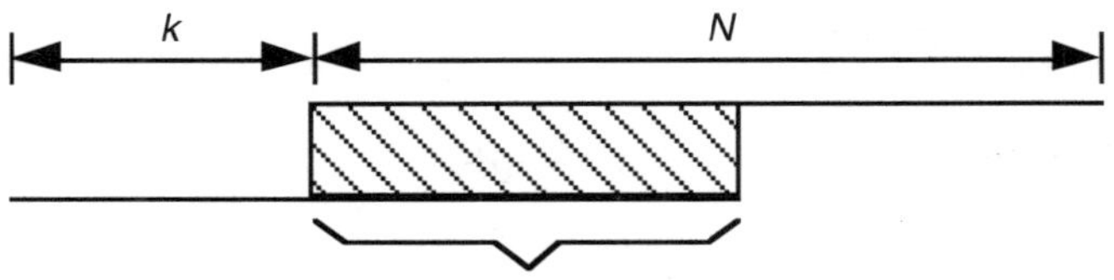

Il est possible de réécrire la relation (10.22) sous la forme :

$$R_{xx}(k) = \frac{1}{N} \sum_{n=-\infty}^{+\infty} \left[p(n)X(n)\right]\left[p(n+k)X(n+k)\right] \quad k = 0,1,\ldots,N-1$$

avec

$$\begin{cases} p(n) = 1 \quad \text{si} \quad n = 0,1,\dots,N-1 \\ p(n) = 0 \quad \text{sinon} \end{cases}$$

La transformée de Fourier $S_{xx}(f)$ est donnée par :

$$S_{xx}(f) = \sum_{k=-\infty}^{+\infty} R_{xx}(k)e^{-j2\pi fk}$$

La fréquence f est normalisée par rapport à la fréquence d'échantillonnage $f < 1/2$.

Il vient

$$S_{xx}(f) = \frac{1}{N}\sum_k \sum_n [p(n)X(n)][p(n+k)X(n+k)]e^{-j2\pi fk}$$

$$= \frac{1}{N}\left\{\sum_n p(n)X(n)e^{-j2\pi fk}\left[\sum_k p(n+k)X(n+k)e^{-j2\pi(n+k)f}\right]\right\}$$

Soit :

$$S_{xx}(f) = \frac{1}{N}X_F^*(f)X_F(f) = \frac{1}{N}|X_F(f)|^2$$

o

$$X_F(f) = \sum_{n=0}^{N-1} X(n)e^{-j2\pi nf}$$

représente la transformée de Fourier discrète de la séquence. L'estimateur $S_{xx}(f)$ de la densité spectrale de puissance est également appelé *périodogramme*. Cet estimateur, utilisé directement, constitue malheureusement un très mauvais estimateur. On peut en effet montrer que sa déviation standard est égale à $S_{xx}(f)$, soit une erreur de 100 %. Cet estimateur peut être amélioré en utilisant des techniques de moyennage, en décomposant le signal de durée N en L sections de durée M.

On a :

$$X_l(f) = X[k + (l-1)M] \quad k = 0,1,\dots,M-1 \quad \text{et} \quad N = ML$$

On évalue ensuite L estimateurs :

$$S_l(f) = \frac{1}{MP}\left|\sum_{k=0}^{M-1} X_l(k)w(k)e^{-j2\pi fk}\right|^2 \qquad l = 1,2,\dots,L$$

$$\text{avec} \quad P = \frac{1}{M}\sum_{k=0}^{M-1} w(k)^2$$

L'estimateur final est donné par :

$$S(f) = \frac{1}{L}\sum_{l=1}^{L} S_l(f)$$

La fenêtre w d'échantillonnage est introduite pour améliorer la qualité de l'estimation.

On voit que l'estimation de la densité spectrale de puissance fait intervenir essentiellement une évaluation de la transformée discrète qui peut être efficacement implantée à l'aide d'un algorithme de transformée de Fourier rapide.

10.A Annexe : rapport signal sur bruit d'un modulateur Sigma-Delta

Cette annexe détaille le calcul de la puissance restant dans la bande utile $[-f_0, f_0]$ après filtrage de la sortie d'un modulateur Sigma – Delta d'ordre *n*.

$$P_{br} = \int_{-f_0}^{f_0} \frac{\Delta^2}{12 f_e} \left[2 \sin\left[\frac{\pi f}{f_e} \right] \right]^{2n} df$$

$P_q = \Delta^2/12$ est la puissance du bruit apporté par le quantificateur ; le calcul du reste de l'expression permet de préciser le gain apporté par le codeur après filtrage.

Posons

$$x = \frac{\pi f}{f_e}$$

l'équation devient

$$P_{br} = 2 \frac{P_q}{\pi} 2^{2n} \int_0^{\frac{\pi f_0}{f_e}} 2 \sin^{2n} x \, dx$$

Il faut alors remplacer sin *x* par

$$\frac{e^{jx} - e^{-jx}}{2j}$$

ce qui permet de récrire l'équation sous une forme complexe :

$$P_{br} = P_q \frac{2}{\pi} (-1)^n \int_0^{\frac{\pi f_0}{f_e}} (e^{jx} - e^{-jx})^{2n} dx$$

Or, il est possible de développer le terme intégrable afin de simplifier l'expression :

$$(x - y)^k = x^k + \sum_{i=1}^{k-1} (-1)^i C_k^i x^{k-i} y^i + (-1)^k y^k$$

$$P_{br} = P_q \frac{2}{\pi} (-1)^n \int_0^{\frac{\pi f_0}{f_e}} \left[2\cos(2nx) + \sum_{i=1}^{2n-1} (-1)^i C_{2n}^i e^{2(n-i)jx} \right] dx$$

Il faut alors remarquer que pour $i = n$, le terme à intégrer est une constante, alors que pour toutes les autres valeurs il est de la forme e^{jax}. Il faut donc décomposer l'intégrale en trois parties :

$$P_{br} = P_q \frac{2}{\pi}(-1)^n \int_0^{\frac{\pi f_0}{f_e}} \left[2\cos(2nx) + \sum_{i=1}^{n-1} (-1)^i C_{2n}^i \, e^{2(n-i)jx} \right.$$
$$\left. +(-1)^n C_{2n}^n \, e^0 + \sum_{i=n+1}^{2n-1} (-1)^i C_{2n}^i \, e^{2(n-i)jx} \right] dx$$

Il est maintenant possible d'intégrer :

$$P_{br} = P_q \frac{2}{\pi}(-1)^n \left[\frac{\sin(2nx)}{n} + \sum_{i=1}^{n-1} \frac{(-1)^i C_{2n}^i \, e^{2(n-i)jx}}{2j(n-i)} \right.$$
$$\left. +(-1)^n x \frac{(2n)!}{(n!)^2} + \sum_{i=n+1}^{2n-1} \frac{(-1)^i C_{2n}^i \, e^{2(n-i)jx}}{2j(n-i)} \right]_0^{\frac{\pi f_0}{f_e}}$$

Or, il existe une certaine symétrie dans les expressions.

Si $1 \le i \le n-1$ $\quad n+1 \le k \le 2n-1$ $\quad$ et $\quad k = 2n - i$ $\quad$ alors $\quad C_{2n}^i = C_{2n}^k$

De même, dans ce cas, on a les égalités $(n - i) = -(n - k)$ et $(-1)^{2n-k} = (-1)^k$.

Il faut récrire une partie de l'expression en effectuant le changement de variable $k = 2n - i$:

$$\sum_{i=n+1}^{2n-1} \frac{(-1)^i C_{2n}^i e^{2(n-i)jx}}{2j(n-i)} = \sum_{i=1}^{n-1} \frac{(-1)^k C_{2n}^k e^{-2(n-k)jx}}{-2j(n-k)}$$

Ce qui permet, en regroupant avec les termes de la première série, de retrouver la formule du sinus.

$$P_{br} = P_q \frac{2}{\pi}(-1)^n \left\{ \frac{\sin(2nx)}{n} + (-1)^n x \frac{(2n)!}{(n!)^2} \sum_{i=1}^{n-1} \frac{(-1)^i C_{2n}^i \sin[2(n-i)x]}{(n-i)} \right\}_0^{\frac{\pi f_0}{f_e}}$$

Et donc, finalement :

$$P_{br} = P_q \frac{2}{\pi} \left[\frac{(-1)^n}{n} \sin\left[2n \frac{\pi f_0}{f_e}\right] + \frac{\pi f_0}{f_e} \frac{(2n)!}{(n!)^2} + \sum_{i=1}^{n-1} \frac{(-1)^{i+n} C_{2n}^i \sin\left[2(n-i)\frac{\pi f_0}{f_e}\right]}{(n-i)} \right]$$

Glossaire

Dans le petit glossaire suivant, on trouvera la signification de certains sigles utilisés fréquemment dans ce chapitre.

CAN Convertisseur analogique/numérique.

CNA Convertisseur numérique/analogique.

ENOB *Effective Number Of Bit* (*cf.* page 201).

LSB *Less Significant Bit.*
Soit un nombre binaire *B*, le LSB est le bit le plus à droite. Il est nommé *bit de plus faible poids* car pour convertir *B* dans une autre base, c'est ce bit qui aura comme coefficient la puissance de 2 la plus faible. Si *B* est codé sur *n* bits : $B = b_{n-1}b_{n-2}\ldots b_0$, alors b_0 est le LSB et b_{n-1} le MSB.

MSB *Most Significant Bit.*-
Soit un nombre binaire *B*, le MSB est le bit le plus à droite. Il est nommé bit de plus fort poids car pour convertir *B* dans une autre base, c'est ce bit qui aura comme coefficient la puissance de 2 la plus grande. Si *B* est codé sur *n* bits : $B = b_{n-1}b_{n-2}\ldots b_0$, alors b_{n-1} est le MSB et b_0 le LSB.

ULSI *Ultra Large Scale Integration.*
C'est le successeur des VLSI. Utilisé depuis le début des années 1990, ce sigle désigne les technologies qui permettent de mettre plusieurs millions de transistors sur un même circuit.

VLSI *Very Large Scale Integration.*
Ce sigle désigne textuellement les circuits à très grande densité d'intégration. Ce sont les technologies qui sont apparues au début des années 1980 et qui permettent de mettre jusqu'à plusieurs centaines de milliers de transistors sur un même circuit.

DSP *Digital Signal Processor*

Microprocesseur dont l'architecture est adaptée au traitement de signaux numériques (sons ou images par exemple).

Troisième partie – Microsystème

Chapitre 11
Capacités commutées et applications

Capacités commutées et applications

CHAPITRE 11

11.1 Notion de microsystème

Jusqu'à ces dernières années, le capteur évoquait une image contrastée. Il apparaissait à la fois comme un produit sophistiqué, coûteux, assemblé à l'aide de technologies très diversifiées. Se prêtant difficilement à la rationalisation de la production de masse, son usage était réservé aux matériels hautement professionnels.

Pourtant, le potentiel de croissance économique paraît plus fort dans tous les secteurs concernant l'homme et son environnement :

- les objets de grande diffusion (l'automobile, les matériels à usage domestique, les équipements multimédia, l'électronique de surveillance),
- le secteur médical (prothèse, posologie contrôlée, outils chirurgicaux jetables),
- le contrôle de l'environnement (capteur chimique, hygrométrique, thermique, nez électronique...),

que dans ceux touchant au professionnel et au militaire.

Or, pour des considérations aussi diversifiées que l'amélioration de l'ergonomie, la fiabilité, la convivialité, la réduction des dépenses énergétiques et de la pollution, les nouveaux produits développés dans ces secteurs en croissance doivent être dotés de mécanismes de perception, posséder une capacité locale de traitement du signal et même parfois pouvoir réagir sur leur environnement. Ils incorporent des *capteurs* et des *actionneurs.* Le *microsystème intelligent* est né.

Voici quelques exemples pour illustrer notre propos.

- *Le microsystème de commande dans l'*air bag *de seconde génération* qui comprend un accéléromètre asservi capable de détecter les chocs, tout en évaluant sa capacité de fonctionnement en temps masqué grâce à une intelligence locale de décision.
- *Le stimulateur cardiaque intelligent* qui comprend un microsystème pour asservir le rythme cardiaque à l'activité véritable du patient à l'aide d'un accéléromètre et d'une électronique de traitement.
- *La commande d'injection d'essence directe* la plus récente qui comprend un microsystème associant des capteurs de pression, de température, d'humidité et une électronique de traitement pour calculer la richesse du mélange en fonction des demandes du pilote.
- *Le four décongélateur intelligent* qui nécessite un microsystème capable d'apprécier l'hygrométrie, la température de l'aliment à cuire pour choisir le mode de fonctionnement

Toutefois, pour prétendre à une diffusion de masse, ces nouveaux systèmes doivent revenir à coût très bas. Ceci sous-entend une véritable révolution tant méthodologique que technologique en matière de fabrication et de distribution.

Cette révolution se définit comme l'extension de la méthodologie de la microélectronique à la réalisation de l'élément sensible (pression, accélération, champs divers, espèces chimiques) et/ou de l'actionneur, et à l'intégration de l'électronique associée en faisant un large appel, pour les deux, à la conception assistée par ordinateur

Cette méthodologie doit permettre d'étendre à ce domaine d'applications les avantages inhérents à l'usage de la filière microélectronique. Citons :

- la miniaturisation,
- la fiabilité,
- le faible coût de production de masse,
- la réduction de la durée de conception,
- les possibilités d'intégration hybride avec l'électronique,
- la compatibilité d'insertion avec les produits de la microélectronique traditionnelle.

Cet apport décisif ne va pas pour autant sans poser certains problèmes d'ordres technologique, électronique et méthodologique.

11.11 Les problèmes technologiques

Ils sont liés à :

- l'usinage de structures à trois dimensions,
- l'obtention de fortes anisotropies géométriques,
- l'assemblage sans contrainte,
- la compatibilité de ces procédures avec la fabrication de composants microélectroniques.

11.12 Les problèmes électroniques

Pour répondre aux besoins du marché à un coût compétitif, les électroniques de saisie et de traitement des signaux issus des éléments sensibles doivent remplir les trois conditions figure 11.1.

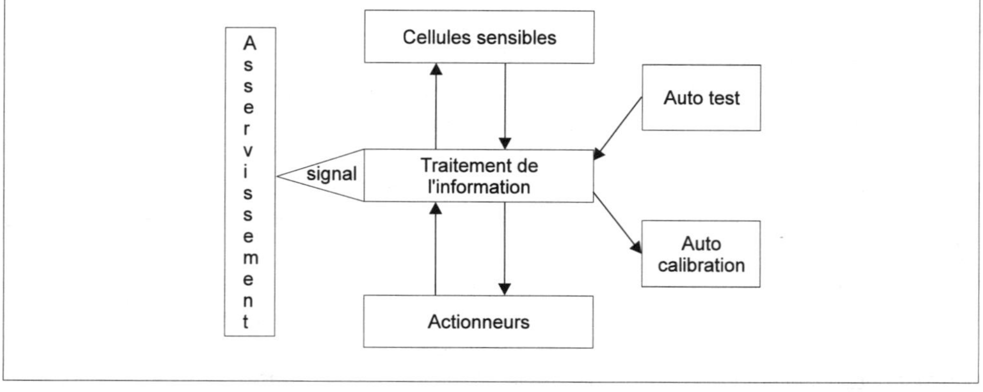

Figure 11.1

- La calibration doit être réalisée par voie numérique de façon collective au lieu de résulter d'un réglage individuel plus traditionnel.
- Le microsystème intelligent doit posséder une capacité d'autotest véritable
- Les électroniques de conditionnement et de traitement des signaux doivent être conçus dans le cadre d'une approche modulaire s'appuyant sur une bibliothèque de cellules prédéfinies orientées microsystèmes.

11.13 Les problèmes méthodologiques

Ils proviennent de la difficulté de constituer un outil de CAO homogène, convivial et bien hiérarchisé comprenant tous les modules nécessaires aux simulations *depuis le niveau physique jusqu'au niveau système en passant par un niveau comportemental mixte analogique et numérique.*

Un tel ensemble peut s'imaginer à partir de :
- ANSYS pour la modélisation physique approfondie,
- SPICE, ELDO ou SABER pour la modélisation et la simulation électronique,
- MATRIX-X, MATLAB pour la modélisation et la simulation des boucles d'asservissement.

11.2 Vers l'électronique des microsystèmes

❶ Les premiers capteurs à cellules sensibles en silicium sont apparus dans les années soixante-dix en substitution de structures classiques de dimensions millimétriques, voire centimétriques ; ils étaient plutôt destinés à la mesure de la pression et dans une moindre mesure de l'accélération.

- Un capteur de pression est une membrane déformable sous l'effet de la pression absolue (figure 11.2a) ou différentielle (figure 11.2b).

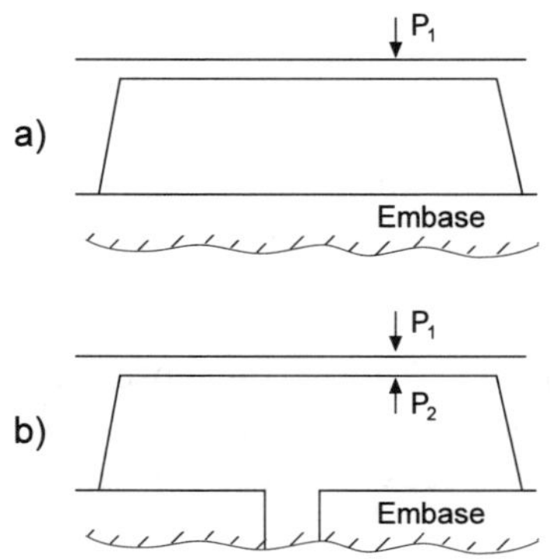

Figure 11.2

- Un capteur d'accélération est une masse sismique supportée par des bras de suspension en forme de poutres solidaires, à leurs autres extrémités, d'un cadre rigide ou support (figure 11.3a).

L'accélération mesurée γ est la composante de l'accélération du support selon l'axe sensible de la cellule ; y, $\mathrm{d}y/\mathrm{d}t$, $\mathrm{d}^2y/\mathrm{d}t^2$ traduisent la cinématique de la masse sismique par rapport à ce dernier, k et λ caractérisent respectivement la raideur et le coefficient d'amortissement visqueux de la suspension (figure 11.3b).

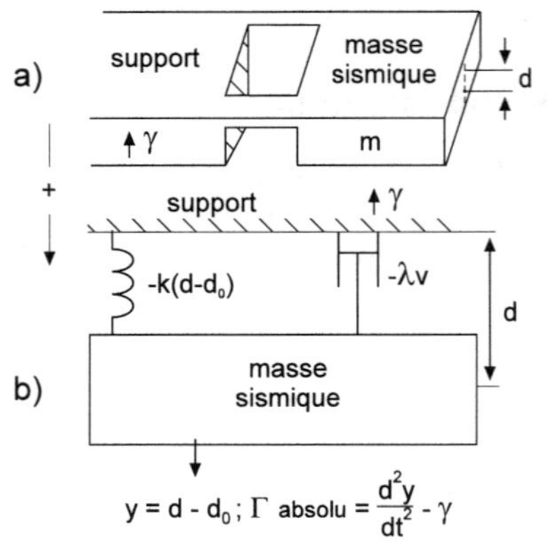

Figure 11.3 La position d'équilibre d_0 incorpore l'effet de la pesanteur.

La force d'inertie s'exprime :

$$m\Gamma_{absolu} = m\left[\frac{\mathrm{d}^2 y}{\mathrm{d}t^2} - \gamma\right] \; ; \; y = d - d_0$$

car il est d'usage de choisir une convention de sens positif pour Γ_{absolu} et y contraire à celle de γ. L'équation de la dynamique se traduit alors par :

$$m\gamma = m\frac{\mathrm{d}^2 y}{\mathrm{d}t^2} + \lambda\frac{\mathrm{d}y}{\mathrm{d}t} + ky \qquad (11.1)$$

qui décrit l'accéléromètre dans le repère du support comme un système masse, ressort, frottements visqueux excité par la force

$$\vec{F} = m\vec{\gamma}$$

Dans ces deux familles de capteurs, l'élément de transduction était constitué par des jauges de contraintes placées judicieusement et organisées en pont de Wheaston pour profiter au mieux des variations de résistance sous l'effet des déformations et en extraire un signal électrique grâce à la chaîne :

$$\text{Grandeur physique} \begin{cases} P \\ \vec{\gamma} \\ \vec{W} \\ \vec{H} \end{cases} \Rightarrow \text{D formation} \Rightarrow \text{contrainte} \Rightarrow \text{dR} \Rightarrow \text{Signal lectrique}$$

Les premiers éléments sensibles exploitaient l'effet piézo-électrique des zones diffusées dans le silicium, solution qui présente l'avantage de la simplicité, au prix d'une grande sensibilité à certains effets parasites tels que les contraintes liées à l'encapsulation ou à la température.

Pour traiter les signaux issus de ces ponts, les concepteurs s'étaient tout naturellement tournés vers les filières bipolaires dédiées au traitement des signaux analogiques.

La réduction des dimensions des éléments, nécessaire à la diminution du coût, l'émergence de l'approche microsystème où sont intimement mêlés traitements analogique et numérique, ont peu à peu sapé la position dominante de la détection piézo-résistive associée à une électronique de conditionnement à base de transistors bipolaires, au profit de la détection capacitive associée à une électronique de traitement à base de transistors MOS.

- Ainsi pour créer *une capacité sensible à la pression*, il suffit d'autoriser la polarisation de la membrane par rapport à l'embase dans les structures représentées figures 11.4a et 11.4b, et de réduire la distance les séparant à quelques μm, ce qui est très facile à réaliser à l'aide des microtechnologies silicium.
- *Dans le cadre de l'accéléromètre*, il suffit de disposer, de part et d'autre de la masse sismique, deux contre-électrodes (figure 11.4c).

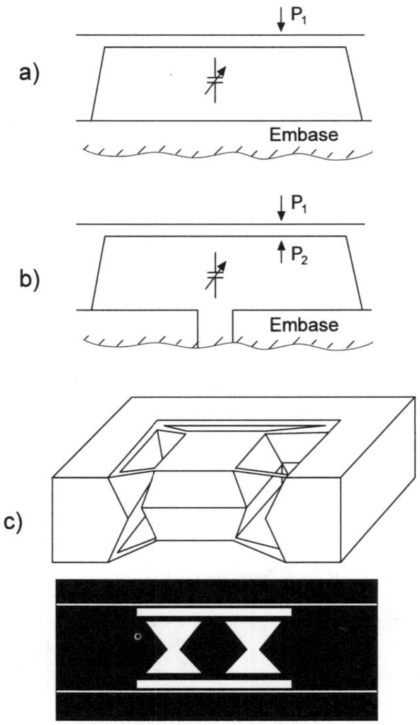

Figure 11.4

Si elles sont polarisables indépendamment, il est possible de disposer alors de deux capacités variant en sens contraire en fonction de l'accélération et ainsi de pouvoir procéder à une mesure différentielle.

❷ Sans précaution spécifique, ce type de mesures peut affecter la grandeur à mesurer et, par là, être à l'origine d'une erreur, compte tenu des effets liés à la réduction des dimensions.

En effet, si toutes les dimensions, entrefer compris, évoluent au même rythme, la force mécanique décroît comme le volume de la masse sismique (L^3) à accélération fixée, tandis que la force électrostatique reste constante à tension donnée (figure 11.5).

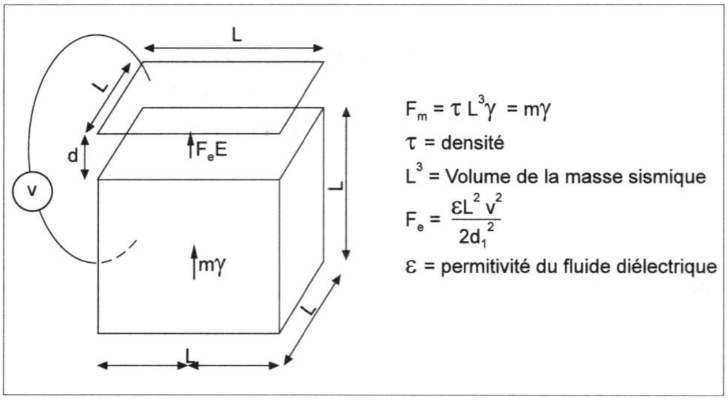

Figure 11.5

Elles sont du même ordre de grandeur pour une tension acceptable dans les gammes de mesure d'accélération usuelles dès lors que l'entrefer est d'ordre micrométrique et les dimensions de la masse sismique d'ordre sub-millimétrique (valeurs parfaitement réalisables avec les microtechnologies silicium actuelles).

Deux techniques s'imposent alors pour éliminer les conséquences indésirables de cet effet d'échelle.

- *Le fonctionnement en boucle ouverte vraie*, grâce à l'autocompensation des forces électrostatiques. La polarisation des deux contre-électrodes par rapport à la masse sismique est réglée de telle manière qu'à chaque instant la condition :

$$\vec{F}_{e_1} + \vec{F}_{e_2} = 0$$

soit satisfaite, pour que cette dernière se déplace sous le seul effet de son environnement mécanique (figure 11.6).

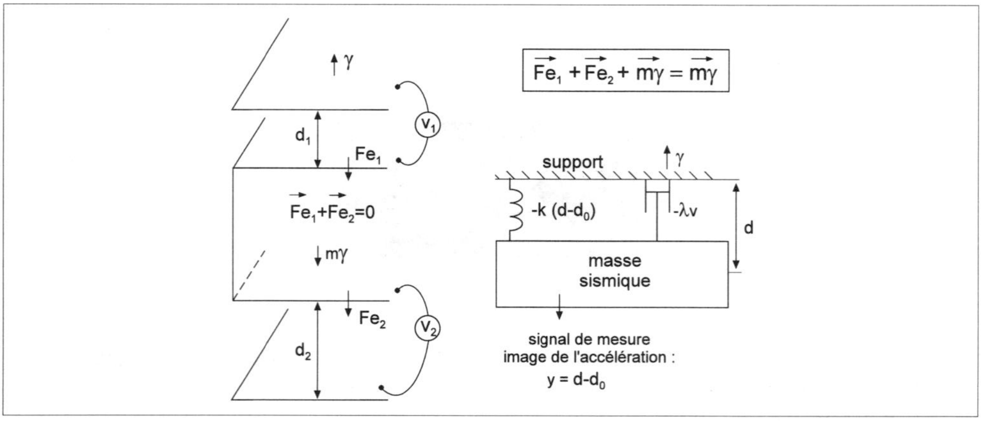

Figure 11.6

• *L'asservissement par équilibrage des forces.* La polarisation des contre-électrodes est alors réglée pour qu'à chaque instant la masse reste immobile par rapport à son cadre. Les forces électriques (figure 11.7) compensent donc exactement la force mécanique

$$\vec{F}_{e_1} + \vec{F}_{e_2} + m\vec{\gamma} = 0 \tag{11.2}$$

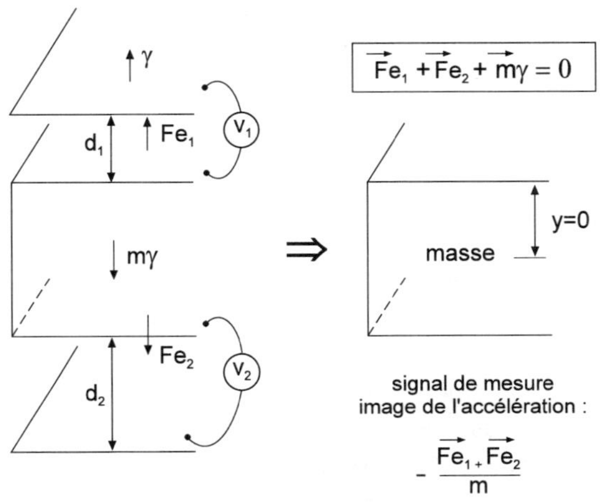

Figure 11.7

Si la première méthode ne pose aucun problème d'asservissement mécanique, malheureusement elle ne masque pas les défauts de l'élément sensible (non linéarité, hystérésis). C'est pourquoi la seconde approche – pourtant plus délicate à mettre en œuvre – lui est souvent préférée car elle est seulement sensible, en première analyse, à la valeur de la masse sismique qui reste, même avec la miniaturisation, une donnée bien identifiée.

❸ C'est donc la réduction des dimensions, initialement imposée pour mieux maîtriser les coûts de fabrication des cellules sensibles, qui, indirectement, a rendu réaliste l'usage des techniques d'asservissement électrostatique en accélérométrie, gyrométrie, pression microphonique, etc., grâce à l'exploitation d'un effet d'échelle.

L'intérêt de ces techniques, outre qu'elles permettent de palier certains effets de la dispersion technologique, est qu'elles facilitent l'exploitation des signaux.
De plus, si les forces électrostatiques sont surdimensionnées par rapport aux forces mécaniques, le capteur devient actionneur. Cette possibilité permet de superposer une procédure d'autotest vrai durant les phases de mesure, le tri étant réalisé par l'électronique de traitement.

Mais la réduction des coûts passe aussi par la réduction du coût du test et de la calibration, ce qui va de paire avec une numérisation croissante de l'électronique de conditionnement du signal, combinant mémorisation et moyen de calcul.

Aussi, pour être capable à la fois de :
- manipuler avec précision des charges et des tensions pour créer des forces électrostatiques,
- exploiter ces mêmes charges et ces mêmes tensions pour procéder au traitement analogique des signaux,
- combiner cette capacité avec le traitement numérique sur une même puce,

le choix d'une bonne filière CMOS numérique, associé à l'emploi judicieux de la *technologie des capacités commutées* s'imposent tout naturellement.

11.3 Quelques architectures pour capteurs

11.31 Préambule

Le sujet est très vaste, aussi, pour y mettre bon ordre, nous avons choisi de décrire quelques électroniques à capacités commutées qui illustrent bien, à notre sens, les grandes orientations actuelles et prévisibles.

La restriction qui consiste à se limiter aux capteurs mécaniques n'est qu'apparente au niveau de l'électronique. La plupart des mesures des grandeurs physiques, chimiques, biochimiques peuvent se traduire, en effet, en mesure de capacité, état de fait qui donne une grande unité à la technique de traitement de toutes ces données.
Nous étudierons successivement :

- des électroniques pour accéléromètre à *autocompensation des forces électrostatiques ou en boucle ouverte vraie,*
- des électroniques pour accéléromètre à équilibrage des forces ou *en boucle fermée,*
- des électroniques pour capteur de pression piézo-résistif et capacitif et plus en détail une électronique de linéarisation par modèle prédictif.

Pour déterminer les structures à capacités commutées, nous avons opéré le plus souvent comme suit :
- établissement du schéma-bloc fonctionnel,
- sélection d'une structure à capacités commutées, à horloges non recouvrantes et souvent multiphase.

11.32 Accéléromètre à élimination de l'effet des forces électrostatiques

Les propriétés de la cellule de base sensible

Rappelons qu'une cellule accélérométrique est caractérisée en première analyse par :

- la raideur de la suspension, notée *k,*
- la valeur de la masse sismique, notée *m,*
- le coefficient de frottement visqueux qui, pour l'essentiel, est fixé par la viscosité du fluide environnant (figure 11.8).

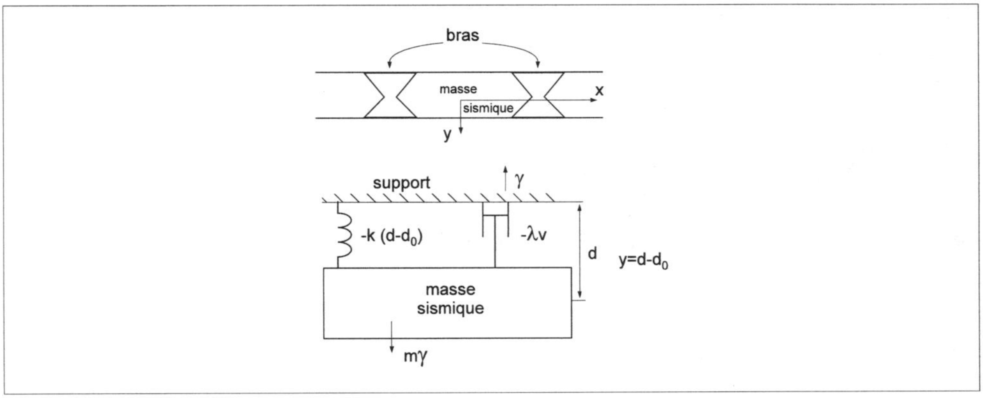

Figure 11.8

Le mouvement de la masse sismique par rapport au cadre rigide est donc caractérisé par l'équation :

$$m\ddot{y} = m\gamma - ky - \lambda\dot{y}$$

Lorsque l'accélération est uniforme, la position de la masse se stabilise, aussi :

$$\ddot{y} = 0 \quad ; \quad \dot{y} = 0 \quad ; \quad y = \frac{m}{k}\gamma \qquad (11.3)$$

m/k caractérise donc la sensibilité primaire statique du dispositif ; cependant le système est régi par une équation différentielle linéaire du second ordre, son comportement dynamique est donc caractérisé par la fonction de transfert :

$$\frac{y(p)}{\gamma(p)} = \frac{m}{k}\frac{1}{1+\frac{m}{k}p^2 + p\frac{\lambda}{k}} = H(p) \qquad (11.4)$$

En introduisant la pulsation de résonance en absence de frottements visqueux (c'est-à-dire pratiquement sous vide)

$$\Omega_R = \sqrt{\frac{k}{m}}$$

il vient :

$$\frac{y(p)}{\gamma(p)} = H(p) = \frac{1}{\Omega_R^2}\frac{1}{1+\left(\frac{p}{\Omega_R}\right)^2 + \frac{\lambda p}{k}} \qquad (11.5)$$

Il est possible de distinguer deux familles de cellules sensibles.

Cellule sensible à amortissement dominant

L'équation caractéristique associée à la fonction de transfert (11.5), notée alors *Ha* (*p*), s'écrit :

$$D(p) = \frac{1}{\Omega_R^2 H_a(p)} = 1 + (p / \Omega_R)^2 + \frac{\lambda}{k} p = 0$$

elle admet deux racines – ωp_1 et – ωp_2 réelles et négatives :

$$\omega_{p_1} \omega_{p_2} = \Omega_R^2 = \frac{k}{m} \qquad \begin{cases} \omega_{p_2} \approx \dfrac{\lambda}{m} = \dfrac{\lambda}{k} \Omega_R^2 \\ \omega_{p_1} = \dfrac{\Omega_R^2}{\omega_{p_2}} \approx \dfrac{\lambda}{k} \end{cases} \qquad (11.6)$$

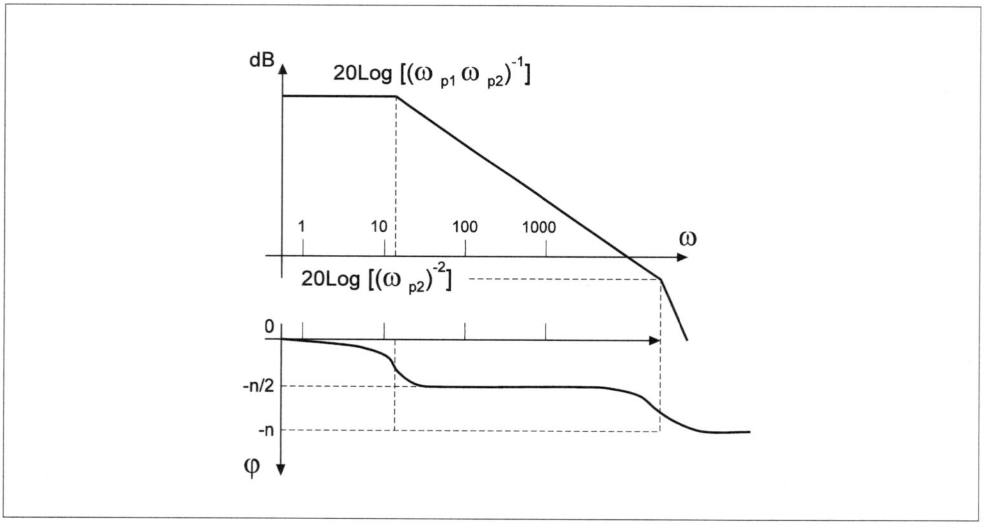

Figure 11.9

La fonction de transfert harmonique *Ha* (jω) s'exprime alors par

$$H_a(j\omega) = \frac{m}{k\left(1 + j\dfrac{\omega\lambda}{k}\right)\left(1 + j\dfrac{\omega m}{\lambda}\right)} = \frac{\left(\omega_{p_1}\omega_{p_2}\right)^{-1}}{\left(1 + j\dfrac{\omega}{\omega_{p_1}}\right)\left(1 + j\dfrac{\omega}{\omega_{p_2}}\right)} \qquad (11.7)$$

Elle correspond au diagramme de Bode représenté figure 11.9.

Cellule sensible à résonance dominante

L'équation caractéristique associée à la fonction de transfert (11.5), notée alors *HR* (jω), admet deux racines – p_1 et – p_2 complexes conjuguées, à parties réelles négatives :

$$p_1 p_2 = \Omega_R^2 = \frac{k}{m} \Leftrightarrow p_1 = \overline{p_2} = \frac{\lambda}{2m} + j\sqrt{\Omega_R^2 - \left(\frac{\lambda}{2m}\right)^2}$$

La fonction de transfert harmonique s'exprime alors par :

$$H_R(j\omega) = \frac{m}{k\left(1+j\dfrac{\omega}{p_1}\right)\left(1+j\dfrac{\omega}{p2}\right)} = \frac{\Omega_R^{-2}}{1-\left(\dfrac{\omega}{\Omega_R}\right)^2 + j\dfrac{\omega}{\Omega_R}Q} \qquad (11.8)$$

où *Q*, le facteur de surtension, est défini par :

$$Q = \frac{Max|H_R|}{|H_R(\omega=0)|} = \frac{\Omega_R}{\dfrac{\lambda}{m}} \qquad (11.9)$$

Elle correspond au diagramme de Bode représenté figure 11.10 pour diverses valeurs du coefficient de surtension *Q*.

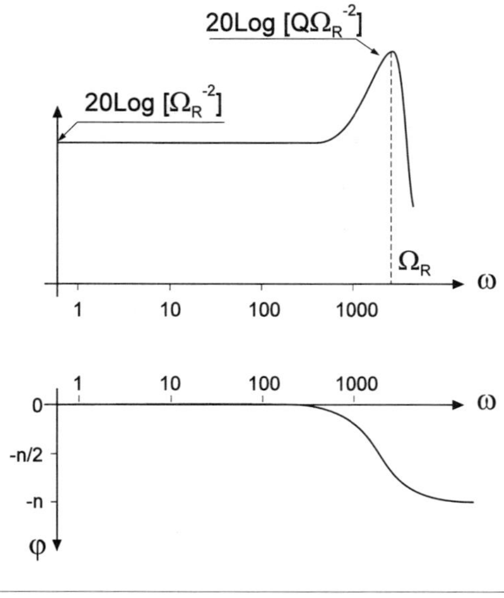

Figure 11.10

11.33 L'autocompensation des forces électrostatiques

❶ Une structure optimisée pour un fonctionnement en boucle ouverte doit être suffisamment amortie pour posséder la meilleure sensibilité pour la bande passante (BP) la plus large. *Elle doit donc être à résonance dominante avec une surtension résiduelle faible.* Ainsi conservera-t-elle une sensibilité pratiquement constante depuis la fréquence nulle jusqu'à la fréquence de résonance sous vide :

$$BP \approx \frac{\Omega_R}{2\pi} \tag{11.10}$$

Dans un capteur capacitif différentiel, l'écart de la masse sismique par rapport à sa position au repos sous l'effet de l'accélération peut s'exprimer à l'aide de la différence (figure 11.11) :

$d_1 - d_2$ à $d_1 + d_2 = 2d_0 = C^{te}$

où d_1 et d_2 représentent les distances de la masse sismique aux contre-électrodes, à l'approximation que celle-là soit assujettie à se déplacer en translation parallèlement aux deux contre-électrodes. Cette remarque suggère tout naturellement que la mesure de l'accélération puisse s'appuyer sur des mesures capacitives.

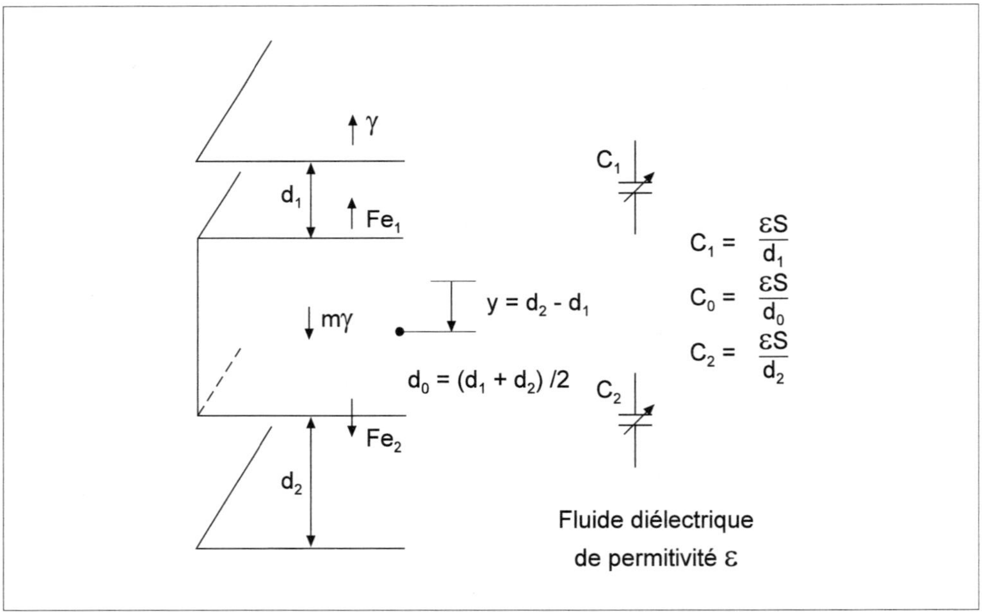

Figure 11.11

Or, les forces électrostatiques sont sans effet sur le comportement de la masse sismique, assimilable à un solide indéformable *si leur résultante est nulle.*

Exploitons cette assertion en s'appuyant sur la structure en translation.

Soit Q_1 et Q_2 les charges réparties uniformément en surface sur les faces de la masse sismique en regard respectivement des électrodes 1 et 2.
D'après les lois de l'électrostatique :

$$\vec{E}_1 = \frac{Q_1 \vec{n}_{21}}{\varepsilon S} \quad ; \quad \vec{E}_2 = \frac{Q_2 \vec{n}_{12}}{\varepsilon S}$$

$$\vec{F}_{e_1} = \frac{Q_1^2}{2\varepsilon S}\vec{n}_{21} \quad ; \quad \vec{F}_{e_2} = \frac{Q_2^2}{2\varepsilon S}\vec{n}_{12} \qquad (11.11)$$

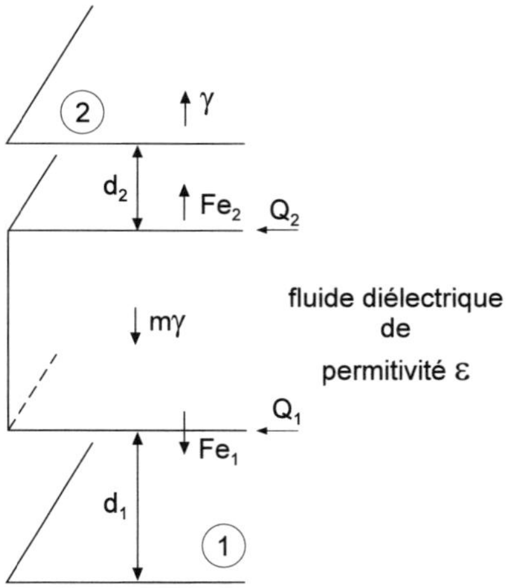

Figure 11.12a

Les deux forces[(1)] étant nécessairement attractives, elles se retranchent (figure 11.12a) pour constituer leur résultante :

$$\vec{F}_{e_{21}} = \frac{Q_1^2 - Q_2^2}{2\varepsilon S}\vec{n}_{21} \qquad (11.12)$$

qui est nulle si :

$$Q_1 = Q_2 \text{ ou } Q_1 = -\,Q_2 \qquad (11.13)$$

[(1)] Le facteur 1/2 traduit le fait que pour calculer la force exercée sur la masse sismique, seules sont à prendre en compte les contributions au champ électrique des électrodes en regard.

De ces deux classes de solutions, seule la première caractérisée par $Q_1 = - Q_2$ peut conduire à une mesure relevant de la technique des capacités commutées, à savoir la vérification que la somme des charges contenues dans la masse sismique est bien nulle. Traduisons tout ceci en utilisant les paramètres dimensionnels et les tensions $V_1 - x$, $V_2 - x$, respectivement les tensions des contre-électrodes 1 et 2, la masse sismique restant polarisée à zéro (figure 11.12 b).

$$Q = Q_1 + Q_2 \equiv 0 \Leftrightarrow C_1(V_1 - x) + C_2(V_2 - x) \equiv 0$$

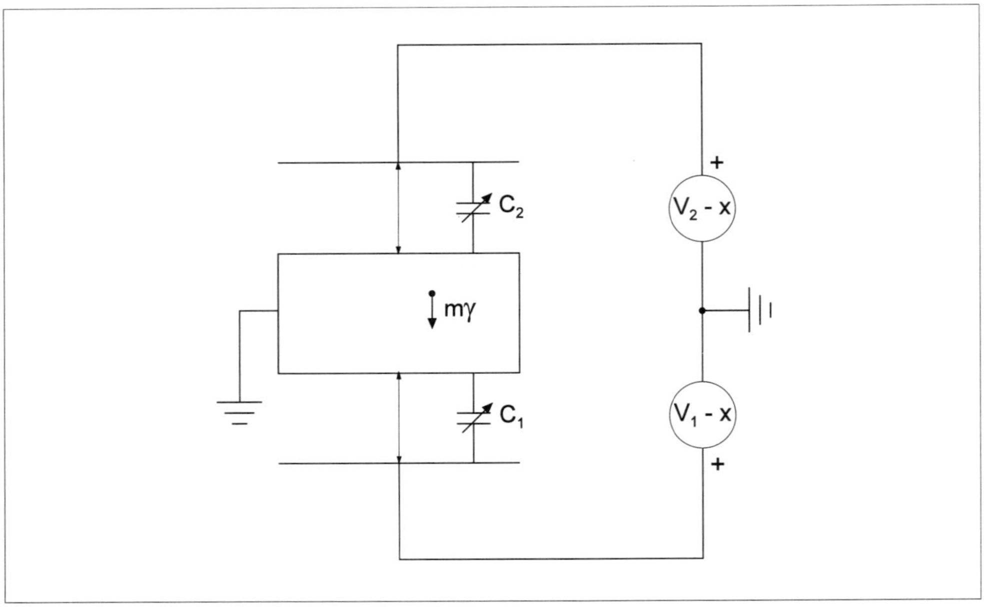

Figure 11.12b

Soit, en prenant pour hypothèse que la masse se déplace parallèlement à elle-même :

$$Q = Q_1 + Q_2 \equiv 0 \quad \Leftrightarrow \quad \frac{\varepsilon S}{d_1}(V_1 - x) + \frac{\varepsilon S}{d_2}(V_2 - x) = 0$$

soit :

$$x = \frac{V_2 d_1 + V_1 d_2}{d_1 + d_2} = \frac{V_2 C_2 + V_1 C}{C_1 + C_2}$$

avec : $d_1 + d_2 = 2d_0$ $\quad C_1 + C_2 = 2C_0$, d_0 et C_0 étant des constantes du dispositif.

Cette équation admet donc, pour un couple C_1 et C_2 donné, une infinité de solutions, en particulier, elle admet la solution triviale : $V_1 = V_2 = x = 0$.

Il est donc possible de transmettre un signal et ainsi d'effectuer une mesure tout en respectant rigoureusement la condition de compensation.

Cependant, pour être représentative de l'accélération, la tension x doit être proportionnelle à la différence $d_1 - d_2$. Cette condition est évidemment satisfaite dans la relation précédente si :

$$V_1 = -V_2 = V_{in} \tag{11.14}$$

ce qui conduit à :

$$x = V_{in}\frac{d_2 - d_1}{d_2 + d_1} = \frac{V_{in}(C_1 - C_2)}{C_1 + C_2} = \frac{V_{in}(C_1 - C_2)}{2C_0} = \frac{C_0}{2\varepsilon S}V_{in}(d_2 - d_1) \tag{11.15}$$

où la quantité $V_{in}/(d_2 + d_1)$ modifie la sensibilité : m/k, pour aboutir au facteur d'échelle secondaire :

$$\left.\frac{x}{\lambda}\right|_{théorique} = \frac{V_{in}}{d_1 + d_2}\frac{m}{k} \tag{11.16a}$$

Le schéma bloc qui remplit la fonctionnalité est représenté figure 11.13.

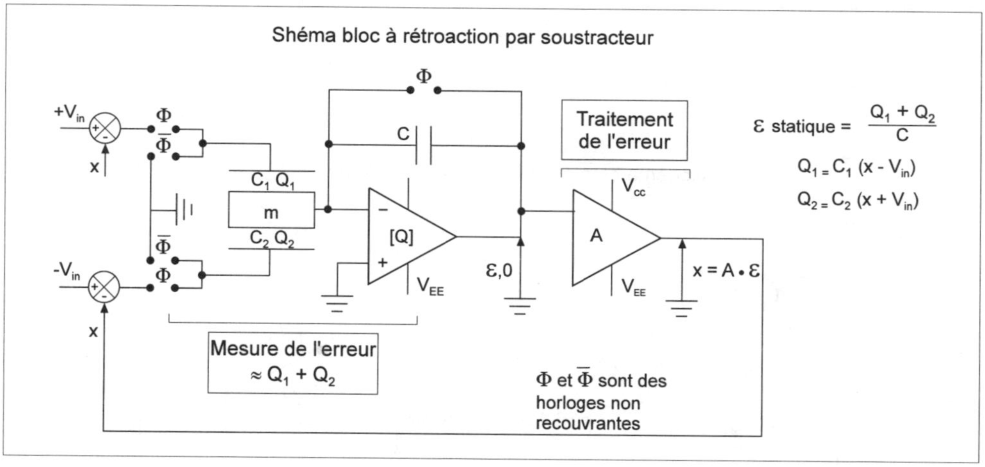

Figure 11.13

Avec pour réponse statique :

$$x|_{reel} = \frac{C_1 - C_2}{C_1 + C_2}\frac{V_{in}}{1 + \dfrac{C}{(C_1 + C_1)A}} \approx \frac{d_2 - d_1}{d_2 + d_1}\frac{V_{in}}{1 + \dfrac{C}{2C_0 A}} \tag{11.16b}$$

compte tenu que

$$\varepsilon = \frac{C_1(V_{in} - x) - C_2(V_{in} + x)}{C} = -\frac{(Q_1 + Q_{}}{C}$$

$$x = A\varepsilon$$

Pour rendre la réponse statique parfaitement représentative de l'accélération avec une bonne chance de stabilité, il suffit de choisir pour synthétiser *A* une structure intégratrice.

❷ Tout en assurant la même fonctionnalité la structure précédente peut être simplifiée par suppression des additionneurs, en modifiant la technique de polarisation de l'élément sensible (figure 11.14). Ce qui conduit au schéma bloc (figure 11.15) :

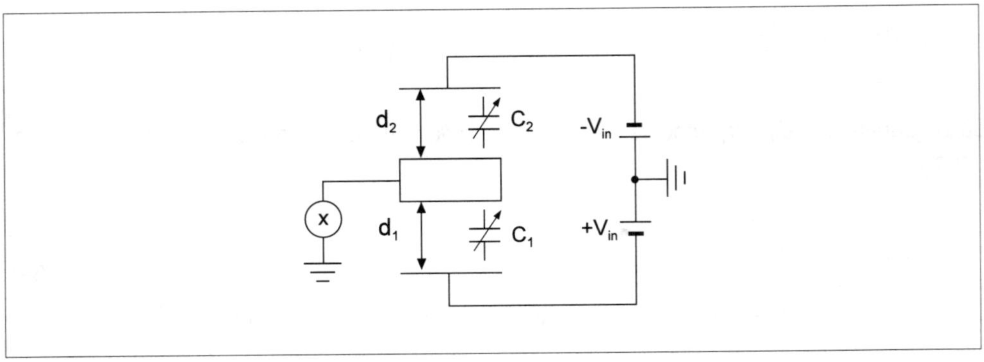

Figure 11.14

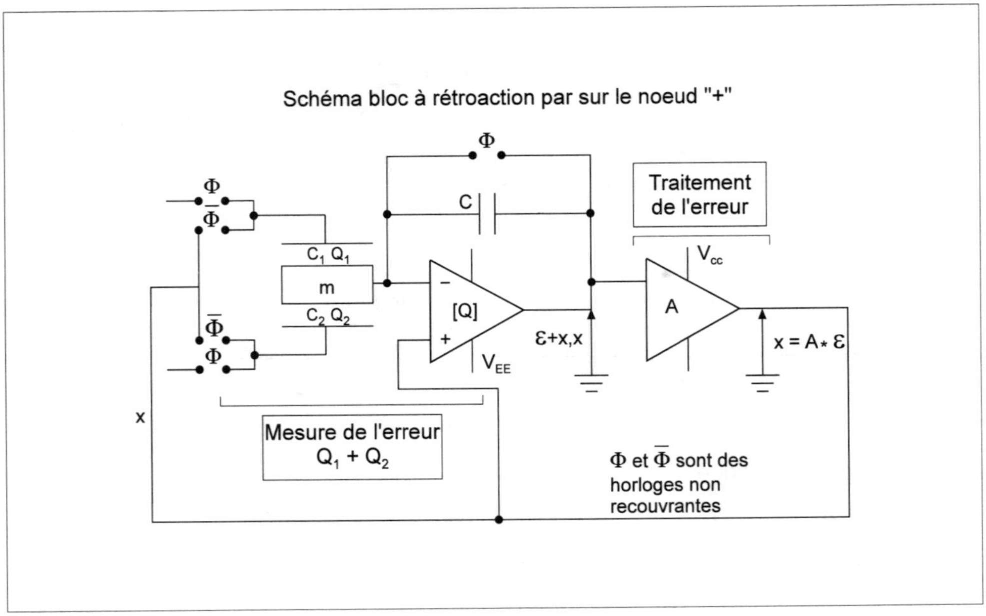

Figure 11.15

11.34 Quelques architectures à capacités commutées

Le premier circuit intégré publié [96] basé sur cette structure est dû à H. Leuthold et F. Rudolf du CSEM et est représenté figure 11.16.

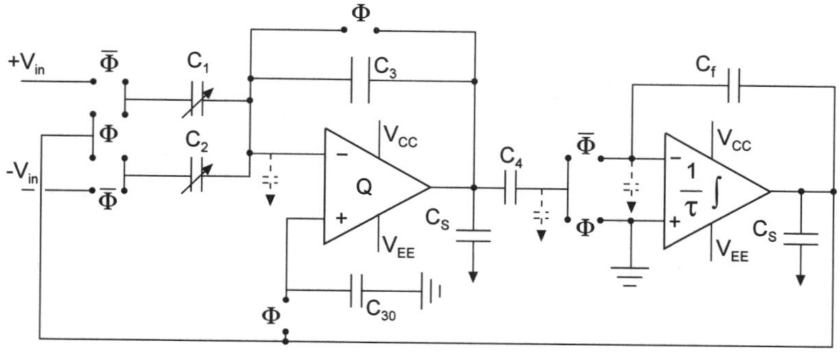

$C_{30} = C_1^* + C_2^* + C_3^*$

Capacités parasites nécessaires à la bonne commutation des interrupteurs

Figure 11.16

Abordons l'étude de cette réalisation selon l'approche développée dans le chapitre 2 du volume de la même collection *Signal analogique et capacités commutées.*

Étude de la stabilité

Adoptons, au départ, les simplifications recommandées, à savoir :

- horloges non recouvrantes de rapport cyclique 1/2 sans décalage ni asymétrie pour qu'il existe un intervalle de temps commun où les interrupteurs sont tous ouverts,
- effets parasites supposés négligeables,
- temps de réponse infiniment courts.

En s'appuyant sur les deux états stables consécutifs du système :
Intervalle $]nT\,;\,(n+1/2)\,T[$: phase de mémorisation [1] $\Phi = on$; $\overline{\Phi} = off$

$$V_l(nT)=V_\gamma(nT)\ ;\ \left(Q_{S_l}\right)_n=0\ ;\ \left(Q_{S_2}\right)_n=-C_4V_l(nT)\ ;\ \left(Q_{S_3}\right)_n=-C_fV_\gamma(nT)$$

[1] Nous n'oublions pas que les horloges Φ et $\overline{\Phi}$ ne sont pas rigoureusement complémentaires puisqu'elles sont non recouvrantes.

Intervalle] $(n + 1/2)\ T$; $(n + 1)\ T$[: phase de mesure $\Phi = off$; $\overline{\Phi} = on$

Cas ❶

$$\left(Q_{S_1}\right)_{n+\frac{1}{2}} = \left(Q_{S_1}\right)_n = 0$$

aussi :

$$C_1\left[V_\gamma(nT) - V_{in}\right] + C_2\left[V_\gamma(nT) + V_{in}\right] + C_3\left[V_\gamma(nT) - V_I\left(\frac{1}{2}\right)T\right] = 0$$

Cas ❷

$$\left(Q_{(S_2+S_3)}\right)_{n+\frac{1}{2}} = \left(Q_{S_2}\right)_n + \left(Q_{S_3}\right)_n$$

aussi :

$$C_4 V_I\left[\left(n+\frac{1}{2}\right)T\right] - C_f V_\gamma\left[\left(n+\frac{1}{2}\right)T\right] = -C_4 V_I(nT) - C_f V_\gamma(nT)$$

et la condition de passage :

$$V_\Upsilon\left[\left(n+\frac{1}{2}\right)T\right] = V_\Upsilon\left[(n+1)T\right]$$

il est aisé d'établir l'équation récurrente du système :

$$V_\Upsilon((n+1)T) = V_\Upsilon(nT) - \frac{C_4}{C_f}\left[\frac{(C_1+C_2)V_\Upsilon(nT) - (C_1+C_2)V_{in}}{C_3}\right] \tag{11.17}$$

Vérifions tout d'abord la stabilité du système en étudiant sa fonction de transfert en z ; il vient, conformément au chapitre 3 du volume déjà cité :

$$\frac{V_\Upsilon(z)}{V_{in}(z)} = \frac{C_4(C_1 - C_2)}{C_f C_3} \frac{z}{z - \left[1 - \frac{C_4}{C_f}\left(\frac{C_1+C_2}{C_3}\right)\right]} \tag{11.18}$$

Expression qui met en évidence la stabilité conditionnelle puisque, rappelons-le, les racines du dénominateur doivent posséder un module inférieur à l'unité, ce qui nécessite :

$$0 < \left(\frac{C_4}{C_f}\right)\left(\frac{C_1+C_2}{C_3}\right) < 2$$

Cette condition traduit simplement l'effet du délai de réponse lié à l'échantillonnage.

Lorsque cette condition est satisfaite, la réponse du système en régime établi stationnaire est :

$$V_\Upsilon = \frac{C_1 - C_2}{C_1 + C_2} V_{in} \quad \text{et la réponse est optimale si :} \quad \frac{C_4}{C_f}\frac{C_1 + C_2}{C_3} = 1 \tag{11.19}$$

Les améliorations

Ce qui suit peut être omis en première lecture ; passer alors au § Accéléromètre à équilibrage des forces.

❶ Cette structure élimine, au premier ordre, le biais de l'amplificateur de charge et l'effet des injections d'horloge.

- Le biais est mémorisé dans C_4 durant la phase de mémorisation.
- L'injection d'horloge est en principe éliminé si les interrupteurs sont identique,s, car :

$$C_{30} = C_1 + C_2 + C_3 + \sum C_{par} = C_1^* + C_2^* + C_3^*$$

Mais deux précautions valent mieux qu'une et il est préférable de mémoriser aussi l'effet résiduel de l'injection d'horloge dans C_4 pour contribuer à palier les inévitables dispersions technologiques en retardant la constitution du système isolé ($S_2 + S_3$). C'est l'application de la technique de cascadage où la formation des systèmes isolés doit se propager de l'amont vers l'aval (*cf. Signal analogique et capacités commutées,* chapitre 2).

❷ De la même façon, la phase de mémorisation de l'intégrateur doit être préalable à tout retour à zéro de l'amplificateur de charge. Sur le schéma (figure 11.17), comme sur les suivants où les instants de commutation sont précisés :

- les nombres n, $n + n/p$ sont les instants de fermeture des interrupteurs mesurés en période d'horloge,
- la durée des intervalles de non recouvrement [1] des horloges est compatible avec l'existence, entre deux états stables consécutifs, d'un état transitoire d'ouverture simultanée de tous les interrupteurs commandés en phase et ce malgré les dispersions d'origine technologiques et topologiques.

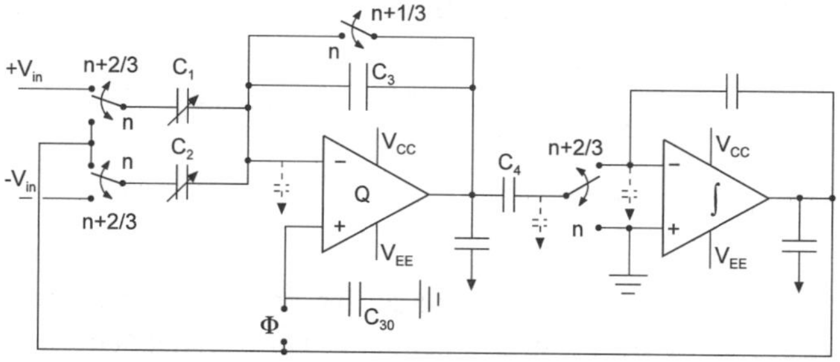

Figure 11.17

[1] On sait que cette option ne conduit pas à la meilleure minimisation des effets résiduels d'injection (*cf.* Signal analogique et capacités commutées), mais elle est très simple au plan du séquencement.

❸ Reste que ni le biais, ni les effets résiduels d'injection d'horloge dus aux dispersions technologiques, ni l'effet du gain fini, ni les fluctuations des alimentations ne sont compensés dans l'intégrateur.

- Une première idée consiste à faire suivre l'amplificateur de charge [*Q*] par un amplificateur de gain [*G*] sans biais et à compensation d'injection pour tirer tout le bénéfice d'*un intégrateur sans effet de gain fini* dont la constante de temps a été multipliée par *G* pour conserver la fonction de transfert de la structure initiale (figure 11.18).

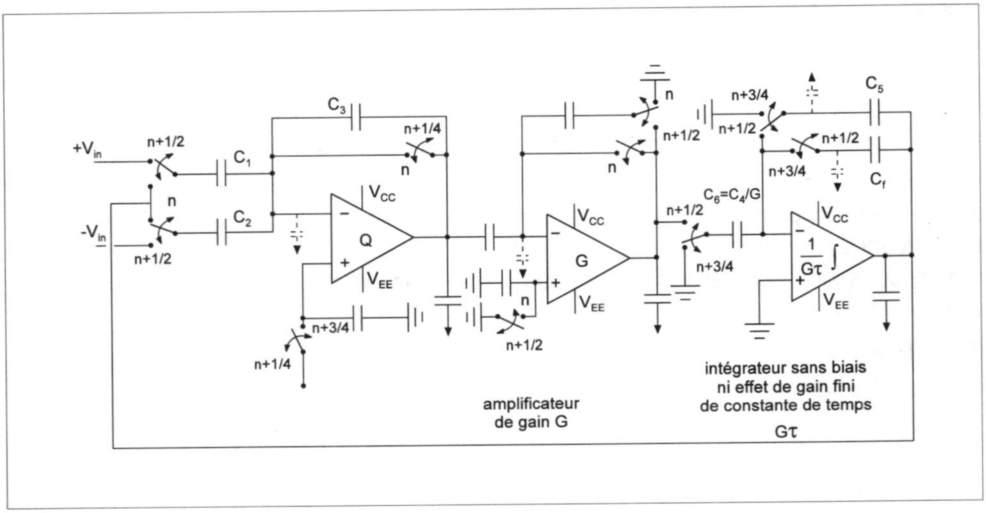

Figure 11.18

- Une seconde idée consiste à utiliser une structure pseudo symétrique s'appuyant sur des amplificateurs à transconductance à asservissement de mode commun et répondant au modèle comportemental durant les états stables :

$$V_S^{+} = V_{S_0} + A_{vc}\frac{\left(v^{+} + v^{-}\right)}{2} + A_{vd}\left(v^{+} + v^{-} + v_B\right)$$

$$V_S^{+} + V_S^{-} = 2V_{S_0} \qquad (11.20)$$

où l'état de sortie de l'intégrateur garde durant les phases de mémorisation les valeurs atteintes lors des phases de mesure antérieures correspondantes, grâce aux doubles réseaux de capacité C_4/G qui attaquent les capacités C_5 à l'aide de tension en opposition de phase (figure 11.19).

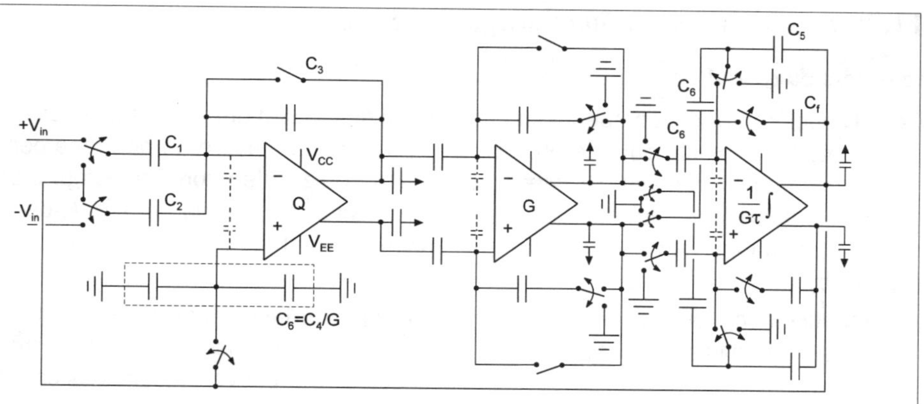

Le séquencement est identique à celui utilisé figure 11-18

Figure 11.19

❹ Toutefois, durant une demi période, la tension appliquée au nœud d'entrée + de l'amplificateur de charge diffère de la valeur de compensation :

$$V_{in}\frac{C_1 - C_2}{C_1 + C_2}$$

de la tension $Q/2C_{on}$; en réduire la durée atténuerait les conséquences de cette erreur sur la mesure.

- Malgré le manque de symétrie de l'amplificateur de charge, les effets des fluctuations d'alimentation sont compensés jusqu'à l'intégrateur ; cet avantage peut lui être étendu à condition de sortir en symétrique ou de le faire suivre par un amplificateur différentiel unipolaire.
- Dans toutes ces structures, enfin, la tension de mesure V_Υ diffère de la valeur théorique du biais de l'amplificateur de charge [*Q*]. Dans les réalisations récentes, cette quantité n'excède plus guère le millivolt, une valeur tout à fait négligeable dans la plupart des cas.

Remarque générale

Pour la commodité, nous avons supposé, dans tous les schémas, disposer de deux sources d'alimentation V_{cc} et V_{EE}. Bien souvent, pour des raisons d'économie, il n'est prévu qu'une seule source extérieure V_{CC}. Alors, à la masse est substituée une tension de référence V_{ref} : $0 < V_{ref} < V_{cc}$ générée dans le circuit.

Par souci de cohérence, nous continuerons, dans la suite de ce chapitre, à utiliser la représentation à deux sources extérieures.

11.35 Accéléromètre à équilibrage des forces

La genèse du concept

Dans l'accéléromètre à compensation des forces électrostatiques, la cellule sensible est parfaitement en boucle ouverte puisque, par principe, la mesure ne peut pas perturber le déplacement de la masse sismique sous l'effet de l'accélération. Le facteur d'échelle est donc proportionnel au rapport de la masse sismique, m, sur la raideur, k, de la suspension (équation (11.3)) ou au carré de l'inverse de la fréquence de résonance (équation (11.5)).

Malheureusement, avec la réduction des dimensions, certains paramètres sont de moins en moins bien définis ; il en est ainsi de la raideur kS, de la suspension qui est très sensible aux dimensions et à certaines étapes technologiques pouvant induire des contraintes affectant sa valeur. Par ailleurs, les structures de suspension induisent en général des non linéarités dans la relation {accélération $\rightarrow$ variation de ΔC}.

La masse sismique, elle, est encore bien identifiée. Objet physique, toujours de bonne taille, même dans les accéléromètres miniatures, elle garde une valeur constante tout au long de la vie du capteur, ce qui permet un stockage en mémoire de cette donnée.

Le facteur d'échelle effectif ne dépendra plus que de ce seul paramètre si la mesure est basée sur l'équilibrage de la force mécanique à évaluer par un ensemble de forces électrostatiques puisque :

$$\vec{F}_m + \sum \vec{F}_{électrostatique} = \vec{0} \quad \Leftrightarrow \quad \vec{\Upsilon} = -\frac{\sum \vec{F}_{elect}}{m} \tag{11.21}$$

Fonctions de transfert

Dans tous les systèmes à compensation de la force mécanique par les forces électrostatiques, l'élément sensible fait partie de la chaîne d'asservissement puisqu'en dynamique, sa position est réglée par :

$$\vec{F}_m + \vec{F}_{e_1} + \vec{F}_{e_2} = m\frac{d^2y}{dt} + \lambda\left(\frac{dy}{dt}\right) + ky$$

où y, l'écart entre la position instantanée de la masse sismique et sa position statique d'équilibre constitue le signal d'erreur, k est la raideur de la suspension et λ le coefficient de frottement visqueux. Le comportement naturel de l'élément sensible participe donc à la stabilité de l'ensemble.

En rappelant que la fonction de transfert mécanique de la cellule sensible s'exprime :

$$\frac{\Upsilon(p)}{y(p)} = H(p) = \frac{m}{k}\frac{1}{1+\frac{\lambda}{k}p+\frac{m}{k}p^2}$$

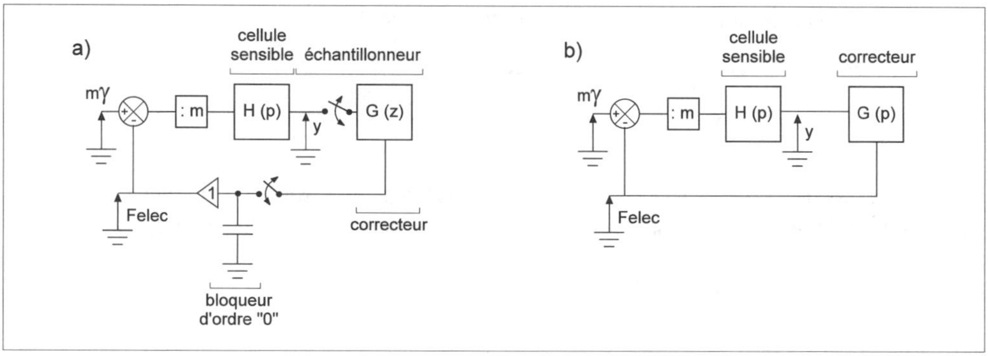

Figure 11.20

il est clair que la chaîne d'asservissement temps discret est caractérisée par le schéma de principe représenté sur la figure 11.20a, où la grandeur de sortie est la force électrostatique destinée à compenser la force mécanique.

Comme la fréquence d'échantillonnage est élevée devant la bande passante de la cellule sensible, qui est toujours passe bas, il est possible de substituer à la chaîne à temps discret la chaîne à temps continu associée représentée sur la figure 11.20b, en utilisant la transformation :

$$\left(p = \frac{1 - z^{-1}}{T}\right) \tag{11.22}$$

où T est la période de l'horloge.

Typiquement, deux cas sont à considérer, qui conduisent à des électroniques différant fondamentalement par la nature du correcteur.

• *Si la cellule sensible est à amortissement dominant (figure 11.9)*

$$\frac{\Upsilon(\mathrm{j}\omega)}{y(\mathrm{j}\omega)} = H_a(\mathrm{j}\omega) = \frac{m}{k}\frac{1}{\left(1+\mathrm{j}\dfrac{\omega}{k}\right)\left(1+\mathrm{j}\omega\dfrac{m}{\lambda}\right)} = \frac{\left(\dfrac{1}{\omega_{p_1}\omega_{p_2}}\right)}{\left(1+\mathrm{j}\dfrac{\omega}{\omega_{p_1}}\right)\left(1+\dfrac{\omega}{\omega_{p_2}}\right)}$$

le correcteur est à la base un *simple amplificateur* ($G \geq 0$) dimensionné de manière que

$$\left|\frac{1}{m}H_a\left(\omega_{p_2}\right)G\right| \leq 1$$

Ceci doit assurer une marge de phase suffisante en boucle ouverte pour obtenir une bonne stabilité en boucle fermée.

• *Si la cellule sensible est à résonance dominante (figure 11.10)*

$$H_R(j\omega) = \frac{m}{k}\frac{1}{\left(1+j\frac{\omega}{p_1}\right)\left(1+j\frac{\omega}{p_1}\right)} = \frac{\Omega_R^{-2}}{1-\left(\frac{\omega}{\Omega_R}\right)^2 + j\omega\frac{Q}{\Omega_R}}$$

le faible déphasage arrière apporté par la cellule sensible avant résonance autorise l'emploi d'un correcteur fondamentalement intégrateur : $G(p) = \omega T/p$, dimensionné de telle manière que :

$$\left|\frac{1}{m}H_R(\Omega_R)\frac{\omega_T}{\Omega_R}\right| = \left|\frac{1}{m}\Omega_R^{-2}Q\frac{\omega_T}{j\omega}\right| \leq 1$$

pour assurer la stabilité en boucle fermée.

L'existence d'un coefficient de surtension (Q) élevé doit être considéré comme un facteur négatif puisqu'à sensibilité primaire donnée Ω_R^{-2}, il impose de réduire ω_T qui contrôle la sensibilité mécanique basse fréquence Σ qui s'exprime par :

$$\Sigma = \Omega_R^{-2}\frac{\omega_T}{\omega} \qquad (11.23)$$

Ces points seront repris plus en détail dans le § *Cellule sensible à résonance dominante.*

Génération des forces électrostatiques

Rappelons que les forces d'équilibrage ont pour objectif de compenser à chaque instant la force mécanique :

$\vec{F}_m = m\vec{\Upsilon}$ où $\vec{\Upsilon}$ est l'accélération mesurée.

Dans un capteur capacitif différentiel, cet équilibrage résulte d'une polarisation judicieuse des électrodes constituées de la masse sismique et des contre-électrodes. Il se traduit par le maintien de la masse sismique à un point de repos : $d_1 = d_2 = d_0$, où d_1 et d_2 désignent les distances de la masse sismique aux deux contre-électrodes (figure 11.21a).

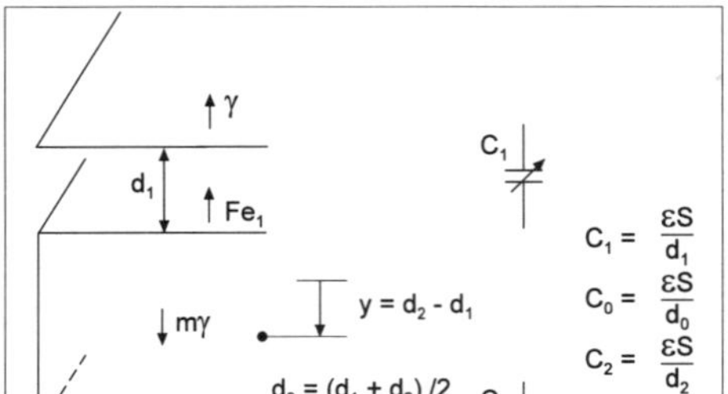

Figure 11.21a

Le test revient donc à mesurer l'écart entre les deux capacités C_1 et C_2 pour ensuite le réduire en modifiant les polarisations. Cette procédure s'effectue très facilement à l'aide de la technique des capacités commutées.

Deux modes de polarisation des électrodes sont à l'origine des diverses architectures.

- Masse sismique maintenue au potentiel zéro et contre-électrodes portées à des potentiels variables (figure 11.21b).

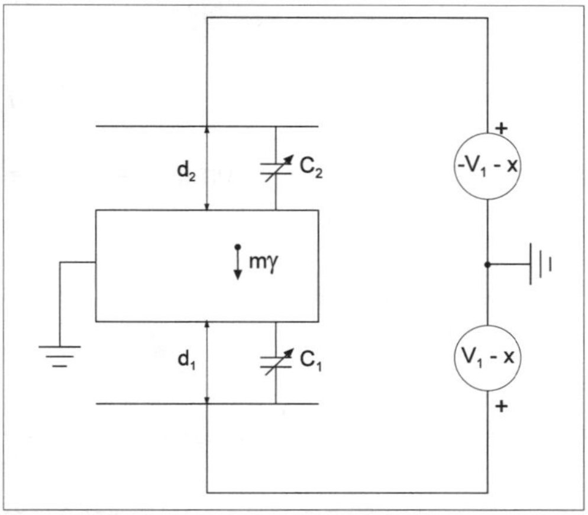

Figure 11.21b

- Masse sismique portée à un potentiel variable et contre-électrodes à des tensions fixes (figure 11.21c).

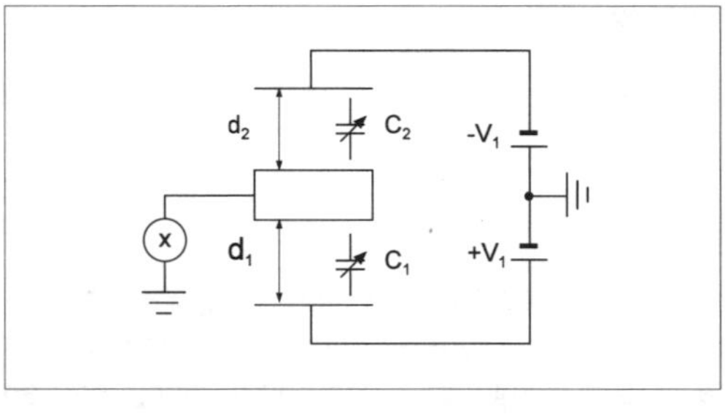

Figure 11.21c

Dans les deux configurations, la valeur d'équilibre de x est la même, toutes choses étant égales par ailleurs. En effet, dans les deux cas, la relation de compensation :

$$\vec{F}_{e_1} + \vec{F}_{e_2} + \vec{F}_m = \vec{0}$$

se traduit par l'équation (*cf.* figure 11.19)

$$\frac{1}{2}\frac{C_1(V_1 - x)^2}{d_1}\vec{n}_{21} + \frac{1}{2}\frac{C_2(V_1 - x)^2}{d_2}\vec{n}_{12} + m\gamma\vec{n}_{21} = \vec{0}$$

Remarque

Rappelons que les composantes de la force électrostatique résultante s'expriment :

$$F_{exi} = \frac{\partial W}{\partial x_i}{}_{\textit{électrostatique}}\Big|_{\textit{potentiel}_{cst}}$$

Or, à l'équilibre :

$d_1 = d_2 = d_0 \quad \Leftrightarrow \quad C_1 = C_2 = C_0$

aussi, pour les petits déplacements, $|y| << d_0$:

$$x = \left(\frac{md_0}{2C_0V_1}\right)\Upsilon = \left(\frac{md_0^2}{\varepsilon SV_1}\right)\Upsilon$$

$$\left[-2\frac{C_0}{d_0}xV_1 + m\Upsilon\right]\vec{n}_{21} = \vec{0} \tag{11.24}$$

où ε désigne la permitivité du fluide entourant la masse sismique, S la surface des contre-électrodes.

$\dfrac{md_0}{2C_0V_1}$ est le facteur d'échelle théorique pour les petits déplacements.

Cette relation justifie, *a posteriori*, quantitativement l'assertion précédente relative à la nécessité de réduire les dimensions pour être en mesure d'exploiter cette technique d'asservissement avec une électronique intégrée.

En effet, d'une part minimiser $|x|$ revient à choisir $|V_1|$ aussi grand que possible, c'est-à-dire de l'ordre de grandeur de la tension d'alimentation ; d'autre part, ce choix impose que $|x| < |V_1|$, relation qui fixe en dernier ressort les contraintes dimensionnelles. En introduisant cette condition dans l'équation (11.24), il vient en effet :

$$m < \frac{V_1^2 \varepsilon S}{\Upsilon_{max}\, d_0^2} \tag{11.25}$$

où Υ_{max} traduit l'étendue de la gamme de mesure.

Considérons alors, pour se fixer les idées, un accéléromètre pour suspension ($\Upsilon_{max} = \pm 2$ g) réalisé en silicium (densité = 2,3 g/cm^3) sous la forme d'une structure en translation plongée dans l'air ($\varepsilon = \varepsilon_0 = 10^{-9}/36\,\pi$) et où les surfaces de la masse sismique et des contre-électrodes en regard sont identiques. L'épaisseur de la masse sismique dépend alors des seules données complémentaires d_0 et V_1 puisque d'après l'équation (11.25) :

$$\text{épaisseur} < \frac{V_1^2 \varepsilon_0}{\Upsilon_{max}\ \text{densité}\ d_0^2}$$

Deux exemples résumés par le tableau ci-dessous traduisent bien la situation :

	S (mm^2)	**d_0 (µm)**	**V_1**	**Épaisseur (µm)**
Exemple 1	1	5	2,5	< 50
Exemple 2	100	50	2,5	< 0,5

Le premier présente un facteur de forme tout à fait réaliste au plan technologique, ce qui n'est pas le cas du second.

La voie analogique à temps discret pure

Aux deux modes de polarisation préconisés correspondent les schémas-blocs fonctionnels représentés figure 11.23 et 11.24.

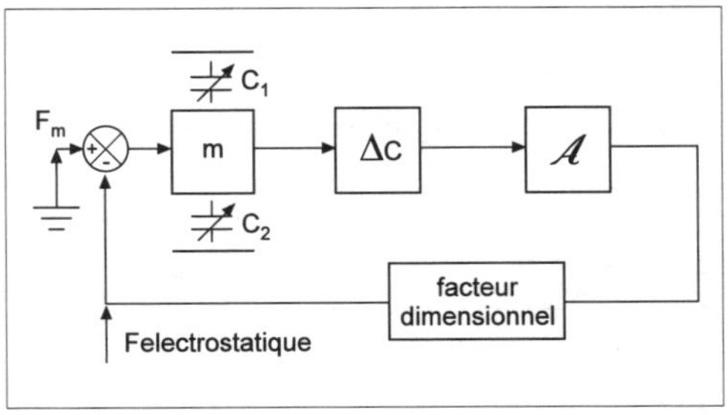

Figure 11.23a

Schéma-bloc fonctionnel à modulation d'amplitude pour les contre-électrodes

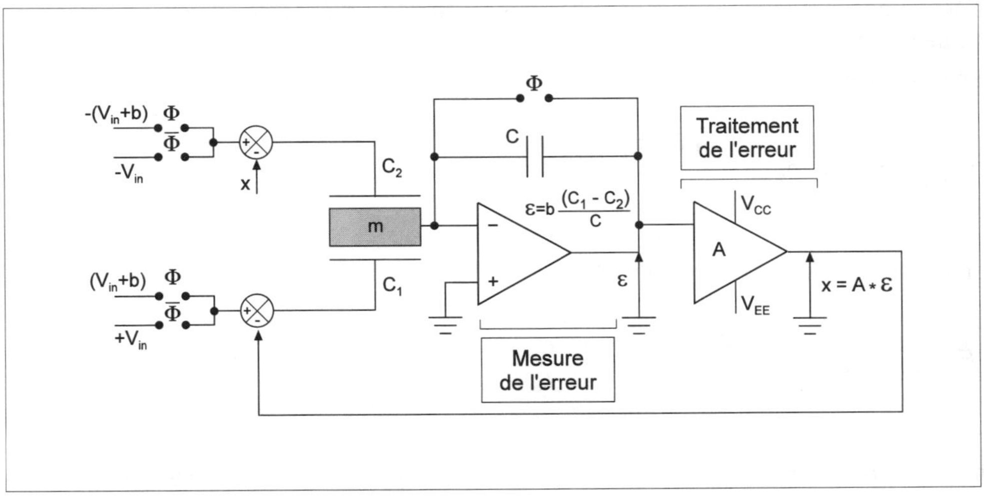

Figure 11.23b

La commutation $\{V_{in} - V_{in}\}$ à $\{ (V_{in} + b) - (V_{in} + b)\}$ est nécessaire à l'évaluation de l'erreur, aussi la valeur de la tension qu'il faut retenir pour définir le facteur d'échelle théorique (11.24) est :

$$V_1 = (V_{in} + b)r + V_{in}(1-r) = \overline{V_{in}} \tag{11.26}$$

où r est le rapport cyclique des horloges Φ qui avec leur complément $\overline{\Phi}$ séquencent la modulation d'amplitude nécessaire à la mesure. Cette structure est un peu lourde car elle présente deux soustracteurs que le report de la modulation sur la masse sismique supprime.

Schéma bloc fonctionnel à modulation d'amplitude par la masse sismique

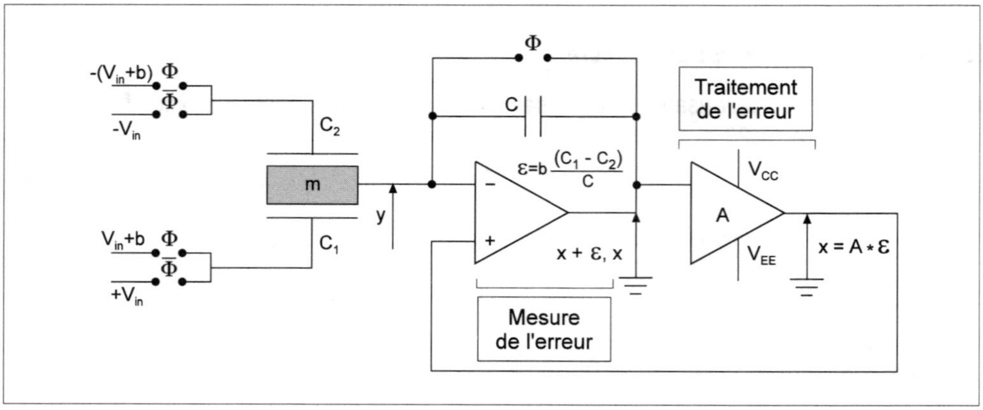

Figure 11.24

En fait, dans ces deux structures fonctionnellement identiques, le facteur d'échelle réel s'écarte de sa valeur théorique $md_0/2C_0V_1$ à cause de la valeur finie du gain de l'opérateur de traitement de l'erreur, notée *A*.

En effet, en régime quasi statique :

$$\vec{y}_{n_{21}} = (d_2 - d_1)\vec{n}_{21} = \left[\frac{m\vec{\Upsilon} + \vec{F}_{électrostatique}}{k} \right]$$

or, en faisant référence aux figures 11.21 et 11.22 :

$$\vec{F}_{électrostatique} = \frac{1}{2}\left[\frac{C_1(V_1 - x)^2}{d_1} - \frac{C_2(V_1 + x)^2}{d_2} \right]\vec{n}_{21}$$

soit, en se limitant aux seuls petits déplacements $|y| << d_0$ et en posant de nouveau $C_0 = (C_1 + C_0)/2$, il vient :

$$\vec{F}_{électrostatique} \approx -\frac{2C_0}{d_0} XV_1\vec{n}_{21}$$

aussi :

$$ky = k(d_2 - d_1) \approx m\overline{\Upsilon} - 2\frac{C_0}{d_0}V_1 x$$

Divisons les deux membres par εS.

$$k\left[\frac{1}{C_2}-\frac{1}{C_1}\right]=\frac{1}{d_0C_0}\left[m\overline{\Gamma}-2\frac{C_0V_1}{d_0}x\right]\approx k\left[\frac{C_1-C_2}{C_0^2}\right]$$

or, d'après la chaîne d'amplification :

$$\frac{C_1-C_2}{C_0^2}=\frac{C}{C_0^2}\frac{x}{Ab}$$

aussi :

$$x=\frac{md_0}{2C_0V_1}\frac{\overline{\Gamma}}{1+\frac{k}{2}\left(\frac{d_0}{C_0}\right)^2\frac{C}{bAV_1}} \tag{11.27}$$

qui met en évidence la dépendance du facteur d'échelle avec la raideur, dépendance qui s'atténue cependant d'autant plus que le gain A est élevé. L'emploi d'un intégrateur résout complètement le problème en régime statique permanent. Cette voie n'est cependant pas toujours possible car, comme nous l'avons déjà exprimé, la cellule sensible est insérée dans la boucle d'asservissement, ses caractéristiques dynamiques interviennent donc dans la stabilité globale.

Cellule sensible à amortissement dominant

Avec la cellule à amortissement dominant, le traitement de l'erreur doit être une amplification finie avec déphasage arrière minimal. Sur la figure 11.25 est représenté le schéma-bloc de transfert en temps continu prenant en compte tous les facteurs traduisant l'hétérogénéité du système physique pour les petits déplacements.

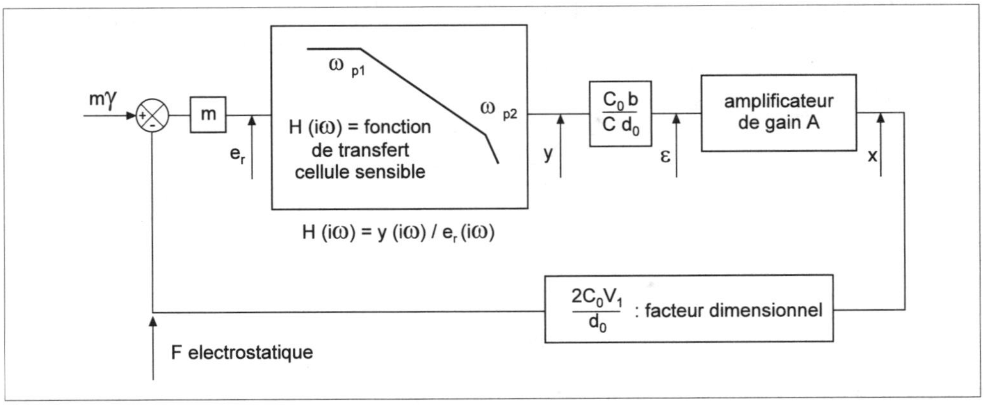

Figure 11.25

- y est le déplacement de la masse sismique : $y = d_2 - d_1$,
- ε est la tension d'erreur pour les petits mouvements.

En *temps continu*, la stabilité serait encore assurée avec une marge de phase confortable si :

$$\left| 2\left(\frac{C_0}{d_0}\right)^2 \frac{b}{C} V_1 A \frac{H(\omega_{p_2})}{m} \right| \approx 1 \tag{11.28}$$

où A est le gain de l'amplificateur supposé encore réel à la fréquence

$$f_{p_2} = \frac{\omega_{p_2}}{2\pi}$$

qui n'est autre que la bande passante de l'asservissement.

En temps discret, mais analysé comme système à temps continu en s'appuyant sur la transformation (équation (11.22)), il faut ajouter le déphasage arrière induit par le retard lié à l'échantillonnage ; au plus court [1], il vaut :

$$\varphi(\omega_{p_2}) \approx \frac{\omega_{p_1}}{2F_{ech}} = \frac{\pi f_{p_2}}{F_{ech}} \tag{11.29}$$

La condition précédente reste acceptable si cette quantité est inférieure à $\pi/8$, sinon il faut réduire la bande passante.

L'analyse par la transformée en z confirmerait assez précisément ce résultat à ceci près qu'elle permettrait en outre de mieux prévoir le comportement transitoire.
Le schéma-bloc représenté figure 11.25 suggère la synthèse en capacités commutées reproduite figure 11.26.

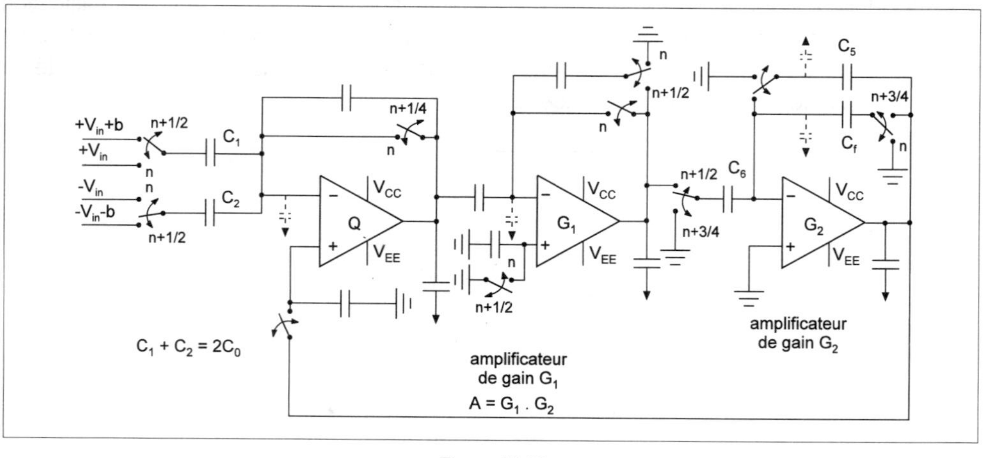

Figure 11.26

- Cette structure s'appuie sur la technique du cascadage avec propagation de la formation des systèmes isolés de l'amont vers l'aval. En particulier, la capacité de liaison C_4 stocke le décalage qui résulte de la combinaison de la tension d'asservissement, du biais et des effets résiduels d'injection dans l'amplificateur A_1. Cette disposition permet d'utiliser une structure à compensation de biais pour G_1.

[1] Dans un amplificateur à capacité commutée à rapport cyclique 1/2, le retard est au minimum la demie période d'échantillonnage.

- L'emploi d'une structure à compensation de l'effet du gain fini pour l'amplificateur G_2 (*cf. Signal analogique et capacités commutées*, chapitre 2) permet d'obtenir une tension de sortie avec des fluctuations réduites durant les phases d'auto zéro, si C_5 vaut quelques C_f. Dans beaucoup d'applications, il n'est pas nécessaire de compléter cette structure par un échantillonneur-bloqueur pour obtenir un signal de mesure correct.
- Néanmoins, la tension de mesure diffère d'au moins le biais, ou encore la tension de décalage, de l'amplificateur A_1. Dans les réalisations récentes, cette quantité n'excède heureusement pas le millivolt.
- Enfin, les effets des fluctuations des tensions d'alimentation sont largement compensés en passant à la version pseudo symétrique de cette architecture.

Cellule sensible à résonance dominante

Avec la cellule à *résonance dominante*, le traitement de l'erreur doit être basé sur l'intégration. Sur la figure 11.27 est représenté le schéma-bloc de transfert en temps continu associé pour les petits déplacements :

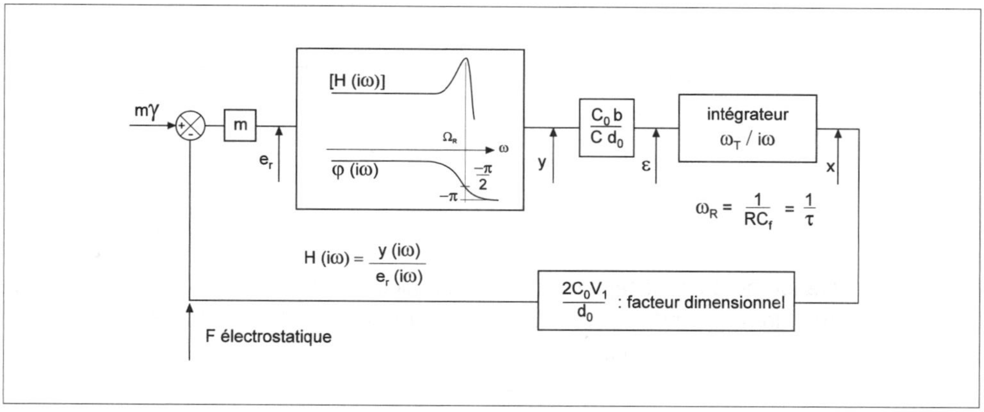

Figure 11.27

- En temps continu, la stabilité est encore assurée avec une marge de gain confortable si :

$$\left|2\left(\frac{C_0}{d_0}\right)^2 \frac{b}{C}V_1 \frac{H(i\Omega_R)}{m} \frac{\omega_T}{\Omega_R}\right| = \left|2\left(\frac{C_0}{d_0}\right)^2 \frac{b}{c}V_1\Omega_R^{-2} \frac{\omega_T}{\Omega_R}\right| < 1 \qquad (11.30)$$

où $f_R = \Omega_R/2\pi$ n'est autre que *la bande passante de l'asservissement.*

- En temps discret, mais analysé comme un système à temps continu, en s'appuyant sur la transformation (11.22), il faut tenir compte du déphasage arrière correspondant au retard induit par l'échantillonnage ; dans un intégrateur, il vaut :

$$\varphi(\Omega_R) \approx \frac{\Omega_R}{F_{ech}} = \frac{2\pi f_R}{F_{ech}} \qquad (11.31)$$

La condition précédente reste acceptable si cette quantité est inférieure à $\pi/8$, sinon il faut réduire la valeur de ωT pour reconstituer une marge suffisante.

- Bande passante et stabilité sont améliorées si, toutes choses étant égales par ailleurs, une structure PI (proportionnel, intégrale) ou PID (proportionnel, intégrale, dérivée) est substituée à l'intégrateur (figure 11.28).

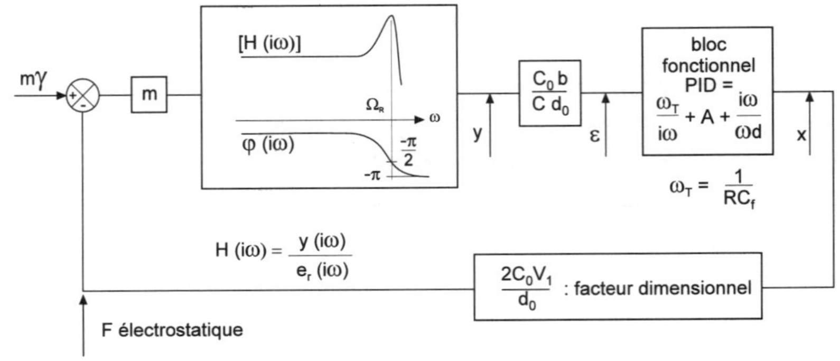

Figure 11.28

Lorsque l'intégration pure est acceptable, le schéma-bloc (figure 11.27) suggère une nouvelle famille de structures à capacités commutées. Le représentant le plus simple de cette nouvelle famille est donné figure 11.30.

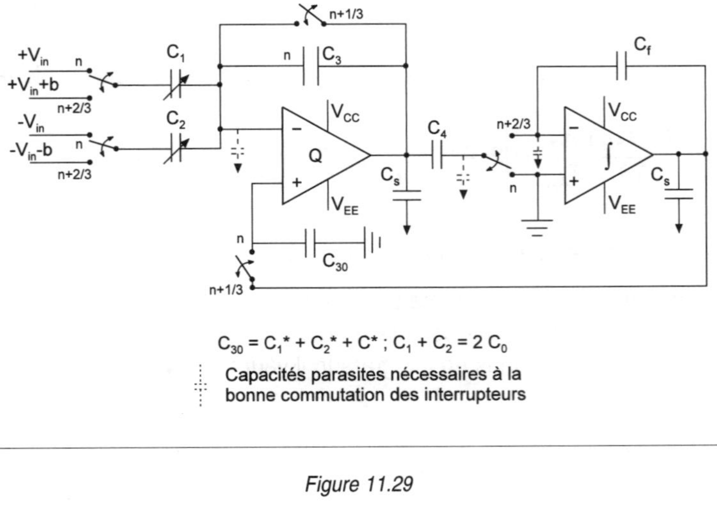

Figure 11.29

Sur la figure 11.30, une structure un peu plus complexe à correction PI est représentée.

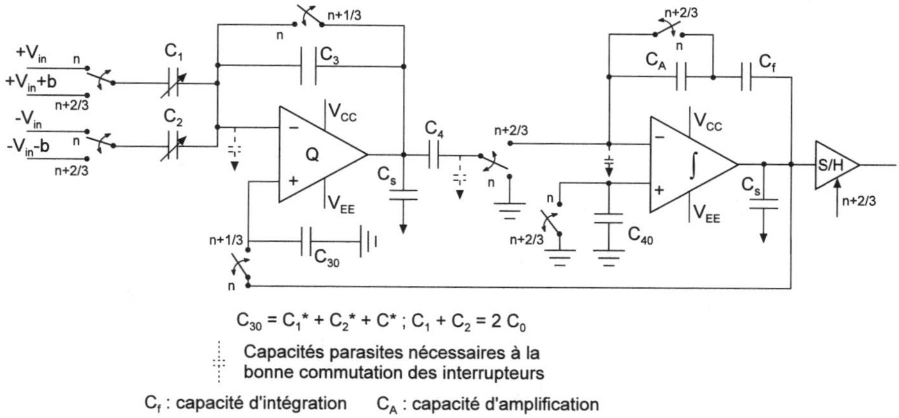

Figure 11.30

Les voies seminumériques

Ce qui suit peut être omis en première lecture. Passer alors au § Y a-t-il un choix optimal ?

Dans les structures purement analogiques, le test en ligne (superposé à la mesure) et la calibration sur la puce ne peuvent s'effectuer sans compliquer la structure de principe pour lui adjoindre des réseaux de capacités programmables par fusibles pour régler le gain et compenser le biais, un générateur de tension calibré des additionneurs et soustracteurs, etc.

La présence d'une puissance de calcul locale, ce qui implique de passer en mixte numérique/analogique, permettrait d'imaginer des solutions plus simples et plus souples pour remplir ces fonctions complémentaires.

La conversion A/N après asservissement

Le passage au numérique peut s'effectuer en dehors de la chaîne d'asservissement qui reste alors purement analogique et nécessite un convertisseur A/N pour rentrer dans le processeur, N/A pour extraire les données exploitables, de la mémoire pour stocker les corrections concernant les imperfections de la chaîne d'asservissement analogique et procéder à l'autotest (figure 11.31).

Asservissement seminumérique pour cellule à résonance dominante

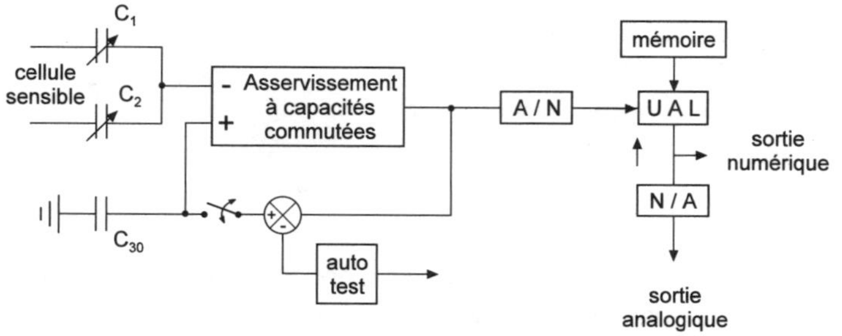

Figure 11.31

SAGES, acronyme pour microsystème SAGEM-ESIEE [97] et [98], assure la fonctionnalité composite en substituant au correcteur analogique un correcteur numérique (P*, I*) (figure 11.32)

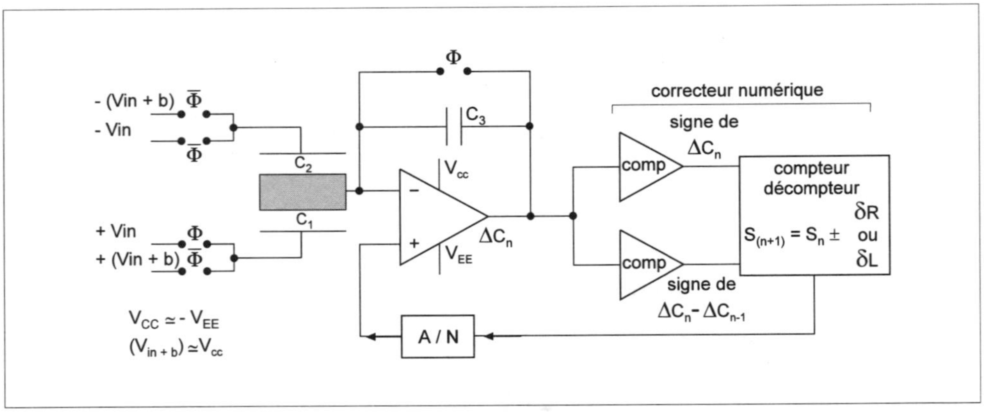

Figure 11.32

Cette structure, particulièrement adaptée aux cellules sensible à résonance dominante peut être dite à *logique floue* parce qu'elle incorpore un correcteur purement numérique.

En effet, la détection de signe, à deux dimensions seulement **signe de ΔC_n, signe de $\{\Delta C_n - \Delta C_{n-1}\}$** reste fondamentalement intégratrice car seule l'amplification de l'incrément est affectée par le signe de $\{\Delta C_n - \Delta C_{n-1}\}$, ce qui fournit quatre informations pour contrôler le taux d'intégration.

Néanmoins, ces variables déterministes correspondent à de larges sous-ensembles de positions et de vitesses de la masse sismique ; c'est pourquoi elles peuvent être interprétées comme des *variables floues*.

$\Delta C_n - \Delta C_{n-1}$ \ ΔC_n	-	+
-	δR	- δL
+	δL	- δR

$\pm$ δR = $\pm$ incrémentation rapide

$\pm$ δL = $\pm$ incrémentation lente

L'emploi de variables floues a pour conséquence d'engendrer une correction instantanée qui n'est pas exactement adaptée à l'erreur analogique à compenser, aussi la masse sismique oscille-t-elle constamment autour de sa position moyenne (figure 11.33) :

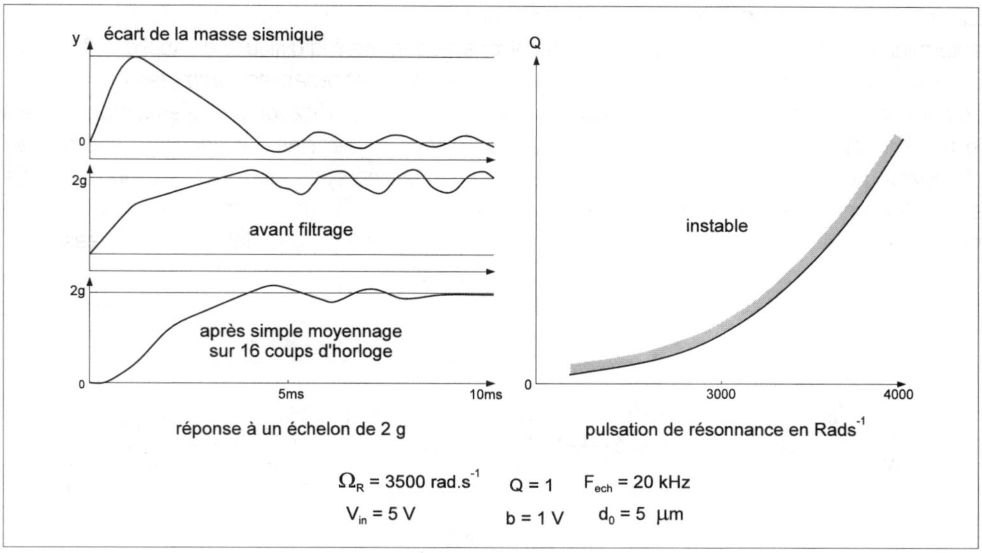

Figure 11.33

Un filtre numérique en sortie de compteur mais en dehors de la boucle d'asservissement élimine cet effet indésirable sur le signal de sortie numérique. Associée à de la mémoire EPROM, EEPROM ou FLASH, cette structure peut remplir les cahiers des charges les plus exigeants en matière d'autotestabilité en ligne vraie, d'autocalibration, pour une large famille de cellules suffisamment amorties grâce à ces nombreuses possibilités de programmation (fréquence d'horloge, valeur des incréments, mémorisation des corrections…) (figure 11.34).

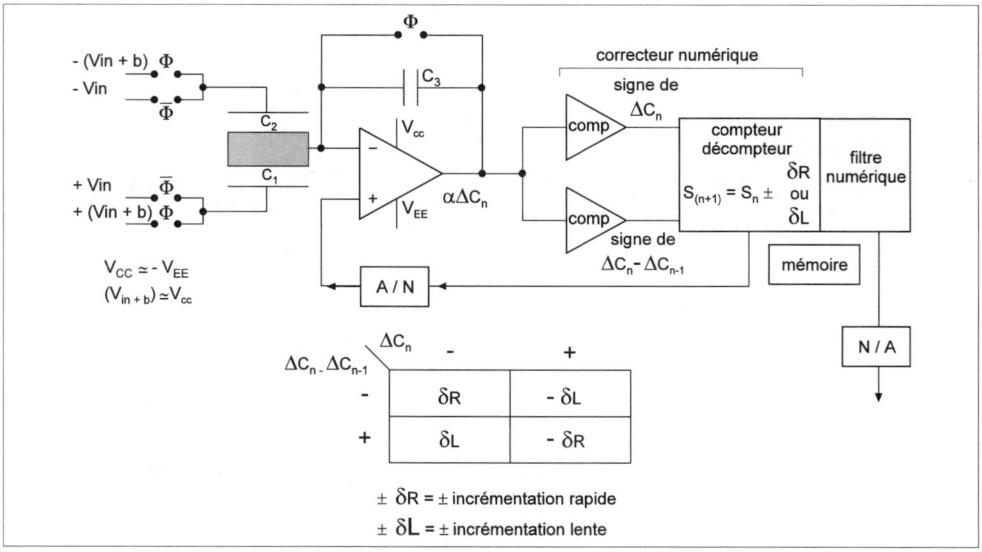

Figure 11.34

En définitive, la performance de la structure est limitée par sa partie analogique, c'est-à-dire par la détermination des signes. Là encore nous résolvons élégamment la difficulté en appliquant la technique du cascadage aux comparateurs (*cf. Signal analogique et capacités commutées,* chapitre 2). Le compromis vitesse/résolution est alors optimisé grâce à l'amplification à plusieurs étages, mais le nombre d'interrupteurs reste réduit grâce aux liaisons capacitives. Le décalage des phases d'autozéro permet de minimiser les effets résiduels d'injection et de biais. Sur les figures 11.35a et 11.35b sont représentés les schémas unipolaires, s'appuyant sur ces principes, pour la mesure de ΔC_n et de $\{\Delta C_n - \Delta C_{n-1}\}$ acceptant des fréquences d'horloge relativement élevées.

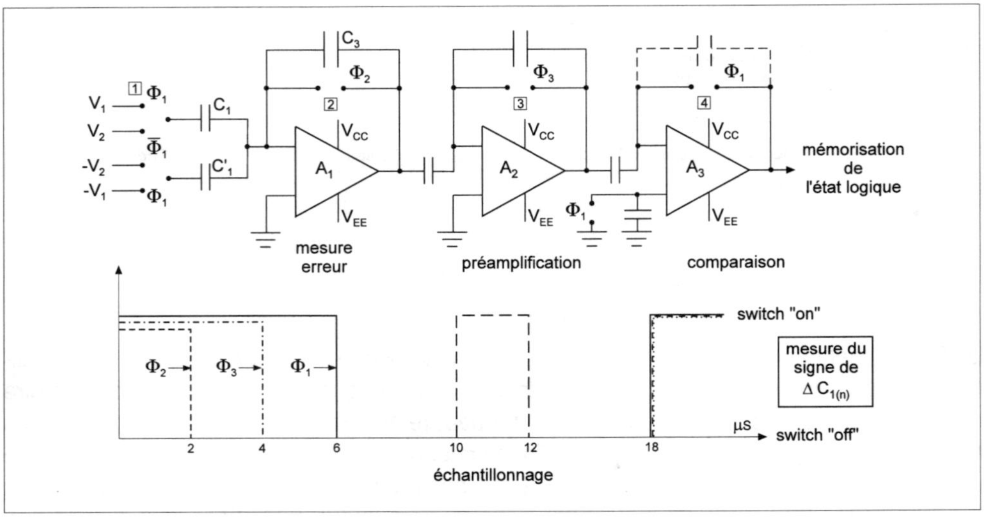

Figure 11.35a

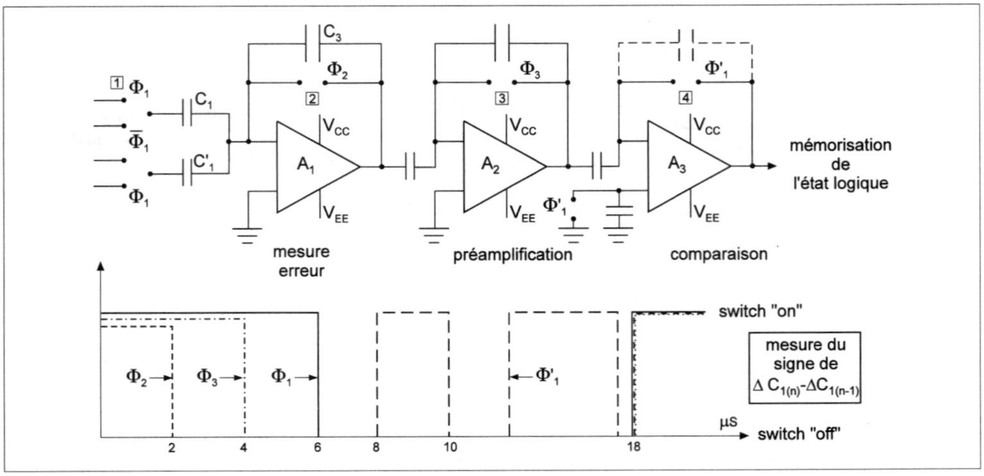

Figure 11.35b

Il est possible dans SAGES d'éliminer le convertisseur N/A dans la boucle de réaction en utilisant un procédé de modulation de largeur à deux paramètres (figure 11.36).

Le facteur d'échelle théorique : $2md_0T/C_0V_1^2$ (11.32), relie donc l'accélération à un temps τ' ou τ suivant le sens de γ. La valeur de ces temps ressort directement de l'intégrateur numérique. Les signaux de contrôle qui en découlent, Φ_1 et Φ_2 sont construits à partir de compteurs initialisés à chaque nouvelle période d'échantillonnage. Durant la phase de mesure, Φ_m connecte les électrodes amonts de C_1 et C_2 respectivement aux générateurs b et $-b$ pendant la courte durée nécessaire à l'extinction des transitoires dans les amplificateurs et à la validation de la mesure. L'autozéro de l'électronique s'effectue juste après et prépare l'initialisation d'une nouvelle séquence.
La phase mesure est donc courte, ce qui peut pénaliser la qualité de la comparaison, et constitue l'inconvénient de cette structure. Elle présente le grand avantage, dans la perspective du tout numérique, de ne pas nécessiter de convertisseur N/A (figure 11.36).

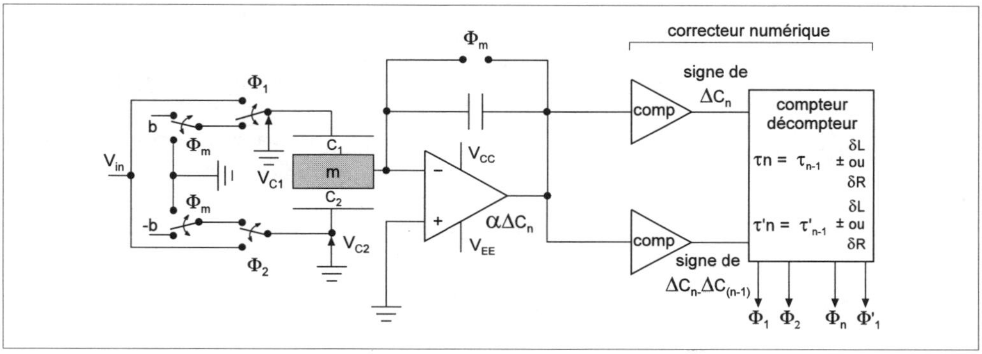

Figure 11.36a

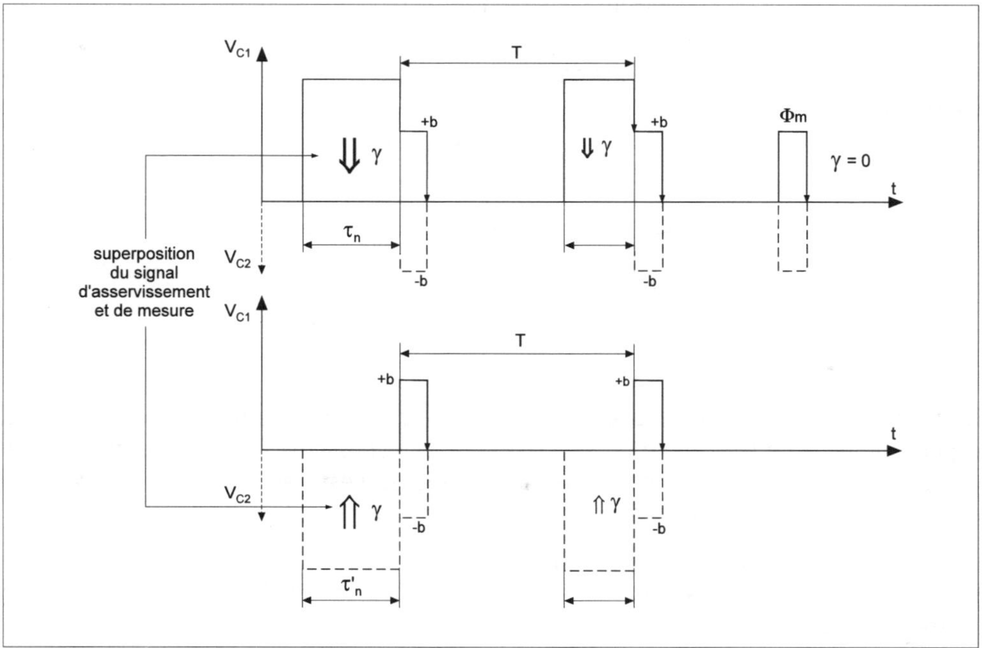

Figure 11.36b

Asservissement seminumérique pour cellule à amortissement dominant

Si SAGES est seulement bien adapté aux cellules à résonance dominante, il existe des structures seminumériques qui, au contraire, conviennent aux cellules à amortissement dominant.

La structure de principe représentée sur la figure 11.37, due à une équipe du CSEM, constitue un exemple typique de cette approche [99].

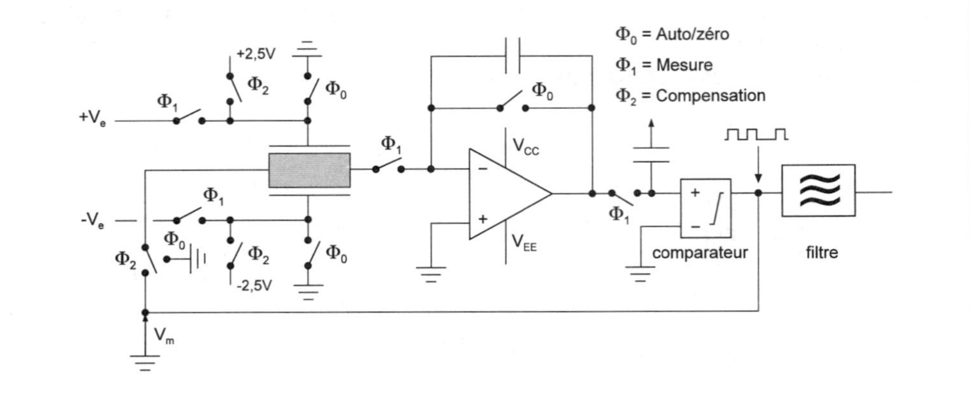

Figure 11.37

Au-delà de son premier pôle (ωp_1), l'élément sensible jouit d'un comportement intégrateur ; aussi, pour respecter les contraintes de stabilité, le signal doit-il être seulement amplifié. Le comparateur détecte l'écart de la masse sismique par rapport à sa position d'équilibre stable.

Il génère un signal modulé en largeur (figure 11.38) qui crée la force de rappel. Nous retrouvons là une électronique très proche dans son principe de celle rencontrée dans les convertisseurs Sigma-Delta.

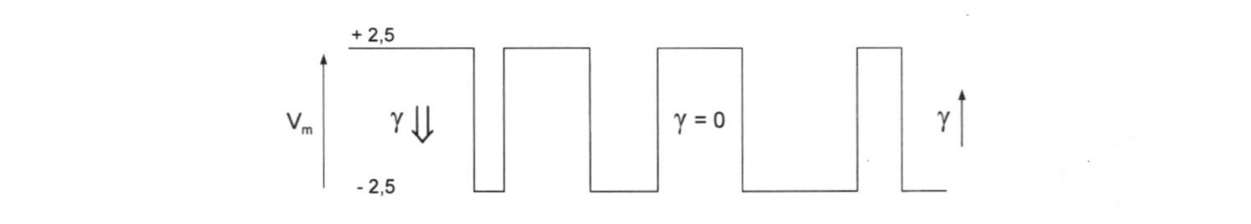

Figure 11.38

La modulation doit s'effectuer à une fréquence élevée pour faciliter le filtrage ; celle-ci ne peut cependant, dans ce montage à un seul comparateur, dépasser la fréquence du second pôle dominant ωp_2. Elle s'en rapproche d'autant plus que le gain est élevé au prix d'un risque d'instabilité croissant (l'effet du retard lié à l'échantillonnage).

Ce schéma de principe peut être amélioré :

- en éliminant les transitoires sur la masse sismique très défavorables à la résolution de la mesure à cause des capacités parasites de la cellule sensible et en compliquant un peu la séquence de polarisation (figure 11.39).

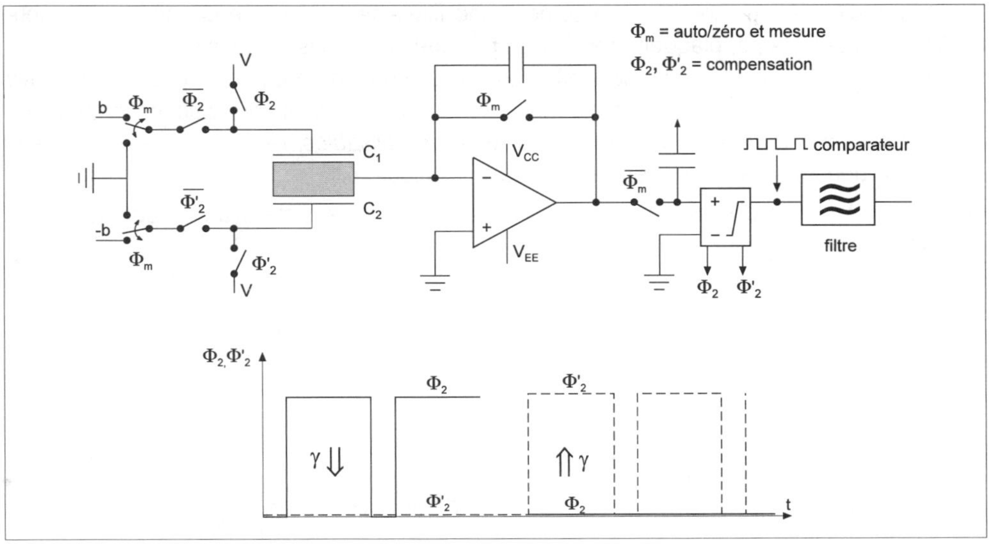

Figure 11.39

- en augmentant la fréquence de modulation tout en maintenant la stabilité grâce à une comparaison portant sur deux variables indépendantes $\{\Delta C_n\}$, $\{\Delta C_n - \Delta C_{n-1}\}$ qui, comme dans SAGES, permet de procéder à une avance de phase. Une logique à quatre états est alors nécessaire pour contrôler, outre Φ_2 et Φ_2', le choix entre deux tensions de polarisation V et rV, avec $0 < r < 1$, selon la règle résumée figure 11.40.

$\Delta C_n - \Delta C_{n-1}$ \ ΔC_n	-	+
-	V_1, Φ_2	$-r V_1$, Φ'_2
+	$r V$, Φ_2	$- V$, Φ'_2

Figure 11.40

La correction reste fondamentalement proportionnelle car seule son amplitude est contrôlée par le signe de $\{\Delta C_n - \Delta C_{n-1}\}$.

Y a-t-il un choix optimal ?

En définitive, quels sont les critères objectifs pour choisir cellule sensible, chaîne de traitement en vue d'un fonctionnement en boucle fermée par équilibrage des forces, qui majore le ratio *bande passante/résolution* ?

Le cahier des charges précise, en général :
- la gamme d'accélération à mesurer,
- la résolution,
- les gammes de températures d'utilisation et de stockage,
- la bande passante (B),
- les tensions d'alimentation,
- le prix.

L'obtention d'un prix compétitif impose, pour une filière technologique donnée, un nombre minimum de cellules par plaquette de silicium puisque nous nous plaçons dans le cadre d'un processus de fabrication le plus collectif possible. La surface de chaque cellule s'en trouve déterminée, ce qui n'est pas sans rapport avec la surface exploitable électrostatiquement. *Compte tenu des entrefers réalisables, des tensions utilisables, cet ensemble de données impose en dernier ressort la valeur de la masse sismique* m.

❶ La première voie d'investigation est celle de la cellule sensible ayant le *comportement d'une inertie purement amortie* (figure 11.41).

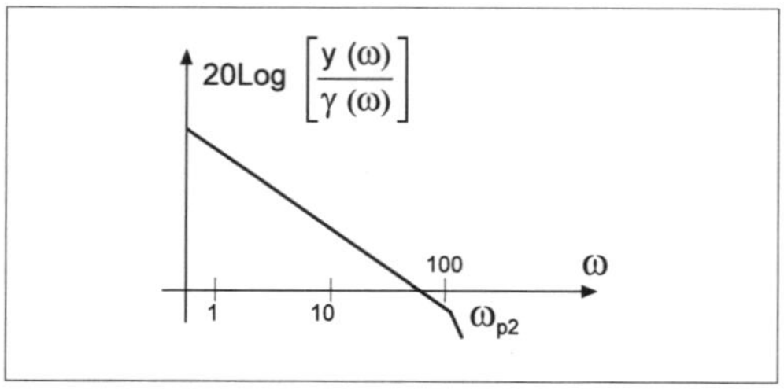

Figure 11.41

$$H_a(\omega)=\frac{1}{j\omega\omega_{p_2}\left(1+\frac{j\omega}{\omega_{p_2}}\right)} \tag{11.33}$$

$$\{\lambda \neq 0,\ k=0\} \quad \Rightarrow \quad \omega_{p_1}=0,\ \omega_{p_2}=\frac{\lambda}{m}$$

placée dans une chaîne d'asservissement où le traitement de l'erreur est une amplification. En se référant à la relation (11.28), la valeur de λ est optimale si la fréquence du second pôle dominant est égale à la bande passante désirée (figure 11.42) :

$$\omega_{p_2}=\frac{\lambda}{m}=2\pi B \tag{11.34}$$

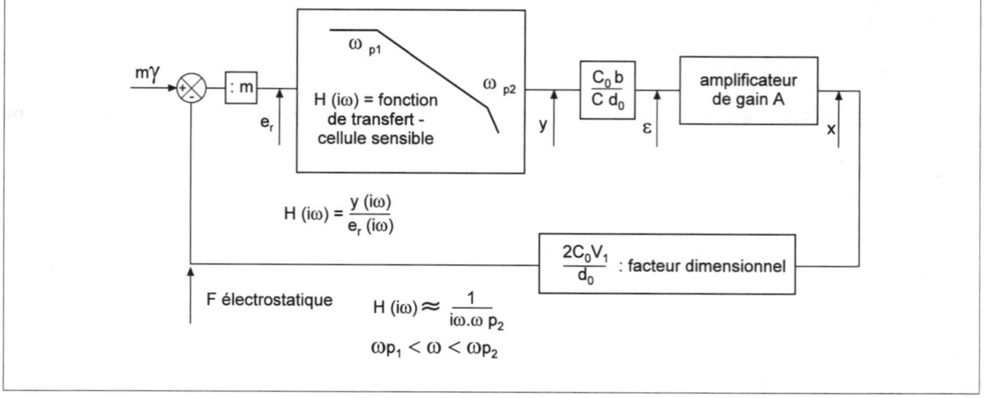

Figure 11.42

Remarquons alors que d'une façon générale l'équation différentielle qui régit le comportement du système masse (m), amortissement (λ), ressort (k), force mécanique ($m\gamma$) :

$$\frac{m\mathrm{d}v}{\mathrm{d}t} + \lambda v + k\int v\mathrm{d}t = m\gamma$$

est en tout point comparable à celle qui régit le comportement d'un circuit R, L, C série, excité par une tension ε :

$$L\frac{\mathrm{d}i}{\mathrm{d}t} + Ri + \frac{1}{C}\int i\mathrm{d}t = \varepsilon$$

à condition d'exploiter l'analogie *Vitesse de la masse sismique ↔ Intensité du courant.*

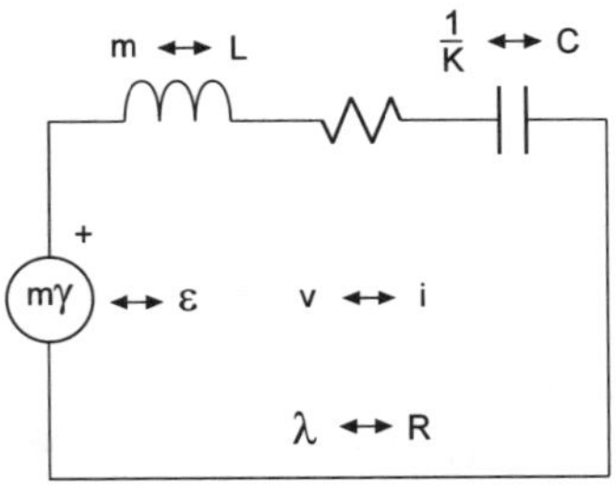

Figure 11.43

En assimilant le bruit en vitesse engendré par le choc des molécules du fluide diélectrique contre la masse sismique au bruit thermique d'une résistance, il vient, en exploitant l'analogie (figure 11.43) :

$$\frac{\mathrm{d}v_b^2}{\mathrm{d}f} = \frac{4KT}{\lambda} = \frac{4eU_T}{\lambda} \tag{11.35}$$

avec la constante de Boltzmann, $K = 8{,}63\ 10^{-24}$, d'où se déduit le bruit en vitesse étendu à la bande passante :

$$\sqrt{\overline{V_b^2}} = \sqrt{\frac{4KTB}{\lambda}}$$

le bruit en force :

$$\sqrt{\overline{F_b^2}} = \sqrt{4KT\lambda B}$$

finalement le bruit en accélération :

$$\sqrt{\overline{\gamma_b^2}} = \sqrt{4KT\frac{\lambda}{m^2}B}$$

Appliquons ce résultat à la cellule sensible de type inertie amortie pure optimale, c'est-à-dire dimensionnée pour respecter l'équation (11.34) ; il vient :

$$\sqrt{\overline{\gamma_b^2}} = \sqrt{\frac{8\pi KT}{m} B^2} \qquad (11.36a)$$

Le système idéal n'est pas vraiment accessible car, pour des raisons technologiques, la raideur de la suspension de la masse sismique ne peut être annulée. D'*intégratrice*, la fonction de transfert mécanique devient alors *passe-bas* (figure 11.44a) :

$$\frac{y(\omega)}{\gamma(\omega)} \approx \frac{\left(\omega_{p_1}\omega_{p_2}\right)}{1+j\dfrac{\omega}{\omega_{p_1}}}, \quad \omega < \omega_{p_2} = 2\pi B \qquad (11.36b)$$

puis *résonante*.

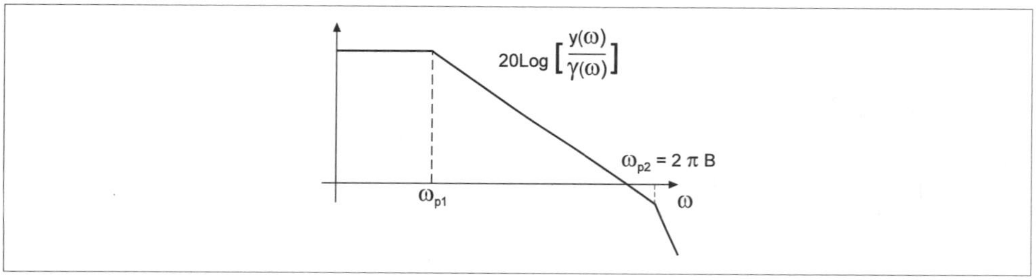

Figure 11.44a

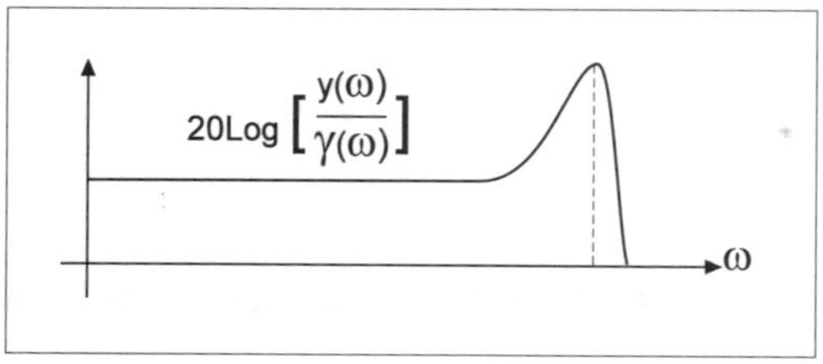

Figure 11.44b

❷ Un cas particulier intéressant est atteint lorsque le système mécanique se situe à la limite de la résonance (figure 11.44b). Alors :

$$\left[\frac{y(\omega)}{\gamma(\omega)} \approx \frac{1}{\Omega_R^2}\right], \quad \omega \leq \Omega_R = 2\pi B, \quad \frac{\lambda}{2m} \approx \frac{\Omega_R}{\sqrt{2}} \qquad (11.37)$$

et qu'il est inséré dans une chaîne d'asservissement dont la bande passante se confond avec la fréquence de résonance du système sans amortissement

$$2\pi B = \Omega_R \qquad (11.38)$$

où le traitement de l'erreur est fondamentalement une intégration (figure 11.45).

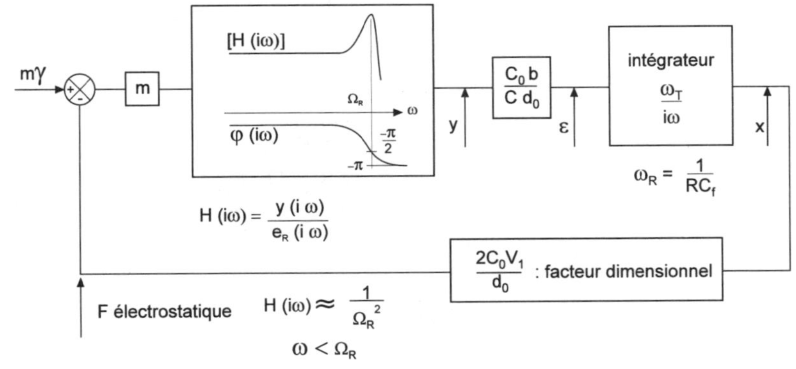

Figure 11.45

En reprenant les calculs du bruit d'accélération avec ces nouvelles données, nous obtenons :

$$\sqrt{\bar{\gamma}_b^2} = \sqrt{\frac{8\sqrt{2}\pi KTB^2}{m}} = \sqrt{\frac{8\sqrt{2}\pi eB^2}{m}} \qquad (11.39)$$

ce qui est très sensiblement voisin du résultat précédent l'équation (11.36) à un facteur $2^{1/4} \approx 1,2$.

En conclusion, pour une masse sismique donnée, le bruit mécanique ne varie pratiquement pas d'une cellule à amortissement dominant à son homologue à résonance dominante pour autant que ses pôles soient bien positionnés par rapport à la bande passante visée.

Au demeurant, ce bruit est très faible, d'autant plus faible que la masse est élevée ; cela est encore vrai pour les usages industriels courants et grand public jusqu'à des dimensions submillimétriques de la masse sismique.

C'est donc le comportement de la cellule sensible vis-à-vis du bruit de l'électronique qui en définitive est prépondérant (*cf.* annexe).

En ce sens, la cellule à amortissement dominant marque sa supériorité sur celle à résonance dominante.

En décibels, ce facteur s'exprime, à masse sismique donnée, par :

$$20\log\frac{\Omega_R}{\omega_{p_1}} \qquad (11.40)$$

car $\Omega_R/\omega p_1$ traduit tout simplement le rapport des sensibilités basse fréquence des deux cellules (figure 11.46), avec : $\omega p_2 = \Omega_R = 2\pi B$, c'est-à-dire à bande passante identique.

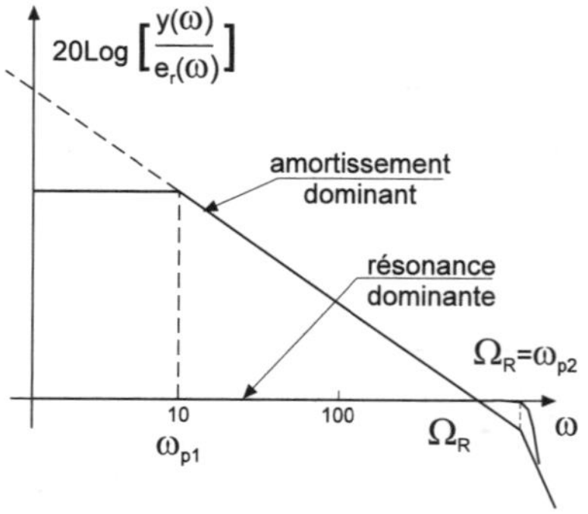

Figure 11.46

Cependant, les contraintes technologiques ne permettent pas de négliger les structures à raideur élevée compte tenu de leur meilleure résistance au cours du procédé de fabrication et pour leur tenue aux chocs.

Il n'y a donc pas de solution miracle ; les deux types de cellules sensibles sont à considérer. Il faut trancher au cas par cas en s'appuyant sur des règles de base qui peuvent se résumer ainsi :

$$\Omega_R = \sqrt{\frac{k}{m}} \geq 2\pi B \quad \Rightarrow \quad \text{s'orienter vers la résonance dominante}$$

$$\Omega_R = \sqrt{\frac{k}{m}} \leq 2\pi B \quad \Rightarrow \quad \text{s'orienter vers l'amortissement dominant} \qquad (11.41)$$

De plus, la solution qui consisterait à réduire la raideur mécanique pour accroître l'effet relatif du facteur d'amortissement λ admet une limite. En effet, la raideur effective (figure 11.21) s'exprime, pour les petits mouvements, par :

$$k_{eff} = k - \frac{2C_0}{d_0^2}\left(V_i^2 + x^2\right)$$

Aussi, à trop réduire la raideur mécanique, la raideur effective devient négative, ce qui constitue un gage certain d'instabilité.

Le problème est plus crucial pour les *grands déplacements*, où la contribution des forces électriques est *toujours déstabilisante*. Ce problème est résolu en *limitant la course de la masse sismique*.

11.36 Capteurs de pression capacitif et piézo-résistifs

Préambule

Les capteurs de pression sont, dans leur très grande majorité, constitués d'une membrane souple fixée par son pourtour à un cadre fixe.

L'appréciation de la déformation de cette dernière sous l'effet de la différence de pression entre ces deux faces est à la base du principe de mesure. Le capteur est dit *absolu* si l'une des pressions est nulle (figure 11.47), *différentiel* dans le cas contraire (figure 11.48).

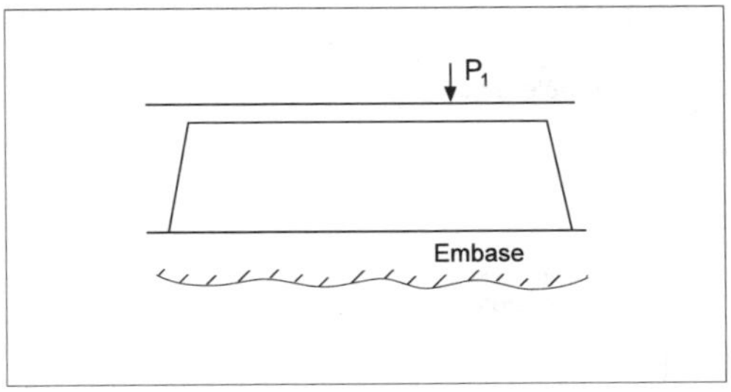

Figure 11.47

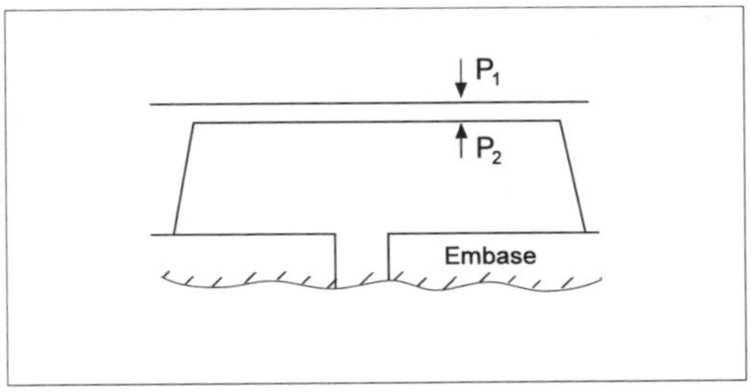

Figure 11.48

Plusieurs mécanismes peuvent être mis à contribution pour transformer la grandeur physique en signal électrique ; citons tout particulièrement :

- *la piézo-électricité* où il y a génération soit d'une tension soit d'une charge électrique sous l'effet d'une contrainte (figure 11.49),

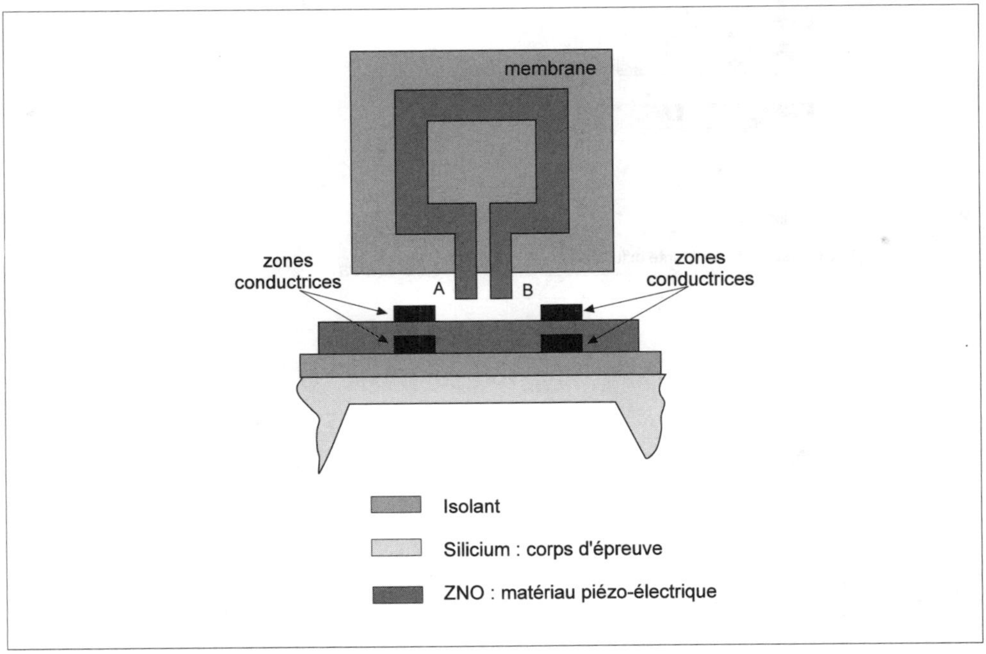

Figure 11.49a

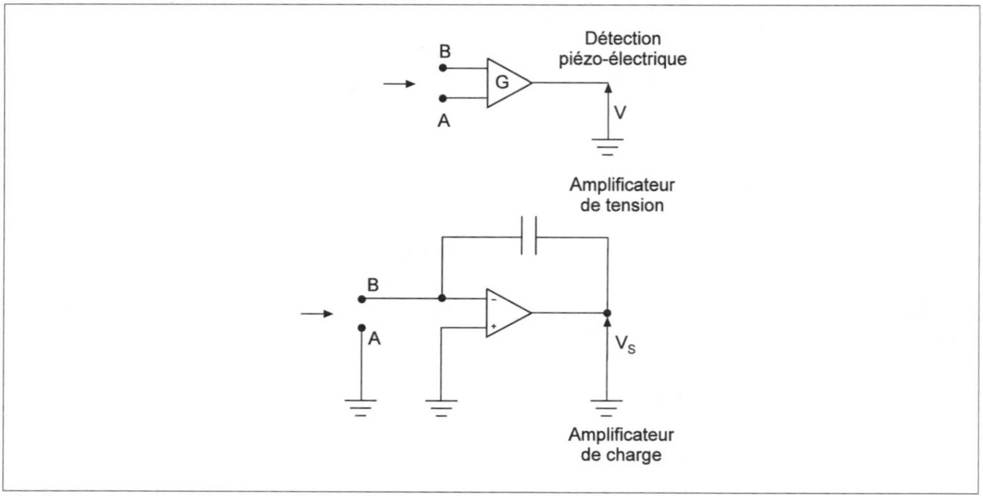

Figure 11.49b

- *la piézo-résistivité* ou apparition d'une variation de résistance sous l'effet d'une contrainte (figure 11.50a),

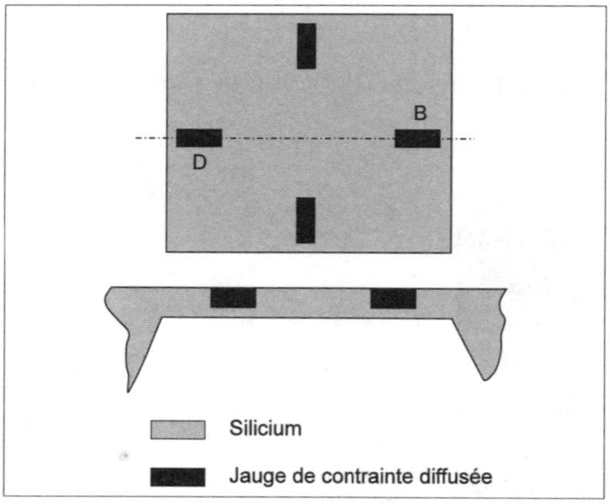

Figure 11.50a

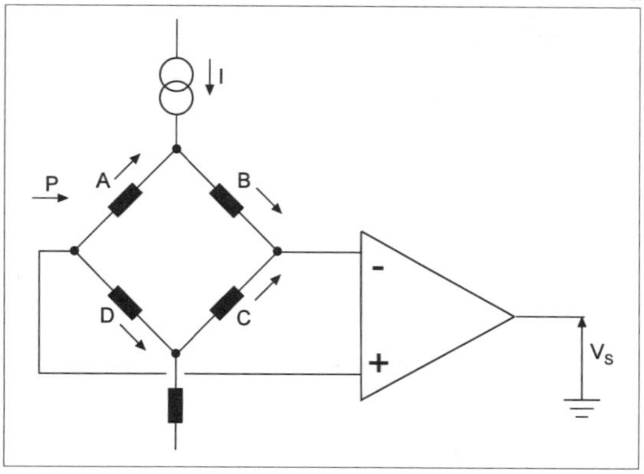

Figure 11.50b

• *la variation de capacité* entre la membrane et une ou plusieurs électrodes (figure 11.51a).

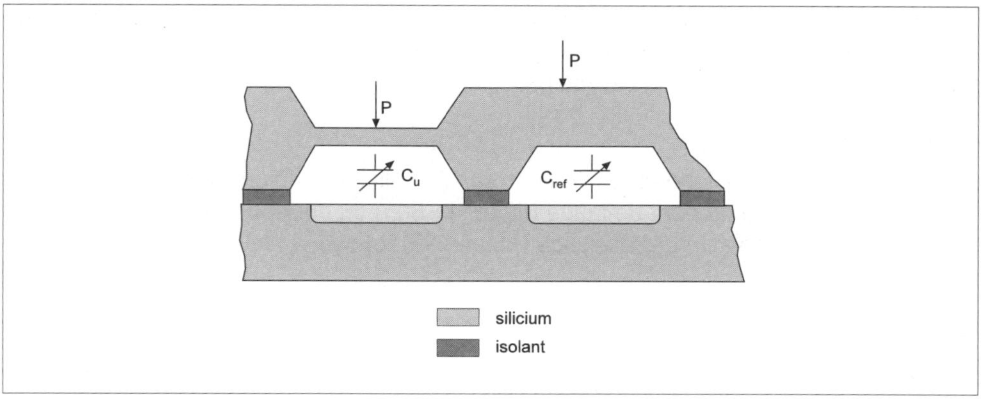

Figure 11.51a

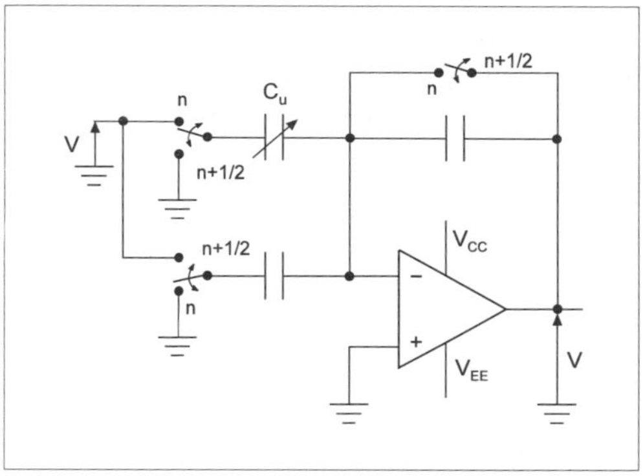

Figure 11.51b

Les techniques de mesure ne diffèrent pas fondamentalement dans les capteurs de pression exploitant l'un ou l'autre des deux derniers principes. En effet, contrairement à ce qui était possible en accélérométrie, il n'est pas envisageable de contrebalancer, pour des tensions acceptables, la pression résultante sur la membrane par une force électrostatique, sauf s'il s'agit d'une *pression microphonique*.

Ce résultat, corroboré par un simple calcul d'ordre de grandeur s'appuyant sur des données technologiquement réalistes, traduit le fait que la loi d'échelle n'est pas aussi favorable pour la pression — force induite proportionnelle à la surface de la membrane —, qu'elle ne l'était pour l'accélération — force induite proportionnelle au volume de la masse sismique.

La technique d'équilibrage de force qui permet d'éliminer les non-linéarités de l'élément sensible à défaut des décalages, n'est donc plus utilisable.

En définitive, le signal brut issu de l'élément sensible, qu'il soit à détection piézo-résistive ou capacitive, exhibera toutes les caractéristiques de la transduction (non linéarité, biais, dérive).

Seule l'exploitation d'un modèle analogique ou numérique, élaboré à partir d'une identification globale ou individuelle, permettra d'améliorer les performances au défaut d'hystérésis près.

Quelques schémas de principe

Le signal brut peut se présenter sous diverses formes. Selon le cas, l'amplitude, la fréquence ou le rapport cyclique du signal sont significatifs de la pression à mesurer. À chaque configuration correspond un schéma-bloc de principe.

Pression→amplitude

Ce traitement s'appuie fondamentalement sur l'amplification d'une manifestation électrique du déséquilibre du pont de jauge (figure 11.50b) ou du rapport entre une capacité de mesure et une capacité de référence (figure 11.51b) suivant le mode de transduction retenu.

Pression→fréquence

Dans le cas de la transduction piézo-résistive, deux oscillateurs sinusoïdaux, l'un incorporant les résistances diffusées sur la membrane donc sensibles à la pression, l'autre sur la partie épaisse, sont réalisés. La grandeur significative de la pression est alors la différence entre les deux fréquences d'oscillation. Celle-ci se matérialise aisément grâce à une *démodulation synchrone* (figure 11.52). Cette technique réduit considérablement l'impact des dérives thermiques et est extrapolable à la filière technologique CMOS à condition de substituer au résistances diffusées, les résistances de canal de transistors complémentaires fonctionnant en linéaire (figure 11.53) [100].

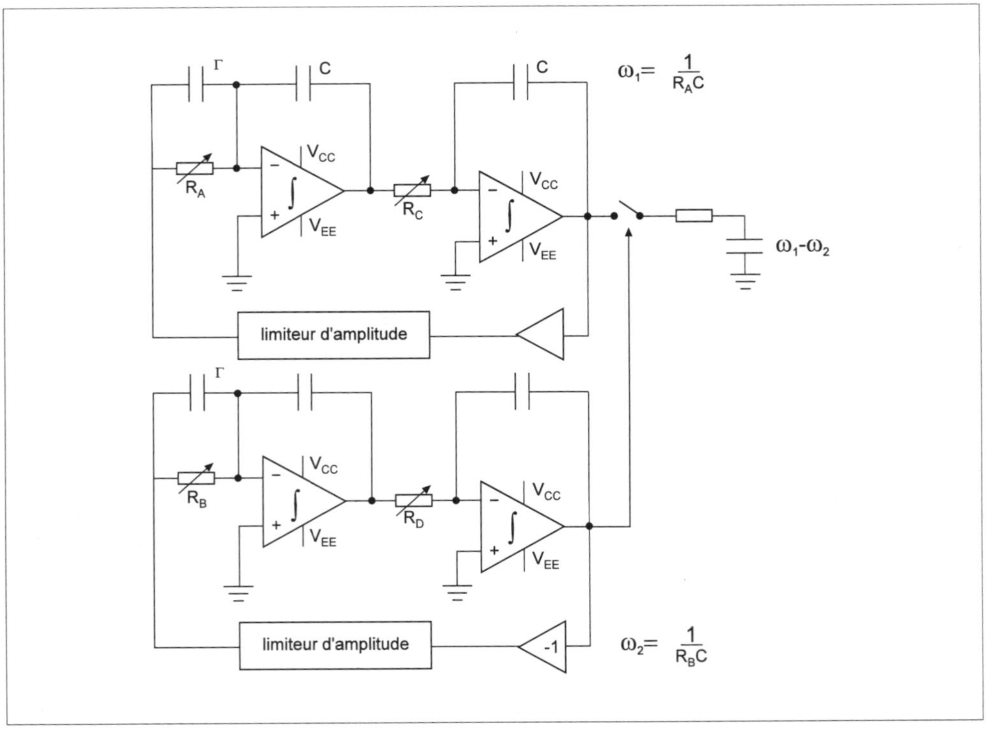

Figure 11.52

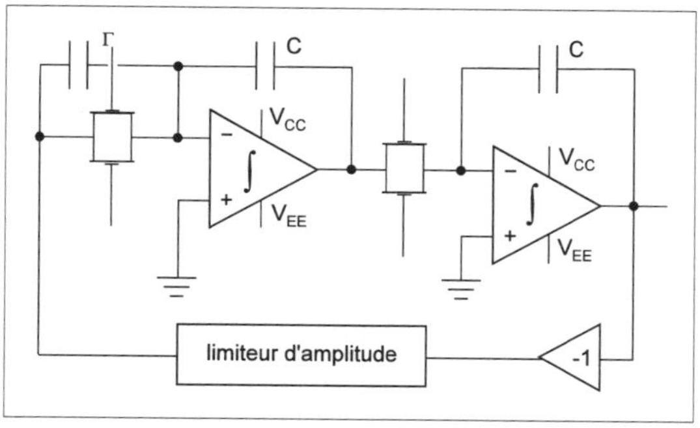

Figure 11.53

Γ est ajusté pour compenser l'effet du gain fini qui amortit le circuit. Cette structure se transpose aisément pour la transduction capacitive [101] (figure 11.54).

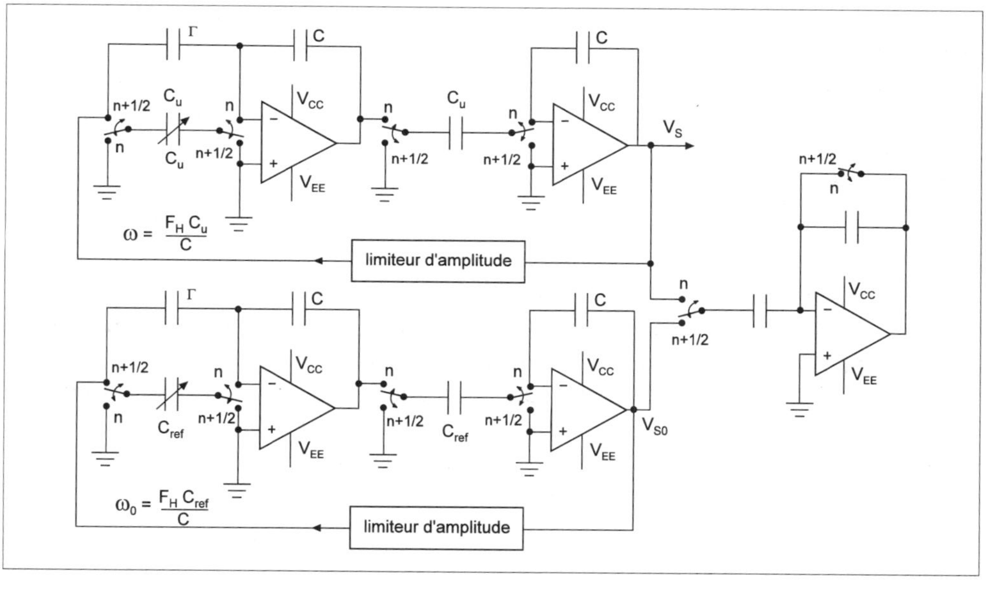

Figure 11.54

Pression→rapport cyclique

Dans le cas de la transduction piézo-résistive, la tension de déséquilibre du pont de jauge est amplifiée puis traitée dans une modulateur Sigma-Delta (*cf. Conversion analogique/numérique*, page XX) pour générer un signal binaire dont le rapport cyclique est significatif de la pression (figure 11.55a).

En sortie du comparateur, deux traitements distincts sont possibles :

- un filtrage analogique transformant le rapport cyclique en niveau,
- un filtrage numérique par décimation pour reconstituer un code binaire naturellement symétrique, tout en respectant les contraintes de bande passante visée et d'antirepliement de spectre imposées par la décimation (figure 11.55b) (*cf. Conversion analogique/numérique*, page 257 à 264).

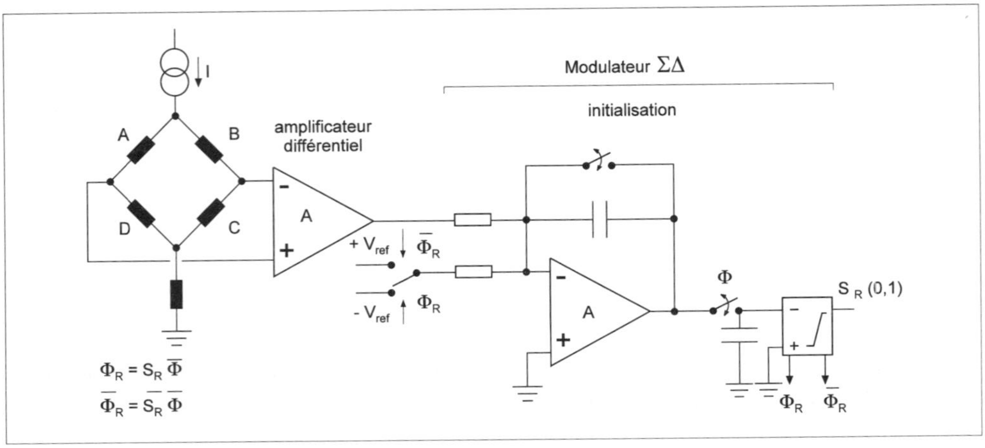

Figure 11.55a

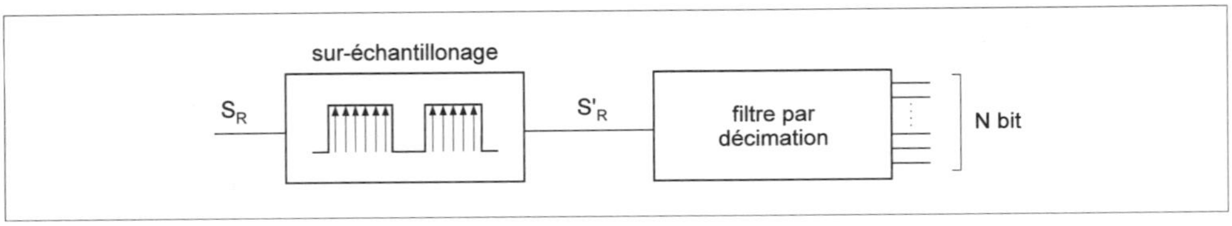

Figure 11.55b

Le même principe se décline également lorsque la transduction est de type capacitive en adoptant un intégrateur à temps discret (figure 11.56). La fréquence de l'horloge Φ, qui fixe la constante d'intégration, doit être significativement supérieure aux fréquences atteintes par Φ_R, elles-mêmes supérieures à la bande passante visée pour être en mesure de procéder au filtrage analogique ou numérique dans de bonnes conditions.

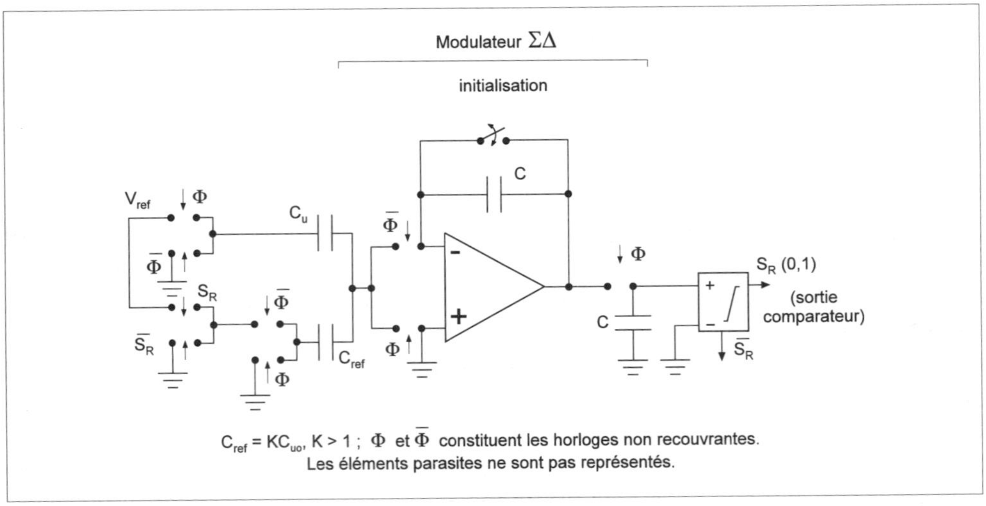

Figure 11.56

Toutes les structures présentées fournissent des signaux bruts. Procéder à la correction des défauts nécessite l'exploitation d'une modélisation numérique/analogique très dépendante de la nature du signal brut. Ainsi, les structures utilisant une modulation Sigma-Delta se prêtent naturellement à une correction purement numérique alors que les structures basées sur l'amplification peuvent se contenter d'une correction de type analogique.

Nous allons développer tout particulièrement cette approche lorsque le niveau analogique représentatif de la pression est issu d'un capteur capacitif et que la précision visée est de quelques pour mille pleine échelle. Cette voie est alors très prometteuse pour sa simplicité et son excellent rapport qualité/prix.

11.37 Capteur capacitif de pression linéarisé par modélisation analogique

Un capteur de pression capacitif idéal est constitué d'une membrane qui *se déplace telle un piston* en regard de la contre-électrode, selon une loi linéaire par rapport à la pression différentielle (figure 11.57).

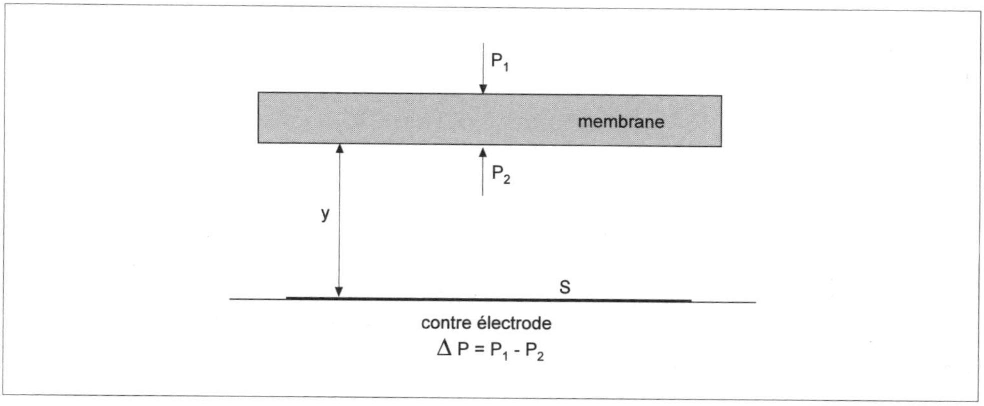

Figure 11.57

$$y = y_0 - \alpha \Delta P \qquad (11.42)$$

($\alpha^{-1} S$), où S est la surface active de la membrane, est homogène à une raideur.
À cette loi de déplacement correspond une variation de capacité :

$$C\left(\frac{\Delta P}{\Delta P_{max}}\right) = \frac{C_0}{1 - \dfrac{\Delta P}{\Delta P_{max}}} = \frac{C_0}{1-x} \; ; \; C_0 = \frac{\varepsilon_0 S}{y_0} \; ; \; \Delta P_{max} = \frac{y_0}{\alpha} \; ; \; x = \frac{\Delta P}{\Delta P_{max}}$$

Mais la membrane est forcément fixée par son bord à un cadre rigide, aussi son déplacement ne peut-il pas être assimilable à celui d'un piston plan qui se déplace parallèlement à la contre-électrode en regard (figure 11.58).

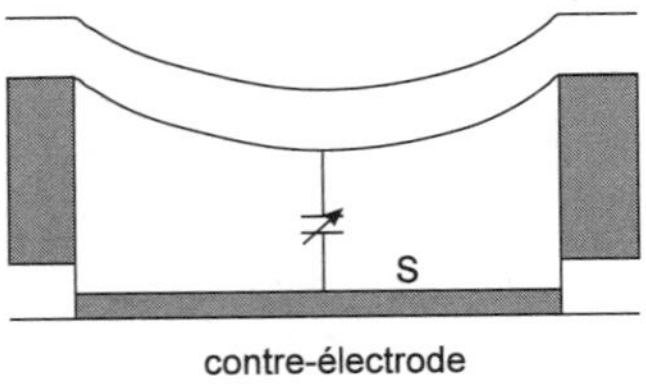

Figure 11.58

Lorsque le diamètre de la membrane excède largement son épaisseur, la loi de variation de la capacité s'exprime [102] par

$$C(x) = \frac{C_0}{\sqrt{x}} a \tanh\sqrt{x} \qquad x = \frac{\Delta P}{\Delta P_{max}} \tag{11.43}$$

ΔP_{max} étant définie comme la pression différentielle nécessaire au contact ponctuel entre la membrane et la contre-électrode. Pour les faibles pressions (ΔP inférieure à 20 % de $\Delta Pmax$), l'équation (11.43) devient :

$$C(x) \approx C_{offset} + \frac{C_0}{1-x} \quad 0 < |x < 0{,}2| \tag{11.44}$$

Linéarisation par le modèle du piston plan

Le rapport C_{offset}/C_0 traduit le fait que le déplacement de la membrane n'est assimilable à celui d'un piston plan qu'au voisinage du centre de la membrane. Pour réduire la valeur du quotient, il suffit de limiter la contre-électrode à une surface en regard de la seule zone centrale de la membrane (figure 11.59)

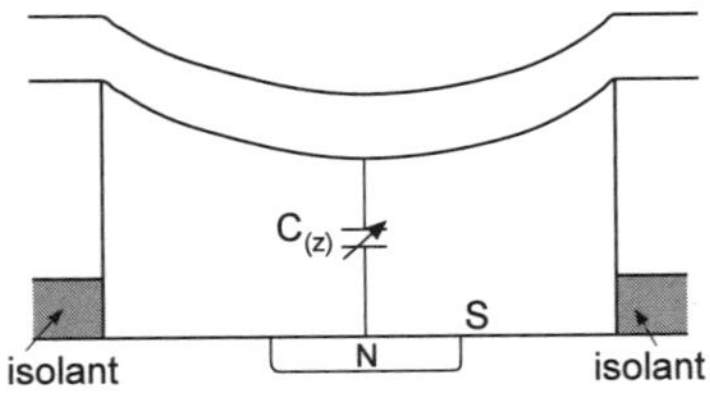

Figure 11.59

Dans ces conditions, l'emploi d'un amplificateur à capacités commutées avec la capacité de mesure placée en contre-réaction combiné à un additionneur à capacités commutées permet de s'affranchir du décalage (figure 11.60).

Amplificateur de linéarisation *Élimination du décalage*

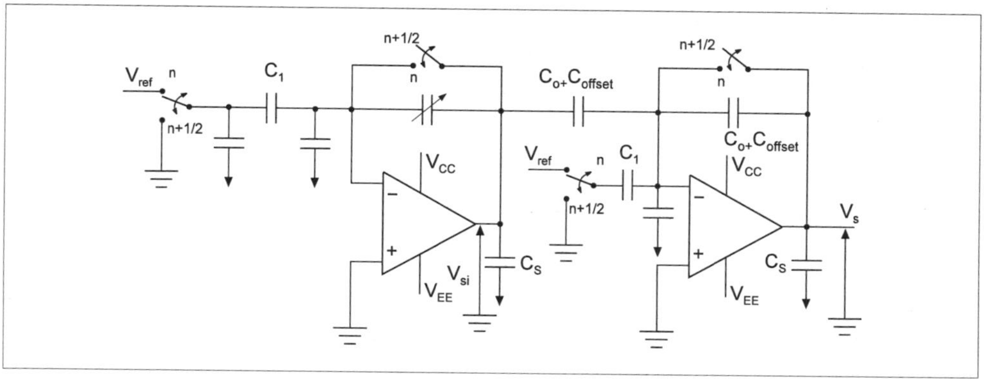

Figure 11.60

Cette solution permet de matérialiser en effet la relation : $V_S = K\Delta P$ (11.45), avec une précision de l'ordre de 1 %, à condition de limiter la dynamique de mesure à une fraction de ΔP_{max} pour ne pas avoir à trop réduire la surface de contre-électrode acceptable en vertu de la relation :

$$V_{SI} = \frac{C_1 V_{ref}}{C\left(\frac{\Delta P}{\Delta P_{max}}\right)}$$

$$\approx \frac{C_1 V_{ref}}{C_0 + C_{offset}}\left[1 - \frac{C_0}{C_0 + C_{offset}}\frac{\Delta P}{\Delta P_{max}}\left(1 + \frac{C_{offset}}{C_0 + C_{offset}}\frac{\Delta P}{\Delta P_{max}} + \cdot\cdot\cdot\right)\right]$$

$$\text{où} \quad \frac{C_{offset}}{C_0 + C_{offset}}\frac{\Delta P}{\Delta P_{max}} \quad \text{est un facteur de non linéarité}$$

$$V_S = V_{SI} - \frac{C_1 V_{ref}}{C_0 + C_{offset}}$$

$$\approx -\frac{C_1 V_{ref}}{C_0 + C_{offset}}\frac{C_0}{C_0 + C_{offset}}\frac{\Delta P}{\Delta P_{max}}\left(1 + \frac{C_{offset}}{C_0 + C_{offset}}\frac{\Delta P}{\Delta P_{max}}\cdots\right)$$

(11.46)

Une telle réalisation a été déjà proposée [103] dans une version symétrique et avec des amplificateurs à compensation de l'effet du gain fini.

Cette première approche, pour améliorer la linéarité par modélisation analogique, atteint vite ses limites car, corrélativement à la réduction de la surface de la contre-électrode, le rapport signal sur bruit se dégrade et les effets parasites deviennent prépondérants.

D'autres voies d'investigations s'imposent donc, pour viser par modélisation analogique une classe de précision supérieure.

Correction du modèle du piston plan par variation de la tension de référence

- La première idée qui vient à l'esprit consiste à substituer à la tension de référence constante V_{ref}, une quantité variable avec la tension de sortie V_{SI}. En s'appuyant sur le schéma de principe représenté (figure 11.61), il vient en effet :

$$C_1\left(V_{ref}+\beta V_{SI}\right)=V_{SI}\left[C_{offset}+\frac{C_0}{1-\dfrac{\Delta P}{\Delta P_{max}}}\right] \tag{11.47}$$

qui conduit rigoureusement à une relation linéaire, à savoir :

$$V_{SI}=\frac{C_1}{C_0}\left(1-\frac{\Delta P}{\Delta P_{\max}}\right) \tag{11.48a}$$

si β vaut C_{offset}/C_1.

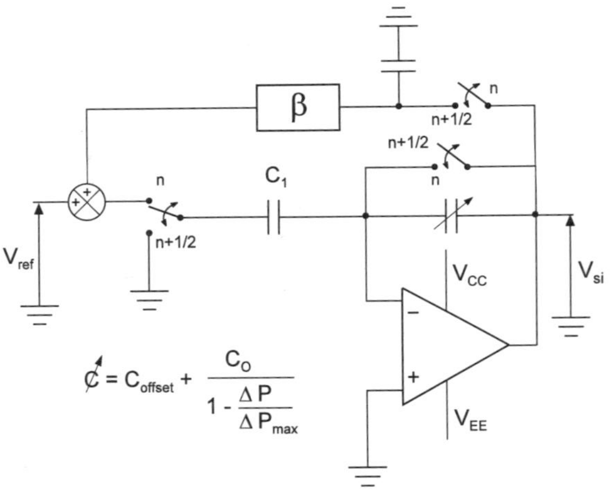

Figure 11.61

Bien que parfaitement réalisable en capacités commutées, le schéma de principe est un peu lourd à synthétiser comme le montre, par exemple, la tentative représentée sur la figure 11.62 où sont exclusivement employés des amplificateurs qui retournent à zéro durant les phases d'autozéro, ce qui explique la présence d'un échantillonneur bloqueur. Enfin, cette synthèse nécessite beaucoup de capacités à caractère métrologique ce qui accroît les causes d'erreur liées aux dispersions technologiques.

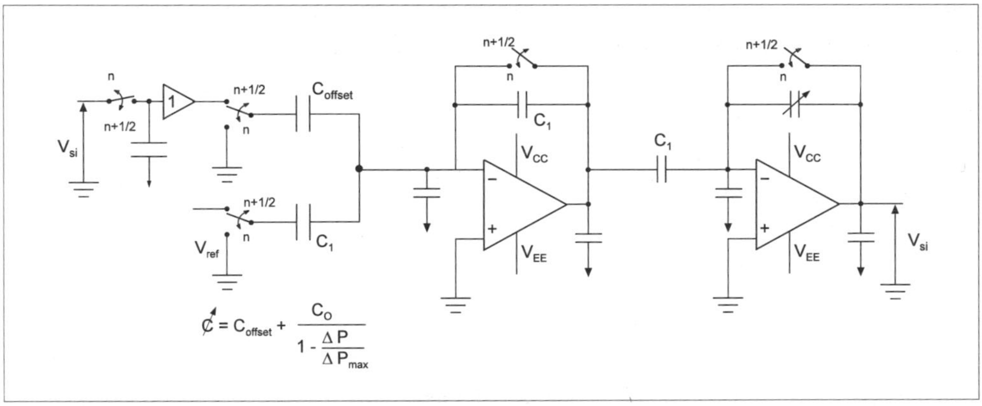

Figure 11.62

Correction du modèle du piston plan par méthode de zéro

Jusqu'à maintenant, nous avons exclusivement exploité l'amplification pour réaliser la linéarisation ; une autre approche consiste à s'appuyer sur une méthode de zéro, que nous allons introduire pas à pas.

Supposons tout d'abord le capteur de pression idéal :

$$C\left(\frac{\Delta_P}{\Delta_{Pmax}}\right)=\frac{C_0}{1-\dfrac{\Delta P}{\Delta P_{max}}}$$

La structure représentée sur la figure 11.63 réalise d'autant mieux la linéarisation (au décalage près) que le gain A est élevé.

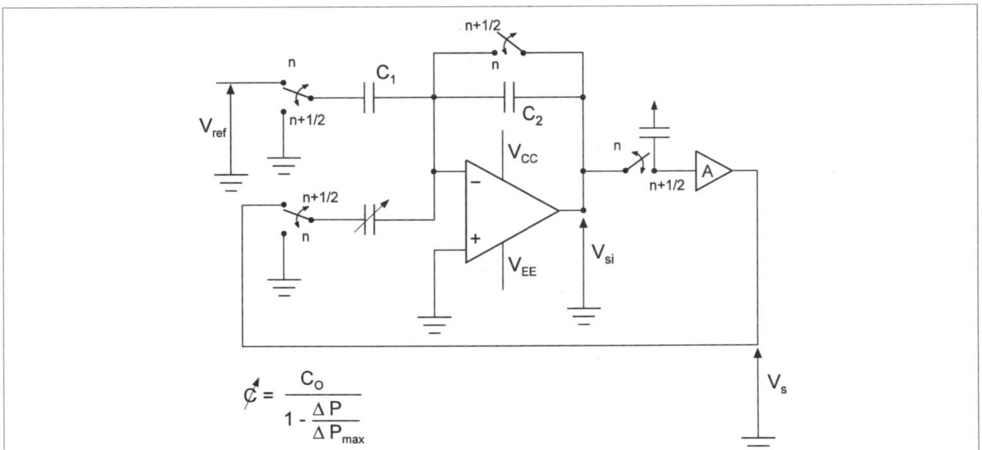

Figure 11.63

Admettons en effet l'état des capacités invariant au cours du temps et les critères de stabilité conditionnelle satisfaits, nous obtenons alors à chaque coup d'horloge :

$$V_{SI} = \frac{C_1}{C_2} V_{ref} - \frac{C\left(\dfrac{\Delta P}{\Delta P_{max}}\right)}{C_2} V_S$$

$$V_S = A V_{SI} = \frac{C_1 V_{ref}}{C\left(\dfrac{\Delta P}{\Delta P_{max}}\right)} \frac{A}{A + \dfrac{C_2}{C\left(\dfrac{\Delta P}{\Delta P_{max}}\right)}}$$

ce qui constitue bien, dès lors que le gain A est suffisamment élevé, la relation visée :

$$V_S \approx \frac{C_1 V_{ref}}{C\left(\dfrac{\Delta P}{\Delta P_{max}}\right)} = \frac{C_1}{C_0} V_{ref} \left[1 - \frac{\Delta P}{\Delta P_{max}}\right] \qquad (11.48b)$$

Cette technique de compensation s'étend aisément au cas le plus réaliste où la capacité du capteur de pression varie comme :

$$C\left(\frac{\Delta P}{\Delta P_{max}}\right) \approx C_{offset} + \frac{C_0}{1 - \dfrac{\Delta P}{\Delta P_{max}}}$$

puisqu'il suffit de retrancher l'effet de la capacité d'offset dans la boucle de contre-réaction, en procédant selon le schéma de principe (figure 11.64).

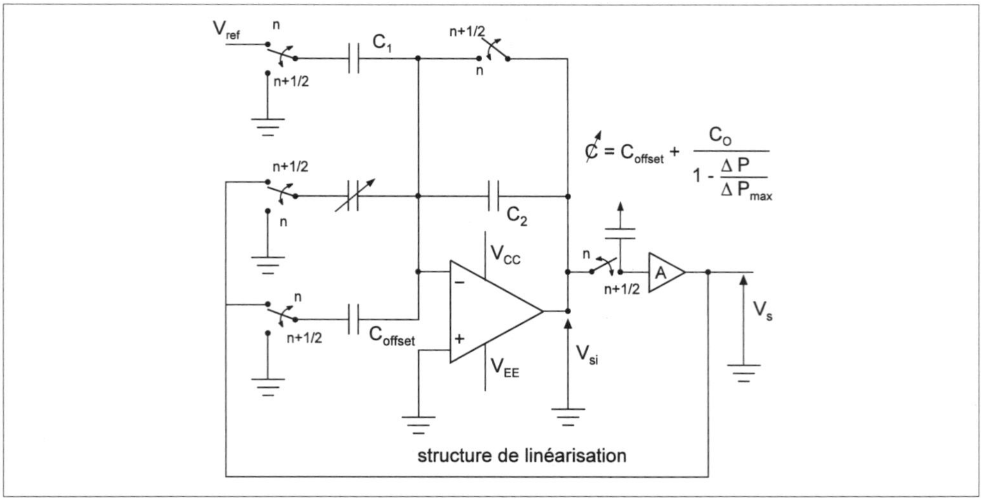

Figure 11.64

Plaçons-nous de nouveau dans les conditions précédentes ; il vient, à chaque coup d'horloge :

$$V_{SI} = \frac{C_1}{C_2} V_{ref} - \frac{C\left(\frac{\Delta P}{\Delta P_{max}}\right)}{C_2} A V_{SI} + \frac{C_{offset}}{C_2} A V_{SI} \quad ; \quad V_S = A V_{SI}$$

$$V_S = \frac{C_1}{C_0} V_{ref}\left(1 - \frac{\Delta P}{\Delta P_{max}}\right)\left(\frac{A}{A + \frac{C_2}{C_0}\left[1 - \frac{\Delta P}{\Delta P_{max}}\right]}\right) \qquad (11.49)$$

Aussi, dès lors que *A* est suffisamment élevé, nous retrouvons bien (11.48).

L'erreur statique est complètement annulée si à l'amplificateur est substitué un intégrateur. Sur la figure 11.65 est représenté le schéma de principe proposé, pour lequel nous allons étudier, par la transformée en *z*, les critères de stabilité conditionnelle.

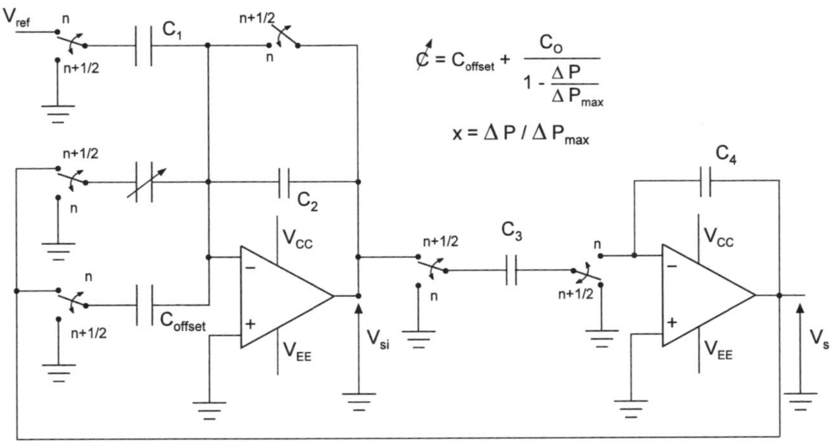

Figure 11.65

Étude de la stabilité de la structure précédente

Nous supposons, dans cette étude de stabilité, les horloges non recouvrantes, de rapport cyclique 1/2, sans décalage ni asymétrie.

Pour qu'il existe un intervalle de temps où les interrupteurs sont tous ouverts :

- les effets parasites inexistants,
- les temps de réponse infiniment courts.

En s'appuyant sur les deux états stables du système, la phase de mémorisation $]nT\,;\,(n+1/2)T[$, la phase de mesure $](n+1/2)T\,;\,(n+1)T[$ et la condition de passage $V_s\{(n+1)T\} = V_s(nT)$, il est aisé d'établir l'équation de récurrence du système :

$$V_s[(n+1)T] = V_s(nT) + \frac{C_3}{C_4}\left\{\frac{C_1}{C_2}V_{ref} + \left[\frac{C_{offset} - C(x)}{C_2}\right]V_s(nT)\right\}$$

$$x = \frac{\Delta P}{\Delta P_{max}}$$

Vérifions tout d'abord la stabilité conditionnelle en étudiant sa fonction de transfert en z ; il vient :

$$\frac{V_S(z)}{V_{ref}(z)} = \frac{C_3}{C_4}\frac{C_1}{C_2}\frac{z^{-1}}{1+\left[\frac{C_3}{C_4}\frac{C(x)-C_{offset}}{C_2} - 1\right]z^{-1}} = H(z)$$

expression qui met en évidence la stabilité conditionnelle du système puisque, rappelons-le, les racines du dénominateur doivent posséder un module inférieur à l'unité, ce qui impose de satisfaire la condition :

$$0 < \frac{C_3}{C_4}\frac{C(x)-C_{offset}}{C_2} < 2 \tag{11.50}$$

Cette condition étant remplie, le système admet bien une tension de sortie pour chaque valeur de la pression qui s'établit ainsi :

$$\lim_{n\to\infty} V_s(nT) = \lim_{z\to 1}\left(1 - z^{-1}\right)V_{ref}(z)H(z) \quad ; \quad V_{ref}(z) = \frac{V_{ref}}{1 - z^{-1}}$$ [(1)]

Aussi :

$$\lim_{n\to\infty} V_s(nT) = V_{ref}\frac{C_1}{C(x) - C_{offset}} = V_{ref}\frac{C_1}{C_0}\left(1 - \frac{\Delta P}{\Delta P_{max}}\right)$$

relation qui devient, en tenant compte de l'effet du gain fini (A) de l'intégrateur :

$$\underset{n\to\infty}{V_S(nT)} = V_{ref}\frac{C_1}{C_0}\left(1 - \frac{\Delta P}{\Delta P_{max}}\right)\frac{A}{A + \frac{C_2}{C_0}\left(1 - \frac{\Delta P}{\Delta P_{max}}\right)} \tag{11.51}$$

En général, A est grand et C_2/C_0 voisin de l'unité, ce qui permet de confondre pratiquement (11.51) et (11.48).

[(1)] Cet ensemble de relations sert à déterminer la valeur finale de la réponse du système à un échelon V_{ref} placé à l'origine des temps (*cf. Signal analogique et capacités commutées, page 236*).

Le procédé de modélisation analogique par méthode de zéro présente de nombreux avantages sur l'approche qui consiste à faire varier la tension de référence, même si cette dernière peut présenter un temps de réponse vis-à-vis des variations de pression intrinsèquement plus court, puisque la chaîne de traitement ne nécessite pas d'intégrateur.

Citons par ailleurs quelques améliorations du schéma de principe.

- L'effet du gain fini peut pratiquement être complètement éliminé en utilisant un intégrateur sans effet de gain fini (figure 11.18).
- Le procédé de mesure se symétrise aisément en utilisant deux éléments sensibles identiques attaqués par deux tensions de référence V_{ref} et $-V_{ref}$ (s'inspirer alors de la figure 11.19).
- La technique de mesure autorise que tous les éléments métrologiques $C\,(\Delta P/\Delta P_{max})$, C_{offset}, C_1 possèdent par construction une électrode commune. Ceci peut constituer une simplification considérable en matière de technologie de fabrication.
- Par cellule sensible, il n'y a que trois éléments C_1, $C\,(\Delta P/\Delta P_{max})$ et C_{offset} qui concourent à la précision finale.

La technique du cascadage permet d'améliorer le schéma de principe jusqu'à disparition des effets de biais et de résidu d'injection d'horloge (figure 11.66).

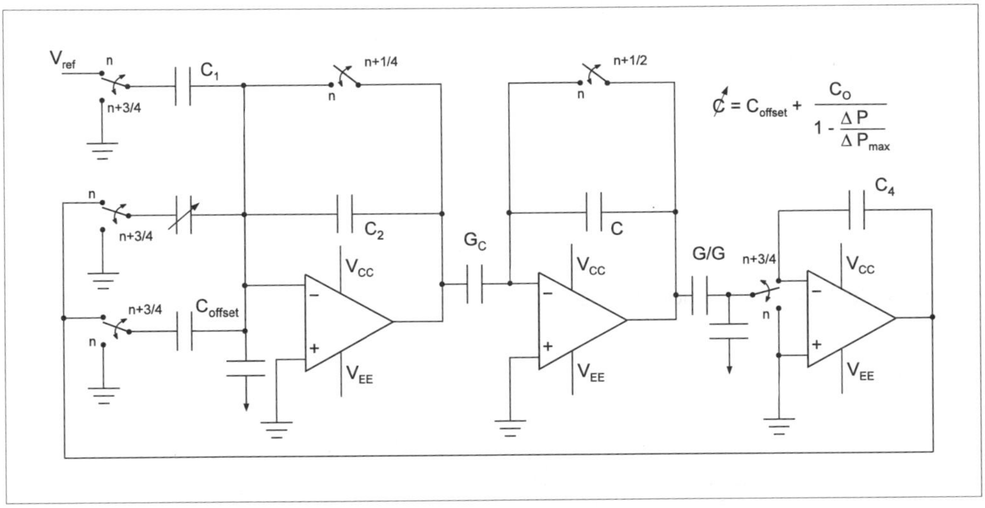

Figure 11.66

Si cette étude de l'électronique à capacités commutées des capteurs de pression n'épuise pas le sujet (la bibliographie dans ce domaine et particulièrement abondante) les idées introduites ici, en s'appuyant plutôt sur les cellules sensibles capacitives sont néanmoins très générales.

En effet, rappelons que dans le domaine de la pression, l'équilibrage des forces mécaniques par des forces électriques n'est en général pas envisageable, contrairement à ce qui est possible en accélérométrie. Ceci réduit considérablement les différences entre les électroniques des cellules piézo-résistives et capacitives.

11.4 Quelques architectures pour actionneurs électrostatiques

La fonction *actionneur* est complémentaire de la fonction *capteur* puisqu'elle consiste à réagir sur son environnement de façon contrôlée, par exemple par un capteur, au moyen d'un déplacement mécanique.

La réalisation de cette fonction peut bénéficier des mêmes technologies de fabrication collectives que les cellules sensibles des capteurs dès lors que les efforts à développer sont à l'échelle des dimensions réduites accessibles par les microtechnologies.

De nombreuses applications réalistes ont déjà été mentionnées, voire industrialisées, qui se suffisent de déplacement à course limitée, citons :

• fermeture, ouverture d'un micro contact (figure 11.67a),

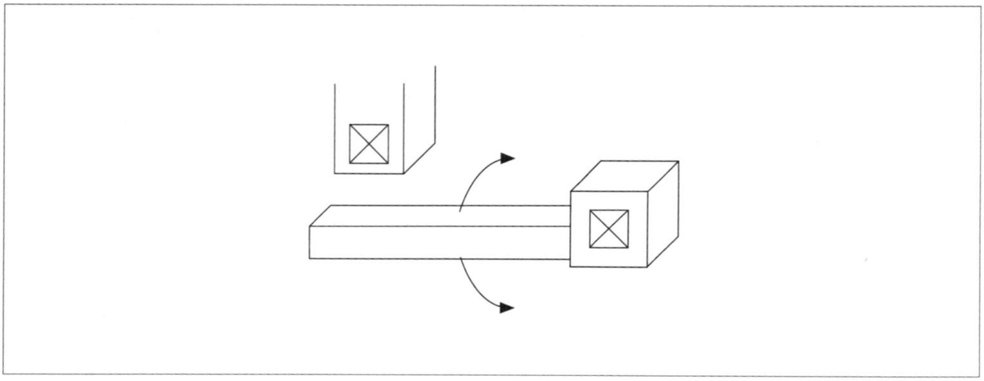

Figure 11.67a

• microvanne à membrane déformable (figure 11.67b),

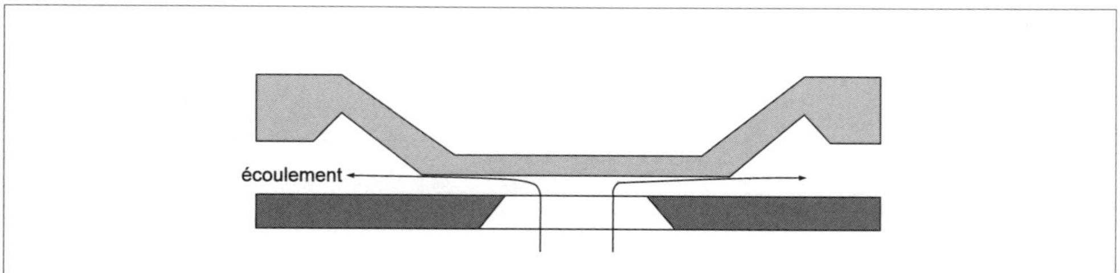

Figure 11.67b

• micropompe à volume déformable [104],

• positionneur pour fibre optique ou micromiroir (figure 11.67c).

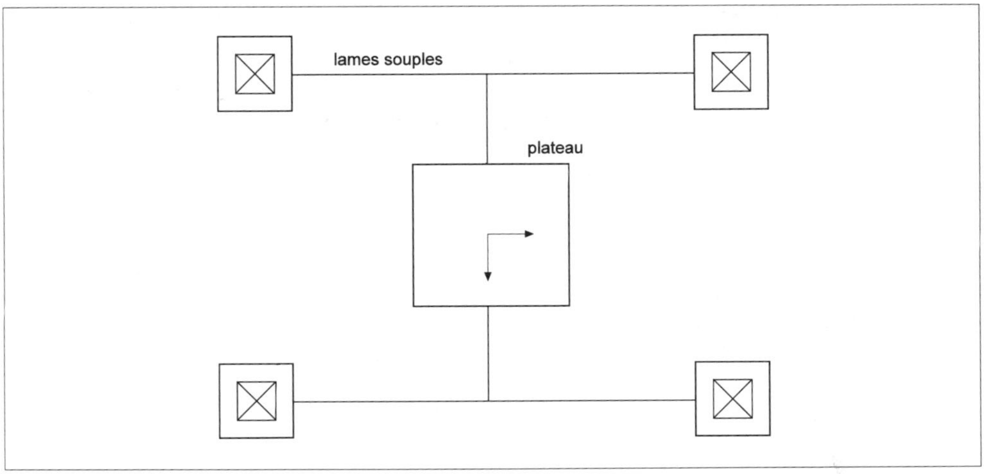

Figure 11.67c

Dans ces dispositifs, les déplacements peuvent s'effectuer sans friction solide, les effets d'usure sont alors complètement négligeables.
Pourtant, les actionneurs les plus médiatisés ont été des mécanismes tournants autour d'un axe [105] pour que la course, ici le nombre de tours, soit illimitée en principe (figure 11.67d).

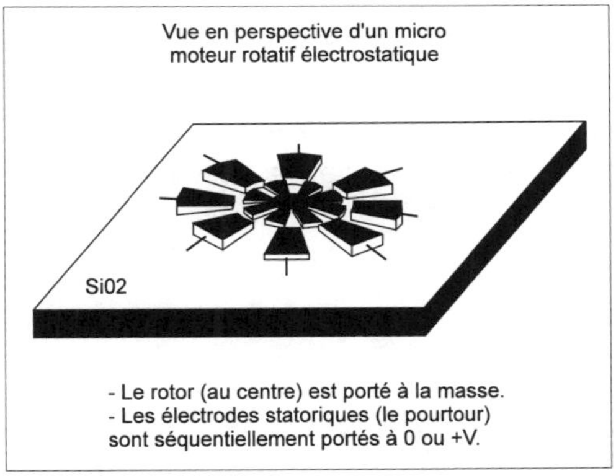

Figure 11.67d

La durée de vie de tels objets est toujours très réduite à cause de la présence de frottements secs le long de l'axe de guidage, sans roulements et très difficile à lubrifier.

Les sources de l'énergie mécanique sont très variables, citons :

- l'énergie thermique dans les structures bilames à grand écart de coefficients de dilatation. Le mécanisme mis en jeu est capable de créer de grandes forces à l'échelle des dimensions, mais de faibles déplacements, amplifiables néanmoins par effet de bras de levier. Le temps de réponse est lent et les contraintes internes inhérentes au principe peuvent engendrer, à la longue, des effets de fatigue, donc de l'usure.

- l'énergie magnétique en utilisant l'interaction entre un champ magnétique et un courant, autremet dit la force de Laplace [106].
- l'énergie électrostatique dans les structures en recouvrement partiel. La figure 11.68 schématise une structure typique bien adaptée à l'exploitation de ce principe.

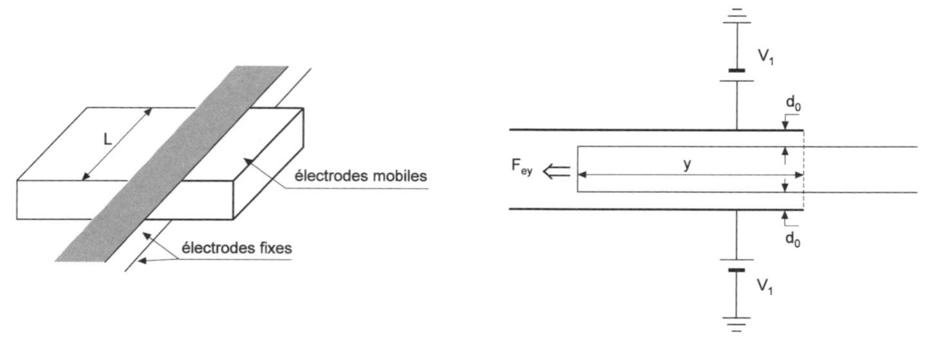

Figure 11.68

Dans cette structure, les composantes F_{ex} et F_{ez} de la force électrostatique résultante sont nulles, compte tenu d'une part de l'extension indéfinie des électrodes fixes dans la direction x, et d'autre part de la symétrie mécanique et du choix des polarisations.

En supposant l'épaisseur des entrefers réduite devant les autres dimensions du dispositif, il est possible d'appliquer le modèle plan au calcul de l'énergie électrostatique du système :

$$W_e = 2\left(\frac{\varepsilon L y V_1^2}{2d_0}\right)$$

d'où la force électrostatique :

$$F_{ey} = \frac{\partial W}{\partial y} e \bigg|_{potentiel\ constant} = \frac{\varepsilon L V_1^2}{d_0} \qquad (11.52)$$

De nombreux mécanismes qui exploitent cette approche ont été étudiés, citons :

- les moteurs électrostatiques de l'université de Berkeley et leurs dérivés [107],
- des actionneurs à course limitée, linéaires ou rotatifs,
- des structures résonantes [108].

Nous avons choisi de porter notre attention sur ces deux derniers dispositifs, d'une part parce qu'ils ont conduit à l'élaboration de démonstrateurs à durées de vie potentielle grande, d'autre part parce qu'ils constituent une nouvelle illustration des grandes potentialités d'application de la techniques des capacités commutées.

11.41 Actionneurs pas à pas

Sur la figure 11.69a est représentée une version linéaire de ce type d'actionneur.

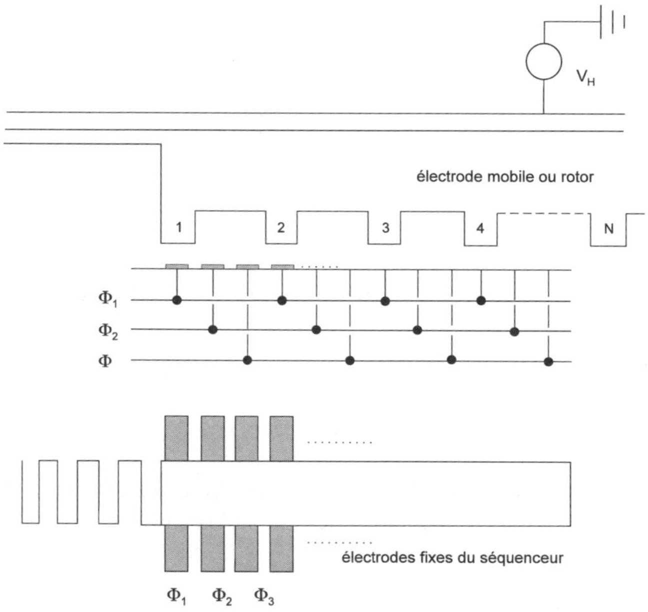

Figure 11.69a

Elle comprend :

- un rotor à dents et encoches avec un rapport cyclique 1/3 pour les dents, 2/3 pour les encoches,
- un stator supérieur plan et polarisable,
- un stator inférieur comportant les électrodes de séquencement.

Trois modes de fonctionnement sont alors accessibles :

- collé haut :

  $\Phi_1 = \Phi_2 = \Phi_3 = 0$ et $V_H = V_1$,
- collé bas :

  $\Phi_1 = \Phi_2 = \Phi_3 = V_1$ et $V_H = 0$,
- déplacement : Φ_1, Φ_2 et Φ_3 évoluent au cours du temps selon l'un ou l'autre des séquencements représentés figure 11.69b selon le sens du déplacement souhaité, la lévitation étant contrôlée par V_H qui évolue en mode asservi à partir de la mesure de la capacité C_H entre le rotor et l'électrode supérieure.

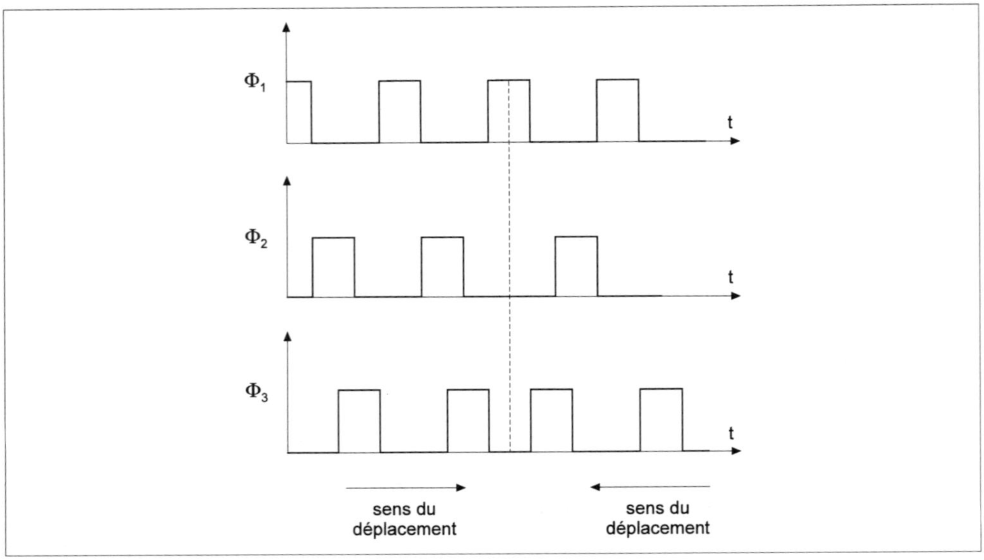

Figure 11.69b

Ce mécanisme de lévitation peut être supprimé par symétrisation de la structure, rotor à double denture de part et d'autre, double stator muni d'électrodes de séquencement en vis-à-vis.

11.42 Actionneur résonant

De grands déplacements pour une faible excitation peuvent être obtenus en entretenant un mode de résonance mécanique. On bénéficie ainsi d'une amplification de l'amplitude de vibration pour une excitation donnée par le facteur de surtension mécanique de la structure.

Ce mécanisme est plutôt utilisé dans les capteurs de grande précision pour assujettir une fréquence à la grandeur à mesurer par le biais d'une contrainte.

Ainsi, dans le capteur de pression représenté figure 11.70, la déformation de la membrane modifie la contrainte de l'une des structures en pont donc la fréquence de ses modes propres de vibration.

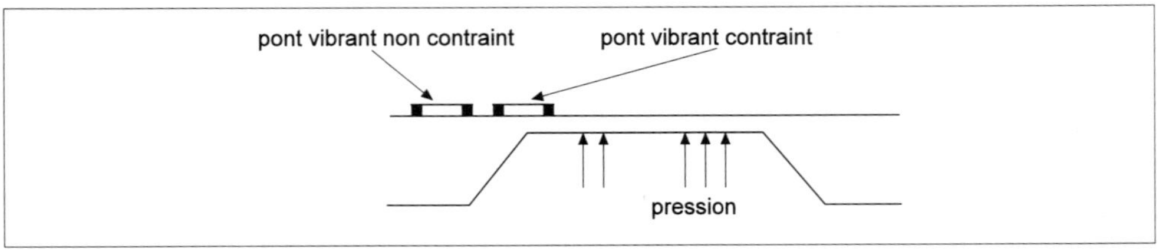

Figure 11.70

La technique d'excitation électrostatique dans les structures en recouvrement partiel est particulièrement bien adaptée ici car elle permet d'engendrer un mouvement parallèle à l'entrefer dans une direction où l'effet du frottement visqueux, lié au fluide diélectrique environnant, sur l'acuité de la résonance est le plus réduit possible ; le résultat est exactement opposé à celui obtenu dans l'accéléromètre où le mouvement était perpendiculaire à l'entrefer pour obtenir une grande variation de capacité pour un petit déplacement.

Sur la figure 11.71a est représentée la vue de dessus d'une structure en pont excité à la résonance selon les prescriptions précédentes. *X* est la tension à asservir pour maintenir la poutre, suspendue à ses deux extrémités, à sa résonance mécanique.

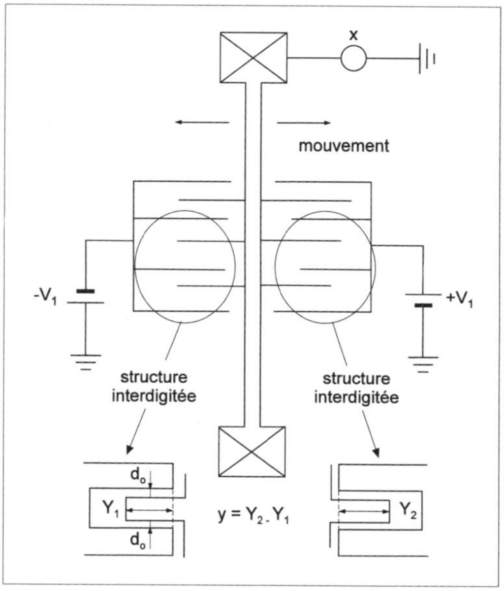

Figure 11.71a

Si Y_2 et Y_1 désignent la pénétration des doigts du moteur électrostatique dans les structures interdigitées respectivement côté 1 et côté 2, la différence :

$$y = Y_2 - Y_1$$

traduit l'écart par rapport à la position d'équilibre. La fonction de transfert harmonique du même mécanisme s'exprime alors figure 11.71b :

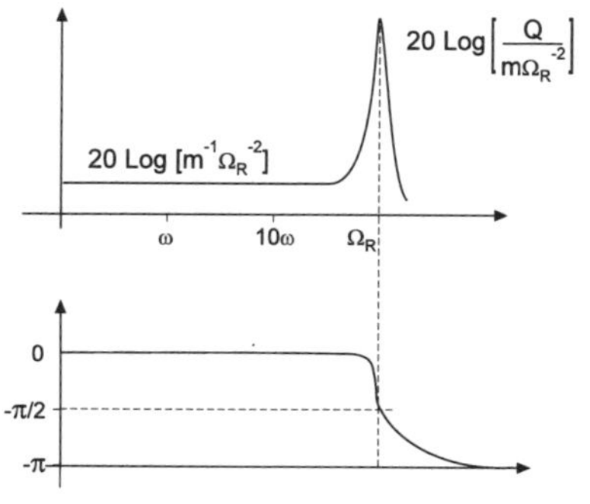

Figure 11.71b

$$\frac{y(\omega)}{F_e(\omega)} = m^{-1}H(j\omega) = \frac{m^{-1}\Omega_R^{-2}}{1-\left(\dfrac{\omega}{\Omega_R}\right)^2 + j\dfrac{\omega}{\Omega_R}}$$

or, la force électrostatique s'exprime par :

$$F_e = \frac{N\varepsilon L}{d_0}\left[(V_1+x)^2-(V_1-x)^2\right] = \frac{4N\varepsilon L V_1 x}{d_0} = \frac{2C_0V_1x}{Y_0} \qquad (11.53)$$

avec

$$Y_0 = \frac{Y_1+Y_2}{2}$$

$$C_0 = \frac{2N\varepsilon L Y_0}{d_0}$$

où N est le nombre de doigts de chaque structure interdigittée.

Le schéma fonctionnel d'entretien du mouvement le plus simple est représenté sur la figure 11.72 auquel correspond le schéma bloc de transfert à temps continu associé.

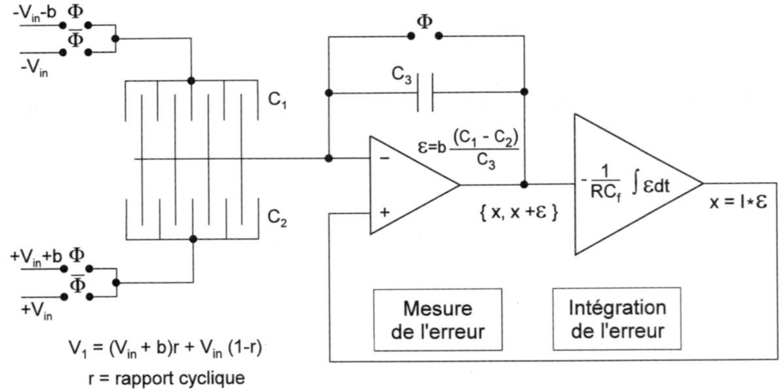

Figure 11.72

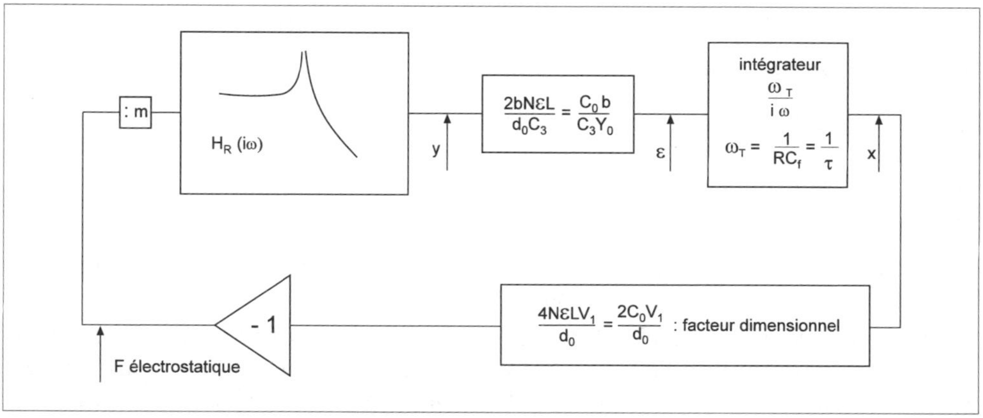

Figure 11.73

En temps continu, l'entretien de la résonance est assuré, en principe si la condition :

$$\left|2\frac{H_R(i\Omega_R)}{m}\frac{\omega_T}{\Omega_R}\left(\frac{C_0}{Y_0}\right)^2\frac{bV_1}{C_3}\right| = \left|\frac{2Q\,\Omega_R^{-2}}{m}\frac{\omega_T}{\Omega_R}\left(\frac{C_0}{Y_0}\right)^2\frac{bV_1}{C_3}\right| = 1 \tag{11.54}$$

est satisfaite, *a fortiori* s'il s'agit d'un système à temps discret analysé comme un système à temps continu en utilisant la transformation (11.22).

Cependant, il convient toujours de prendre une certaine marge de sécurité compte tenu d'éventuelles dispersions technologiques, ce qui conduit à surcompenser en augmentant ωT. Le système est alors en principe instable ; la stabilisation est obtenue par adjonction d'un mécanisme non-linéaire, par exemple l'interruption de la boucle de réaction dès que l'amplitude dépasse un seuil de référence ; d'où le schéma de principe en capacités commutées représenté sur la figure 11.74 :

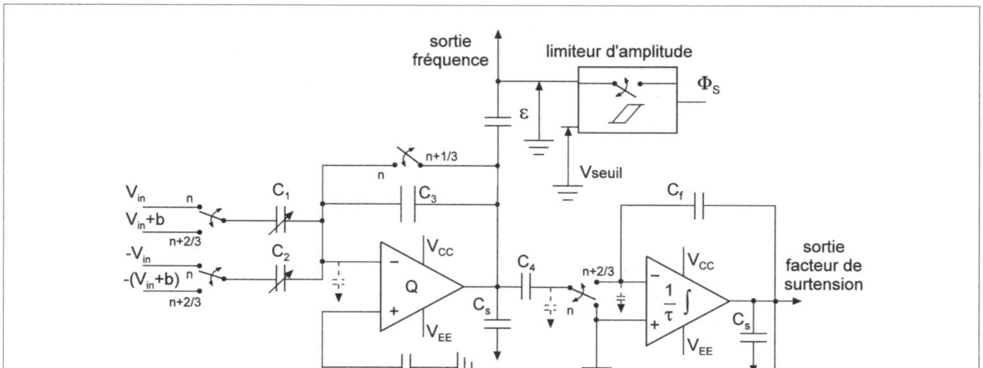

Figure 11.74

11.A Annexe : Bruit des structures à capacités commutées à compensation du biais

Dans un amplificateur à capacités commutées, le bruit possède une triple origine :
- le bruit des sources (V_1, V_2),
- le bruit des charges des capacités,
- le bruit de l'amplificateur.

Nous nous proposons d'étudier la contribution des deux derniers termes, qui constituent en fait le bruit ajouté par la structure au signal d'entrée.

Après avoir rappelé la double origine du bruit dans un amplificateur en boucle ouverte, nous déterminerons *le bruit ramené à l'entrée lorsque l'amplificateur est inséré dans une structure à compensation de biais*, puis nous étudierons le bruit relatif à la charge d'une capacité à travers un interrupteur, avant de conclure sur les limites de performance en bruit de la technique des capacités commutées *Bruit de l'amplificateur en boucle ouverte.*

Dans un amplificateur à transistors MOS, le bruit se traduit par une fluctuation de la tension de biais dont l'origine est double (figure 11.75) :
- bruit de scintillement ou bruit en $1/f$,
- bruit thermique.

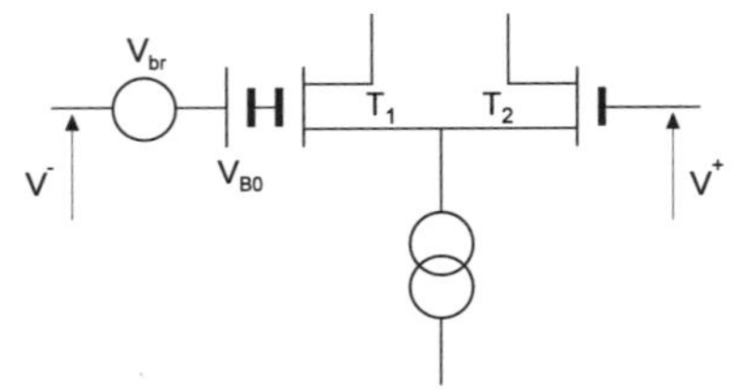

Figure 11.75

Ces deux sources de bruit n'étant pas corrélées, leurs effets s'ajoutent en valeur quadratique. Rapportées à un seul transistor (figure 11.76a), leurs densités spectrales s'expriment :

$$\frac{\mathrm{d}V_{br}^2}{\mathrm{d}f} = \frac{\mathrm{d}V_T^2}{\mathrm{d}f} + \frac{\mathrm{d}V_f^2}{\mathrm{d}f}$$

avec :

$$\frac{\mathrm{d}V_T^2}{\mathrm{d}f} = \frac{4eU_T}{g_m} \quad ; \quad \frac{\mathrm{d}V_f^2}{\mathrm{d}f} = \frac{K}{C_{ox}WLf^{\alpha}}$$

$$1 \leq \alpha < 1{,}5$$

où g_m, C_{ox}, WL et α représentent respectivement la transconductance du transistor, la capacité grille par unité de surface du canal, la surface du canal, un exposant caractéristique (*cf. Signal analogique et capacités commutées,* pages 153, 154, 161).

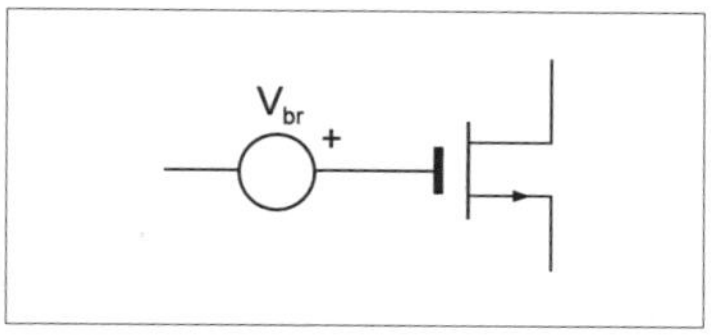

Figure 11.76a

Dans un amplificateur (figure 11.76b), il faut prendre en compte la contribution de plusieurs transistors :

$$\frac{dV_{br}^2}{df} = 2\left[4e\frac{U_T}{g_m} + \frac{K}{C_{ox}WLf^{\alpha}}\right](1+y)$$

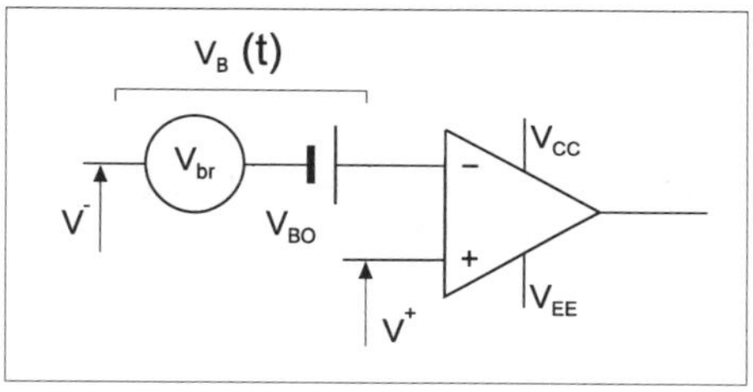

Figure 11.76b

Le facteur 2 est lié à la présence des deux transistors d'entrée de l'étage différentiel (T_1 figure 11.75) *de transconductance* g_m ; *le facteur multiplicatif* y traduit la contribution des autres transistors et dépend de l'architecture de l'amplificateur ; ce dernier n'excède jamais quelques unités. Sur la bande passante B_0 de l'amplificateur en boucle ouverte, la tension de bruit s'exprime, pour $\alpha = 1$ par exemple, par :

$$\overline{V}_{br}^2 = 2(1+y)\left[\frac{4eU_TB_0}{g_m} + \frac{K}{C_{ox}WL}\text{Log}\left|\frac{B_0}{f_{min}}\right|\right]\frac{\pi}{2}$$

Le facteur $\pi/2$ correspond à un amplificateur possédant un comportement de premier ordre pur. Il ne coupe donc pas brutalement après B_0.

f_{min} est la composante spectrale du bruit en $1/f$ la plus basse ; pour les technologies récentes :

$$f_{min} \approx 10^{-3}\,\text{Hz}$$

Il est alors évident que la contribution du scintillement au bruit total excède très largement celle du bruit thermique mais que, par contre, elle est concentrée vers les très basses fréquences. Ainsi la *fréquence de coin fc*, où les densités spectrales des bruits et de scintillement coïncident, est de l'ordre de quelques kilohertz dans les amplificateurs à transistors MOS actuels fonctionnant en forte inversion. D'où l'extrême intérêt des structures à capacités commutées à compensation de biais pour s'affranchir du bruit basse fréquence.

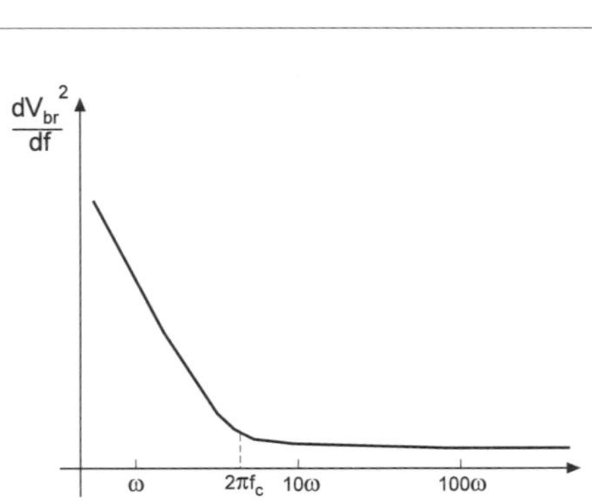

Figure 11.77

11.A1 Contribution du bruit d'amplification en boucle ouverte au bruit des amplificateurs à capacités commutées à compensation de biais

En principe, le traitement des signaux issus des cellules sensibles s'appuie sur une chaîne d'amplificateurs qui introduit l'essentiel du bruit, prolongée par une structure de mise en forme et d'adaptation. Pour minimiser ce bruit, la chaîne d'amplification, à un ou plusieurs étages (figure 11.78), doit être à compensation de biais, et ainsi être seulement sensible à la variation du biais entre les instants d'échantillonnage et d'exploitation.

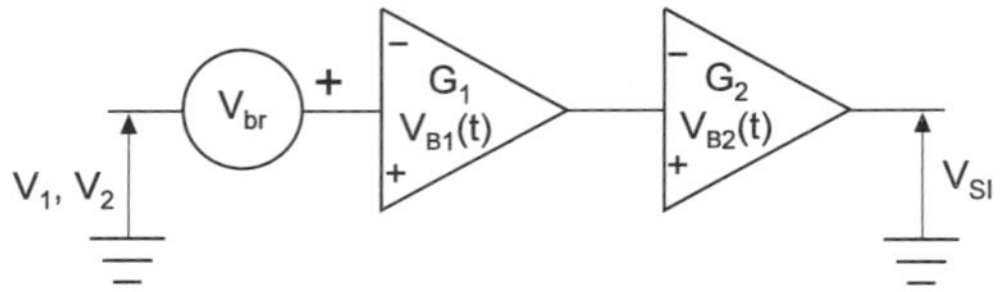

Figure 11.78

Le biais résiduel ramené à l'entrée s'exprime donc pour un rapport cyclique 1/2 (*cf. Signal analogique et capacités commutées,* pages 153, 154, 161) :

$$\left[V_{B_1}\left(t+\frac{T}{2}\right)-V_{B_1}(t)\right]\left[\frac{G_1^*+1}{G_1}\right]+\left[V_{B_2}\left(t'+\frac{T}{2}\right)-V_{B_2}(t')\right]\left[\frac{G_2^*+1}{G_2G_1}\right]+\ldots \tag{11.55}$$

avec :

$$G_i = \text{ Gain en boucle fermée du ième amplificateur}\left(\frac{C_{1i}}{C_{2i}}\right)$$

$$G_i^* = G_i\left[1+\frac{\text{Capacité parasite vue du nœud "}-\text{"}}{C_{1i}}\right]$$

Si

$$V_{Bi}(t) = V_{Bi}e^{j\omega t}$$

alors :

$$\left[V_{Bi}\left(t+\frac{T}{2}\right) - V_{Bi}(t)\right] = 2\mathrm{j}V_{Bi}e^{j\omega\left(t+\frac{T}{4}\right)}\sin\frac{\omega T}{4}$$

En appliquant directement ce résultat pour déterminer la densité spectrale de bruit ramenée à l'entrée dans l'équation (11.55), ce qui constitue alors une approximation assez grossière mais au demeurant acceptable [109], il vient :

$$\frac{\mathrm{d}V_{b_r}^2}{\mathrm{d}f} = 4\left[\frac{\mathrm{d}V_{B1}^2}{\mathrm{d}f}\left(\sin^2\frac{\pi f}{2F_{ech}}\right)\frac{G_1^*+1}{G_1} + \frac{\mathrm{d}V_{B_2}^2}{\mathrm{d}f}\left(\sin^2\frac{\pi f}{2F_{ech}}\right)\frac{G_2^*+1}{G_1G_2}\right] \tag{11.56}$$

où F_{ech} est la fréquence d'échantillonnage :

$$F_{ech} = \frac{1}{T}$$

La fréquence d'échantillonnage est toujours choisie suffisamment élevée par rapport à *Fc* pour rendre négligeable la contribution au bruit de scintillement.

Cependant, pratiquement toutes les composantes spectrales du bruit thermique incluses dans la bande passante des amplificateurs en boucle fermée *B*, concourent au bruit total par le mécanisme du repliement de spectre dû à l'échantillonnage ; il vient :

$$\overline{V_{br}} = \sqrt{\overline{V_{br}^2}} \approx \sqrt{4\int_{f_c}^{B}\left[\frac{\mathrm{d}V_{TB1}^2}{\mathrm{d}f}\sin^2\left(\frac{\pi f}{2F_{ech}}\right)\frac{G_1^*+1}{G_1} + \frac{\mathrm{d}V_{TB2}^2}{\mathrm{d}f}\sin^2\left(\frac{\pi f}{2F_{ech}}\right)\frac{G_2^*+1}{G_1G_2}\right]\mathrm{d}f}$$

$$\approx \sqrt{\frac{2B}{F_{ech}}\int_{0}^{2F_{ech}}\left[\frac{\mathrm{d}V_{TB1}^2}{\mathrm{d}f}\sin^2\left(\frac{\pi f}{2F_{ech}}\right)\frac{G_1^*+1}{G_1} + \frac{\mathrm{d}V_{TB2}^2}{\mathrm{d}f}\sin^2\left(\frac{\pi f}{2F_{ech}}\right)\frac{G_2^*+1}{G_1G_2}\right]\mathrm{d}f}$$

puisque la densité spectrale du bruit thermique est constante et f_c très faible devant F_{ech}.

$$\overline{V_{br}} = 2\sqrt{B8eU_T\left[\frac{1+y_1}{g_{m_1}}\frac{G_1^*+1}{G_1} + \frac{1+y_2}{g_{m_2}}\frac{G_2^*+1}{G_1G_2}\right]} \tag{11.57}$$

Dans un chaîne d'amplification à capacités commutées et compensation de biais, la contribution au bruit en tension de la chaîne des amplificateurs est de l'ordre de deux fois le bruit thermique étendu à leur bande passante en boucle fermée B.

Reste que pour évaluer le bruit de la chaîne, il faut en plus connaître le bruit de charge des capacités par les interrupteurs.

11.A2 Le bruit de charge des capacités

Lorsqu'une capacité est connectée à une source parfaitement stable par un interrupteur fermé, sa tension fluctue néanmoins.

La densité spectrale de cette fluctuation est modélisable par celle du bruit thermique d'une résistance dont la valeur est celle de l'interrupteur à l'état "*on*" (figure 11.79) :

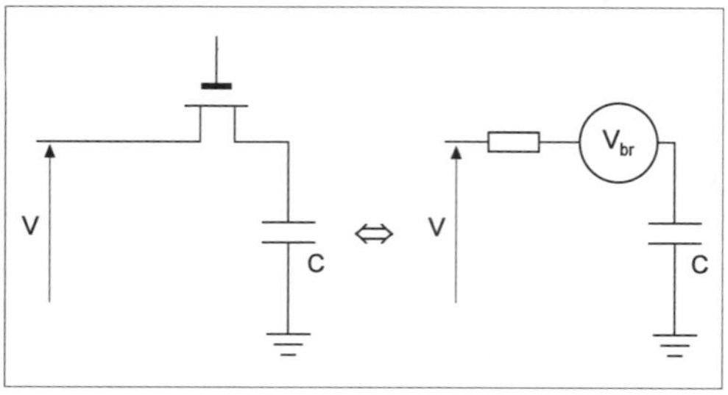

Figure 11.79

$$R_{on} = \frac{1}{g_m} = \mu_N C_{ox} WL\left(V_{cc} - V - V_T^N\right) \text{ MOSN}$$

$$R_{on} = \frac{1}{g_m} = \mu_N C_{ox} WL\left(V - \left|V_T^P\right|\right) \text{ MOSP}$$

La tension de bruit s'exprime alors par :

$$\overline{V}_{br}^2 = \int_0^\infty \frac{dV_T^2}{d_f} \left|H(f)\right|^2 df$$

avec :

$$\frac{dV_T^2}{df} = 4e\frac{U_T}{g_m}$$

$$H(f) = \frac{1}{1 + \dfrac{f}{f_0}} \quad f_0 = \frac{1}{2\pi R_{on} C} = \frac{g_m}{2\pi C}$$

compte tenu que $H(f)$ est une fonction de transfert passe-bas du premier ordre, seules contribuent au bruit les composantes spectrales basse fréquence (figure 11.80).

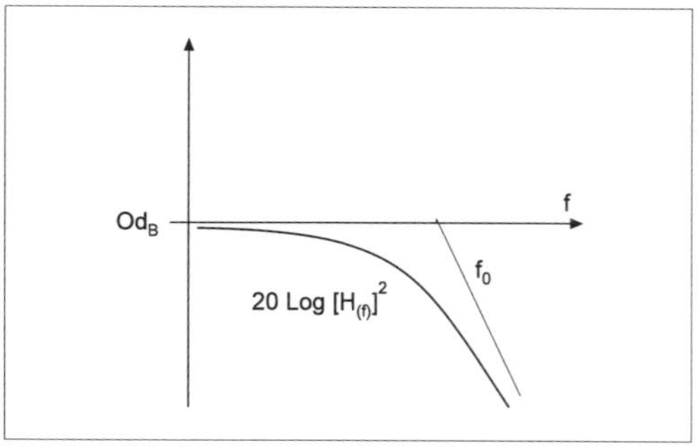

Figure 11.80

Il est d'usage de retenir pour expression pratique :

$$\overline{V_{br}}^2 = \int_0^{\infty} \frac{dV_T^2}{df}|H(f)|^2\, df \approx \frac{\pi}{2}\int_0^{f_0} \frac{dV_T^2}{df}\, df = \frac{\pi}{2}\frac{4eU_T}{g_m}\frac{1}{2\pi R_{on}C} \approx \frac{eU_T}{C}$$

$$\overline{V_{br}} = \sqrt{\frac{eU_T}{C}} \qquad (11.58)$$

À cette tension de bruit, il est souvent intéressant d'associer le bruit équivalent en charge :

$$\overline{q_{br}} = \sqrt{CeU_T} \qquad (11.59)$$

11.A3 Le bilan

La tension de bruit ramenée à l'entrée d'une chaîne d'amplification à capacités commutées et à compensation du biais résulte de la superposition en valeur quadratique de la tension de bruit d'amplification (11.57) et de la tension de bruit de charges des capacités.

$$\overline{V_{bf_{total}}} = \sqrt{\overline{V}^2_{br_{amplif}} + \sum \overline{V}^2_{br}} \qquad (11.60)$$

puisque ces bruits ne sont pas corrélés.
Ainsi, pour l'architecture représentée (figure 11.81), le bruit de charges des capacités s'exprimant par :

$$\sum V^2_{br_{capacités}} = \sqrt{\frac{2eU_T}{C_1} + \frac{C_2 eU_T}{C_1^2}} \qquad (11.61)$$

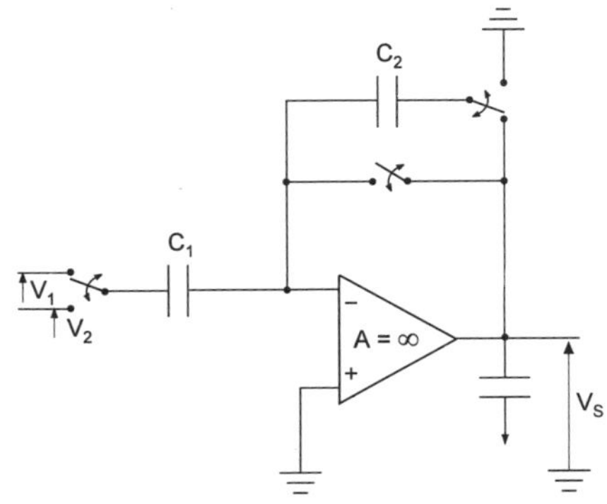

Figure 11.81

À cause des mécanismes liés à l'échantillonnage, le spectre de ce bruit s'étend de 0 à $F_{ech}/2$. La bande utile doit être inférieure à la demi-fréquence d'échantillonnage pour éviter les effets du repliement du spectre sur le signal utile :

$$B_u = F_{ech} / 2N$$

Elle est définie à l'aide d'un simple filtre à temps continu placé en tête de la chaîne, dans les microsystèmes, l'élément sensible joue en général ce rôle, complété ou non après conversion en numérique par un filtrage numérique ou un simple moyennage par sous-échantillonnage. *Grosso modo,* la tension de bruit final est alors divisée par $\sqrt{N}$:

$$V_{brtotal,Bu}^{(1)} = V_{brtotal}\sqrt{\frac{2B_u}{F_{ech}}}$$

Les contraintes de précision sur la valeur des gains imposent évidemment que B soit supérieure à F_{ech} mais pas dans un rapport considérable (*cf. Signal analogique et capacité commutées,* pages 153, 154, 161) ; aussi, à technologie donnée, le bruit thermique d'une structure à temps discret est-il supérieur à celui d'une structure à temps continu dans un rapport

$$\sqrt{2B/F_{ech}}$$

allant de quelques unités à la dizaine. Ce résultat met en évidence la sensible supériorité de principe du temps continu sur le temps discret dès lors que le bruit en $1/f$ est négligeable (bipolaire ou MOS sous faible inversion). Dans bien des cas cependant, les performances en bruit du temps discret sont tout à fait acceptables, ce qui, combiné à la grande souplesse de cette technique, sa richesse fonctionnelle, sa bonne testabilité et son niveau élevé de compatibilité avec les technologie numériques en font une approche très attrayante tout particulièrement dans les microsystèmes.

(1) À ce bruit ramené en entrée, il faut ajouter un bruit de sortie supplémentaire dû à la commutation des horloges et dont le spectre s'étend de la fréquence d'échantillonnage à l'infini. Ce bruit est invisible après conversion numérique si l'échantillonnage du signal analogique de sortie est effectué après extinction des transitoires de commutation.

Problèmes et exercices

CHAPITRE 12

12.1 Circuiterie

12.11 Intégrateur TAB

Montrer que le circuit de la figure 12.1 est un intégrateur pouvant réaliser la transformation algébrique bilinéaire.

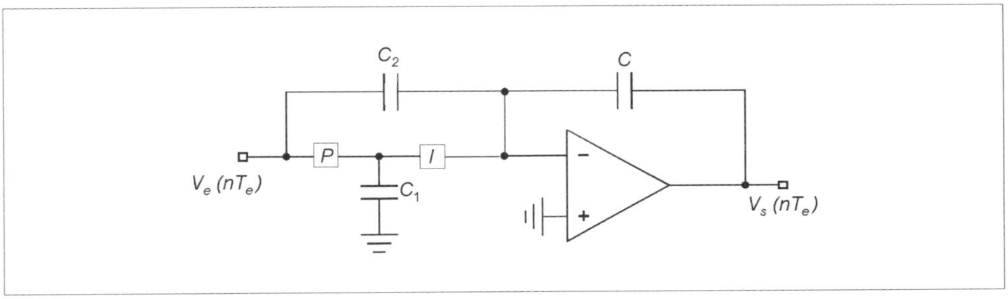

Figure 12.1

☞ Réponse

$$T(z) = -\frac{C_2 + (C_2 - C_2)Z^{-1}}{C(1 - Z^{-1})} = -\frac{C_2}{C}\frac{1 + Z^{-1}}{1 - Z^{-1}}$$

avec $C_1 = 2C_2$.

12.12 Intégrateurs à large constante de temps

Les rapports capacitifs d'un filtre à capacités commutées dépendent directement du rapport entre la fréquence d'horloge et la fréquence des pôles et des zéros. Ainsi, lorsque celui-ci est extrêmement grand, il conduit à des aires de silicium prohibitives.

Montrer que comparativement aux intégrateurs basiques, les circuits des figures 12.2, 12.3 et 12.4 permettent la réalisation de plus grandes constantes de temps pour une même aire de silicium.

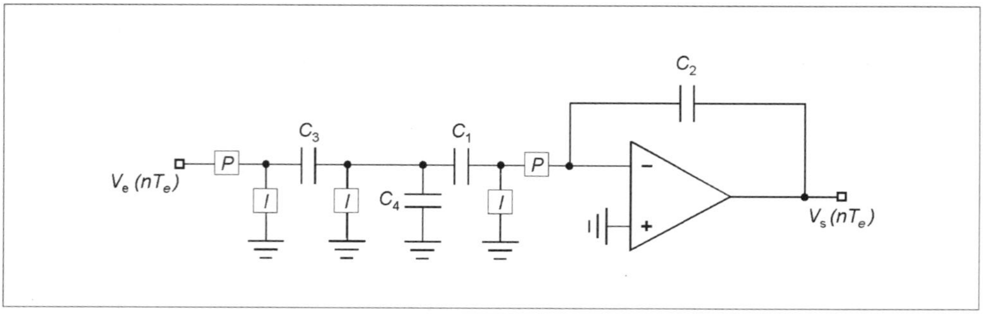

Figure 12.2

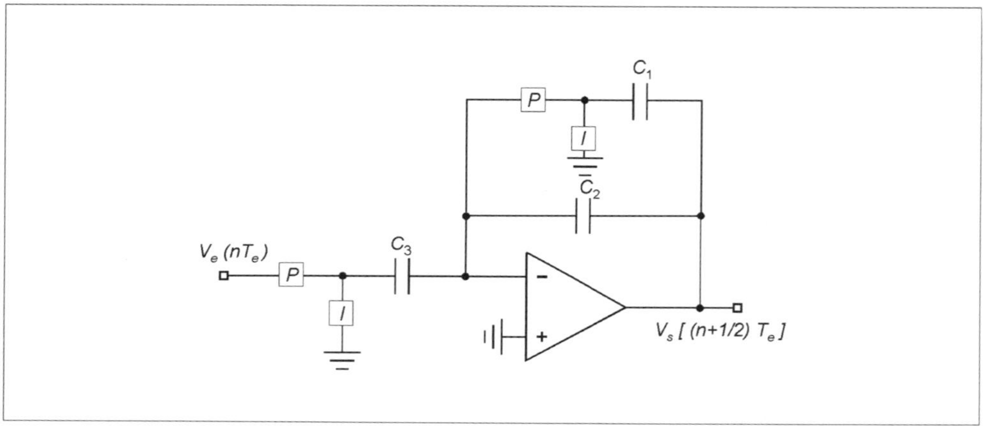

Figure 12.3

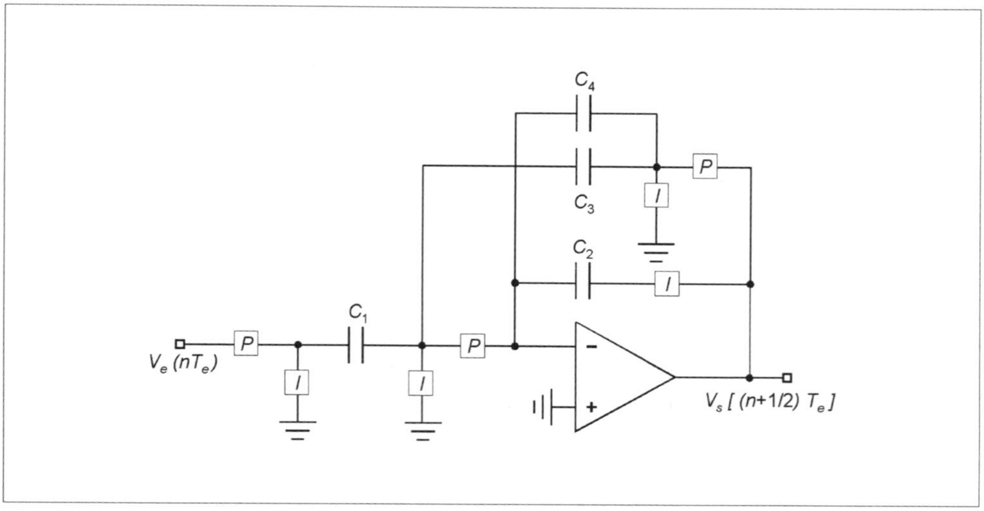

Figure 12.4

☞ *Réponses*

- Premier circuit :

$$T(Z) = -\frac{C_1C_3}{C_2C_4}\frac{1}{1+\frac{C_3}{C_4}+\frac{C_1}{C_2}}\frac{1}{1-Z^{-1}}$$

- Deuxième circuit :

$$T(Z) = \frac{C_1C_3}{C_2^2}\frac{1}{1+\frac{C_1}{C_2}}\frac{Z^{-\frac{1}{2}}}{1-Z^{-1}}$$

- Troisième circuit :

$$T(Z) = -\frac{C_1C_4}{C_2C_3}\frac{1}{1+\frac{C_4}{C_3}}\frac{Z^{-\frac{1}{2}}}{1-Z^{-1}}$$

12.13 Intégrateurs à gain et tension de décalage de l'AOP compensés

Un intégrateur inverseur idéal, est caractérisé temporellement par l'expression

$$V_s(nT_e) = -k\alpha V_e(nT_e) + \beta V_s(n-1)T_e + \gamma E_d$$

Dans le cas non idéal, cette expression est modifiée par le gain fini A_o et par la tension de décalage E_d de l'amplificateur opérationnel et devient [49]

$$V_s(nT_e) = -kaV_e(nT_e) + \beta V_s(n-1)T_e + gE_d$$

Le facteur d'erreur $\alpha = 1 + \Delta\alpha$ modifie le gain, le facteur d'erreur $\beta = 1 + \Delta\beta$ modifie la localisation du pôle et le facteur γ traduit la réjection de la tension de décalage.

Ces trois paramètres peuvent être considérés comme des indices de performance d'un intégrateur.

Déterminer les facteurs k, α, β et γ des intégrateurs suivants

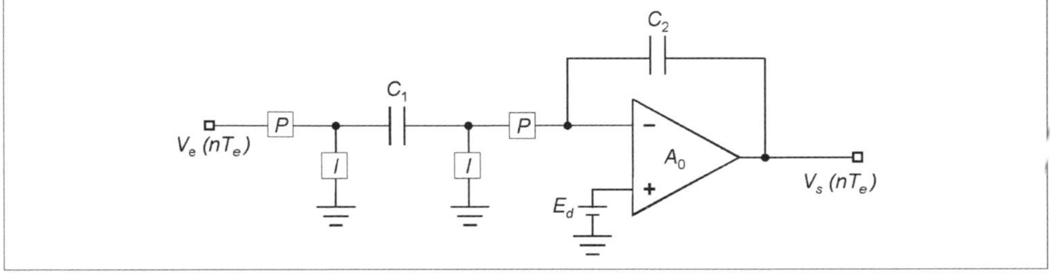

Figure 12.5 Intégrateur basique.

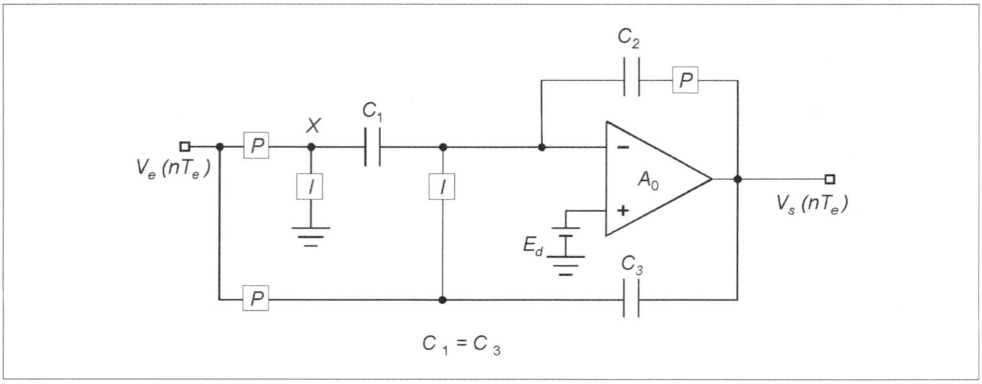

Figure 12.6 Intégrateur de Haug.

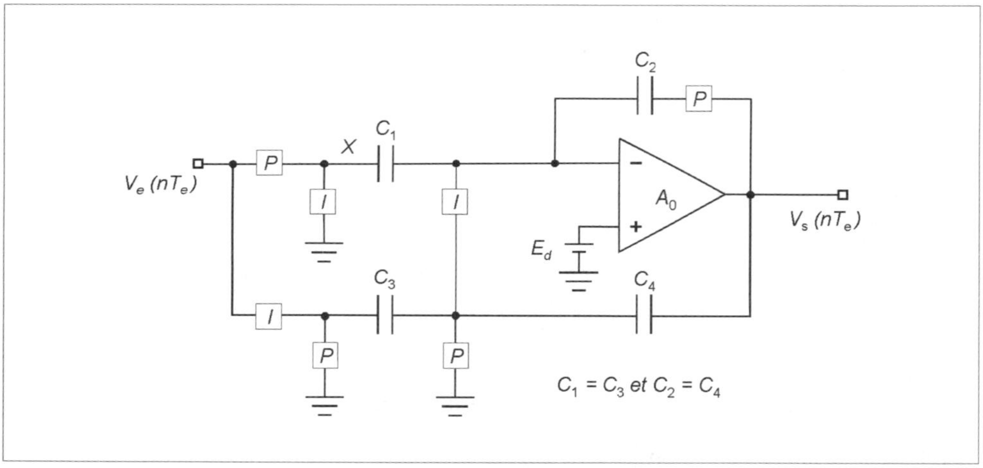

Figure 12.7 Intégrateur de Larson.

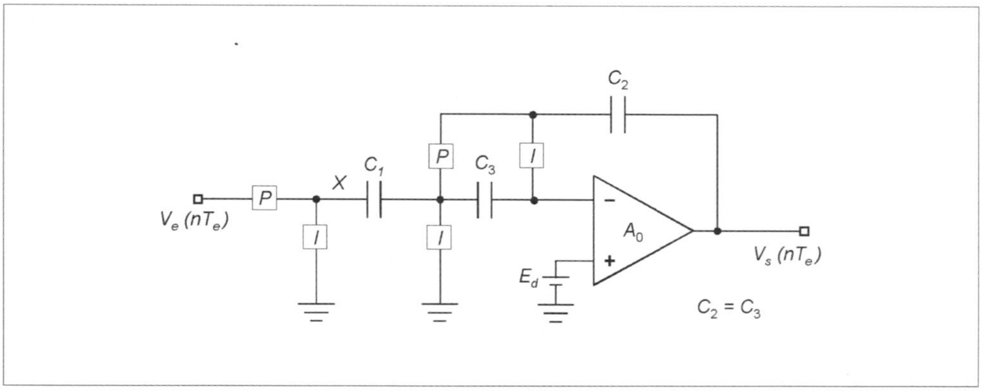

Figure 12.8 Intégrateur de Ki / Temes.

☞ *Réponses*

Avec $\mu = 1 / A_0$ et $k = C_1 / C_2$

• Intégrateur basique

$$\alpha = \frac{1}{1+\mu(1+k)} \approx 1-\mu(1+k)$$

$$\beta = \frac{1+\mu}{1+\mu(1+k)} \approx 1-\mu k \quad \text{et} \quad \gamma = k$$

• Intégrateur de Haug

$$\alpha = \frac{1}{1+\mu(1+k)} \approx 1-\mu(1+k)$$

$$\beta = \frac{(1+\mu)[1+\mu(2+k)]}{[1+\mu(1+k)](1+2\mu)} \approx 1-\mu^2 k$$

et

$$\gamma = \frac{k\mu}{[1+\mu(1+k)](1+2\mu)} \approx k\mu$$

• Intégrateur de Larson

$$\alpha = \frac{1}{1+\mu(1+k)} \approx 1-\mu(1+k)$$

$$\beta = \frac{1+\mu(2+3k)+\mu^2(1+k)^2}{[1+\mu(1+k)][1+\mu(1+2k)]} \approx 1-\mu^2 k(1+k)$$

et

$$\gamma = \frac{k\mu(1+k)}{[1+\mu(1+k)][1+\mu(1+2k)]} \approx k\mu(1+k)$$

• Intégrateur de Ki – Temes

$$\alpha = \frac{1}{1+\mu(1+k)} \approx 1-\mu(1+k)$$

$$\beta = \frac{1+\mu(2+k)(1+\mu)}{[1+\mu(1+k)](1+2\mu)} \approx 1-\mu^2 k$$

et

$$\gamma = \frac{k\mu}{[1+\mu(1+k)](1+2\mu)} \approx k$$

Pour tous les intégrateurs compensés proposés, l'amplificateur opérationnel est en boucle ouverte sur les interphases. Une boucle capacitive ne modifiant pas les fonctions de transfert peut être créée en connectant un condensateur entre le nœud X et la sortie des montages. Les quatre montages proposés sont transposables en intégrateurs non inverseur.

12.14 Cellules amplificatrices avec ou sans retard

Déterminer la fonction réalisée par les deux circuits suivants.

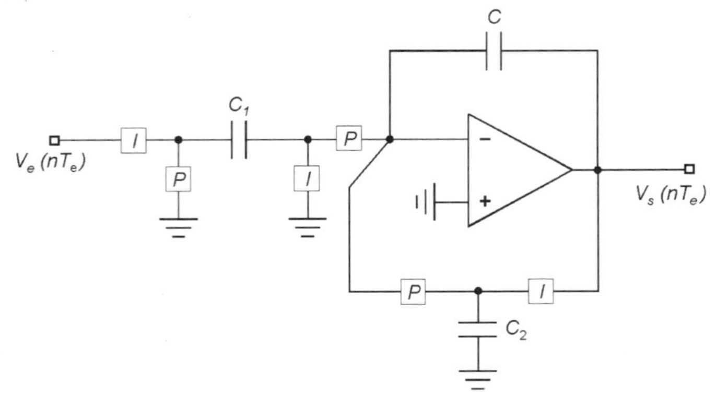

Figure 12.9

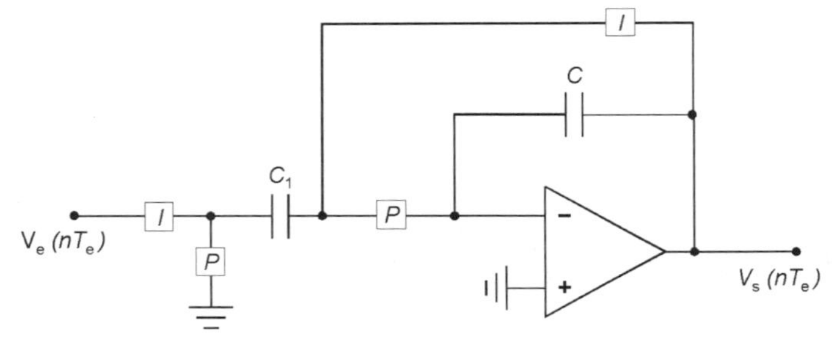

Figure 12.10

☞ *Réponses*

- Premier circuit :

$$T(Z) = \frac{C_1 Z^{-1}}{C - (C - C_2) Z^{-1}} = \frac{C_1}{C_2} Z^{-1} \quad \text{avec} \quad C = C_2$$

Cette cellule réalise une amplification avec un retard. Elle n'est que partiellement insensible aux capacités parasites. Si les phases sur les commutateurs d'entrée sont permutées, la fonction réalisée est une amplification avec une inversion sans retard.

- Second circuit :

$$T(Z) = \frac{C_1 Z^{-1}}{C - (C - C_1) Z^{-1}} = Z^{-1} \quad \text{avec} \quad C = C_1$$

12.15 Cellules amplificatrices à gain et tension de décalage de l'AOP compensés

Montrer que les cellules de gain des figures 12.11 et 12.12 sont indépendantes au premier ordre du gain A_o et de la tension de décalage E_d.

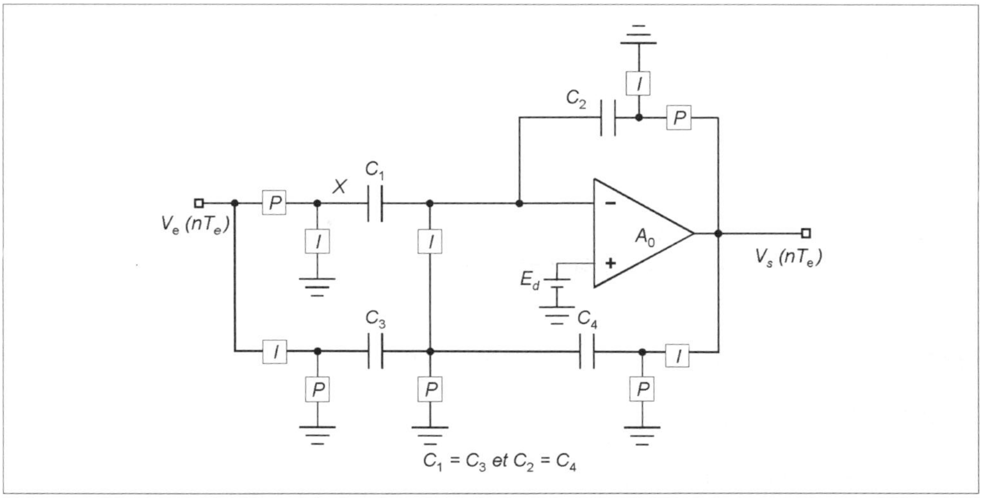

Figure 12.11 Amplificateur de Larson.

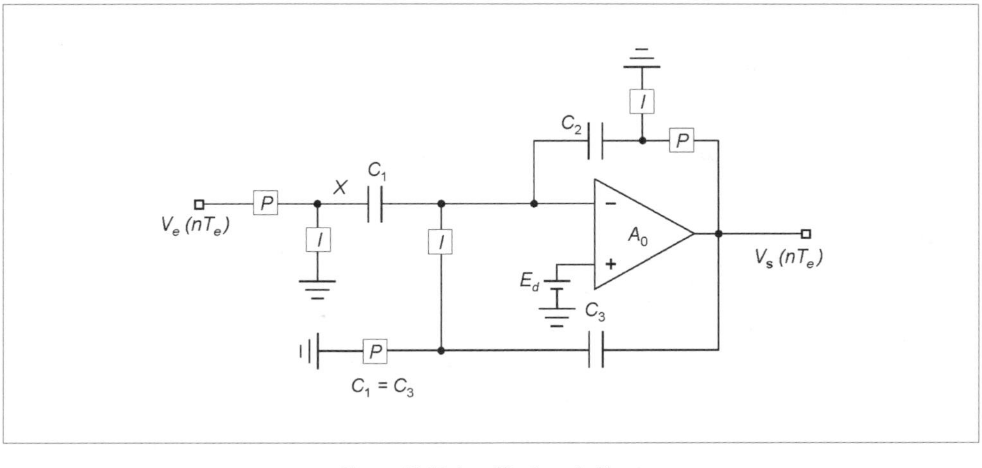

Figure 12.12 Amplificateur de Haug.

☞ *Réponses*

Pour le premier circuit, avec $\mu = 1 / A_o$ et aux instants nT_e, la tension de décalage E_d est multipliée par le facteur de réduction

$$\gamma = \mu\left(1 + \frac{C_1}{C_2}\right)^2$$

et le gain statique est équivalent à

$$T(Z)_{\Omega_d=0} \approx -\frac{C_1}{C_2} \frac{1}{1-\left[\mu(1+\frac{C_1}{C_2})\right]^2}$$

Pour le second circuit :

$$\gamma = \mu(1+\frac{C_1}{C_2}) \quad \text{et} \qquad T(Z)_{\Omega_d=0} \approx -\frac{C_1}{C_2} \frac{1}{1+\mu^2(1+\frac{C_1}{C_2})}$$

L'expression de la sortie sur la phase *I* montre que ce montage présente des variations de tension plus grandes que le précédent aux instants $(n + 1/2)T_e$.

12.2 Synthèse directe de filtres temps discret

On considère la forme directe récursive temps discret

$$\begin{bmatrix} ZX_1 \\ ZX_2 \end{bmatrix} = \begin{bmatrix} -a_1 & -a_0 \\ 1 & 0 \end{bmatrix} \begin{bmatrix} X_1 \\ X_2 \end{bmatrix} + \begin{bmatrix} 1 \\ 0 \end{bmatrix} X_e$$

$$X_s = [c_1, c_0][X_1, X_2]^T + \mathrm{d}X_e$$

et le graphe de fluence correspondant

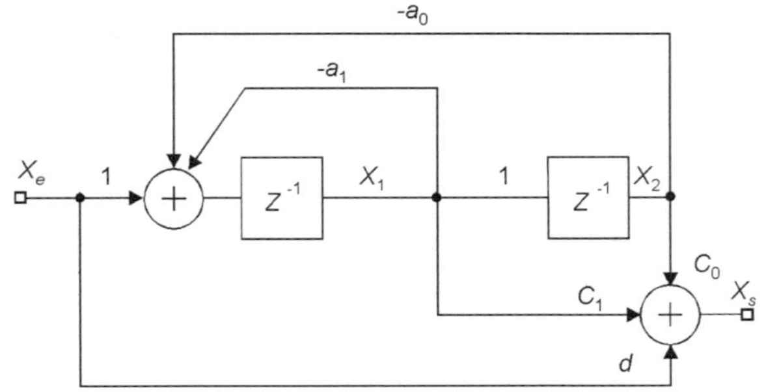

Figure 12.13

❶ Montrer que la forme temps discret biquadratique

$$T(Z) = \frac{\alpha Z^{-2} + \beta Z^{-1} + \gamma}{Z^{-2} + \eta Z^{-1} + \varepsilon} \text{ est réalisable.}$$

❷ Déterminer la sensibilité relative du paramètre de sélectivité q_0 par rapport aux coefficients a_0 et a_1.

❸ On considère le circuit de la figure 1.8 du chapitre 1. Montrer que ce circuit peut être utilisé comme opérateur pour réaliser la forme directe récursive temps discret.

☞ *Réponses*

❶

$$T(Z) = \frac{\frac{a_0 + c_0}{a_0} Z^{-2} + \frac{a_1 + c_1}{a_0} Z^{-1} + \frac{d}{a_0}}{Z^{-2} + \frac{a_1}{a_0} Z^{-1} + \frac{1}{a_0}}$$

❷

$$\cos(\theta_0) = -\frac{\eta}{\varepsilon + 1} = -\frac{a_1}{1 + a_0} \quad \text{et}$$

$$Q_0 = \sin(\theta_0)\frac{\varepsilon + 1}{2(\varepsilon - 1)} = \sin(\theta_0)0,5\frac{1 + a_0}{1 - a_0}$$

$$S^{\theta_0}_{a_1,a_2} = \frac{\partial \mathrm{Log}(\theta_0)}{\partial \mathrm{Log}(a_1, a_2)} : S^{\theta_0}_{a_1} = -\frac{1}{\theta_0 \mathrm{tg}(\theta_0)} \quad \text{et}$$

$$S^{\theta_0}_{a_0} = \frac{a_0}{1 + a_0}\frac{1}{\theta_0 \mathrm{tg}(\theta_0)} = \frac{1}{\theta_0 \mathrm{tg}(\theta_0)}\frac{2Q_0 - \sin(\theta_0)}{4Q_0}$$

Pour $F_e >> F_{d0}$, toutes les sensibilités sont proportionnelles à $(F_e / \Omega_{d0})^2$.

❸

$$V_s^p(Z) = lZ^{-1}V_1^p(Z) - LZ^{-1}V_2^p(Z)$$

12.3 Synthèse cascade

12.31 Passe bas LDI

Déterminer la cascade à capacités commutées réalisant le gabarit passe bas de la figure 12.14. La valeur *amax* = 3 dB est imposée, l'approximation est de type Butterworth, la transformation $P \to Z$ est de type LDI, les sections sont ordonnancées selon la procédure heuristique du chapitre 5 avec tous les maximums en sortie des éléments actifs identiques. Les cellules à capacités commutées sont de type *F* avec sortie sur le second AOP (F2).

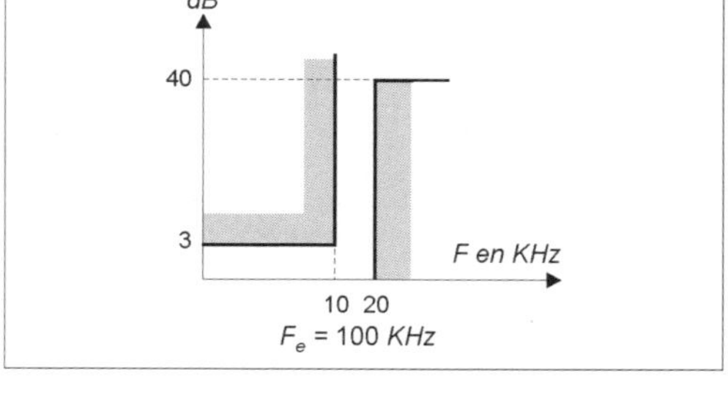

Figure 12.14

☞ *Réponse*

Ordre $n = 8$ et *amin* effectivement réalisé = 44,65 dB

$$T(Z) = \frac{0{,}64}{Z^{-2} - 3{,}164137Z^{-1} + 2{,}804141} \frac{0{,}544}{Z^{-2} - 2{,}482517Z^{-1} + 2{,}026602}$$
$$\frac{0{,}695}{Z^{-2} - 3{,}614121Z^{-1} + 3{,}309397} \frac{0{,}434}{Z^{-2} - 1{,}854055Z^{-1} + 1{,}28776739}$$

À partir de la figure 4.32, toutes les capacités sont en valeurs normalisées

Biquad 1	Biquad 2	Biquad 3	Biquad 4
$C_1 = 2{,}819$	$C_1 = 1{,}965$	$C_1 = 3{,}322$	$C_1 = 1{,}478$
$I_{01}C_1 = 1$	$I_{01}C_1 = 1$	$I_{01}C_1 = 1$	$I_{01}C_1 = 1$
$S_{21}C_1 = 1$	$S_{21}C_1 = 1$	$S_{21}C_1 = 1$	$S_{21}C_1 = 1$
$C2 = 1$	$C_2 = 1$	$C_2 = 1$	$C_2 = 3{,}475$
$S_{22}C_2 = 1{,}804$	$S_{22}C_2 = 1{,}027$	$S_{22}C_2 = 2{,}309$	$S_{22}C_2 = 1$
$I_{12}C_2 = 1{,}804$	$I_{12}C_2 = 1{,}069$	$I_{12}C_2 = 2{,}309$	$I_{12}C_2 = 2{,}228$

Tableau 12.1

12.32 Passe bas TAB

Déterminer la cascade à capacités commutées réalisant le gabarit passe-bas de la figure 12.14. La valeur *amax*= 3 dB est imposée, l'approximation est de type Butterworth, la transformation $P \rightarrow Z$ est de type TAB, les sections sont ordonnancées selon la procédure heuristique du chapitre 5 avec tous les maximums en sortie des éléments actifs identiques. Les cellules à capacités commutées sont de type *E* avec sortie sur le premier AOP (E_1).

☞ *Réponse*

Ordre $n = 6$ et *amin* effectivement réalisé = 41,91 dB.

$$T(Z) = 0{,}163 \frac{Z^{-2} + 2Z^{-1} + 1}{Z^{-2} - 2{,}769000Z^{-1} + 2{,}423251}$$
$$0{,}221 \frac{Z^{-2} + 2Z^{-1} + 1}{Z^{-2} - 3{,}744285Z^{-1} + 3{,}62897}$$
$$0{,}113 \frac{Z^{-2} + 2Z^{-1} + 1}{Z^{-2} - 1{,}908138Z^{-1} + 1{,}358987}$$

À partir de la figure 4.32, toutes les capacités sont en valeurs normalisées

Biquad 1	Biquad 2	Biquad 3
$C_1 = 1{,}313$	$C_1 = 1{,}641$	$C_1 = 3{,}263$
$N_{01}C_1 = 2{,}538$	$N_{01}C_1 = 4{,}821$	$N_{01}C_1 = 1{,}819$
$S_{21}C_1 = 1$	$S_{21}C_1 = 1$	$S_{21}C_1 = 1{,}256$
$N_{21}C_1 = 2{,}175$	$N_{21}C_1 = 2{,}972$	$N_{21}C_1 = 1$
$C_2 = 2{,}821$	$C_2 = 2{,}5$	$C_2 = 1{,}457$
$I_{12}C_2 = 1$	$I_{12}C_2 = 1$	$I_{12}C_2 = 1{,}256$
$I_{02}C_2 = 1$	$I_{02}C_2 = 1$	$I02C_2 = 1{,}256$
$N_{02}C_2 = 2{,}175$	$N_{02}C_2 = 2{,}972$	$N_{02}C_2 = 1$

Tableau 12. 2

12.33 Coupe bande TAB

Déterminer la cascade à capacités commutées réalisant le gabarit coupe bande de la figure 12.15. La valeur *amax* = 1 dB est imposée, l'approximation est de type Tchébycheff, la transformation $P \rightarrow Z$ est de type TAB, les sections sont ordonnancées selon la procédure heuristique du chapitre 5 avec tous les maximums en sortie des éléments actifs identiques. Les cellules à capacités commutées sont de type *E* avec sortie sur le premier AOP (E_1).

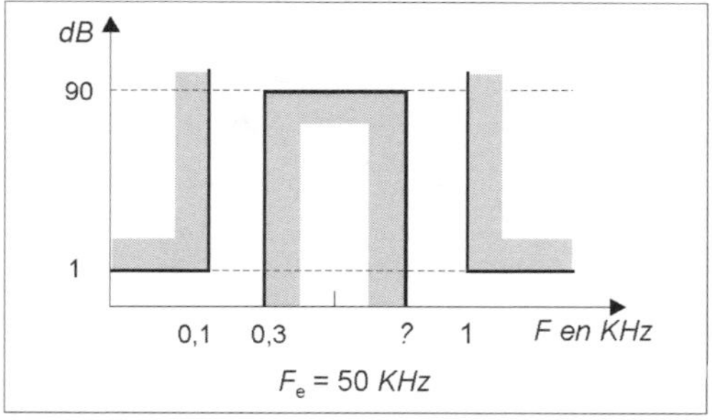

Figure 12.15

☞ *Réponse*

La fréquence manquante F_{ab} = 333,68 Hz, l'ordre n = 6 et *amin* effectivement réalisé = 91,79 dB

$$T(Z) = 1{,}13\frac{Z^{-2} - 1{,}998419Z^{-1} + 1}{Z^{-2} - 2{,}256962Z^{-1} + 1{,}258747}$$

$$0{,}094\frac{Z^{-2} - 1{,}998419Z^{-1} + 1}{Z^{-2} - 2{,}005021Z^{-1} + 1{,}005181}$$

$$10{,}9\frac{Z^{-2} - 1{,}998419Z^{-1} + 1}{Z^{-2} - 2{,}036272Z^{-1} + 1{,}052260}$$

À partir de la figure 4.32, toutes les capacités sont en valeurs normalisées

Biquad 1	Biquad 2	Biquad 3
$C_1 = 4,877$	$C_1 = 79,337$	$C_1 = 8,906$
$I_{01}C_1 = 1,003$	$S_{01}C_1 = 7,419$	$N_{01}C_1 = 94,378$
$N_{01}C_1 = 4,376$	$I_{01}C_1 = 7,798$	$S_{21}C_1 = 1$
$S_{21}C_1 = 1$	$S_{21}C_1 = 1$	$N_{21}C_1 = 3,269$
$N_{21}C_1 = 144,948$	$N_{21}C_1 = 32,335$	C_2 375 376 = 7,390
$C_2 = 144,571$	$C_2 = 85,274$	$I_{12}C_2 = 1$
$I_{12}C_2 = 1$	$I_{12}C_2 = 1,079$	$I_{02}C_2 = 1,079$
$I_{02}C_2 = 1$	$I_{02}C_2 = 1$	$N_{02}C_2 = 3,526$

Tableau 12.3

12.4 Synthèse *leapfrog*

12.41 Passe bas LDI

Déterminer le *leapfrog* à capacités commutées réalisant le gabarit passe bas de la figure 16. La valeur *amax* = 0,5 dB est imposée, l'approximation est de type Tchébycheff, la transformation $P \to Z$ est de type LDI. La fréquence d'échantillonnage est fixée à 1 MHz.

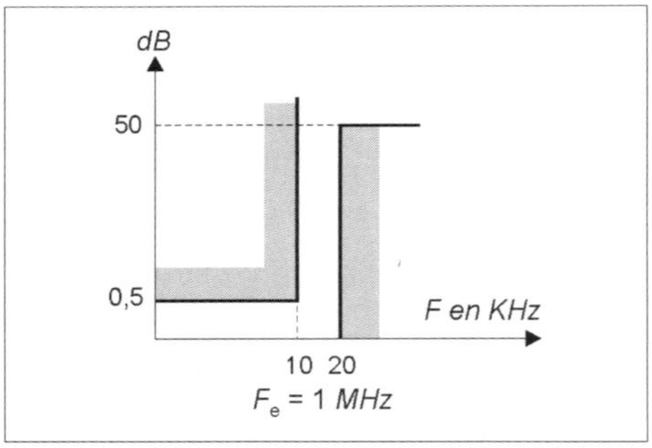

Figure 12.16

☞ *Réponse*

L'ordre du filtre est $n = 6$ et la valeur *amin* effectivement réalisée est de 53,47 dB.

À partir des formules du chapitre 6, paragraphe 6.2 et de la figure 6.4, on détermine :

- $R_e = 1$,
- $R_s = 0,504$,
- $C_1 = 1,72546$,
- $L_2 = 1,24783$,
- $C_3 = 2,60646$,
- $L_4 = 1,31361$,
- $C_5 = 2,47594$,
- $L_6 = 0,86960$.

Les tensions et courants maximums sont :

- $VC_{1max} = 0{,}826$,
- $IL_{2max} = 1{,}241$,
- $VC_{3max} = 0{,}869$,
- $IL_{4max} = 1{,}138$,
- $VC_{5max} = 0{,}691$,
- $IL_{6max} = 0{,}704$.

Les condensateurs de l'échelle active normalisés par rapport à une valeur arbitraire C_{unit} sont donnés dans le tableau 12.4. La convention adoptée pour les indices est celle de la figure 9.11. La notation figurant entre parenthèses indique le type de capacité : non commutée (NC), commutée série (CS) ou commutée parallèle inverseuse (CI).

Intégrateur 1	**Intégrateur 2**	**Intégrateur 3**	**Intégrateur 4**	**Intégrateur 5**	**Intégrateur 6**
C_1 = 26,952 (NC)	C_2 = 29,842(NC)	C_3 = 31,682 (NC)	C_4 = 34,437(NC)	C_5 = 38,684(NC)	C_6 = 26,450(NC)
C_{10} = 1,210 (CI)	C_{21} = 1 (CI)	C_{32} = 1,090(CS)	C_{43} = 1,257 (CI)	C_{54} = 1,616(CS)	C_{65} = 1,946 (CI)
C_{11} = 1 (CS)	C_{23} = 1,052 (CI)	C_{34} = 1 (CS)	C_{45} = 1 (CI)	C_{56} = 1(CS)	C_{66} = 1 (CS)
C_{12} = 1,501(CS)					

Tableau 12.4

12.42 Passe bande LDI

Déterminer le *leapfrog* LDI à capacités commutées réalisant le gabarit passe bande de la figure 9.18 à partir d'une approximation de Cauer. La fréquence d'horloge est fixée à Fe = 200 kHz.

☞ *Réponse*

À partir de l'échelle passive passe bas prototype de la figure 9.20, en appliquant les formules du tableau 6.2 on détermine l'échelle passive passe bande de la figure 12.17.

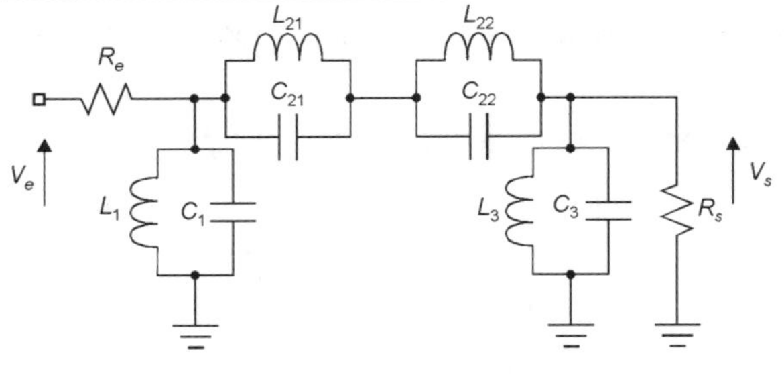

$R_e = R_s = 1\ \Omega$, C1 = C_3 = 212,17 µF ,$L_1 = L_3$ = 4,833 µF

L_{21} = 36,390 µF ,C_{21} = 12,641 µF ,L_{22} =81,124 µH et C_{22} = 12,641 µH

Figure ,12.17

Ensuite, on écrit les courants inductifs $\hat{I}_1 = IL_1 + IL_{21}$, $\hat{I}_2 = IL_{21} - IL_{22}$ et $\hat{I}_3 = IL_{22} - IL_3$ et les tensions respectivement aux nœuds 1,2 et 3 de l'échelle passive. Les condensateurs de l'échelle active normalisés par rapport à une valeur arbitraire C_{unit} sont donnés dans le tableau 12.5.

Intégrateur 1	Intégrateur 2	Intégrateur 3	Intégrateur 4	Intégrateur 5	Intégrateur 6
C_1 = 42,952 (NC)	C_2 = 25,405 (NC)	C_3 = 7,571 (NC)	C_4 = 76,364(NC)	C_5 = 48,070 (NC)	C_6 = 38,695 (NC)
C_{10} = 1,308 (CI)	C_{21} = 3,637 (CI)	C_{31} = 1 (NC)	C_{41} = 3,394 (CS)	C_{53} = 20,044(NC)	C_{63} = 1 (CI)
C_{11} = 1 (CS)	C_{23} = 1 (CI)	C_{34} = 1,318 (CI)	C_{43} = 11,530 (CS)	C_{55} = 1(CS)	C_{65} = 4,981 (CI)
C_{12} = 8,151(CS)		C_{35}=1,463 (NC)	C_{45}=1 (CS)	C_{56} = 8,481(CS)	
C_{13}=5,910 (NC)					

Tableau 12.5

12.5 Convertisseur incrémental

L'étude suivante va porter sur un type de convertisseur analogique / numérique dit incrémental. Le bloc analogique est représenté sur la figure 12.18 ; il comprend un intégrateur et un comparateur.

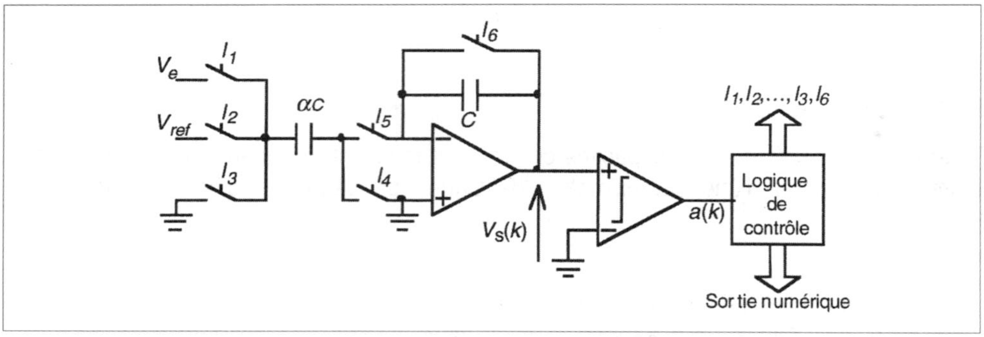

Figure 12.18 : Convertisseur incrémental.

Une conversion est constituée d'une phase d'initialisation (I_6=1) et d'un certain nombre de phases « d'intégration » indicées *k* durant lesquelles la tension à convertir V_e est constante. V_{ref} est la tension de référence du convertisseur.

Chaque phase d'intégration est composée de quatre sous-phases :

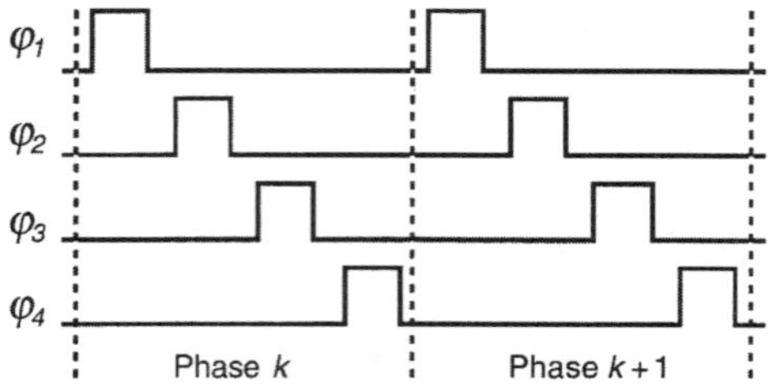

À chaque interrupteur est associé une variable binaire I_j telle que :

$I_j = 1$ ⟶ 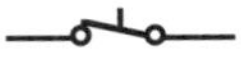

$I_j = 0$ ⟶ 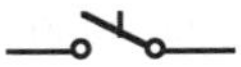

La commande des interrupteurs au cours des différentes phases est donnée dans le tableau suivant :

		I_1	I_2	I_3	I_4	I_5	
	φ_1	1	0	0	1	0	I_k fermé (1), ouvert (0)
	φ_2	0	0	1	0	1	
a = 0	φ_3	0	1	0	1	0	
	φ_4	0	0	1	0	1	
a = 1	φ_3	0	0	1	1	0	
	φ_4	0	1	0	0	1	

Tableau 12.6: Commandes des interrupteurs.

Pour une phase k (composée des quatre sous-phases), on note $V_{S_i}(k)$ la tension de sortie de l'amplificateur opérationnel à la fin de la sous-phase φ_i et $V_S(k)$ la tension en fin de phase k :

$$V_S(k) = V_{S_4}(k)$$

À la tension de sortie $V_{S_2}(k)$ (2[è] sous-phase) est associée un élément binaire $a(k)$ tel que :

$$\begin{cases} a(k) = 1 \quad \text{si} \quad V_{S_2} > 0 \\ a(k) = 0 \quad \text{sinon} \end{cases}$$

❶ Montrer par une analyse du circuit dans les quatre sous-phases que l'on a les relations de récurrence suivantes :

$$V_{S_2}(k) = V_S(k-1) + \alpha V_e$$

$$V_{S_4}(k) = V_S(k) = V_{S_2}(k) - \alpha[a(k) - \bar{a}(k)]V_{ref}$$

❷ Montrer ensuite par récurrence que pour tout k :

$$-\alpha V_{ref} < V_S(k) < \alpha V_{ref}$$

sachant que les conditions suivantes sont respectées :

$$-V_{ref} < V_e < V_{ref} \qquad V_{ref} > 0 \quad \text{et} \quad V_S(0) = 0$$

Après une phase d'initialisation ($I_6 = 1$), on effectue $2p$ phases d'intégration.

❸ Calculer $V_S(2p)$.

❹ Montrer avec l'encadrement précédent qu'il est possible d'écrire :

$$-\frac{q}{2} < V_e - Nq < \frac{q}{2}$$

La résolution, en nombre de bits, est donnée par

$$n = \log_2\left[\frac{max(V_e) - min(V_e)}{q}\right]$$

❺ Déterminer $n = f(p)$.
Application numérique : $V_{ref} = 10$ volts, $\alpha = 1 / 2$.

❻ Déterminer le nombre de phases nécessaires pour avoir une résolution de 4 bits.

❼ Faire le diagramme des temps de V_S sur 16 phases d'intégration pour une tension d'entrée $V_e = 6$ volts.

❽ Calculer la valeur numérique de sortie.

☞ *Réponse*

Afin de pouvoir trouver les équations de récurrence du système, il est nécessaire d'étudier chaque sous-phase.

• Phase φ_1 :
En fin de phase φ_1, la capacité C est isolée (AOP parfait). Il est donc possible d'écrire que

$$V_{S_1}(k) = V_S(k-1)$$

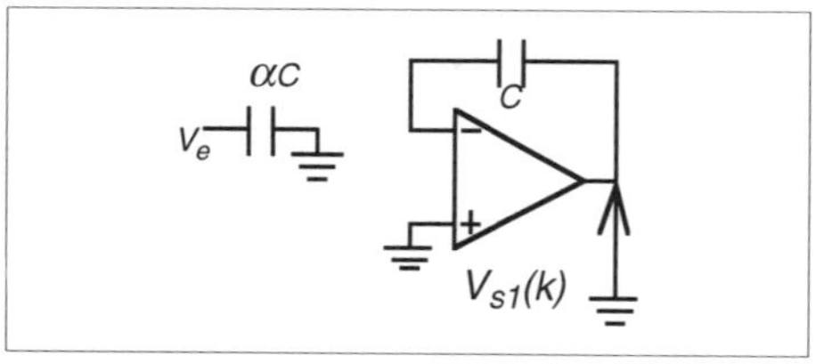

La capacité αC est chargée à la tension V_e :

$$V_{\alpha C_1}(k) = V_e$$

• Phase φ_2 :
Le système constitué par le nœud d'entrée de l'amplificateur et les deux capacités est isolé ; il y a donc conservation de la charge.

$$Q_{\alpha C}(\varphi_2) + Q_C(\varphi_2) = Q_{\alpha C}(\varphi_1) + Q_C(\varphi_1)$$

$$CV_{S_2}(k) = \alpha CV_e + CV_S(k-1) \quad \Rightarrow$$

$$V_{S_2}(k) = \alpha V_e + V_S(k-1) \qquad (12.1)$$

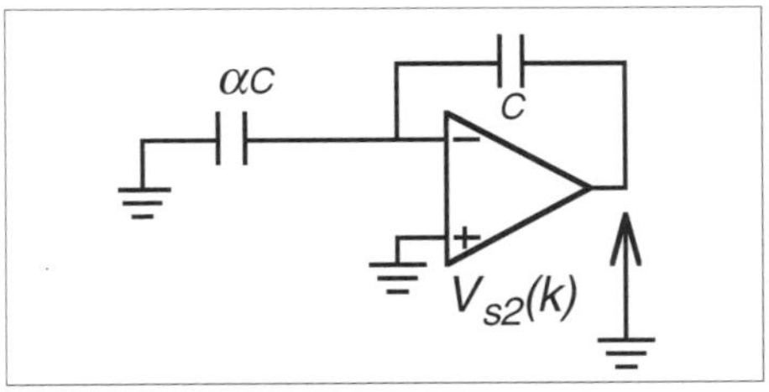

Si $V_{S_2}(k)$ est positif ou négatif, la sortie du comparateur $a(k)$ est respectivement égale à 1 ou 0.

- Phase φ_3 :
  Le système isolé n'est plus constitué que du nœud d'entrée de l'amplificateur et de la capacité C :
  $V_{S_3}(k) = \alpha V_e + V_S(k-1)$

$a(k) = 1$

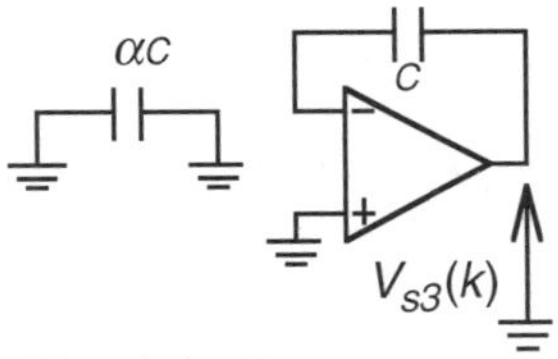

$V_{\alpha C3}(k) = 0$

$a(k) = 0$

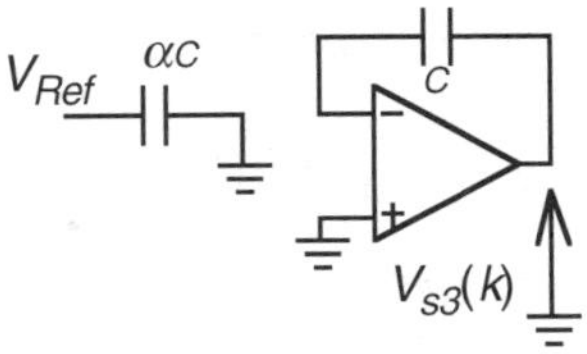

$V_{\alpha C3}(k) = V_{Ref}$

- Phase $\varphi 4$:
  Il y a de nouveau création d'un système isolé commun avec répartition des charges sur les deux capacités.
  $Q_{\alpha C_4}(k) + Q_{C_4}(k) = Q_{\alpha C_3}(k) + Q_{C_3}(k)$

$a(k) = 1$

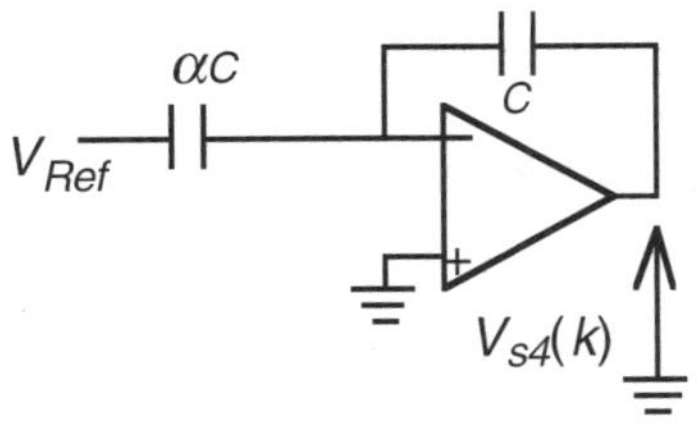

$\alpha C V_{Ref} + C V_S(k) = C[V_S(k-1) + \alpha V_e]$

$V_S(k) = V_S(k-1) + \alpha V_e - \alpha V_{Ref}$

$a(k) = 0$

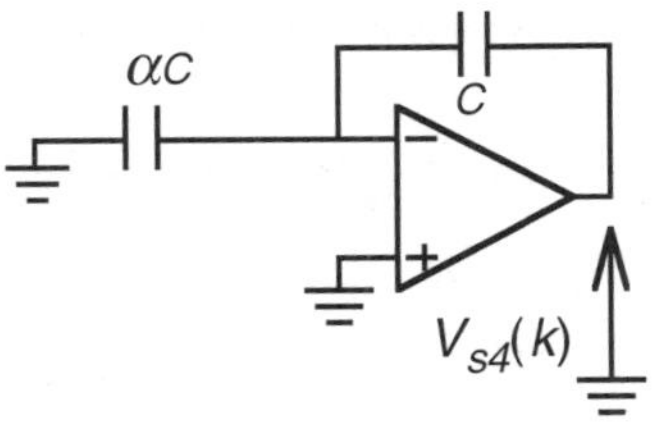

$C V_S(k) = C[V_S(k-1) + \alpha V_e] + \alpha C V_{Ref}$

$V_S(k) = V_S(k-1) + \alpha V_e + \alpha V_{Ref}$

$$V_S(k) = V_S(k-1) + \alpha V_e - \alpha[a(k) - \bar{a}(k)]V_{Ref}$$

Démontrons par récurrence que

$$-\alpha V_{Ref} \leq V_s(k) \leq \alpha V_{Ref}$$

On sait que :

$$-V_{Ref} \leq V_e \leq V_{Ref}$$

Pour $k=1$, on a :

$$-\alpha V_{Ref} \leq V_{S_2}(1) = \alpha V_e \leq \alpha V_{Ref}$$
$$-\alpha V_{Ref} \leq V_S(1) = \alpha V_e - \alpha[a(k) - \bar{a}(k)]V_{Ref} \leq \alpha V_{Ref}$$

Admettons que :

$$-\alpha V_{Ref} \leq V_S(k-1) \leq \alpha V_{Ref}$$

En utilisant l'équation (10.23), il est possible d'écrire que :

$$-\alpha(V_{Ref} - V_e) \leq V_{S_2}(k) = V_S(k-1) + \alpha V_e \leq \alpha(V_{Ref} + V_e)$$

En substituant les valeurs limites

$$V_{e_{min}} = -V_{Ref} \quad \text{et} \quad V_{e_{max}} = +V_{Ref}$$

l'inégalité devient :

$$-2\alpha V_{Ref} \leq V_{S_2}(k) \leq 2\alpha V_{Ref}$$

Pour calculer la tension $V_S(k)$, il faut alors séparer les inégalités en fonction du signe de $V_{S_2}(k)$:
Cas ❶

$$-2\alpha V_{Ref} \leq V_{S_2}(k) \leq 0$$

Si $V_{S_2}(k) \leq 0$ alors $a(k) = 0$ et il y a addition de αV_{Ref} :

$$-\alpha V_{Ref} \leq V_S(k) \leq \alpha V_{Ref}$$

Cas ❷

$$0 \leq V_{S_2}(k) \leq 2\alpha V_{Ref}$$

Si $0 \leq V_{S_2}(k)$ alors $a(k) = 1$

et il y a soustraction de αV_{ref}

$$-\alpha V_{Ref} \leq V_S(k) \leq \alpha V_{Ref}$$

Finalement, quelles que soient les valeurs de $V_{S_2}(k)$:

$$-\alpha V_{Ref} \leq V_S(k) \leq \alpha V_{Ref}$$

L'hypothèse de départ est donc vérifiée.

Après $2p$ phases d'intégration, il vient :

$$V_S(2p) = 2p\alpha V_e - \sum_{i=1}^{2p}\left[a(i) - \bar{a}(i)\right]\alpha V_{Ref}$$

L'utilisation de l'encadrement précédent permet d'écrire :

$$-\alpha V_{Ref} \leq 2p\alpha V_e - \sum_{i=1}^{2p}\left[a(i) - \bar{a}(i)\right]\alpha V_{Ref} \leq \alpha V_{Ref}$$

$$-\frac{V_{Ref}}{2p} \leq V_e - \sum_{i=1}^{2p}\left[a(i) - \bar{a}(i)\right]\frac{V_{Ref}}{2p} \leq \frac{V_{Ref}}{2p}$$

À comparer avec $-q/2 < V_e - Nq < q/2$ qui correspond à l'erreur maximale de conversion pour un convertisseur analogique / numérique dont la valeur du pas de quantification serait q et la valeur numérique de sortie N.

Soit :

$$q = \frac{V_{Ref}}{p} \quad \text{et} \quad N = \frac{1}{2}\sum_{i=1}^{2p}\left[a(i) - \bar{a}(i)\right]$$

La résolution d'un convertisseur est donnée par n tel que :

$$q = \frac{max(V_e) - min(V_e)}{2^n} \quad \text{soit} \quad n = \log_2\left[\frac{maxV_e - minV_e}{q}\right]$$

Ici, on obtient :

$$n = \log_2\left[\frac{2V_{Ref}\,p}{V_{Ref}}\right] = \log_2(2p) = 1 + \log_2 p$$

La résolution augmente de 1 bit chaque fois que le nombre d'intégration double.

Application numérique

La résolution souhaitée est de 4 bits pour une tension de référence de 10 volts.

$$\frac{maxV_e - minV_e}{2^n} = \frac{V_{Ref}}{p} \quad \Rightarrow \quad p = 10\left[\frac{16}{20}\right] = 8$$

Le nombre d'intégration nécessaire est donc $2p = 16$.

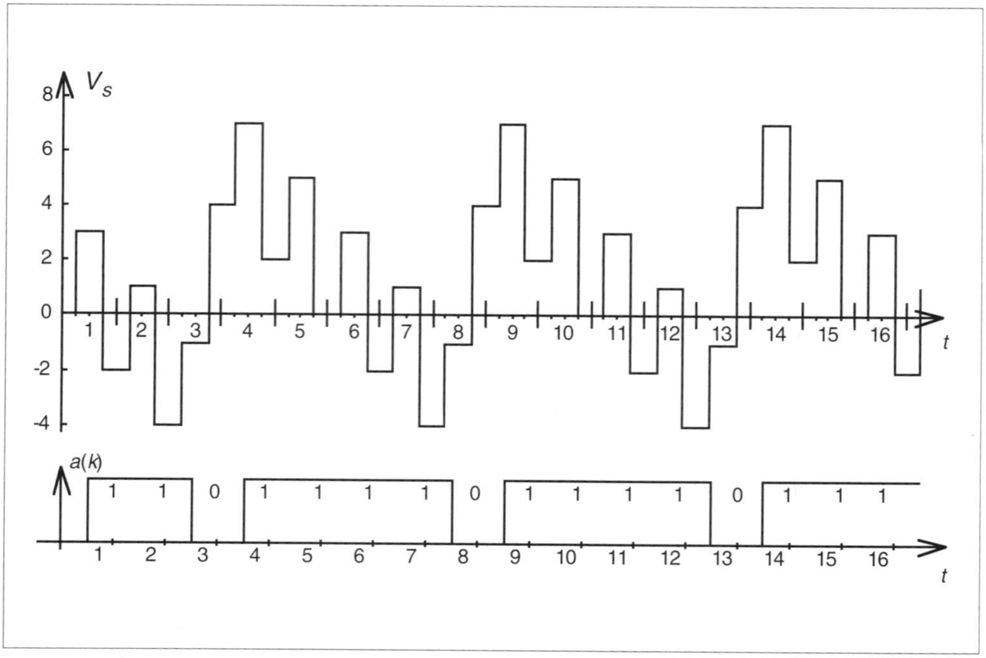

Figure 12.19 : Diagramme de la conversion de $V_e = 6$ volts.

N = (nombre de « 1 » – nombre de « 0 ») / 2

Ici, le nombre de « 1 » vaut 13 et celui de « 0 » vaut 3, d'où $N = 5$.

La résolution étant de 1,25 volts, cette valeur numérique correspond à une tension analogique de 6,25 volts. Par rapport aux 6 volts de tension d'entrée, le résultat est bien compris dans les limites de l'erreur de quantification maximum qui est de 0,625 volt.

12.6 Étude d'un CNA 8 bits à pondération de tension

Le schéma de principe est donné, pour un nombre de 4 bits, sur la figure 12.20. Le but est de réaliser un tel convertisseur dans une technologie MOS ayant les caractéristiques suivantes :

$R_{polysilicium} = 25\ \Omega /$ (25 Ω par carré) utilisé pour l'échelle résistive.

Résistance de contact métal / poly : $\begin{cases} R_{minimum} = 1\Omega \\ R_{maximum} = 5\Omega \end{cases}$ (12.2)

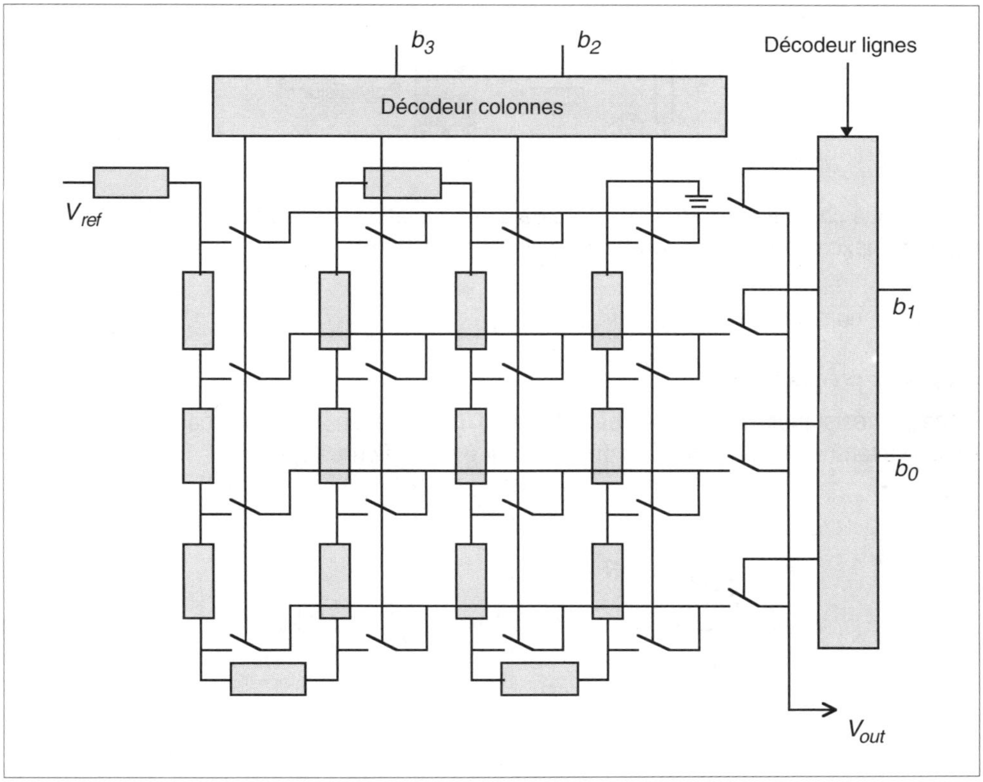

Figure 12.20 : CNA à pondération de tension de 4 bits de précision.

Les commutateurs sont réalisés par l'association de deux transistors nMOS / pMOS.

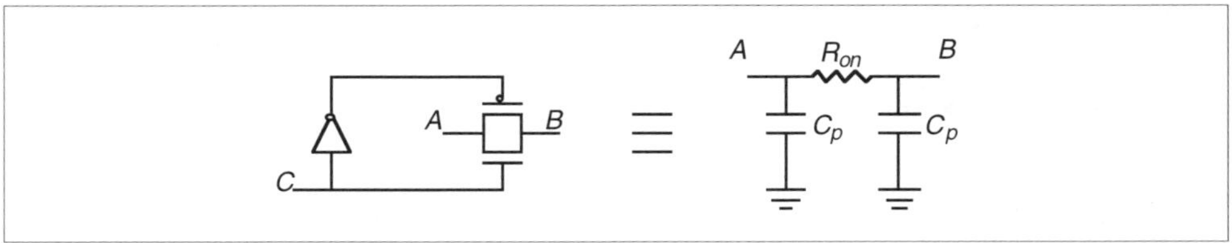

Figure 12.21 : Modélisation de l'interrupteur.

Le modèle de la figure 12.21 est utilisé pour le commutateur lorsqu'il est passant avec R_{on}=5 kΩ et C_p=50 pF.

L'échelle résistive sera constituée d'une matrice de 16 x 16 éléments. Chaque élément est lui-même constitué d'un rectangle de polysilicium relié aux autres par l'intermédiaire de métal.

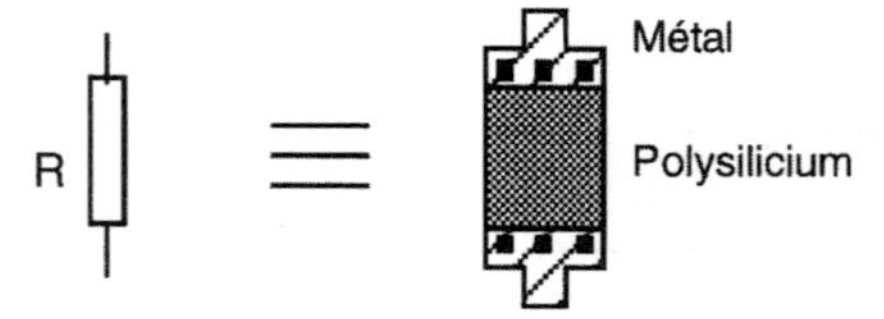

Sachant que chaque résistance est affectée d'une variation ΔR due aux contacts, calculer la variation maximale permise pour la précision de 8 bits. En déduire le nombre de contacts minimal requis.

Application numérique : V_{ref}=5 volts, R=100 Ω.

Étude de la précision

Si chaque résistance R du réseau est affectée d'une variation ΔR, le pire cas de l'erreur relative est obtenu à la demi-échelle, comme indiqué sur la figure 12.22.

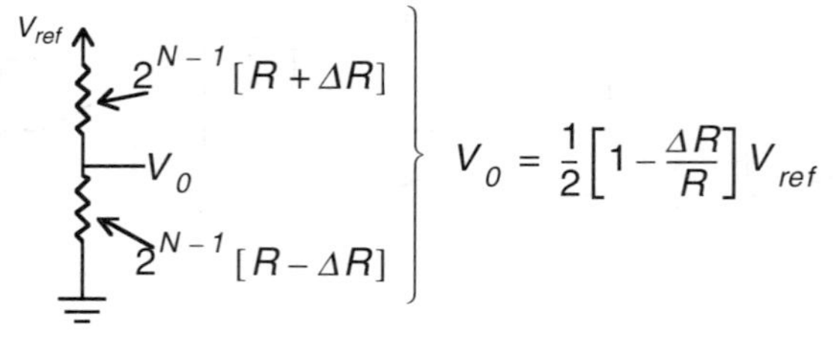

Figure 12.22

Pour que l'erreur reste inférieure à 1 / 2 quantum, il faut avoir :

$$\frac{\Delta R}{R} < \frac{1}{2^{N+1}} \approx 2.10^{-3} \tag{12.3}$$

La puissance dissipée par l'échelle est donnée par :

$$P = \frac{V_{ref}^2}{2^N R} \approx 1\,\text{mW}$$

La résistance est constituée d'un rectangle de polysilicium de dimensions L et W :

$$R = R_o \frac{L}{w} \quad \Rightarrow \quad \frac{L}{W} = 4$$

Nombre de contacts nécessaires par résistance n_c.

D'après l'équation (10.2), il vient $\Delta R_{contact}$=4Ω ; or, en utilisant l'équation (12.3), on sait que la variation de résistance doit être telle que

$$\Delta R < 2^{-(N+1)} R \approx 0{,}2\Omega \text{ d'où } n_c = \frac{\Delta R_{contact}}{\Delta R} = \frac{4}{0{,}4} = 10$$

Étude du temps d'établissement

Le temps d'établissement de la tension de sortie lors d'un changement de valeurs numériques va dépendre du réseau *RC* constitué par la résistance équivalente du réseau, les résistances des interrupteurs et les capacités parasites.

Lors de la commutation des interrupteurs, il est donc possible d'utiliser un schéma équivalent pour le convertisseur.

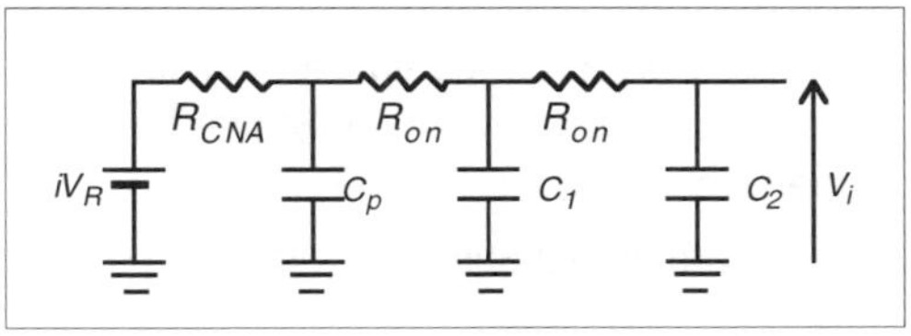

Figure 12.23 : Schéma équivalent du CNA.

La résistance interne de l'échelle résistive est donnée par :

$$R_{CNA} = \frac{(2^N - i)i}{2^N} R$$

Elle est maximum dans la configuration de la figure 12.22 avec :

$$R_{CNA/max} = 2^{N-2} R$$

Soit pour $N = 8$ bits et $R = 100\ \Omega$, $R_{CNA/max} = 6400\ \Omega$.

Les capacités C_1 et C_2 sont données par :

$$\begin{cases} C_1 = \left[2^{\frac{N}{2}} + 1 \right] C_p & (\frac{N}{2} \text{ colonnes et 1 ligne}) \\ C_2 = 2^{\frac{N}{2}} C_p + C_L & (\frac{N}{2} \text{ lignes, plus la capacit de charge du CNA}) \end{cases}$$

Soit $C_1 = 17C_p$, $C_2 = 16C_p + C_L$

La simulation du temps d'établissement du réseau est donné à la figure 12.24 avec $C_L = 1$ pF. Celui ci est d'environ 250 ns.

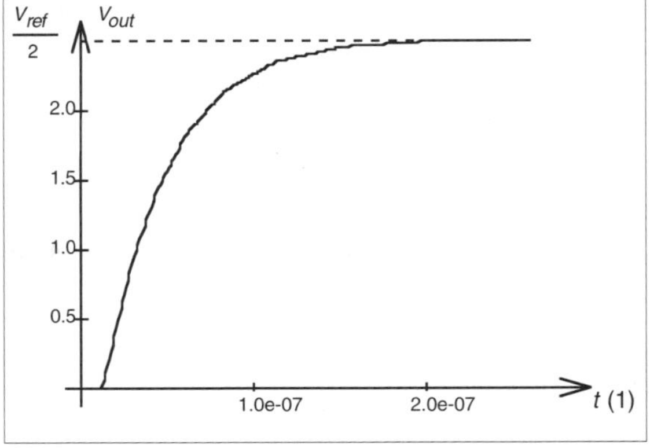

Figure 12.24 : Temps d'établissement du CNA.

12.7 Convertisseur algorithmique

L'objectif est de concevoir un convertisseur analogique / numérique algorithmique à un bit / étage pour convertir des signaux d'entrée compris entre 2 et 5 volts, et cela avec une précision de 0,06 volt.

La technologie utilisée sera du CMOS pouvant travailler entre 0 volt (V_{ss}) et une tension d'alimentation V_{dd} ($\leq$ 10 volts).

La bibliothèque de cellules pré-caractérisées comprend un amplificateur opérationnel pouvant travailler entre V_{ss}+0,5 volt et V_{dd}–0,5 volt et des interrupteurs nMOS ayant une tension de seuil V_t = 1 volt. La capacité de base à une valeur unitaire de 1 pF.

Les signaux de commandes numériques (horloges...) commutent entre les valeurs V_{ss} et V_{dd}.

❶ Quel devra être le nombre de bits (2 volts correspondra à la valeur 0 en sortie et 5 volts à 1...1) ?
En déduire l'erreur de quantification et la précision effective.
Faire le schéma de l'étage de base du convertisseur.

❷ Quel devra être la valeur minimale de la tension d'alimentation ?

❸ Quel doit être le gain de l'amplificateur pour obtenir la précision désirée ?

☞ *Réponse*

La plage de tension à convertir est de 5 V – 2 V = 3 V. La précision désirée étant de 0,06 volt, d'après la formule (10.2)(*cf.* chapitre 10), il faut :

$$0{,}06 \geq \frac{3}{2^N} \quad \Rightarrow \quad N \geq \log_2\left[\frac{3}{0{,}06}\right] = 5{,}64$$

La résolution devra donc d'être de 6 bits.
Avec 6 bits, la précision effective est de 0,047 V et l'erreur de quantification maximale est dans ces conditions de :

$$\frac{3}{2^7} = 0{,}023 \text{ V}$$

Le schéma reprend celui de base du convertisseur algorithmique. Les différences portent essentiellement sur les tensions de comparaison et de soustraction. Dans tous les schémas présentés, la gamme de tension était implicitement entre 0 et V_{ref}, avec en conséquence des comparaisons à $V_{ref}/2$. Or, ce n'est pas le cas ici où la gamme se trouve entre 2 et 5 V.

Quels en sont les implications ?
Les valeurs de sorties s'échelonnent de 0...0 pour 2 V à 1...1 pour 5 V ; la formule de conversion s'écrit donc :

$$V_{in} = 2 + \frac{V_{ref}}{2}\left[b_5 + \frac{b_4}{2} + \frac{b_3}{4} + \frac{b_2}{8} + \frac{b_1}{16} + \frac{b_0}{32}\right] + V_{résidu}$$

Comme le montre cette équation, la tension de comparaison est décalée de 2 V. Si on travaillait entre 0 et 3 V, elle serait de 1,5 V ; elle est donc ici de 3,5 V.

De même, pour les tensions à soustraire lors du calcul du résidu. Si la tension d'entrée vaut 2 V, alors le bit de résultat est nul (en fait tous les bits du résultat sont nuls) et le résidu de la conversion d'un étage doit être 2 V. Or, ce résidu, avec le montage de base, est $2(V_{in}-bV_{ref}/2)$. Sans modification, la sortie vaudrait 4 V. Pour retrouver le bon résidu de conversion, il faut soustraire, quand $b=0$, une tension de 1 V. En sortie il faut toujours retrouver une formule de type : $2+V_{ref}(b_i+b_{i-1}/2+\ldots)$.

De même quand $V_{in}=3{,}5$ V, le bit du résultat de l'étage est à 1 et le résidu doit être de 2 V. Il faut donc soustraire 2,5 V.

Le montage utilise donc trois sources de tensions de référence (figure 12.25).

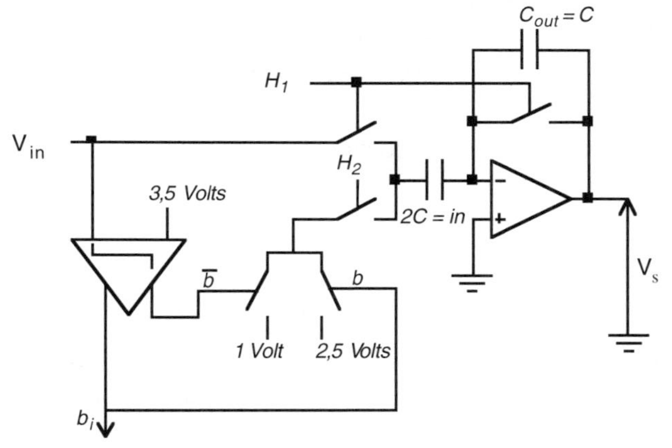

Figure 12.25 : Schéma d'un étage.

L'amplificateur travaille entre 0 et $V_{dd}-0{,}5$ V et les tensions à convertir peuvent varier entre 2 et 5 V, il faut donc que V_{dd} ait au moins une valeur de 5,5 V si l'on considère ce critère. Ce n'est cependant pas cette tension qui assurera un fonctionnement correct.

En effet, supposons que l'on veuille convertir une tension proche de 5 V ; il faut que les interrupteurs soient passants pour cette tension. Pour le nMOS, cela implique que $V_{gs}-V_t>0$. Ici, la tension de grille est le signal d'horloge qui vaut V_{dd}. Or, $V_t=1$ V ; il faut donc que l'alimentation ait au moins une valeur de 6 V sinon, pour certaines valeurs de la tension d'entrée, cela ne fonctionnera pas.

Pour calculer le gain minimum requis pour l'amplificateur opérationnel, il faut considérer que l'erreur importante va être l'erreur introduite par le premier étage du pipe-line car elle va ensuite être amplifiée par les étages suivants.

Quelle est donc cette erreur ?

On sait que la sortie d'un tel montage est :

$$V_S = (V_1 - V_2)\frac{C_{in}}{C_{out}}\left(\frac{1}{1+\frac{C_{out}+C_{in}+C_e}{C_{out}A_0}}\right) \approx 2(V_1 - V_2)\left(1-\frac{3}{A_0}\right)$$

Alors que, pour avoir une solution parfaite, on cherche à avoir $2(V_1 - V_2)$. L'erreur entre les deux est de

$$2(V_1 - V_2)\frac{3}{A_0}$$

Cette erreur est maximale pour $(V_1 - V_2) = 2{,}5$ et vaut alors $15 / A_0$.

C'est cette erreur qui est injectée dans l'étage suivant ; il faut que dans le pire cas elle n'introduise pas d'erreur dans la conversion.

Le pire cas, c'est le calcul du LSB. Il faut donc que cette erreur reste inférieure au demi-LSB (*cf.* la fonction de transfert).

En respectant cette condition, on obtient :

$$\frac{15}{A_0} < \frac{3}{2^7}$$

Ce qui fait que le gain doit être au minimum de 640.

Si ce gain paraît peu important, on peut cependant remarquer que, d'une part, il s'agit du gain statique et que, d'autre part, il croît assez vite ; ainsi, pour 8 bits de précision, il faudrait un gain supérieur à 2560.

Bibliographie

[1] J.C. Maxwell – *A treatise on electricity & magnetism* – Dover Publications INC., vol. 2, p. 420, 1954.

[2] D.L. Fried – *Analog sample data filters* – IEEE Journal of solid-state circuits, vol. SC. 7, n°4, pp. 302-304, août 1972.

[3] D.A. Johns, W.M. Snelgrove, A.S. Sedra – *Orthonormal ladder filters* – IEEE Trans. on circuits and systems, vol. CAS. 36, n°6, pp. 337-343, juin 1989.

[4] W.M. Snelgrove, A.S. Sedra – *Synthesis and analysis of state space active filters using intermediate transfer functions* – IEEE Trans. on circuits and systems, vol. CAS. 33, pp. 287-301, mars 1986.

[5] L.P. Robichaud, M. Boisvert, J. Robert – *Graphes de fluence. Applications à l'électrotechnique et à l'électronique. Calculateurs analogiques et digitaux* – Éditions Eyrolles, 1961.

[6] D.S. Humpheris – *The analysis, design, and synthesis of electrical filters* – Édition Prentice-Hall INC., Englewood Cliffs, 1970.

[7] J.P. Delmas – *Éléments de théorie du signal : les signaux déterministes* – Édition Ellipses, 1991.

[8] C. Charalambous – *An inified review of optimization of recursive digital filters* – IEEE Trans. on microwave theory techniques, vol. MTT 22, pp. 289-300, mars 1974.

[9] M. Bellanger – *Traitement numérique du signal* – Édition Masson, Collection Technique et Scientifique des Télécommunications, 1981.

[10] R.W. Daniels – *Approximation methods for electronic filter design* – Édition McGraw-Hill, book compagny, 1974.

[11] A. Papoulis – *On the approximation problem in filter design* – IRE Conv. Record, 5, part 2, pp. 175-185, 1957.

[12] P. Amstutz – *Elliptic approximation and elliptic filter design on small computers* – IEEE Trans. on circuits and systems, vol. CAS. 25, n°12, pp. 1001-1011, décembre 1978.

[13] D. Baez-Lopez – *Computation of even order elliptic filter functions* – Electronics Letters, vol. 19, n°24, 24 novembre 1983.

[14] M.D. Lutovac, D.M. Rabrenovic – *Algebraic design of elliptic filters* – ECCT '93', circuits theory and design, pp. 299-304.

[15] S. Darlington – *Simple algorithms for elliptic filters and generalizations thereof* – IEEE Trans. on circuits and systems, vol. CAS. 25, n°12, pp. 975-980, décembre 1978.

[16] E.I. Jury – *Theorie and application of the Z transform method* – Édition John Wiley and sons, 1964.

[17] A.C. Antoniou, C. Shekher – *Invariant sinusoid approximation method for recursive digital filters* – Electronics Letters, vol. 22, n°25, p. 1325, 4 décembre 1986.

[18] R. Hilberman – *An approach to the sensitivity and statistical variability of biquadratic filters* – IEEE Trans. on circuits and theory, vol. CT. 20, n°4, pp. 382-390, juin 1980.

[19] P.E. Fleischer, K.R. Laker – *A family of active switched capacitor biquad building blocks* – The Bell system technical journal, pp. 2235-2269, décembre 1980.

[20] D.R. Ribner, M.A. Copeland – *Biquad alternatives for high-frequency switched capacitor filters* – IEEE Trans. on solid state circuits, vol. CAS. 20, n°6, pp. 1085-1095, décembre 1985.

[21] E. Lueder – *A decomposition of a transfert function minimizing distortion end inband losses* – The Bell system technical journal, pp. 455-468, mars 1970.

[21] C.F. Chiou, R. Schaumann – *Refined procedure for optimizing signal to noise ration in cascade active RC filters* – IEE Proc., vol. 128, Pt. G, n°4, pp. 189-191, août 198 ?.

[22] A. I Zverev – *Handbook of filter synthesis* – Édition John Wiley and sons, 1967.

[23] S. Stefanescu – *Filtres électriques* – Édition Masson, 1972.

[24] R.D. Davis, T.N. Trick – *Optimum design of low-pass switched capacitor ladder filters* – IEEE Trans. on circuits and systems, vol. CAS. 27, n°6, juin 1980.

[25] R. Gregorian, G.C. Temes – *Analog MOS integrated circuits for signal processing* – Édition John Wiley and sons, 1986.

[26] R.B. Datar, A.S. Sedra – *Exact design of strays insensitive switched capacitor highpass ladder filters* – Electronics Letters, vol. 19, n°24, 24 novembre 1983.

[27] R.B. Martin, A.S. Sedra – *Exact design of switched capacitor bandpass filters using coupled biquad structures* – IEEE Trans. on circuits and systems, vol. CAS. 27, n°6, juin 1980.

[28] G.W. Roberts, D.G. Nairn, A.S. Sedra – *On the implementation of fully differential switched capacitor ladder filters* – IEEE Trans. on circuits and systems, vol. CAS. 33, pp. 452-455, n°4, avril 1986.

[29] J.L. Mc Creary – *Matching properties, and voltage and temperature dependance of MOS capacitors* – IEEE Journal of solid-state circuits, SC-16, pp. 608-616, décembre 1981.

[30] E. Vittoz – *Advanced analog digital design : analog circuit layout* – Eurochip course Leuven, 1992.

[31] M. Cand, E. Demoulin, J.-L. Lardy, P. Senn – *Conception des circuits intégrés M.O.S* – Édition Eyrolles, Collection Technique et Scientifiques des Télécommunications, 1986.

[32] J.B. Shyu, G.C. Temes, K. Yao – *Random errors in M.O.S capacitors* – IEEE Journal of solid-state circuits, SC-17, pp. 1070-1075, décembre 1982.

[33] J.B. Shyu, G.C. Temes, F. Krummenacher – *Random errors effects in matched M.O.S capacitors and current sources* – IEEE Journal of solid-state circuits, SC-19, pp. 948-955, décembre 1984.

[34] D.G. Haigh, J.T. Taylor – *On switch-induced distortion in switched capacitor circuits* – Proceedings of the ISCAS'88, pp. 1987-1990.

[35] R.B. Martin, A.S. Sedra – *Effects of the op amp finite gain and bandwidh on the performance of switched-capacitor filters* – IEEE Trans. on circuits and systems, vol. CAS. 28, n°8, pp. 822-829, août 1981.

[36] E. Sanchez-Sinencio – *Gain-bandwidth product effects on SC filters including a quasi-optimal topology* – IEEE circuits and systems magazine, pp. 34-40, décembre 1983.

[37] G. Fischer, G.S. Moschhytz – *On the frequency limitations of SC filters* – IEEE Journal of solid-state circuits, vol. SC. 19, n°4, pp. 510-518, août 1984.

[38] E. Sanchez-Sinencio, J. Silva-Martinez, R.L. Geiger – *Biquadratic SC filters with small GB effects* – IEEE Trans. on circuits and systems, vol. CAS. 31, n°10, pp. 876-883, octobre 1984.

[39] P.M. Van Peteghem, J.-F. Duque-Carrillo, E. Sanchez-Sinencio – *General Z-domain description of SC filters built with transconductance amplifiers* – Int. Symp. on the math. of netw. and sys., Phoenix, AZ, pp. 145-153, juin 1987.

[40] W. Sansen, H. Qiuting, K.A. Halonen – *Transient analysis of charge transfert in SC filters-Gain error and distortion* – IEEE Journal of solid-state circuits, SC-22, pp. 268-276, avril 1987.

[41] O. Agazzi, A.A. Adan – *An analog front end for full-duplex digital transceivers working on twisted pairs* – IEEE Journal of solid-state circuits, vol. SC. 24, n°2, pp. 229-240, avril 1989.

[42] A. Robertini, W. Guggenbühl – *Errors in SC circuits derived from linearly modeled amplifiers and switches* – IEEE Trans. on circuits and systems, vol. CAS. 39, n° 2, pp. 93-101, février 1992.

[43] A.C. Gobet, A. Knob – *Noise analysis of switched capacitor networks* – IEEE Trans. on circuits and systems, vol. CAS. 30, n°1, pp. 37-43, janvier 1983.

[44] B. Furrer, W. Guggenbühl – *Noise analysis of a switched capacitor biquad* – A.E.Ü., Band 37, pp. 35-40.

[45] M.L. Liou, Y.L. Kuo, C.F. Lee – *A tutorial on computer aided analysis of switched capacitor circuits* – Proceedings of the IEEE, vol. 71, n°8, pp. 987-1005, août 1983.

[46] S.C. Fang, Y.P. Tsividis, O. Wing – *SWITCAP : a switched capacitor network analysis program* – IEEE Circuits Sys. Mag., décembre 1983.

[47] – *ELDO user's guide, version 4.0* – Anacad Computer System, 38240 Meylan (France).

[48] P.R. Gray, D. Senderowicz, H. Ohara, M. Warren – *A single-chip NMOS dual channel filter for PCM telephony applications* – IEEE Journal of solid-state circuits, vol. SC. 14, n°6, pp. 981-990, décembre 1979.

[49] W.H. Ki, G.C. Temes – *Low phase error offeset compensated switched capacitor integrator* – Electronics Letters, vol. 26, n°13, pp. 957-959, 21 juin 1990.

[50] C.T. Chen – *Introduction to linear system theory* – Édition Holt, Rinehart and Winston INC., 1970.

[51] James C. Candy – *A Use of Limit Cycle Oscillations to Obtain Robust Analog-to-Digital Converters* – IEEE Transactions on Communications, vol. COM-22, pp. 298-305, mars 1974.

[52] J.L. McCreary, P.R. Gray – *All-MOS Charge Redistribution Analog-to-Digital Conversion Techniques Part I* – IEEE Journal of Solid State Circuits, vol. SC-10, pp. 371-379, décembre 1975.

[53] R. Suarez, P.R. Gray, D.A. Hodges – *All-MOS Charge Redistribution Analog-to-Digital Conversion Techniques Part II* – IEEE Journal of Solid State Circuits, vol. SC-10, pp. 379-385, décembre 1975.

[54] J.C. Candy, Y.C. Ching, D.S. Alexander – *Using Triangulary Weighted Interpolation to Get 13-Bit PCM from a Sigma-Delta Modulator* – IEEE Transactions On Communications, pp. 1268-1275, novembre 1976.

[55] J.D. Everard – *A Single-Channel PCM Codec* – IEEE Journal Of Solid-State Circuits, vol. SC-14, pp. 25-37, février 1979.

[56] R.E. Crochiere, L.R. Rabiner – *Interpolation and Decimation of Digital Signals — A Tutorial Review* – Proceedings of the IEEE, vol. 69, pp. 300-331, mars 1981.

[57] R. Crochère, L. Rabiner – *Multirate Digital Signal Processing* – Prentice Hall, 1983.

[58] B.E. Peetz – *Dynamic Testing of Waveform Recorders* – IEEE Transactions on Instrumentation and Measurement, vol. IM-32, pp. 12-17, mars 1983.

[59] J. Doernberg, H.S. Lee, D.A. Hodges – *Full-Speed Testing of A/D Converters* – IEEE Journal of Solid State Circuits, vol. SC-19, pp 820-827, décembre 1984.

[60] P.W. Li, M.J. Chin, P.R. Gray, R. Castello – *A Ratio-Independant Algorithmic Analog-to-Digital Conversion Technique* – IEEE Journal of Solid State Circuits, vol. SC-19, pp 828-836, décembre 1984.

[61] A. Yukawa – *A CMOS 8-Bit High-Speed A/D Converter IC* – IEEE Journal of Solid State Circuits, vol. SC-20, pp. 775-778, juin 1985.

[62] A.G.F. Dingwall, V. Zazzu – *An 8-MHz CMOS Subranging 8-Bit A/D Converter* – IEEE Journal of Solid State Circuits, vol. SC-20, pp. 1138-1143, décembre 1985.

[63] J.C. Candy – *Decimation for Sigma Delta Modulation* – IEEE Transactions on Communications, vol. COM-34, pp. 72-76, janvier 1986.

[64] J.-C. Candy – *Double Interpolation for Digital-to-Analog Conversion* – IEEE Transactions on Communications, vol. COM-34, pp. 77-81, janvier 1986.

[65] A.K. Joy, R.J. Killips, P.H. Saul – *An Inherently Monotonic 7-bit CMOS ADC for Video Applications* – IEEE Journal of Solid State Circuits, vol. SC-21, pp. 436-440, juin 1986.

[66] H. Matsumoto, K. Watanabe – *Switched Capacitor Algorithmic Digital to Analog Converters* – IEEE Transactions on Circuits and Systems, vol. CAS-33, pp. 721-724, juillet 1986.

[67] C.C. Shih, P.R. Gray – *Reference Refreshing Cyclic Analog to Digital and Digital to Analog Converters* – IEEE Journal of Solid State Circuits, vol. SC-21, pp. 544-554, août 1986.

[68] M. VANDEN BOSSCHE, J. SCHOUKENS, J. RENNEBOOG – *Dynamic Testing and Diagnostics of A/D Converters* – IEEE Transactions on Circuits and Systems, vol. CAS-33, août 1986.

[69] T. KUMAMOTO, M. NAKAYA, H. HONDA, S. ASAI, Y. AKASAKA, Y. HORIBA – *An 8-Bit High-Speed CMOS A/D Converter* – IEEE Journal of Solid State Circuits, vol. SC-21, pp. 976-982, décembre 1986.

[70] T. MIKI, Y. NAKAMURA, M. NAKAYA, S. ASAI, Y. AKASAKA, Y. HORIBA – *An 80-Mhz 8-bit CMOS D/A Converter* – IEEE Journal of Solid State Circuits, vol. SC-21, pp. 983-988, décembre 1986.

[71] R. KOCH, B. HEISE, F. ECKBAUER, E. ENGELHARDT, J.A. FISHER, F. PARZEFALL – *A 12-bit Sigma-Delta Analog-to-Digital Converter with a 15-MHz Clock Rate* – IEEE Journal of Solid State Circuits, vol. SC-21, pp. 1003-1010, décembre 1986.

[72] H. OHARA, H.X. NGO, M.J. ARMSTRONG, C.F. RAHIM, P.R. GRAY – *A CMOS Programmable Self-Calibrating 13-bit Eight-Channel Data Acquisition Peripheral* – IEEE Journal of Solid State Circuits, vol. SC-22, pp. 930-938, décembre 1987.

[73] S.H. LEWIS, P.R. GRAY – *A Pipelined 5-Msample/s 9 bit Analog to Digital Converter* – IEEE Journal of Solid State Circuits, vol. SC-22, pp. 954-961, décembre 1987.

[74] Y. MATSUYA, K. UCHIMURA, A. IWATA, T. KOBAYASHI, M. ISHIKAWA, T. YOSHITOME – *A 16-bit Oversampling Technology Using Triple Integration Noise Shaping* – IEEE Journal of Solid State Circuits, vol. SC-22, pp 921-929, décembre 1987.

[75] H. ONODERA, T. TAEISHI, K. TAMARU – *A Cyclic A/D Converter That Does Not Require Ratio-Matched Components* – IEEE Journal of Solid State Circuits, vol. 23, pp. 152-158, février 1988.

[76] D.G. NAIRN, C.A.T. SALAMA – *Algorithmic Analogue/Digital Convertor Based On Current Mirrors* – Electronics Letters, vol. 24, pp. 471-472, avril 1988.

[77] V. FRIEDMAN – *The Structure of the Limit Cycles in Sigma-Delta Modulation* – IEEE Transactions on Communications, vol. 36, pp. 972-979, août 1998.

[78] S. SUTARJA, P.R. GRAY – *A Pipelined 13-bit, 250-ks/s, 5-V Analog-to-Digital Converter* – IEEE Journal of Solid State Circuits, vol. 23, pp. 1316-1323, décembre 1988.

[79] G.C. TEMES, F.H. WANG, K. WATANABE – *Novel Pipe-Line data converters* – IEEE Proc. Int. Symposium on Circuits and Systems, pp. 1943-1946,1988.

[80] B.S. SONG, M.F. TOMPSETT, K.R. LAKSHMIKUMAR – *A 12-bit 1-Msample/s Capacitor Error-Averaging Pipelined A/D Converter* – IEEE Journal of Solid State Circuits, vol. 23, pp. 1324-1333, décembre 1988.

[81] Y. MATSUYA, K. UCHIMURA, A. IWATA, T. KANEKO – *A 17-bit Oversampling D-to-A Conversion Technology Using Multistage Noise Shaping* – IEEE Journal of Solid State Circuits, vol. 24, pp. 969-975, août 1989.

[82] K.C.H. CHAO, S. NADEEM, W.L. LEE, C.G. SODINI – *A Higher Order Topology for Interpolative Modulators for Oversampling A/D Converters* – IEEE Trans. on Circuits and Systems, vol. CAS-37, pp. 309-318, mars 1990.

[83] D.G. NAIRN, C.A.T. SALAMA – *Current-Mode Algorithmic Analog-to-Digital Converters* – IEEE Journal of Solid State Circuits, vol. 25, pp. 997-1004, août 1990.

[84] B.S. SONG, S.H. LEE, M.F. TOMPSETT – *A 10-b 15-MHz CMOS Recycling Two-Step A/D Converter* – IEEE Journal of Solid State Circuits, vol. 25, pp.1328-1338, décembre 1990.

[85] ??. HASPESLAGH – *A 270 kb/s 35 MW Modulator IC for GSM Cellular Radio Hand Held Terminals* – IEEE journal of Solid State Circuits, décembre 1990.

[86] ??. CASTEL – *Ensemble de composants VLSI pour équipements GSM* – Annales des télécommunications, mars-avril 1990.

[87] D.B. RIBNER – *A Comparison of Modulators Networks for High-Order Oversampled SD Analog-to-Digital Converters* – IEEE Transactions on Circuits and Systems, vol. 38, pp. 145-159, février 1991.

[88] V. COMINO, M.S.J. STEYAERT, G.C. TEMES – *A First-Order Current-Steering Sigma-Delta Modulator* – IEEE Journal of Solid State Circuits, vol. 26, pp. 176-183, mars 1991.

[89] Y. Nakamura, T. Miki, A. Maeda, H. Kondoh, N. Yazawa – *A 10-b. 70-MS/s CMOS D/A Converter* – IEEE Journal of Solid State Circuits, vol. 26, pp. 637-642, avril 1991.

[90] Y.U.M. Lin, B. Kim, P.R. Gray – *A 13-b 2.5-MHz Self-Calibrated Pipelined A/D Converter in 3-µm CMOS* – IEEE Journal of Solid State Circuits, vol. 26, pp. 628-636, avril 1991.

[91] Z. Wang – *Design Methodology of CMOS Algorithmic Current A/D Converters in View of Transistor Mismatches* – IEEE Transactions on Circuits and Systems, vol. 38, pp.660-667, juin 1991.

[92] J.C. Candy, G.C. Temes – *Oversampling Methods for A/D and D/A Conversion – Oversampling Delta-Sigma Data Converters* – IEEE Press, 1992.

[93] B. Razavi, A. Wooley – *A 12-b 5-MSample/s Two-Step CMOS A/D Converter* – IEEE Journal of Solid State Circuits, vol. 27, pp. 1667-1678, décembre 1992.

[94] M. Yotsuyanagi, T. Etoh, K. Hirata – *A 10-b 50-MHz Pipelined CMOS A/D Converter with S/H* – IEEE Journal of Solid State Circuits, vol. 28, pp. 292-300, mars 1993.

[95] F. Baillieu, Y. Blanchard – *Signal Analogique & Capacités Commutées* – Dunod, 1994.

[96] H. Leuthold, F. Rudolf – *An ASIC for high resolution microaccelerometers* – Sensors and actuators, A21- A23, pp. 278-281, 1990.

[97] L. Zimmermann, J.-P. Ebersohl, F. Lê Hung (SAGEM), F. Baillieu (ESIEE), J. Berry (LAAS), B. Diem, S. Renard, P. Rey, P. Caillat (LETI) – *Air bag application : a microsystem solution with silicon capacitive accelerometer, CMOS switched capacitor electronics and time self capability* – Eurosensor VIII et Sensors and actuators, 1995.

[98] F. Baillieu, J. Marty, C. Moreaux, A. Delpoux, Y. Blanchard (ESIEE), L. Zimmermann, J.P. Ebersohl, F.L. Hung (SAGEM) – *Low cost differential +-2G capacitive accelerometer : technology and electronics design based on fuzzy logic* – Eurosensor VIII, 1994.

[99] M. Chevroulet, T. Smith, Y. De Coulon (CSEM) – *Application specific capacitive silicon accelerometer systems.*

[100] A. Chichocki, R. Unbehausen – *Application of switched capacitor self-oscillating circuits to the conversion of RLC parameter into a frequency or digital signal* – Sensors and actuators, A24, pp. 129-137, 1990.

[101] F. Krummennacher – *A high-resolution capacitance to frequency converter* – IEEE journal of solide state circuits, vol. SC.20, n°3, juin 1985.
A. Chichocki, R. Unbehausen – *A switched capacitor interface for capacitive sensors based on relaxation oscillators* – IEEE transactions on instrumentation and measurement, vol 39, n°5, octobre 1990.

[102] M. Yamada, T. Takebayashi, S.I. Notoyama, K. Watanabe – *A switched capacitor interface for capacitive pressure sensors* – IEEE Transactions on instrumentation and measurement, vol 41, n°1, février 1992.

[103] U. Schoeneberg, B.J. Hosticka, F.V. Schnatz – *A CMOS readout amplifier for instrumentation applications* – IEEE journal of solid state circuits, vol 26, n°7, juin 1991.

[104] H.T.G. Van Lintel, F.C.M. Vanderpol, S. Brouwstra – *A piezo-electric micropump based on micromachining of silicon* – Sensors and actuators, vol 15, 1988.
R. Rapp, W. K. Schomburg, D. Maas, J. Schulz, W. Stark – *A Liga micropomp for gases and liquids* – Sensors and actuators, A-40, 1994.

[105] L.S. Fan, Y.C. Tai, R.S. Muller – *IC processed electrostatic micromotors* – Proceeedings du IEEE electron devices international meeting, IEEE electron devices society, San Francisco, pp. 666-669, 11-14 décembre 1988.
L.S. Tavrow, S.F. Bart, J.H. Lang – *Operationnal characteristics of microfabricated motors* – Sensors and actuators A, 35, pp. 33 à 44, 1992.
M. Mehregany, S.F. Bart, L.S. Tavrow, J.H. Lang, S.D. Senturia, M.F. Slecht – *A study ot three microfabricated variable caoacitance motors* – Sensors and actuators, A21-A23, pp. 173-179, 1990.

[106] E. Donzier, O. Lefort, S. Spirkovitch, F. Baillieu – *Integrated magnetic field sensor* – Sensors and actuator, vol 26, 1992.

[107] C.J. Kim, A.P. Pisano, R.S. Muller, M.G. Lin – *Polysilicon microgripper* – Sensors and actuators, A33, pp. 221-227, 1992.

U. Breng, T. Gessner, C. Kaufmann, R. Kiehnscherf – *Electrostatic micromecannic actuators* – J. micromech, Microeng 2, pp. 256-261, 1992.

[108] R.A. Buser, N.F. De Rooij – *Very High Q-factor Resonators in Monocrystalline Silicon* – Sensors and actuators, A21-A23, pp. 323-327, 1990.

W.C. Tang, T.C.H. Nguyen, M.W. Judy, R.T. Howe – *Electrostatic-comb Drive of Lateral Polysilicon Resonators* – Sensors and actuators, A21-A23, pp. 328-331, 1990.

[109] C. Enz – *Analysis of low frequency noise reduction by autozero technique* – Electronic Letters, vol. 20, n° 23, novembre 1984.

Gestion de page

BBCOM — Paris

Imprimé par Jean-Lamour, 54320 Maxéville
Dépôt légal : juin1996
Imprimé en France